Veröffentlichungen der
Wiener Akademie für ärztliche Fortbildung
— 3 —

Der Mann
Seine Physiologie und Pathologie

Vorträge

gehalten auf dem von der Wiener Akademie für ärztliche
Fortbildung veranstalteten 71. internationalen Fortbildungskurs auf dem Semmering vom 17. bis 19. September 1942

Von

O. Albrecht, W. v. Buddenbrock-Hettersdorf, W. Denk,
P. Deuticke, H. Eppinger, W. Falta, H. Fuhs, F. Hamburger,
K. Haslinger, H. v. Homma, Th. Hryntschak, N. v. Jagić, M. Jelusich,
H. v. Kutschera-Aichbergen, F. Lejeune, E. Maier, F. Paula, H. Pirker,
F. Plattner, K. Polzer, O. Pötzl, Ph. Schneider, L. Schönbauer,
H. Seyfried, K. Thums, E. Wessely, A. Winkelbauer, A. Zimmer

Zusammengestellt von

Professor Dr. Erwin Risak

Wien

Wien

Springer-Verlag

1943

ISBN-13:978-3-7091-9702-8   e-ISBN-13:978-3-7091-9949-7
DOI: 10.1007/978-3-7091-9949-7

Sonderdruck aus
„Wiener klinische Wochenschrift", 55. u. 56. Jg. 1942 u. 1943

Inhaltsverzeichnis

Das männliche Prinzip in der Geschichte

Von

Dr. phil. **Mirko Jelusich**

Wien

Treitschkes bekanntes Wort: „Männer machen die Geschichte!" gehört zu jenen Aussprüchen, die ein Gesamtproblem, wie mit einem grellen Schlaglicht darüberleuchtend, formelhaft zusammenfassen und es so zwangsläufig zur Erörterung stellen. Im Gegensatz zu einer mechanistischen Geschichtsauffassung, die alles Weltgeschehen auf wirtschaftliche und soziale Notstände zurückführen zu müssen meint, verteidigt es das Primat der Persönlichkeit als eines Geschichte bildenden Faktors. Damit ist auch der Problemstellung der Krieg erklärt, als befinde sich die gesamte Menschheit, etwa einer vorwärtsmarschierenden Kolonne vergleichbar, in stetigem Fortschritt auf gleicher Linie. In Wahrheit ist es der einzelne, der vorwärtsschreitet, und es gelingt ihm, günstige Umstände vorausgesetzt, einen Bruchteil dieser Menschheit, meist nur sein eigenes Volk, ein Weniges nachzuziehen, wobei trotz allen Bemühungen die Vielheit weit hinter dem Ziele zurückbleibt, die sich dieser einzelne gesetzt hat.

Es lohnt sich daher, sich das Wesen dieser Persönlichkeit näher anzusehen, die Gesetze zu erforschen, denen sie unterworfen ist, die seelischen Bedingungen zu untersuchen, von denen aus sie wirkt. Dabei dürfen wir freilich nicht so engherzig sein, Treitschkes Wort zu wörtlich zu nehmen: denn unter der großen Zahl Geschichte bildender Persönlichkeiten finden wir zwar überwiegend Männer, doch immerhin auch einzelne Frauen, die nicht übergangen werden dürfen. Aus dem Altertum ragen halb oder ganz sagenhaft die Namen einer Semiramis, einer Tomyris, einer Zenobia hervor, aus den Geburtswehen des Mittelalters die gewaltigen Gestalten merowingischer Fürstinnen, aus der neueren Zeit die Maria Theresias, Elisabeths von England, der beiden großen russischen Kaiserinnen Elisabeth und Katharina II., aus der neuesten endlich die der letzten großen Persönlichkeit auf dem chinesischen Drachenthron, der Kaiserin Ts'i-hi. Mögen diese Frauen auch Ausnahmen sein, die die Regel des „Mulier taceat in ecclesia" bestätigen, mag insbesondere das geistvolle Wort hier seine Geltung erweisen, wonach Frauen als Regentinnen den Vorzug haben, daß unter ihnen Männer maßgebend tätig sind, so hieße es doch bewußt die Augen verschließen vor einer Tatsache, die nun einmal da ist und nicht weggeleugnet werden kann. Dabei ist hier noch nicht einmal der Anteil erwähnt, den bedeutende Frauen mittelbar auf geschichtliches Geschehen ausübten, namentlich als Mütter, Gattinnen und Geliebte großer Männer. Die Gracchische Revolution ist undenkbar ohne Sempronia, die Mutter der beiden Brüder, Caesars Entwicklung wird maßgebend bestimmt durch seine Mutter Aurelia wie die Napoleons durch seine Mutter Laetitia, die Regierung Iustinians steht vornehmlich unter dem Einfluß seiner Gattin Theodora, die Alterspolitik Ludwigs XIV. unter dem seiner heimlichen Gemahlin Madame de Maintenon, die Gesamtpolitik Ludwigs XV. endlich unter dem seiner Mätresse, der Marquise von Pompadour. Ob vor oder hinter den Kulissen stehend, tragen also Frauen in nicht geringem Maße zum Entstehen jenes aus tausend und abertausend Fäden gewirkten Gewebes bei, das wir Geschichte nennen und dessen Anfänge sich in graue Vorzeit verlieren, während es sein Ende — nicht seine Vollendung — erst mit dem Verlöschen des letzten Exemplars jener Spezies finden wird, die unsere Naturforscher sehr euphemistisch als „homo sapiens" zu bezeichnen pflegen.

Von dieser Abweichung zu unserem eigentlichen Thema, dem Manne als grundsätzlichem Träger und Gestalter der Geschichte, zurückkehrend, finden wir bei ihm als tiefsten Urgrund seines Wesens vor allem die typisch männliche Eigenschaft schöpferischer Kraft. Schaffen, daran erinnern wir uns noch aus dem längst verflossenen Religionsunterricht unserer Schulzeit, heißt aus nichts etwas bilden. Freilich ist dieses Nichts mit einiger Einschränkung zu verstehen. Denn die Persönlichkeit muß eine Masse haben, mit der sie arbeiten kann, so wie ein Künstler ohne Wirkstoff — Leinwand, Schreibpapier, Musikinstrumente — seine Träume nur in der Phantasie ausführen könnte. Aber — und darauf kommt es an — ohne diese Persönlichkeit, diesen Einen bliebe die Masse ein amorphes, chaotisches Gemengsel, unfähig, je Form und Gestalt anzunehmen. Diese erhält sie erst von der formenden, gestaltenden, ordnenden Hand, die alle im Stoffe liegenden Möglichkeiten — oder wenigstens deren wesentlichen Teil — in Tatsachen verwandelt. In dieser Hinsicht also ist der Mann der Geschichte dem schöpferischen Künstler und Gelehrten nahe verwandt, ja, ist, in weiterem Sinne genommen, ein solcher Künstler. Denn wir um die künstlerische Gestaltung eines Vorwurfs Ringenden sind vermessen genug, nicht nur jene zu uns zu zählen, die aus Farben, Worten, Tönen Kunstwerke entstehen lassen, sondern jeden, der aus dem Wirkstoff Welt Neues zu erschaffen vermag. So betrachten wir alle Genien als die unseren, von jenen Unbekannten, die den Hebel und das Rad erfanden, bis zu den Schöpfern des Flugzeuges und des Dieselmotors; so haben insbesondere alle großen Aerzte bei uns Bürgerrecht, von Hippokrates und Galen bis zu Koch und Wagner-Jauregg. Wenn diese Welt, in der wir leben, überhaupt eine Aufgabe hat, so kann es nur die sein, vom Chaos zum Kosmos, vom Wirrwarr zur Ordnung vorzuschreiten. Wer aber an der Schöpfung dieses größten und letzten aller Kunstwerke mitarbeitet, ist ein Künstler, wo immer er stehen mag.

Vom Urgrund des Wesens der Geschichte bildenden Persönlichkeit, dieses im wahrsten Sinne des Wortes kosmischen Menschen, ausgehend, wollen wir nun seinen inneren Aufbau ins Auge fassen. Welches sind seine Vorbedingungen, welcher Art ist er, was hat ihm die Natur an Rüstzeug mitgegeben, damit er seiner Aufgabe gewachsen sei? Worin gleicht er, worin unterscheidet er sich von den übrigen Menschen?

Wie bei allen schöpferischen Menschen, werden wir auch beim Manne der Geschichte zwei große Typen zu unterscheiden haben: das intuitive Genie und das Genie der Methode. Jenes — das von Gott begnadete Sonntagskind, Fortunatus, der in die unerschöpflichen Schätze seines Innern greift und immer Neues daraus hervorholt; dieses — der rastlose Arbeiter, der auf Grund der Ergebnisse seines tiefschürfenden, nie erlahmenden Forschens die Schätze der Außenwelt sich zu Diensten zwingt und daraus seine riesenhaften Gebäude formt. Auf staatsmännischem Gebiete finden wir die beiden Typen etwa durch Caesar und Cromwell verkörpert, auf militärischem durch Napoleon und Moltke, auf philosophischem durch Leibniz und Kant.

Besonders eindrucksvoll wird der Gegensatz, wenn er innerhalb einer Familie wirksam wird, wie zwischen dem Methodiker Friedrich Wilhelm I. von Preußen und seinem intuitiv genialen Sohn Friedrich II.

Selbstverständlich muß gleich hier betont werden, daß die beiden Typen keineswegs in — sozusagen — Reinkultur vorkommen, daß vielmehr das intuitive Genie ein reiches Maß an Methodik, das Genie der Methode aber ein ebenso reiches Maß an Intuition besitzen muß. Caesars Genieblitze etwa, wie sie namentlich in den Schlachten seines reifen Mannesalters immer wieder aufleuchten, wären umsonst gewesen ohne die jahrzehntelange zähe Erziehungsarbeit an seinen Truppen, die seine Legionen zu einem einzigartigen Kriegswerkzeug machte; Cromwells militärische Aufbauarbeit hinwieder, bei der zu Anfang der englischen Revolution von ihm geführten Schwadron beginnend und bei der von ihm so genannten „Neuen Muster-Armee" endigend, hätte scheitern müssen ohne die intuitiv geniale Verwendung seiner Eisenreiter, mit der er der Schöpfer der modernen Kavallerietaktik, vielleicht sogar der Anreger der modernen Panzertaktik geworden ist. Es gibt ein altes deutsches Sprichwort, das die Notwendigkeit der Zusammenarbeit von Intuition und Methodik in köstlich derber Weise ausspricht: „Was nützet ein göldener Kopf ohne einen Hintern von Blei!" Wobei wir freilich erst recht, das Wort umkehrend, sagen müssen: „Was nützet ein Hinterer von Blei" — d. h. Fleiß und Methodik — „ohne einen göldenen Kopf" — d. h. Intuition!

Haben wir also in der Wesensart Geschichte bildender Männer nur zwei Typen zu unterscheiden, so werden wir der Abstammung nach unendlich viele Unterschiede festzustellen haben. Aus allen Ständen und Klassen der Bevölkerung stammen sie her, aus dem Bauern- und Bürgertum, dem Handwerkerstand, dem Stadt- wie dem Landadel. Napoleon ist der Sohn eines Anwalts, Luther der eines Bergmannes; der kleinadelige Cromwell war mäßig begüterter Gutspächter, Mohammed Kaufmann; Derfflinger war Schneider, Jan Bart Matrose; Scharnhorst kam aus dem Bauernstande, Caesar aus einem patrizischen Geschlecht mit plebeischem Einschlag, Im allgemeinen darf man annehmen, daß Männer der Geschichte zumeist weder von ganz unten noch von ganz oben stammen. Dies ist auch leicht verständlich. Ganz unten ist die gestaltlose Masse, die sich auch in einzelnen Exemplaren nicht im Laufe einer einzigen Generation zu so bedeutungsvollen Kristallisationszentren emporzuläutern vermag; in den Kreisen des Hochadels aber, namentlich des Hofadels, ist die Entwicklung schon so weit abgeschlossen, daß sie zu Erstarrung geworden ist, in der alles Neue, Eigengeartete ersticken muß. Nur wenige große Männer sind aus dieser Sphäre hervorgegangen, unter ihnen freilich einer der größten: Prinz Eugen von Savoyen. Aber wir wollen uns erinnern, daß er dieser Kaste nur nach Namen und Abstammung angehörte, indes ihn die Ungnade des Sonnenkönigs aller Vorteile seiner Geburt beraubte und zwang, ein Glücksritter im edelsten Sinne — ein Ritter seines Glückes zu werden.

Der eben aufgestellten Behauptung einer engeren Umgrenzung der Abstammung Geschichte bildender Persönlichkeiten scheinen die Namen hervorragender Herrscher zu widersprechen. Aber man darf nicht vergessen, daß sie zu ihrer Höhe durch zwei Komponenten geführt wurden, die so stark waren, daß sie eine etwa drohende Erstarrung sprengten: durch das Bewußtsein der Bedeutung ihrer exponierten Stellung und durch den eben dadurch bedingten Drang oder Zwang, mit ihrer vollen Persönlichkeit zu einer lebenentscheidenden geschichtlichen Frage Stellung zu nehmen. Dies wird an keinem Beispiel klarer ersichtlich als an dem der beiden großen Gegenspieler Friedrich II. und Maria Theresia. In einem innerlich starken Reich, das die Erschütterungen der Reformation und des Dreißigjährigen Krieges nicht durchgemacht hätte, ja, etwa gar so zentralistisch geeinigt worden wäre wie das benachbarte Frankreich, wäre Friedrich II. ein Fürst unter Fürsten geblieben, hervorragend wohl nur durch die beispielgebende Fürsorge für seine Landeskinder und die mustergültige Verwaltung des von ihm regierten Gebietes; der fortschreitende Verfall des Reiches aber und sowohl die Möglichkeiten, die sich daraus ergaben, als auch der übermächtig gefühlte Drang, kämpfend zu gestalten, führten ihn auf eine Bahn, die ihn zum ersten Feldherrn seiner Epoche machte; Maria Theresia hingegen — es sei mir gestattet, in dieser der Erforschung des genialen Mannes gewidmeten Untersuchung noch einmal einer genialen Frau zu gedenken —, Maria Theresia also, ein zerfallendes Erbe übernehmend und gezwungen, es kämpfend zu erhalten, wuchs an eben dieser Aufgabe, die sie mustergültig gelöst hat, zu jener geschichtlichen Persönlichkeit empor, als die wir sie heute noch verehren.

Sind es demnach bei Regenten die Umstände, die Persönlichkeiten zu führenden Gestalten der Geschichte emporwachsen lassen, so spielt dieser Antrieb doch nur bei diesen eine so bedeutsame Rolle. Männer, die nicht von vornherein auf einen so hohen Sockel gestellt wurden, sondern sich diesen erst aufbauen müssen, bedürfen keiner besonderen Gelegenheit, Geschichte zu machen, oder vielmehr sie wissen jede zu benützen. Denn entgegen der landläufigen Meinung muß ausgesprochen werden, daß solche Umstände und Gelegenheiten für den, der sie gebrauchen will und kann, immer da sind, nicht aber die Männer, die die Fähigkeiten besitzen, sich solcher zu bedienen. Wir brauchen uns nur der größten sozialen Umwälzung des deutschen Mittelalters, der Bauernkriege, zu erinnern. Schaffte wirklich die Zeit sich ihren Helden, so hätte hier einer emporwachsen müssen, den Größten der Weltgeschichte ebenbürtig, wo nicht sie überragend. Denn es war keineswegs nur dumpfes, versklavtes Bauernproletariat, was sich da erhoben hatte, sondern mit ihm bedeutende Städte mit einem kulturell hochentwickelten Bürgertum und Ritter des Landadels, die sich auf die Seite der Unterdrückten stellten. Aber eben, weil trotz mancher Ansätze die Bewegung keinen Führer fand, weil der einzige, der ein solcher hätte werden können, Franz von Sickingen, kurz vorher beim ersten Auflehnungsversuch gegen eigensüchtige Fürsten den Tod gefunden hatte, versandete diese gewaltige Revolution und ertrank schließlich in einem Meer von Blut und Tränen. Anderseits wieder vermochten die Führer der französischen Revolution von 1789 wohl das Bestehende umzustürzen, waren aber nicht imstande, die alte Ordnung durch eine neue, bessere zu ersetzen, zerfleischten sich vielmehr in einem inneren Kampf, der nach und nach ihre bedeutendsten Köpfe forderte. Erst das Auftreten Napoleons brachte die Neuordnung zustande — allerdings eine wesentlich andere, als jene sich vorgestellt haben mochten. Gärstoff also, um es zu wiederholen, ist immer und in jeder geschichtlichen Epoche vorhanden; es ist eine der Hauptfähigkeiten des Geschichte bildenden Mannes, ihn zu erkennen und zu benützen.

Um aber überhaupt das Bedürfnis zu haben, einen Gärstoff zu suchen oder — um mich poetischer auszudrücken — den archimedischen Punkt, von dem aus er die Welt aus den Angeln zu heben vermöchte, braucht der Mann der Geschichte zuerst einen Blickpunkt, ein Ziel, dem er zustrebt. Ein Wort Cromwells: „Der kommt am weitesten, der nicht weiß, wohin er geht!" straft mich nur scheinbar Lügen. Denn wohin er ging, wußte Cromwell, sobald er erst einmal in die politische Arena hinabgestiegen war, sehr wohl; nur wie weit er zu gehen vermochte, welche Grenzen ihm Umwelt, eigene Kraft und nicht zuletzt seine Lebensdauer setzen würden, war ihm unbekannt, und er tat das einzig Richtige, indem er, unbekümmert, wie nahe er seinem Ziele kommen oder wie weit er ihm fernbleiben werde, seinen Weg schritt. Diesen aber schritt er zwangsläufig, wie im Banne einer überwertigen Idee. Und als solche ist dieses Ziel, das sich der Geschichte bildende

Mensch vorsetzt, in gewissem Sinne auch anzusehen. Wenn er erst einmal alle Zweifel und Hemmungen überwunden alle ·Einwände, die ihm Gewohnheit, Besorgtheit, nüchterner Verstand, menschliche Schwäche in den Weg legen, von sich getan hat, kennt er nichts anderes mehr, unterwirft sein ganzes Sein diesem einen Gedanken. So wie der Schlag eines trainierten Faustkämpfers von viel stärkerer Wucht ist als der eines gleichstarken, aber nicht geübten Mannes, so vermag auch der Wille eines solchen Menschen mehr als der jedes anderen. Denn er ist auf einen Punkt konzentriert, weicht in nichts ab, erstrebt nichts anderes, als um jeden Preis — auch um den der eigenen Person — Schritt um Schritt seinem Ziele nahezukommen.

Auf diese Weise erklärt sich auch der Mut, der Menschen dieses Schlages beseelt. Da in ihrer Seele alle anderen Empfindungen und Gedanken erloschen sind, hat auch die Furcht keinen Raum mehr darin. In schwärmerischer Selbststeigerung mag sich ein solcher Mann als Gesandter Gottes fühlen, als auserwähltes Werkzeug, das berufen wurde, einen ihm gestellten höheren Auftrag auszuführen, und das nichts mehr scheut, als dieser Berufung nicht zu genügen; der nüchterner Denkende mag in der Erfüllung seiner Aufgabe zugleich die Erfüllung einer selbstauferlegten Pflicht gegen eine Klasse, eine Nation, die Menschheit erblicken; der Dritte endlich mag dem Zwange einer unklar erkannten Notwendigkeit folgen; alle aber gleichen einander in einem: in der Unbeugsamkeit allen Versuchen gegenüber, sie von ihrem Ziele abzulenken, in der Verachtung von Drohung und Verfolgung, Not und Gefahr — in der unbeirrbaren Zielstrebigkeit. Ob Luther vor dem Reichstag zu Worms sein „Hier stehe ich, ich kann nicht anders!" ausruft oder Caesar im Seesturm vor Dyrrhachium sein „Nie zurück!", ob Tegetthoff vor Lissa kommandiert: „Den Feind anrennen und zum Sinken bringen!" oder Friedrich II. vor der Schlacht bei Leuthen seinen Generalen zuruft: „Wir müssen den Feind schlagen oder uns alle vor seinen Batterien vergraben lassen!" — immer ist es derselbe Geist unerschütterlicher Folgerichtigkeit, immer dieselbe verzehrende Flamme, der jener, den sie erfaßte, alles zu opfern bereit ist, nur um sie lodernd zu erhalten — auch sich selbst. Sie hat Träumer zu Tatmenschen, Zaghafte zu Helden gemacht, und ihrer aller Wahlspruch bleibt das ewige: „Et quid volo, nisi ut ardeat!".

Dem entspricht auch die bei allen Geschichte machenden Menschen vorhandene Neigung, wenn es nottut, alles zu wagen, alles auf eine Karte zu setzen. Es ist in ihnen etwas, das sie den großen Glücksspielern verwandt macht, und in der Tat waren einzelne von ihnen, wie Prinz Eugen,

Rüdiger Starhemberg, Blücher, Radetzky, leidenschaftliche
Kartenspieler. Dennoch aber unterscheiden sie sich hin-
wiederum vom Hasardeur grundlegend: dieser ist Fatalist,
er nimmt das Los hin, das ihm beschert wurde, er wagt,
fast gleichgültig gegen Sieg und Untergang, nur um der wür-
genden Spannung willen, die ihm das Wagnis beschert.
Männer der Geschichte hingegen sind nicht Schicksals-
ergebene, sondern Schicksalsgläubige. Sie wagen,
um zu gewinnen, nicht für ihre Person, deren privates Sein
sie mehr oder weniger kalt läßt, sondern um der Idee, der
sie dienen, zum Siege zu verhelfen. Darum werden sie
auch — und hier wird, wie oben gesagt, auch das Genie
der Intuition zum eingefleischten Methodiker — alles aufs
gründlichste vorbereiten, ehe sie den großen Schlag tun,
werden in jahrzehntelanger emsiger, dem Auge des nicht
eingeweihten Beobachters kaum oder überhaupt nicht er-
kennbarer Kleinarbeit alle·Maßregeln treffen, die ihnen nur
zu Gebote stehen, um des Sieges so sicher wie nur möglich zu sein. Wenn aber die große Stunde kommt, wenn
die äußerste Entscheidung von ihnen gefordert wird, dann
werfen sie sich mit voller Kraft in den Strudel, entschlossen,
ihn als Ueberwinder zu verlassen — oder überhaupt nicht.

So sehen wir im entscheidenden Augenblick meist auch
einen ganz verschiedenen Menschen von dem, als der er
bis dahin erschien. In der Vorbereitung verschlossen,
schweigsam, ja wohl sogar sich listig verstellend: Brutus
der Aeltere wälzte seine großen Pläne unter der Maske eines
Idioten — daher auch sein Name —, Caesar hatte in Rom
den denkbar schlechtesten Ruf als skrupelloser Lebemann
und Schuldenmacher, Armin der Cherusker galt allgemein
als volkvergessener Römerfreund, Wilhelm von Oranien,
der mit dem bezeichnenden Beinamen des „großen Schwei-
gers" in die Geschichte eingegangen ist, war ängstlich bemüht, die Verbindung mit den Spaniern aufrechtzuerhalten,
der junge Bonaparte kroch und antichambrierte in seiner
schlechtsitzenden, schäbigen Uniform bei allen Tagesgrößen,
ja, scheute sich nicht, deren abgelegte Mätressen zu über-
nehmen, nur um endlich das Kommando zu erreichen, in
dem er seine Kräfte entfalten könnte; in der Ausführung
hingegen offen bis zur Selbstentblößung, seine Ziele in alle
Welt hinausschreiend, die eben noch mühsam gepflegten
Beziehungen mit einem Schlage abbrechend. Sie werden
die beiden äußerlich so grundverschiedenen Erscheinungs-
formen ein und derselben Wesenheit am leichtesten überblicken, wenn Sie sich das Bild einer Granate vor Augen
führen — oder die beiden Bilder, sollte ich richtiger sagen:
das des mattglänzenden, wuchtigen Zylinders, als der sie
im Ruhezustand erscheint, und das der platzenden, auf-

brüllenden, nach allen Richtungen ihre todbringenden Kräfte schleudernden Feuerkugel.

Mit dieser Schicksalsgläubigkeit hängt auch die unzerstörbare Zähigkeit zusammen, die ein typisches Merkmal aller wirklich großen Männer der Geschichte ist. Die meisten von ihnen erlebten Rückschläge, die jeden anderen vernichtet hätten, sie hingegen nur noch stärker, umsichtiger, entschlossener machten. Bekanntlich nimmt die mohammedanische Zeitrechnung ihren Anfang von der Flucht des Propheten; das republikanische Heer der englischen Revolution, in dem Cromwell als Rittmeister diente, erlitt zu Beginn des Bürgerkrieges Niederlagen, die jeden weiteren Kampf aussichtslos erscheinen ließen; Caesar, in die catilinarische Verschwörung verwickelt oder wenigstens mit ihr sympathisierend, entging nur mit knapper Not der Gefahr, in den Prozeß der Verschworenen gezogen zu werden; Napoleon III. büßte seine ersten Versuche eines Staatsstreiches mit Festungshaft. Wir können es als ein Hauptkennzeichen eines Geschichte bildenden Mannes ansehen, daß ihn Mißerfolge nicht entmutigen, daß er auch in ihnen sein Ziel keinen Augenblick lang aus den Augen verliert, nicht aufhört, ihm immer wieder zuzustreben, so lange, bis er es erreicht hat oder endgültig, d. h. sterbend scheitert.

Wenn nun aber der Mann der Geschichte sein Ziel erreicht hat, gibt es für ihn zwei Möglichkeiten: entweder er vermag sich und es zu behaupten, es ist ihm in der Tat gelungen, den ungeheuren Stein, gegen den er seine Kräfte stemmte, um einige Zoll weiterzurücken — oder die Kräfte der Umwelt waren stärker als die seinen, der Stein rollte die ganze oder den größten Teil der zurückgelegten Strecke wieder zurück. Dies war das Schicksal Napoleons und Bismarcks, und wir sehen die beiden in ihrer Einsamkeit, Napoleon auf St. Helena, Bismarck im Sachsenwalde, todwunde Löwen, die grollend die allmähliche Zerstörung des von ihnen Erstrebten und Erreichten betrachten. Sie überblicken den Weg, den sie geschritten sind, und suchen die Richtigkeit ihrer Ziele vor sich selbst und vor einer Nachwelt, die sie, wie sie hoffen, besser verstehen wird, zu rechtfertigen. Diesem Umstande verdanken wir Napoleons Memoiren und Bismarcks „Gedanken und Erinnerungen" mit ihren geradezu dämonisch anmutenden Ausblicken und Prophezeiungen, von denen wenigstens die tragische Bismarcks angeführt sei: „Zwanzig Jahre nach meinem Tode werde ich auferstehen, um zu sehen, ob sich mein Volk an meine Worte gehalten hat." Wir brauchen uns nur zu erinnern, daß Bismarck im Jahre 1898 starb, und daß man genau zwanzig Jahre später das Jahr 1918 schrieb ...

Aber auch die meisten jener gewaltigen Revolutionäre,

die ihr Werk zu behaupten wußten, werden seiner nicht
froh. Sie sehen das Allzumenschliche und flüchten, wie
Caesar und Friedrich II., in unnahbare Menschenverach-
tung. Sie bleiben am Werk, weil sie nur wirkend zu leben
vermögen, weil es ihnen zur zweiten Natur geworden ist,
aber sie tun es lustlos, mit dem uneingestandenen Gefühl,
daß es ja doch umsonst sei. In Wahrheit aber sehen sie
überscharf, mißkennen die Kräfte, mit denen zu rechnen sie
gewohnt waren, und ebenso die Schwächen, die sie zu
benutzen wußten, und geben anderen die Schuld — wenn
überhaupt von einer solchen gesprochen werden kann —,
anstatt sie in der eigenen Brust zu suchen. Denn nicht
die letzte Tragik des Mannes der Geschichte, eine Tragik,
von der nur wenige der Allergrößten ausgenommen sind,
besteht darin, daß er nur zu oft all seine Kraft auf die
Erringung des Zieles verwenden mußte und ihm keine
mehr übrig bleibt, das Errungene auszubauen. Wir wissen
heute, daß Caesar keinen Augenblick zu früh starb: der
Feldzug gegen die Parther, den er vorbereitete, als ihn die
Dolche der Verschwörer trafen, war nicht die Setzung des
Schlußsteines an dem von ihm errichteten Gebäude, sondern die Flucht aus einer Welt, mit der er nichts mehr
anzufangen wußte. Auch Napoleon war erschöpft, Cromwell, wahrscheinlich auch Bismarck. Späteren erst war es
gegeben, das Werk, das jene begonnen hatten, weiterzu-
führen.

Denn das ist das Tröstliche jeder genialen, Geschichte
bildenden Tat: So wenig der schöpferische Mensch geeignet
ist, Schule zu machen, so sehr er als einziggeartet anzusehen ist, im Tiefsten keinem vor und keinem nach ihm
vergleichbar, so ist es doch der Wille des Schicksals oder
wie sonst man die geheimnisvolle Macht nennen will, die
die Welten lenkt, daß nichts Schöpferisches verlorengehen
kann. Der Stein, einmal ins Rollen gebracht — um das
vorige Bild nochmals zu gebrauchen —, bewegt sich weiter,
entweder aus dem hier nutzbringenden Gesetz der Trägheit
oder weil auf die Schulter des Riesen, der ihn wälzte,
ein Nachfolger tritt, ein Schöpfer er selbst, also ganz verschieden von seinem Vorgänger und doch ihm wesensver-
wandt in der Kraft, die ihn beseelt. Dem großen Caesar
folgt der kluge Organisator Augustus, dessen Werk auch
von unfähigen Nachfolgern nicht völlig zerstört werden
kann und im weiteren Verlauf der Geschichte Männern wie
Vespasian, Traian, Diocletian, Iustinian Raum gibt, ihre
staatsmännischen Fähigkeiten zu betätigen; der skrupellosen
Härte Ludwigs XI. bei Durchführung des zentralistischen
Staatsgedankens ist die Hochblüte des französischen Staates
unter Ludwig XIV. zu danken; und erleben wir es nicht

in unseren Tagen, wie die Tat Bismarcks von einem Größeren zu ungeahnter Höhe emporgetragen wird?

Aber nicht nur die geheimnisvolle Kraft, die in Männern der Geschichte wirkt, ist es, was unseren Anteil erweckt. Uns fesselt auch das menschliche Bild des Mannes, sein Wesen im Alltag, die Eigenschaften, die wir mit ihm teilen. Denn er ist ja kein Halbgott, er ist ein Mensch wie wir, uns in vielem ähnlich und verwandt, da wir ihn sonst nicht lieben könnten. So wollen wir uns nun auch mit dem Manne der Geschichte als Mensch kurz befassen.

Zunächst von der Konstitution ausgehend, stellen wir fest, daß der leptosome und der athletische Typus einander ungefähr die Waage halten, während der pyknische fast ganz ausfällt. Von 44 von mir durchgesehenen Bildnissen großer Herrscher, Feldherren, Staatsmänner waren 20 als dem athletischen Typus angehörend anzusprechen, darunter Männer wie Scipio der Aeltere, Konstantin der Große, Karl der Große, Gustav Adolf, Cromwell, Peter der Große, Napoleon, der Freiherr vom Stein und Bismarck; Leptosome waren u. a.: Demosthenes, Alexander, Caesar, Richelieu, Prinz Eugen, Friedrich II., Erzherzog Karl, Scharnhorst, Metternich, Moltke und Lincoln. Bemerkenswert erscheint, daß alle großen Religionsstifter, soweit man nach Beschreibungen ihrer Person urteilen kann, leptosom waren, Jesus wie Buddha, Mohammed wie Kungfutse.

Was an Menschlichem bei Männern der Geschichte so anziehend erscheint, ist zunächst ihre innere Güte. Der harte, finstere Heros ist namentlich in unserem Kulturkreis selten; hingegen wird bei Männern wie Caesar, Heinrich dem Löwen, dem Prinzen Eugen, Friedrich II., dem Freiherrn vom Stein, Scharnhorst, Bismarck ihre Menschlichkeit gerühmt, ihr Empfinden für fremdes Leid und ihr Bemühen, es zu tilgen oder wenigstens zu lindern. Güte und wahre Größe sind keine einander ausschließende Eigenschaften, im Gegenteil: sie ergänzen einander aufs glücklichste und machen die besinnungslose Hingabe an hervorragende Männer erst vollends verständlich.

Hand in Hand damit geht die Großherzigkeit des Mannes der Geschichte, seine Bereitwilligkeit zur Versöhnung wie zur Anerkennung fremder, selbst feindlicher Größe. Die Geschichte ist voll von Beispielen für gerade diese Eigenschaft. Als im Senat der Vorschlag gemacht wurde, sich Hannibals durch einen Vertrauensbruch zu bemächtigen, erklärte Scipio der Aeltere empört, dies sei Roms und Hannibals gleich unwürdig; Iustinian bot vor dem Nikaaufstand den Aufrührern ehrlichen Frieden an; Napoleon wollte dem jugendlichen Attentäter Staps das Leben schenken; Hannibal selbst ließ die Leiche des gefallenen Konsuls

Marcellus mit höchsten militärischen Ehren bestatten; Prinz Eugen war der erste, der nach Eroberung einer tapfer verteidigten Festung dem mannhaft überwundenen Gegner seine Bewunderung ausdrückte.

Diese geistige Einstellung fällt dem Geschichte bildenden Menschen um so leichter, als er sich seines Wertes voll bewußt ist. Von Pompeius' Ausspruch: „Es verehren mehr Völker die auf- als die untergehende Sonne!" bis zu Bismarcks: „Wo ich sitze, ist immer oben!" beweist uns eine Kette von geflügelten Worten, daß jeder der großen Männer genau wußte, wer er war, und — wenn es nottat — aus diesem Wissen auch kein Hehl machte.

Gemildert wird dieses Selbstgefühl durch den Humor, der den meisten eigen ist, einen Humor, der auch vor der eigenen Person nicht Halt macht. Caesars witzig übertriebener Kriegsbericht im afrikanischen Kriege, mit dem er alle beängstigenden Gerüchte niederschlug, ist ebenso bekannt wie Vespasians vergnügt-pfiffiges „Non olet!", Augustus' ironische Bemerkung auf dem Totenbett: „Die Komödie ist aus!", ebenso wie Friedrichs II. selbstverspottendes Wort vom „alten Affen". Den schönsten Beweis dieser hellen seelischen Grundstimmung gab Prinz Eugen, als er seine Offiziere anwies, in allen Gefahren ihren Mitkämpfern Vorbild zu sein, „aber stets mit einer Leichtigkeit und Heiterkeit, daß es ihnen niemand zum Vorwurf machen könne".

Daß solche Menschen auch im Unglück nicht verzagen, wurde bereits erwähnt; bezeichnend aber ist auch die Haltung, mit der sie Ungemach zu tragen wissen. Friedrich II. nach Hofkirch, Prinz Eugen nach Cassano sind bedeutsame Beispiele dafür. Bismarck faßte den zaghaften Wilhelm I., als dieser sie beide schon guillotiniert sah, mit dürren Worten an seinem Ehrgefühl; Caesar, erkennend, daß er den Dolchen der Verschwörer nicht mehr entrinnen könne, verhüllte sein Haupt, nur die eine Sorge kennend, würdig zu sterben.

Ein ebenso wesentliches Merkmal Geschichte bildender Männer ist ihre Vielseitigkeit. Sie verlieren sich nicht im engen Bannkreis ihrer Idee, sondern suchen darüber hinaus in jedem menschlichen Bereich tätig oder anregend zu sein. Der Schriftsteller Caesar findet begeistertes Lob in den Briefen seines politischen Gegners Cicero; ein Staatsmann wie Perikles führte durch große Staatsaufträge die Kunst des Phidias zur höchsten Blüte; Prinz Eugen war ein Bibliophile edelster Prägung und intimer Freund des letzten großen Universalgelehrten Leibniz; Friedrich II. war leidenschaftlicher und ausgezeichneter Musiker, wie übrigens auch mehrere der älteren Habsburger; Napoleon hinterließ ein Gesetzeswerk, dessen Großartigkeit seine Herrschaft weit überdauerte. Cromwell, die große Ausnahme, wird in seiner Kunstfeindlichkeit durch die Engherzigkeit des Puritanismus erklärlich, in der er erzogen war und die er nie abzustreifen vermochte; und doch wollen wir uns erinnern, daß er Milton wenigstens als Staatssekretär und Verfasser geistig hochstehender politischer Streitschriften verwendete. Es ist eben das Bestreben des schöpferischen Menschen, das Idealbild der neuen Ordnung, das er in seiner Seele trägt und das keineswegs nur einen borniert beengten Ausschnitt umfaßt, auf jedem Gebiet des Lebens zu verwirklichen. So bildet das Wirken solcher Männer, wo immer es erkennbar wird, einen Antrieb, der das ganze Sein des ihnen anvertrauten Volkes und der Epoche, in der sie leben, umfaßt und befruchtet.

Am menschlichsten aber sind Menschen nicht in ihren Tugenden, sondern in ihren Fehlern. Und es ist bezeichnend für Männer der Geschichte, daß ihr Hauptfehler eine unbeherrschte Neigung zu Zorn und Haß ist. Dies entspricht ihrer vulkanischen Natur, die sich in Explosionen Luft macht. Bismarck war solchen furchtbaren, wie ein Orkan dahinrasenden Wutausbrüchen unterworfen und auch der sonst so stille Prinz Eugen. Ein Wutausbruch kostete Alexander den Großen seinen besten Freund, ein anderer schaffte Napoleon in Talleyrand seinen erbittertsten Feind, der nicht wenig zu seinem Sturz beitrug. Tiefe Hasser waren Demosthenes, Hannibal, Heinrich der Löwe, Cromwell, Peter der Große, der Freiherr vom Stein. Wallensteins Härte ist bekannt, weniger die Caesars, wenn er erst einmal gereizt war.

Diesen Ausbrüchen entsprechen die nachfolgenden Reaktionen, schwere Erschöpfungszustände oder — wie bei Caesar und Napoleon — epilepsieartige Anfälle oder endlich — wie bei Bismarck — Weinkrämpfe, in denen sich die Hochspannung löste. Man macht eben nicht Geschichte, ohne seinen Nerven das Aeußerste zuzumuten, und die vergewaltigte Natur, wenn nicht rechtzeitig durch strengste Hygiene beschwichtigt, weiß ihre Rache zu nehmen. Caesar litt in seinen letzten Lebensjahren unter furchtbaren Angstträumen, Cromwell lebte ständig in solcher Attentatsfurcht, daß er stets ein Panzerhemd unter der Kleidung trug und allnächtlich das Schlafzimmer wechselte, Karl V., von seiner Mutter freilich erblich belastet, starb als tiefer Melancholiker. Wenige nur, wie Luther, Prinz Eugen und Washington, vermochten ihr Leben einigermaßen friedlich zu beenden.

Aus dieser vulkanischen Natur entspringt auch die Unrast und Ungeduld, die so viele Männer der Geschichte

erfüllt, das Empfinden, keine Zeit zu haben, möglichst viel
schaffen zu müssen, und die Rücksichtslosigkeit, mit der
Neuerungen ebenso im Aeußern wie im Innern, also Länder-
erwerb und Staatsreformen, in die Wege geleitet werden.
Ob Karl der Kühne mit brutaler Kraft sein großburgundi-
sches Reich zusammenzuschweißen sucht oder Peter der
Große das halbasiatische Rußland mit Gewalt in den europäischen Kulturkreis zurückzuführen bemüht ist, ob Napoleon mit der blendenden Hast seiner Feldzüge seinem
Lieblingsgedanken, der Wiederherstellung des Reiches Karls
des Großen nachjagt, oder Josef II. seine Völker selbst gegen
ihren Willen mit den „Segnungen" der Aufklärung zu be-
glücken trachtet — überall ist die Eile erkennbar, die dem
Gefühl des Geschichte bildenden Menschen entspringt, er
müsse alles selbst tun, müsse sein Werk beendet hinter-
lassen, da er sich auf seine Nachfolger nicht verlassen
könne.

Denn auch das tiefe Mißtrauen, das viele Männer der
Geschichte ihren Helfern entgegenbringen, gehört zu ihren
Hauptmerkmalen. Caesar, Napoleon, Bismarck, Richelieu,
Cromwell und Friedrich II. betrachten die ihnen Nächst-
stehenden nur als Handlanger, als bloße Werkzeuge, die von
sich aus unfähig sind, Großes zu schaffen. Es ist menschlich begreiflich, daß dieses Mißtrauen sich bis ins persönliche Leben fortsetzt. So ist die bei Cromwell erwähnte
Attentatsfurcht nicht für ihn allein bezeichnend, sie findet
sich immer wieder bei Männern der Geschichte, am stärksten wohl bei Dionysius dem Aelteren von Syrakus, dem
Dionys der Schillerschen „Bürgschaft", dessen Töchter ra-
sieren lernen mußten, da er nur ihnen seine Gurgel an-
vertraute, und der schließlich auch ihnen kein Messer mehr
in die Hand gab, sondern sich von ihnen den Bart mit
glühenden Walnußschalen absengen ließ.

In seltsamem Gegensatz dazu steht das blinde Vertrauen, das solche Männer zu anderen Zeiten ihrer nächsten Umgebung entgegenbringen, ihr felsenfester Glaube
an die Treue und Anhänglichkeit ihrer Anhänger. Wieder
darf auf Caesar verwiesen werden, dessen engstem Freun-
deskreis ein Teil der Verschwörer angehörte, auf Cromwell, der zu seiner Ueberraschung erleben mußte, daß
schwärmerisch-kommunistische Tendenzen ihren Weg bis
in den Schoß seiner Familie gefunden hatten, auf den oft
gewarnten Egmont, der an die Gefährdung seiner Person
nicht glauben wollte, auf Wallenstein endlich, unter dessen
nichts sehenden Augen sich die Katastrophe seines Sturzes
vorbereitete.

In diesem Zusammenhang mit dem Menschlichen-Allzu-
menschlichen sei noch ein Blick auf das Sexualleben der

Männer der Geschichte getan, soweit wir darüber unterrichtet sind. Auch hier haben wir zwei Typen festzustellen,
den Hyper- und den Asexuellen. Für beide Typen haben wir
in der Geschichte bemerkenswerte Beispiele. Zum hyper-
sexuellen Typus gehört der überdies bisexuelle Caesar, den
Cicero bissig „den Mann aller Frauen und die Frau aller
Männer in Rom" nannte, und Napoleon, dessen Verbrauch
an Frauen ja notorisch war; zum asexuellen sind zu zählen
Prinz Eugen, Friedrich II., zum Teil wohl auch Moltke.
Eine merkwürdige Zwischenstufe nimmt Cromwell ein,
dessen ansehnliche Kinderzahl vor seiner öffentlichen Tätigkeit auf ein zumindest reges Geschlechtsleben schließen
läßt, während er nach seinem Eintreten in die Politik kein
einziges Kind mehr zeugt, was angesichts der rigorosen
Sexualmoral der Puritaner wohl mit einem Erlöschen der
Libido gleichzusetzen ist. Ohne den Versuch, für dieses Verhalten eine medizinische Erklärung geben zu wollen, sei
auf die bekannte Tatsache verwiesen, daß bei vielen Männern in Zeiten angespannter geistiger Anstrengung das
sexuelle Begehren völlig in den Hintergrund tritt. Ebenso
muß betont werden, daß diese beiden Typen nur Grenz-
fälle bedeuten, und daß sich daneben bei vielen Männern
der Geschichte regste öffentliche Tätigkeit durchaus mit
einem sogenannten normalen Geschlechtsleben vereinen läßt.
Und schließlich wird es nicht überflüssig sein, zu bemerken,
daß Abweichungen von der normalen Höhe der Libido
keineswegs eine Voraussetzung für geschichtliche Größe
sind. August der Starke bleibt lediglich wegen der Hunderte
seiner illegitimen Kinder bemerkenswert und ist uns vom
geschichtlichen Standpunkt so uninteressant wie jener unter
dem Namen des heiligen Aloysius bekannte jugendliche
Herzog von Gonzaga, der gegen alles „Sündhafte", d. h.
die geschlechtliche Sphäre auch nur im entferntesten Strei-
fende eine derart krankhafte Abneigung zeigte, daß er bei
der Generalbeichte im Alter von neun Jahren in Ohn-
macht fiel.

„So war dieser einzige Mann," schließt Mommsen seine
großartige Lebensbeschreibung Caesars, „den zu schildern
so leicht scheint und doch so unendlich schwer ist. Das
Geheimnis liegt in dessen Vollendung." Ja — Geheimnis.
Ob man einen Mann der Geschichte biologisch noch so
scharfsinnig zergliedert, ob man seinen Ideen und Ge-
dankengängen psychologisch noch so sorgfältig nachgeht,
ob man ihn und seine Zeit historiographisch noch so eingehend erforscht — es bleibt ein Unerklärliches übrig, das
wir hinnehmen müssen, ohne es begreifen zu können. Mag
man mit Mommsen die Erklärung in der allseitigen Vollendung suchen oder mit dem Gläubigen in der sich über

diesen einen Auserwählten ergießenden göttlichen Gnade oder endlich mit der modernen Forschung in der besonders glücklichen Ausbildung und Mischung der elterlichen Keimzellen — man kann nichts als dieses höchste Wunder der Schöpfung, das geschichtliche Genie, anstaunen und sich in Ehrfurcht davor verneigen.

Geschichte des männlichen Prinzips in der Medizin

Von

Professor Dr. **F. Lejeune**

Wien

Nur wenige meiner Hörer werden sich unter dem Thema zu meinen Ausführungen etwas Konkretes vorstellen können. Ich will deshalb auch keine große Einleitung bringen, sondern möglichst schnell zur Materie selbst kommen. Nur einiges sei vorausgeschickt: Wenn man von einem männlichen Prinzip in der Medizin spricht, so ergibt sich logischerweise von selbst, daß es auch ein weibliches Prinzip geben muß. In der Tat sehen wir diese beiden Principia sich häufig im Lauf der Zeiten gegenübertreten. Meist ist es so, daß eines von beiden überwiegt, oft aber sehen wir, daß beide gegeneinander streiten oder aber sogar einander im physiologischen Geschehen unterstützen und gegenseitig in ihrer Leistung beeinflussen. Letzteres ist überall da festzustellen, wo wir von Polarität und ähnlichem sprechen. Zu Zeiten, wo die Medizin von der jeweiligen Philosophie stark beeinflußt oder gar völlig beherrscht war, treten Begriffe wie Polarität, gegenseitige Kräftebeeinflussung und viel Aehnliches immer wieder an die Oberfläche.

Es soll nicht unsere Aufgabe sein, die unzähligen philosophischen Systeme und Schulen in ihrer Wirkung auf die Medizin der jeweiligen Zeit zu untersuchen, wenngleich wir philosophische Dinge hin und wieder streifen müssen.

Es wird Ihnen allen verständlich sein, daß es kaum
ein Volk der Erde gibt, das in seiner ältesten in Mystik und
Aberglaube übergehenden Religionsvorstellung nicht als Wi-
derspiegelung des eigenen Daseins männliche und weibliche
Kräfte angenommen hat. Ob dabei das männliche und das
weibliche Prinzip von Urtagen her als „seiend", also als
ewig von Herkunft und in gleichem Rang nebeneinander-
stehend angenommen werden, oder ob man das weibliche
unter gewissen Umständen und Bedingungen aus dem männlichen hervorgehen läßt, kommt für unsere Ueberlegungen
zwar in Betracht, ist aber nicht ausschlaggebend. Von Ewig-
keit her nebeneinanderbestehend als Naturkräfte und eins
ohne das andere nicht bestehen könnend, so nimmt die ur-
alte chinesische Naturlehre beide Kräfte, die männliche und
die weibliche, an! Yang und Yin sind seiend von Ewig-
keit her. Ganz andere Vorstellungen finden sich im Blick-
kreis der griechischen Philosophie und in der Vorstellungs-
welt der christlichen Glaubenssphäre. Plato läßt alle Wesen
auf Grund einer eigenartigen Deszendenztheorie entstehen
im Wege eines merkwürdigen Degenerationsprozesses. Ursprünglich, gewissermaßen gottgeschaffen, steht der Mann.
Durch Degenerationsvorgänge entsteht das Weib und weiter
alle sonstigen Lebewesen von den Säugetieren angefangen
bis zu den Würmern und Insekten. Ganz ähnlich läßt die
christliche Vorstellung den Allvater Gott zuerst den Mann
Adam erschaffen; erst in einem zweiten Schöpfungsakt, aber
nicht aus Erde und Ton, sondern aus einem Stück des
Adam, aus seiner Rippe, bildet er das Weib, auf daß Adam
eine Gefährtin habe und sich nicht langweilig fühle, zugleich aber auch die Möglichkeit finde, sich in Glück und
Lust dem Zeugungsgeschäft hinzugeben. Eintracht herrscht
zwischen dem paradiesischen Paare, die Liebe schlechthin
bindet Mann und Weib in einem wunschlosen Dasein voller
Sonnenschein und farbenfroher Sommerpracht. Einen Gegensatz zwischen männlich und weiblich kennt die Schöpfungsgeschichte nicht. Und doch schlummert ein solcher im Ver-
borgenen, um böse nach Wahrheit gewordener Tat sich zu
erheben und fortzeugend neues Unheil zu gebären. Eva ist
es, die den Einflüsterungen des bösen Prinzips, besser gesagt dem im Innersten ruhenden Negativen und Abwärts-
ziehenden, nachgibt, das Gebot des Herrn übertritt und
nun auch recht weiblich keine Ruhe hat, bis auch der
Mann ihre Untat begeht und so mitschuldig wird. Daß nun
das „Gebären in Schmerzen" anhebt, ist folgerichtig die
Strafe des Herrn für die Verführerin. Auch bleibt das Weib
das „schwächere Geschlecht" und bedarf ewiglich des
Schutzes des Mannes, wenngleich es beileibe nicht immer
den göttlichen Willen erfüllt und dem Herrn der Schöpfung

allzeit untertan ist, wie sich denn überhaupt die Stellung des Weibes je nach Volk und Kulturstufe geändert hat. Denken wir nur an die unserem Empfinden nach etwas lächerliche Verhimmelung der Frau, der „Herrin", in der Ritter- bzw. Troubadourzeit und anderseits an die völlig untergeordnete Stelle des Weibes im älteren Orient, in Ostasien, bei den meisten Negervölkern und nicht zuletzt bei den europäischen Südländern. Selbst in Staaten mit gebildeter romanischer Oberschicht ist es heute noch gang und gäbe, daß der Mann reitet, während die Frau im Staub der Straße, nicht selten mit schwerem Gepäck beladen, mühsam nebenhertrottet.

Eine andere medizinisch recht belangreiche Tatsache ist das bedeutende Hervorstechen des Bösen und die Allgemeinheit Schädigenden durch die Handlungen einzelner weiblicher Personen. Das Volk belädt lieber Weiber mit geheimnisvollen, die Menschen in Elend und Krankheit stürzenden Kräften als Männer; mit anderen Worten, es gibt auf tausend Hexen nicht einen Hexer! Der böse Blick ist Weibern zu eigen. Mit geheimnisvollen Teufelskünsten, den „Buhlkünsten", befassen sich ausschließlich Weiber. Zwar kennen wir auch Männer, die hier zu nennen wären. Aber sie sind an Zahl verschwindend. Faust ist Faust aus innerem Drang, aus der Sucht, zu Erkenntnissen zu kommen um jeden Preis, und sei es um den der ewigen Seligkeit. Er zerbricht Gretchen nicht aus Niedrigkeit und um des Schadenwollens willen, sondern weil er weiter muß auf seinem Weg; er kann nicht in einer bürgerlichen Ehe hängen bleiben mit Frau und Kind.

Doch wenden wir uns zu konkreten Dingen! Ueberall dort, wo das medizinische Geschehen, sei es nun in der Erscheinung der Symptome beim Kranken oder in den gegen die Krankheit ergriffenen Maßnahmen, theurgisch-mystisch gelenkt ist, tritt eine Differenzierung in männlich und weiblich früh zutage. Dies gilt natürlich vor allem für pantheistisch denkende Völker mit stark religiöser Bindung.

Untersuchen wir daraufhin die Einstellung der ältesten Kulturvölker der Erde, der sogenannten Urkulturvölker, also der Assyrobabylonier und der Aegypter, so treten erstaunliche Tatsachen in unser Blickfeld.

Zunächst sei, was Assyrobabylonien angeht, festgestellt, daß wir aus den gut erhaltenen und einwandfrei echten Quellen, die auf uns gekommen sind, imstande sind, uns eine recht gute Vorstellung vom weltanschaulichen Bild jener fernen Völker zu machen. Die auf Tontafeln geschriebene, auf uns gekommene und zum größten Teil bereits entzifferte Bibliothek des Assyrerkönigs Sardanapal (etwa 650 v. Chr.) hat uns gute Einblicke vermittelt.

2

Der Assyrobabylonier war sowohl im Alltagsleben
als auch in seinem Beruf und erst recht innerhalb der
sogenannten gehobenen oder akademischen Berufe innig
an das Priestertum gebunden. Dieses aber diente einem
wohlbevölkerten Göttersaale, in dem es ganz ausgesprochen
männliche und unverkennbar weibliche Gottheiten gab. Dazu existierte eine Unmenge von niederen Gottheiten zweiter
und dritter Klasse, die wir einmal kurz mit der Bezeichnung
„Dämonen" zusammenfassen wollen. Eine große Zahl von
Göttern und Dämonen hatte unmittelbare Beziehung zu
Leben, Krankheit und Tod, aber auch zum Arztberuf als
solchen, zum Vertreter dieses Berufes, dem Arzt, und nicht
zuletzt zu dessen Heilbestrebungen, also zur Therapie im
weitesten Sinn. Es sei dabei festgestellt, daß in Assyrobabylonien, wie denn auch bei fast allen übrigen alten
Völkern, die Vertreter des männlichen Prinzips im Göttersaale, also die als männliche Gottheiten gedachten Ueber-
irdischen, zahlenmäßig überwiegen. Dazu kommt noch die
Tatsache, daß fast alle alten Völker, einschließlich der Ur-
germanen, entsprechend dem eigenen staatlichen Gepräge,
das Leben im Himmel sich nicht in republikanischen oder
demokratischen Bahnen abspielen lassen, sondern sich eine
deutlich erkennbare göttliche Dynastie vorstellen, mit meist
streng monarchischer Regierung, an deren Spitze ein mächtiger männlicher Gott steht, dem allerdings hin und wieder
von seiten seiner männlichen und weiblichen Göttergenos-
sen peinliche Regierungsschwierigkeiten verursacht werden.
Man denke dabei an die Legende des Alten Testaments vom
Aufstand der übermütig und mächtig gewordenen Engel
unter der Führung Luzifers, ein Vorgang übrigens, der sich
in unzähligen Religionen bis tief hinein in die Vorstel-
lungswelt der präkolumbischen Indianer wiederholt. Die
assyrobabylonische Götterwelt wurde ebenfalls von einem
männlichen Wesen beherrscht, von Marduk, dem strahlenden
Gotte.

Wie die assyrobabylonische Weltanschauung den Ma-
krokosmos-Weltall und den Mikrokosmos-Mensch überall
und immerdar in Wechselwirkung setzte, so auch den
götterbeherrschenden Marduk und den Spender des Lebens
im Zweistromlande, den alles netzenden und nährenden
Euphrat. So ist es erklärlich, daß in den Tempeln des Marduk stets ein Brunnen zu finden war, der das sogenannte
„Lebenswasser" enthielt. Ursprünglich mag es sich dabei
um eigens angelegte Zisternen gehandelt haben, in die
geschöpftes Euphratwasser gebracht wurde. Später wird
man sich nach Graben eines tiefen Schachtes mit Grund- oder
Sickerwasser begnügt haben, das letztlich ja auch dem
heiligen Euphratstrom entstammen mußte.

Wichtig ist auch, festzuhalten, daß der männlich starke Marduk stets als der S o h n des Allvaters Ea, also eines unendlich viel älteren, größeren, erhabeneren und auch geheimnisvolleren männlichen Gottwesens dargestellt wird. Nahe liegt die christliche Vorstellung von Gott Vater und Gott Sohn, bei der ja auch der Vater mehr oder weniger in der Höhe des Alls bleibt, während der Sohn der tätige männliche Wirker und Werker und Ausführer der männlich göttlichen Ideen des Vaters ist. Ganz wie Christus ist Marduk der Mittler zwischen Menschen und Göttern. Und wieder tritt uns die assyrobabylonische Bindung zwischen Makrokosmos und Mikrokosmos entgegen in der Tatsache, daß Allvater Ea mit seinem Namen eigentlich das lebengebärende Meer bezeichnet.

Daß Marduk in der Medizin als das handelnde männliche Prinzip von Priester und Arzt in Krankheit, Not und Tod angerufen wird, ist selbstverständlich. Marduk selbst aber zeugt einen Sohn Nabû, der später die Stelle seines Vaters als Gott der Wissenschaften und besonders der Medizin eingenommen hat. Sowohl Marduk als auch Nabû tragen alle ausgesprochenen Merkmale männlicher Aktivität. Eine nur zweitklassige Rolle spielt ein trotzdem auch außerordentlich männlich tätiger Gott: der Feuergott Gibil. Wie sehr aber — und wir werden das gleiche in Aegypten sehen — männliches Handeln und männlicher Sinn, also Entschlossenheit, Unternehmungslust und zielsicheres Handeln Assyrobabylonier und Aegypter beeindruckt haben, ergibt sich aus der Tatsache, daß hier wie dort ein M e n s c h, und zwar ein A r z t, aber ein besonders männlich wirkender, tätiger und erfolgreicher, als Heros in den Götterhimmel versetzt worden ist.

In Assyrobabylonien war es der Heros Gilgamisch, in Aegypten der vergottete Imhotêp. Stets hatte der ärztliche Stand bei den Kulturvölkern der alten Welt einen eigenen göttlichen Schützer; so im Zweistromland Ninib, dem allerdings schon eine Göttin als Vertreterin des weiblichen Prinzips zur Seite gestellt wurde, Gula, seine Helferin. Trotzdem treten in Assur und Babylon die weiblichen Gottheiten sehr stark zurück. Die Gattin des Marduk, Zarpanitû, und die Kriegsgöttin Ichtar sind eigentlich die einzigen, und ihre Rolle ist negativ: jene ist ähnlich wie die Gula nur als Hilfskraft gedacht; diese hat gleich der Athene der Griechen verschiedene Aufgaben, wie Beschäftigung mit Krieg und ähnlichem; und die Totengöttin Allatû ist dem Leben gegenüber natürlich ganz ablehnend.

Die Krankheitsbringer sind Dämonen, und zwar sind sie fast alle männlich und äußerst tatenfreudig. Da sind Nergal und Urugal, die Seuchendämonen, die durchs Land rasen und die Menschen mit Pest und Tod schlagen. Ihnen zur Seite steht der höchst tätige Dämon des Fiebers, Asakkû. Für gewisse eng umschriebene Krankheiten sorgen andere männliche Dämonen, so Utukkû für Halsleiden aller Art, Alû für die Krankheiten der Brust, wie Lungenentzündung, Husten, Schwindsucht, Asthma, Blutspeien und ähnliches. Für krankhafte Veränderungen der Hand sorgt der nichtsnutzige Gallû und für Hautkrankheiten, Ausschlag, Ekzem, Lepra und Krätze Rabisû. Diesen wenig angenehmen Gesellen hilft nächtlicherweile Silû, der Dämon des Nachtschrecks.

Merkwürdigerweise verbindet man mit den unheimlichen Totengeistern fast stets die Vorstellung m ä n n - l i c h e r Wesen. Sie sind die gefürchtetsten, denn sie quälen und peinigen die Lebenden wohl aus Neid um das verlorene leibliche Dasein. Daß man diesen Unholden nur mit übernatürlichen, also mystisch-theurgischen Mitteln zu Leibe gehen konnte, ist selbstverständlich. Da brauchte man erst recht ein typisch männliches Wesen. Man fand es wieder in Marduk, den Arzt und Priester zum männlichen Kampf gegen die Feinde der menschlichen Gesundheit anriefen. Auf seine männliche Tat vertrauten Priester, Arzt und Patient. War es ganz schlimm, so holte man zur Unterstützung Marduks durch ein dringliches Gebet noch den Mondgott zu Hilfe. Man sieht, wie sich nun ein erbitterter Kampf zwischen dem männlichen Guten und dem männlichen Bösen entspinnt, der zwar nicht immer zum Sieg des Guten, aber stets zum Sieg eines männlichen Prinzips führen muß.

Wie innig die männlichen Dämonen mit einzelnen Krankheiten verknüpft waren, zeigt sich darin, daß das Volk und später noch die Gelehrten die Namen der männlichen Dämonen von diesen auf die durch sie hervorgebrachten Krankheiten selbst übertrugen. So wurde der Name eines bestimmt männlichen Dämons, des Labasû, geradezu zur allgemeinen Bezeichnung für die Fallsucht.

Wollen wir bei dieser Gelegenheit noch feststellen, daß bei allem Einfluß von Zahlenmystik, Astrologie und rein abergläubischer Omenlehre die Ausübung der ärztlichen Tätigkeit so gut wie stets an einen rein männlichen Stand gebunden war, nämlich an die Priesterschaft.

Hat in Assyrobabylonien der Hauptvertreter des männlichen Prinzips, Marduk, gewissermaßen Gott Sohn, so gut wie allein regiert — seine Gattin Zarpanitû war ja nur seine Helferin! —, so wandelt sich in Aegypten der strahlende Gottmann im Sonnengott Râ zum Haupte einer medizinkundigen Familie, womit dann der Uebergang zu Griechenland gefunden ist. Râ ist der Vater, das Haupt der Familie; ihm recht nahegestellt ist Isis, und beide erzeugen den Sohn Horus, den Götterknaben. Damit ist die vom männlichen Prinzip des Göttervaters regierte Heiltrias geschaffen, wie sie später in Griechenland zu besonderer Bedeutung kam. Der Mondgott Thot gesellt sich dieser, ähnlich dem griechischen Hermes, als Helfer und Vermittler zu. Wieder beeindruckt das Volk ein stark männlich wirkender Typ eines begnadeten, erfolgreichen ärztlichen Priesters: Imhotêp, angeblich vom Gotte Ptah gezeugt, erlangt göttliche Verehrung und wird schließlich zum eigentlichen Gott der Aerzte, damit einen Vorwurf bildend für den griechischen Aerztegott katexochen Asklepios.

Dem Râ und seinen guten Göttern steht das schlechte männliche Prinzip, der immer verneinende Set, der Eselsköpfige, gegenüber, der, ähnlich wie in Assyrobabylonien Nergal und Urugal, die Menschen mit Seuchen schlägt.

Eine Merkwürdigkeit ist das Vorhandensein des Gebärgottes Chnun, über dessen Entstehung und Wirken man leider nicht allzuviel weiß.

Göttinnen treten außer Isis, dem gottgewordenen Erdprinzip, stark zurück. Als geburtsfördernde Helferinnen, gewissermaßen göttliche Hebammen, gelten Sechmêt, Bachêt und Bastêt.

In der Göttertrias ist das Vorwiegen des männlichen Prinzips in allen ägyptischen Zeitperioden ganz ausgesprochen. Zwar ändern sich die Namen des Göttervaters — bald heißt er nach landschaftlicher Einstellung Osiris, Râ oder Ptah —, immer aber bleibt er der mächtige, die Familie lenkende Vater und Gatte. Der Sohn, ursprünglich aus der Vereinigung des Osiris und der Isis hervorgegangen, macht später dem menschlich geborenen, aber durch seine Männlichkeit vergöttlichten Imhotêp Platz.

Das Familienhaupt Osiris, Râ oder Ptah ist stets der leitende Heilgott, Vertreter des obersten Prinzips des W i s s e n s um die Heilkunst; der Sohn ist der ausübende, praktisch wirkende H e i l e r; die göttliche Mutter verfügt, was späterhin typisch für das weibliche Prinzip in der Medizin hervortritt, über magisch-mystische Kräfte, mit denen sie ihren Gatten und Sohn im Kampf gegen Tod und Krankheit unterstützt.

Auch die vier Totendämonen sind männlich.

Wie in Assyrobabylonien ist der Arzt in e i n e r Person auch Priester. Dessen Kaste aber lenkt das Volk nicht nur in religiöser, sondern auch in gesundheitlicher Beziehung. Besonders die hygienische Führung der Nillande ist in der Hand der starkwilligen Priester mehr als erfolgreich gewesen und hat selbst die Griechen noch genug des Guten lehren können.

Haben wir uns bisher nur im Kreis semitischer Götter-
lehren bewegt, so führt uns die Betrachtung altpersischer
Religion auf urarischen Boden. Die polytheistische natur-
gebundene Religionslehre der alten Perser, aber auch die
neueren Lehren des Zoroaster oder Zarathustra sind ur-
arisches Gedankengut. Wenn dieses auch in der historischen
persischen Zeit stark mit semitischen Einsprengseln durch-
setzt worden ist, so ist im Grunde sein Wesen doch nicht
zerstörend verändert worden. Auch hier herrscht als ober-
ster Gott, als Typ des männlichen Prinzips Ormuzd oder
Ahuramazda. Sehr früh erscheint bereits ein Arzt — man
könnte ihn den Urarzt nennen — Thrita, der von sich aus
in männlicher Entschlossenheit und Tatkraft den Kampf
gegen Krankheit und Tod eröffnet. N a c h d i e s e r a r i -
s c h e n A n s c h a u u n g g e h t a l s o d e r A n s t o ß z u m
K a m p f g e g e n d i e S c h ä d l i c h k e i t e n n i c h t v o n
e i n e m G o t t e a u s, s o n d e r n v o n d e m M a n n u n d
M e n s c h e n T h r i t a. Dieser wendet sich an den Götter-
vater Ormuzd und bittet ihn durch inniges Gebet, ihm in
seinem Kampfe zu helfen. Dank der Beharrlichkeit Thritas
erhört Ormuzd dessen Flehen und läßt eine Menge heil-
kräftiger Pflanzen wachsen, mit denen Thrita nun seinerseits die medikamentöse Therapie mutig eröffnet.

Wieder typisch für den männlichen Unternehmungs-
geist des nun durch Thrita für die Heilkunde begeisterten
Gottes, wird dieser nun zum Begründer der tätigen Chirurgie, indem er Thrita das erste Operationsmesser schenkt
und ihn in den Grundzügen des Operierens unterrichtet.

Haben wir oben von dem ebenfalls rein männlichen
Trieben entspringenden Aufstand des überheblichen Lu-
zifer gehört, so tritt uns im persischen Religionskreis, also
auf rein arischem Boden, deutlich zum erstenmal der männliche Teufel, Ahriman, entgegen, das verkörperte, gestalt-
gewordene böse Prinzip.

Dieser Teufel verfolgt nun nicht nur die Menschen,
quält und ärgert sie und verführt sie zur Sünde, sondern
er macht sie auch krank, ganz ähnlich wie es der „christliche" Teufel im Mittelalter tut! Dieses Kranksein ist aber
nach persischer Vorstellung mit Besitzergreifung des Op-
fers durch Ahriman verbunden, mit anderen Worten be-
mächtigt sich der Böse auch körperlich des Kranken, und
dieser wird zum „Besessenen".

Neben diesen einfachen, urarischen Vorstellungen tauchen dann bald, besonders im h i s t o r i s c h e n Persien,
viele, hauptsächlich männliche, Dämonen auf, die in ähnlicher Weise wie in Assyrobabylonien zu charakterisieren
wären.

Im ältesten Persien lag die Behandlung kranker Menschen sicherlich wie im Zweistromland und in Aegypten in der Hand der Priester. Aber schon die Erzählung von Thrita beweist, daß sehr früh ein eigener, von sich aus tätiger Aerztestand entstanden sein muß, wobei allerdings nicht mit Sicherheit von der Hand gewiesen werden kann, daß Thrita möglicherweise selbst ein Priester war.

Erheblich anders sieht die Medizin der alten Inder aus. Bei ihnen findet man zwar auch, wenigstens in der Urperiode, medizinisch handelnde Götter; sie stehen aber bei weitem nicht so sehr im Vordergrund wie etwa in Babylon und Assur. Besonders in der vedischen Literatur gibt es ärztlich handelnde Götter, die sogar selbst eines Arztes bedürfen, des sogenannten Dhanwantari. Zwei durchaus männliche Götter, die Asvins, die in der Literatur häufig genannt werden, sind Heilgötter. Sie behandeln sowohl Himmlische als auch Menschen, sind aber vor allem aktiv chirurgisch tätig: ein gutes Zeichen männlicher Entschlußkraft und mutigen Handelns. Dies ist kein Zufall, denn die altindische Medizin verfügte, ganz entgegen den bisher besprochenen Zweigen, über eine hochstehende, tapfere, ja geradezu männlich-heroische Chirurgie. Erwähnt sei noch, daß der Windgott, eine sehr männliche Erscheinung, sich gern des alten mystischen Heilmittels, des Kuhurins, bedient, was verständlich ist, wenn man bedenkt, daß das Rind heute noch in Indien heilig ist.

Ein ebenfalls durchaus männlicher Gott, der Gott des Feuers, wurde als der Inbegriff und das Symbol des Lebens selbst verehrt; weitere männliche Götter sind unerhört tätig in der Behandlung von Knochenfrakturen. Ferner tritt ein männlicher Gott als Unglücksbringer und Krankheitsverbreiter in Erscheinung; merkwürdigerweise ist es der Gott der Winde, den wir oben als den Spender des als Heilmittel dienenden Kuhurins erwähnt haben.

Daß die Dämonen natürlich auch im arischen Indien, ähnlich wie im alten Persien, eine recht bedeutende Rolle spielen, sei nur nebenher erwähnt. Sie sind mit wenigen Ausnahmen männlichen Typs; so besonders der allmächtige Tagman, der Fieberbringer. Von weiblichen Göttern erscheint als aktive, wenn auch negative Gottheit, lediglich die Pockengöttin.

Der Geist des indischen Arztstandes, wenigstens jenes in der brahmanischen Epoche selbständigen und von der Priesterkaste unabhängigen, präsentiert sich durchaus männlich, was sich darin zeigt, daß die Chirurgie voller Unternehmungslust auch vor recht schwierigen Eingriffen nicht zurückschreckt. Sie betrachtet den obersten Gott des indischen Himmels, Indra, gewissermaßen als den Begründer

der Chirurgie. Indra aber ist Urtyp der männlichen Gottheit; er unterrichtet denn auch als Schöpfer der Chirurgie den Götterarzt Dhanwantari erstlich in der Chirurgie, der seinerseits das chirurgische Wissen weitergibt. Eine Aehnlichkeit mit Persien ist unleugbar.

Dem bisher gekennzeichneten männlichen Typ, also dem aktiven Handeln in medizinischen Dingen, widerspricht allerdings schärfstens der Glaube an karmabedingte Leiden, worunter solche zu verstehen sind, deren Ursache zu suchen ist in den Sünden eines vorhergegangenen Lebens. Ein Beispiel für viele mag genügen: Ehebruch in einem vorangegangenen Leben erzeugt in einem späteren als Strafe Gonorrhoe. Daß es sich hierbei um Krankheiten handelt, gegen die man einfach nichts machen kann, bei denen also auch jede männliche Aktivität des Arztes von vornherein zum Scheitern verurteilt sein muß, braucht nicht besonders betont zu werden.

Wenden wir uns der Medizin der Chinesen zu! Damit erreichen wir für unser Thema das wichtigste zu betrachtende Gebiet. Dem alten Chinesen, dessen vieltausendjährige Kultur im wesentlichen bis auf den heutigen Tag bestehen geblieben ist, galt der Gegensatz zwischen „Männlich" und „Weiblich" so viel, daß er sich ohne ihn keine Wissenschaft und vor allem keine Medizin vorstellen konnte. Zwei Urkräfte, die man auch nach späteren Vorgängen Polaritäten nennen könnte, halten sich sowohl im Weltall als auch im Menschenleben und in jedem physiologischen Geschehen das Gleichgewicht: Das männliche Prinzip Yang steht dem weiblichen Yin überall entgegen. Gesundheit, Leben, Fortschritt, Ausgeglichenheit, Zufriedenheit, also auch Glück, sind nur möglich, wenn Yang und Yin in Harmonie stehen. Dabei ist Yang das Urmännliche im Wesen des All. Yang ist stets positiv, tätig, groß und seiend; der Himmel ist sein Feld, das Licht sein Element. Yin ist passiv, gewissermaßen negativ, dunkel, erdgebunden. Der Vergleich mit der Mutter Erde, der Gaea der Griechen, liegt nahe. Das Leben der Welt beruht in letzter Linie auf dem Einwirken des männlichen Yang auf das weibliche Yin. Es handelt sich also um ein Wechselspiel zwischen männlichen und weiblichen Kräften. Diesem verdankt im Grund die Welt ihr Gesicht, die Verschiedenheit ihrer mannigfachen Erscheinungen, ihr Werden, Wirken und Vergehen.

Wo Yang überwiegt, regiert das männliche Prinzip, wo Yin, das weibliche. So stellen sich noch heute die Chinesen vor, daß das männliche Prinzip sich in der Sonne, in der Helligkeit, aber auch im Frühling, im Sommer, im Schwung von Kraft und Stärke, im geistigen Hochstand, aber auch in der Unbeugsamkeit des Charakters, im starken Wollen,

im Planen und Erbauen, kurzum im Produktiven doku-
mentiere.

Yin dagegen, das weibliche Prinzip, beherrscht den
Mond, den Herbst, den Winter, die menschliche Schwäche
in Körper und Geist, die charakterliche Weichheit, das
Nachgeben, Sichfügen, aber auch das Alter und schließlich Kälte und Nacht.

Es ist nun fast unvorstellbar, in welcher Mannigfaltigkeit das männliche Prinzip mit dem weiblichen in
Wechselbeziehung tritt. Es würde zu weit über den Rahmen
dieses Vortrages hinausgehen und letztlich nicht mehr und
nicht weniger bedeuten, als die gesamte verwickelte chinesische Philosophie vor Ihren Augen ausbreiten zu wollen,
beabsichtigte ich, Ihnen auch nur auf engstem Raum diese
Wechselwirkung zwischen männlichem und weiblichem Prinzip darzutun.

Nur das Wichtigste sei gesagt: Die Fünfzahl beherrscht
im allgemeinen Makro- und Mikrokosmos. 5 Grundstoffe
oder Elemente bilden alle Dinge. Nur auf unendlich viel-
seitiger Mischung dieser 5 Urstoffe beruht das Wesen jed-
weden Dinges. Und diese 5 Elemente sind: Holz, Feuer,
Erde, Metall und Wasser. Alle 5 Elemente stehen in Wechselwirkung zueinander. Schon die Schöpfungsgeschichte zeigt
dies. Aus dem Wasser entsteht das Holz; aus diesem das
Feuer, aus dem Feuer durch Verbrennen die Erde oder
Asche, die Erde zeugt das Metall — folglich sind überall
Abstammung, Freundschaft und Feindschaft zu beachten.
Ueberall in der Natur bestehen Wechselbeziehungen, Sym-
pathien oder Antipathien.

5 Planeten, 5 Luftarten, 5 Himmelsrichtungen, 5 Jah-
reszeiten, 5 Tageszeiten, 5 Töne und 5 Farben beherrschen
das Weltbild des Chinesen.

Auch im Menschen sind das Leben und alle physiologischen Prozesse nur durch die Wechselwirkungen des
männlichen Prinzips Yang und des weiblichen Yin möglich. Halten beide sich die Waagschale und sind die 5 Elemente richtig verteilt, so besteht Gesundheit. Ueberwiegt
das männliche Prinzip zu sehr, oder — was noch schlimmer
ist — das weibliche, so muß unweigerlich Krankheit auftreten. Interessant ist nun wieder, daß das männliche Prinzip
als Lebenswärme (Calor innatus des Abendlandes) gewisse
Hohlorgane bevorzugt und beherrscht: so den Magen, die
Därme, die Gallenblase und schließlich die Harnblase. Dagegen hat das weibliche Prinzip Yin hervorragenden Einfluß auf die festeren Organe des Situs: Herz, Lunge, Leber,
Milz und Nieren. Es sei nur darauf hingewiesen, daß die
5 Elemente, also Holz, Feuer, Erde, Metall und Wasser, auf
bestimmte Organe einwirken, so z. B. entsprechen dem

Holze die Leber, dem Feuer das Herz, der Erde die Milz, dem Metall die Lungen und dem Wasser die Nieren.

Die meist weiblichen, festen Hauptorgane haben Hohl-, also männliche Nebenorgane oder Gehilfen, so die Leber die Gallenblase, das Herz den Dünndarm, die Milz den Magen usw. Man sieht, wie auch hier wieder Wechselwirkungen im Vordergrunde stehen.

Die Krankheit ist nach urchinesischer Ansicht also eine Gleichgewichtsstörung, eine Störung der Harmonie, demnach ein Ueberwiegen des männlichen oder weiblichen Prinzips. Deren Folge aber muß ein Mißverhältnis in der Zusammensetzung der lebendigen Substanz sein. Es entsteht also gewissermaßen eine verkehrte Mischung, womit wir uns dem Begriff der Dyskrasie der klassischen Griechenmedizin erheblich genähert haben.

Man wird verstehen, daß bei dieser ausgeklügelten, eigentlich rein philosophischen Naturlehre die Therapie im Sinne der männlichen Aktivität nicht weit her sein kann. In der Tat ist denn auch die Chirurgie in China höchst primitiv geblieben. Dagegen kann man anderseits an einer gewissen heroischen Aktivität des chinesischen Arztes nicht vorbeigehen; ich meine die Akupunktur und das Moxensetzen. Erstere beruht darauf, daß man lange, dünne Nadeln an bestimmten, genau vorgeschriebenen Stellen tief in den Körper einsticht, wobei selbstverständlich die inneren Organe, wie Leber, Lunge und andere, mitverletzt werden. Merkwürdigerweise treten dabei trotz des Fehlens jeder Asepsis kaum jemals Komplikationen auf, wie Chinakenner immer wieder betonen. Vielleicht sind diese heroischen Einstiche im Sinne einer Reiztherapie zu werten. Bei der Moxibustion werden kleine Zunderhäufchen nach bestimmten Vorschriften auf die Haut geklebt und dann abgebrannt, was in der Wirkung dem Gebrauch des Ferrum candens entsprechen, aber in der Wirkung auf die Patienten noch unangenehmer sein dürfte.

Kommen wir zu Griechenland und damit zur Wiege unserer abendländischen Medizin! Auch hier finden wir im ältesten Griechenland, also etwa vor 500 v. Chr., die Medizin großenteils in der Hand der Priester. Wieder ist es eine Art ärztlicher Götterfamilie, die im Vordergrund alles Wirkens steht. An ihrer Spitze steht als Vertreter des männlichen Prinzips der kraftstrotzende Gott Asklepios. Seine Gattin Epione, die Schmerzlindernde, und seine Töchter Jaso, die Heilende, Hygieia, die Vorbeugende, und Panakaia, die Allheilerin, sind seine Helferinnen. Ebenfalls mehrere Söhne helfen dem Vater, so sein dem ägyptischen Horus vergleichbarer Sohn Telesphoros, der Gott der Genesung, oder besser der „Vollender des Heilweges".

Asklepios ist ein durchaus männlicher Gott, dessen Heiltempel insbesondere in Kos und Epidauros Tausende von Pilgern jährlich zur Wallfahrt sehen, die um Genesung flehen. Ein weiterer absolut männlicher Gott, Apollo, mit seinem bevorzugten Sitz in Delphi, übt ebenfalls Heilwirkung aus, kann aber auch als Sender sengender Pfeile die Pest verbreiten. Eine nur nebensächliche Rolle spielt die Göttin Athene.

Die Männlichkeit des Asklepios hat sich denn auch in Griechenland auf den ärztlichen Stand, die Asklepiaden, übertragen, und kaum in irgend einem Kulturland des Altertums war der Aerztestand so ausgesprochen männlich, positiv, aufrecht, mutig und gewissenhaft wie im alten Griechenland. Wer den Eid des Hippokrates aufmerksam durchliest, verspürt darin das Wirken eines edlen männlichen Prinzips. Man sagt nicht zuviel, wenn man die klassische Zeit der Griechenmedizin einschließlich ihres Wirkens auf römischem Boden, also von Hippokrates bis Galen unter Einschluß der Alexandriner, als eine typisch männliche Periode in der Medizin bezeichnet. Dazu gehören neben den bereits erwähnten Eigenschaften Forscherdrang, Handlungsfreudigkeit und, wenn nötig, männliches Eintreten für errungene Erkenntnisse.

N a c h Galen vermissen wir insbesondere den Drang zur Forschung, die Freude am Hineinschauen ins Geschehen des Lebens, das männliche Handeln und das kämpferische Eintreten für gewonnene Ueberzeugungen. Ausnahmen bestätigen die Regel.

E s w a n d e l t s i c h u n s a l s o d e r B e g r i f f d e s m ä n n l i c h e n P r i n z i p s i n d e r M e d i z i n. W i r k ö n n e n v o n m ä n n l i c h e n u n d w e i b l i c h e n E p o c h e n s p r e c h e n, wobei wir unter männlichen solche erhöhter Aktivität, unter weiblichen solche der Untätigkeit und der Stagnation verstehen wollen.

N a c h Galen, also etwa in der Zeit von 200 n. Chr. bis 1500 n. Chr., kann man von der Periode des Galenismus, der geheiligten Tradition, des Dogmatismus oder, wenn man so will, der Anbetung Galens als Alpha und Omega des medizinischen Wissens und Könnens reden. In dieser Zeit ruhen im großen und ganzen persönliche Aktivität und eigenständige Forschung. Was Galen gelehrt hat, ist Gesetz! E i g e n e r Fortschritt, verantwortungsvolles persönliches Handeln ohne Deckung durch autoritative Buchweisheit sind unmöglich geworden.

In diese weibliche Epoche hinein gehört auch die gesamte arabische Medizin, die im Grunde nichts anderes ist als ein Weiterwälzen überkommenen Griechengutes. Eine einzige rühmliche Ausnahme macht die kurze Periode der M e d i z i n i n S a l e r n o um 1000 n. Chr. In dieser Zeit und an diesem Orte, nämlich in Salerno am Golf von Pästum in Mittelitalien, entstand eine eigene Schule mit eigener Unternehmungslust und eigener Zielrichtung. Diese ist als durchaus männlich und durchaus nach männlichen Prinzipien ausgerichtet zu bezeichnen. Zwar hat sie die Welt nicht erobern und den Galenismus mit all seiner Autoritätswirtschaft und Traditionsgebundenheit nicht stürzen können, aber sie hat der Weltmedizin trotz allem ihre Spuren aufgeprägt und z. B. in ihren Diätvorschriften für das allgemeine Volk recht Ersprießliches geleistet. Aehnlich könnte man als männliche Epoche das Wirken der oberitalienischen Chirurgie, etwa um 1200, bezeichnen. Männer wie die Borgognoni, Hugo von Lucca, Saliceto und Lanfranchi — alle praktische Chirurgen großen Stils — waren vollwertige Männer!

Daß man die ganze scholastische Zeit als männlich negativ nach unserer obigen Definition hinstellen muß, braucht nicht näher erläutert zu werden.

Ein Ueberwiegen des männlichen Prinzips erleben wir dann erst wieder nach 1500. Seine Schildträger sind die Deutschen Paracelsus und Vesal, der Spanier Servet und der Franzose Paré. Sie beenden die inaktive, weibliche Epoche des Galenismus und Dogmatismus und erheben i h r Prinzip, das männliche, zu Ansehen, Würde und Erfolg. Mit anderen Worten, dank ihrer Taten wird die Medizin, die erstarrt und träge geworden ist, wieder belebt, tätig und zielstrebig. An die Stelle des alten Dogmenglaubens tritt die Freude an der Naturbeobachtung, am Experiment und an der eigenen Verantwortlichkeit. Fassen wir uns kurz: Paracelsus legte den Grundstein zur chemisch-biologischen Auffassung im Naturgeschehen, Vesal schuf den bewundernswerten Bau der neuen Anatomie, der bis auf unsere Tage nicht umgebaut, sondern nur ergänzt werden mußte, Servet gab mit der Entdeckung des kleinen Blutkreislaufes der Physiologie unerhörten Aufschwung, den um 1600 der Engländer Harvey durch die Beschreibung des großen Blutkreislaufes weiter steigern konnte, und Paré schließlich, der Normanne, wurde zum Vater der modernen Chirurgie. Sie alle vier waren im wahrsten Sinne des Wortes ganze Kerle!

Seit Paracelsus ist das männliche Prinzip in unserem Sinne lebendig geblieben oder, besser gesagt, es hat nicht mehr beseitigt werden können, wennselbst es auch an

Versuchen dazu nicht gefehlt hat. Es würde zu weit führen, wollte ich im Rahmen dieser Ausführungen die Zeit vom Tode des Paracelsus bis heute darstellen. Begnügen wir uns damit, festzustellen, daß immer wieder anfänglich männlich wagemutige Richtungen durch „Verschulen" feminin wurden, damit aber ihre Aktivität zugunsten einer bequemen Passivität verloren und also ausmündeten in eine feminine Zeitspanne.

Dies war der Fall im 17. Jahrhundert, wo die Schulen der Iatrophysiker und Iatrochemiker in der Ueberspitztheit ihrer Prinzipien praxisfremd wurden, was ihnen das Vorpreschen eines wirklichen Mannes, des kühnen praktischen Arztes aus London, Thomas Sydenhams, eintrug, der. mit dem ganzen spekulativen Gerede und Geschreibe Schluß machte und die Medizin mit kühnem Zügelzug wieder auf den Weg der Praxis zurückführte. Aehnlich verhielt es sich um die Schulen des 18. Jahrhunderts. Hoffmannismus und Animismus bekämpften einander heftig; wieder trat Sterilität ein, und wieder mußte ein ganzer Mann, diesmal ein Holländer, Hermann Boerhaave, als Retter erscheinen. Daß gleichzeitig in seinem Kolleg wirkliche und echte männliche Typen saßen, mag kein Zufall gewesen sein. Erinnern wir uns nur des prächtigen Albrecht v. Haller, des Begründers von der Lehre von Irritabilität und Sensibilität.

Daß Boerhaaves Oberarzt, van Swieten, ein unvorstellbar tüchtiger Organisator, geladen mit sprudelnder Energie, gerade von einer Frau, nämlich Maria Theresia, nach Wien berufen und hier zum Begründer des ersten Wiener Kreises (1745) wurde, ist eine besondere Merkwürdigkeit. Er zog dann die eben im ersten Wiener Kreis unsterblich gewordenen Männer nach sich: de Haen, Störck, Stoll, J. P. Frank, Quarin u. v. a. Es war eine unerhört männliche Runde, dieser erste Wiener Kreis, in dem sich gewaltige Potentiale anhäuften, die in ihren Entladungen nicht nur die deutsche Medizin, sondern die Weltmedizin zutiefst beeinflußten.

Daß n e b e n diesem Wiener Kreis ein Einzelgänger, ein Mann von unerhörter Stetigkeit und nie ermüdendem Fleiß, Leopold Auenbrugger, der Entdecker der Perkussion, einherschreiten mußte, ohne in die Gemeinschaft der Erlauchten aufgenommen zu werden, war wahrlich nicht seine eigene Schuld!

Was aus der mißverstandenen Hallerschen Lehre an Theorien und Theoriechen geschmiedet und gebraut wurde, war ein uneinheitliches Konglomerat sich widerstrebender kleiner und keinster Größen. Sie alle zehrten von der wirklichen Entdeckung des Mannes Haller, ohne selbst von dessen Männlichkeit genährt oder berührt worden zu sein.

Cullenismus, Brownianismus, die Clairevoyence Puiségurs, die Lehren Lavaters, aber auch der „tierische Magnetismus" Mesmers mit all seinen Auswüchsen, die Lehre von Od und Astralleib Reichenbachs, schließlich der jüngere Spiritismus und alle diese Richtungen verschiedenster Art sind nicht als Prototypen des männlichen Prinzips zu betrachten. Nicht zuletzt hat auch das Eindringen der Naturphilosophie in die Medizin zu einer „Verweiblichung" und einem Weichwerden guter medizinischer Grundsätze geführt.

Dagegen muß als männliche Reaktion das Aufstehen Hahnemanns und sein Werk, der Aufbau der Homöopathie, bezeichnet werden. Man kann zur Homöopathie eingestellt sein, wie man will: zu leugnen ist nicht, daß der Sachse Hahnemann gegenüber dem Wust von Ansichten und Theorien, dem Hin und Her der Meinungen und dem drohenden Verschlucktwerden durch philosophische Spekulation männlich entgegengetreten ist und der Welt gezeigt hat, daß das Experiment besser ist als ein Gespinst von tausend geistreichen Gedankenfäden. Daß er in der Art, wie er seine Ideen propagierte, grob und vierschrötig herausplatzte, ist sicherlich ein Nachteil gewesen und hat seiner Lehre nicht gerade genutzt, aber man liest seine Boshaftigkeiten und die beleidigenden Anrempelungen seiner Zeitgenossen tausendmal lieber als das damals übliche, oft schleimig wirkende Gewäsch einzelner Ueberphilosophen oder solcher, die sich dafür hielten. Vielleicht ist es auch kein Zufall, daß zwischen den Köpfen Hahnemanns und Hohenheims eine gewisse Aehnlichkeit auffällt.

Nach einem vorübergehenden Niedergang der Wiener Medizin erhob sie sich in staunenswerter männlicher Aktivität etwa um 1840 zum sogenannten zweiten Wiener Kreis, der bis 1900 der Mittelpunkt der europäischen Medizin blieb und noch bis zum ersten Weltkrieg anerkannte Nachwirkung hatte. Männer wie Skoda, Rokitansky, Schuh, Hebra, Dumreicher, Hyrtl, Brücke, Meynert und Billroth bilden eine durchaus männliche Gemeinschaft.

Ebenso ein ganzer Kerl war, ähnlich wie Auenbrugger, der neben den Größen einherschreitende unglückliche Ungar Semmelweis.

Seine Männlichkeit aber mußte zerbrechen an der sturen Einseitigkeit der Gewaltigen des damaligen Wien. Sein hochfliegender Geist zerfloß im Unglück und in der Tragik dieses Kämpfers in Nacht, Wahnsinn und Tod. Und doch kämpfte er bis zum letzten Augenblick einen heroischen Kampf für seine Ueberzeugung, die ihm heilig, seinen unbelehrbaren Gegnern und Höhnern aber unverständlich blieb, die ihm aber doch den Siegeskranz auf den Hügel legte und ihm den einzigartigen, einmaligen Ehrentitel des „Retters der Mütter" eintrug.

Daß die Chirurgie in Deutschland immer von männlichem Tatendrang beseelt war, beweisen uns die Namen Billroth, Volkmann, Albert, Hochenegg, Eiselsberg und in unseren Tagen Bier, Payr, Sauerbruch u. v. a.

Typisch männlich bewiesen sich die großen deutschen Forscher des ausgehenden 19. und des beginnenden 20. Jahrhunderts, wobei es sicherlich auch wieder kein Zufall ist, daß zwei ausgesprochene Militärärzte in Führung stehen: v. Behring und Löffler. Männer aber wie Koch, Röntgen, Virchow, Pettenkofer und Wagner-Jauregg reihen sich diesen würdig an.

Eine eigenartige „dickschädelige" Ueberhöhung der männlichen Ueberzeugung zeigt sich bei Pettenkofer. Seine Ansicht über den „unnützen Bazillenkram" ist so tief bei ihm eingewurzelt, daß er unbedenklich seine ganze Persönlichkeit, sein Leben und Sein für seine Ansicht als Einsatz in ein gewagtes Spiel legte, indem er eine von Koch bezogene Reinkultur von Cholerabazillen auf seinem Butterbrote verspeiste, ehe seine entsetzten Schüler und Assistenten ihn daran hindern konnten. Untersuchen wir nicht, ob ein Wunder oder die mangelnde Virulenz der Kultur dem Altmeister das Leben gerettet hat; es bleibt sich gleich für die Feststellung, daß da ein Mann auf der Höhe seines Ruhmes alles, sich selbst und seine Zukunft in die Waagschale wirft, um seinen Glauben zu beweisen und zu erhöhen. Schließlich kann man von einem solchen Manne verstehen, daß er als Achtzigjähriger, das Unnütze weiteren Lebens einsehend, selbst den Faden abschnitt, der ihn als Greis und unfähig zu männlichem Handeln noch an diese Welt band, in der er nichts mehr leisten zu können glaubte.

Sicherlich ist die Medizin unter der Herrschaft eines männlichen Prinzips, wie ihre Geschichte lehrt, nie schlecht gefahren. Wir können, wenigstens für die moderne Zeit, ruhig den Satz festhalten: Wirken des männlichen Prinzips deckt sich mit wahrer Experimentalforschung. Als weiblich müßten wir bezeichnen alles, was ins Gebiet der Spekulation, des Aberglaubens, des Mystizismus oder übertriebener Einseitigkeit gehört. In männlichen Epochen regieren Kopf und Verstand, in weiblichen Herz und Gemüt! Es ist nicht abwegig, wenn man vor dem Stärkerwerden gerade einseitiger Richtungen und mystischer Ueberreste von einst warnt. Es ist richtig, daß Paracelsus seine Heilmittel nicht nur von Gelehrten, sondern auch von Badern und weisen Frauen übernommen hat; leider vergessen gewisse Apostel wissenschaftlicher

Ungebundenheit und Gegner der Lehrmedizin, daß Paracelsus zwar Heilmittel übernahm, wo er sie fand, daß er sie aber nicht nahm, w e i l sie vom niederen Volk herstammten, sondern weil er sie nach reiflicher Prüfung für w i r k s a m u n d w ü r d i g befunden hatte, in den Heilschatz aufgenommen zu werden. Das ist ein gewaltiger Unterschied!

Sie wollen nun, meine Damen und Herren, natürlich auch noch ein paar Worte über den Arzt als solchen von mir hören. Was ich da zu sagen habe und was ich in fünfundzwanzigjähriger ärztlicher Tätigkeit als Ueberzeugung erworben und mir bezüglich der Person eines guten Arztes an Meinung gebildet habe, deckt sich weitgehend mit dem, was der unsterbliche Paracelsus vor 400 Jahren bereits als Eigenschaften des wahren Arztes niedergelegt hat und was sich in idealer Beziehung mit den Forderungen deckt und sie ergänzt, die fast 2000 Jahre vorher der „Vater der Heilkunde", Hippokrates, und seine Schüler im allbekannten „Hippokratischen Eide" niedergelegt haben. Sowohl Hippokrates als auch Paracelsus reden das Wort einem besonders männlichen Arzttum. Wenn Hippokrates vom Asklepiaden Wohlanständigkeit, Schamhaftigkeit, Würde und Verschwiegenheit verlangt, so spricht Paracelsus seine Forderungen viel däftiger und eindeutiger aus: „Ein Arzt sei kein altes Weib, kein Larvenmann d. h. kein Schwätzer, kein Schauspieler, kein Scharlatan und Angeber, sondern er sei ein ganzer Mann." Weichlinge und Stutzer, aber auch ungeschlachte Kerle passen nicht zum Arzt. Grobiane wirken oft recht auffallend und glauben, durch gewisse Burschikosität Eindruck schinden und auf sich aufmerksam machen zu können; aber kranke Menschen sind feinfühlig; meist zerflattert der Spuk in nicht allzu langer Zeit. Auch das Prädikat „Viehdoktor" ziert einen Arzt schlecht, wenn er noch so tüchtig als „Mediziner" ist; ein „Arzt" ist er sicher nicht.

Ein Weichling, sage ich, paßt schlecht zum Doktor. Damit will ich aber beileibe nicht gesagt haben, daß ein Arzt kein Herz und Gemüt haben solle. Ganz im Gegenteil! Wer nicht Herz und Gemüt hat, bleibt ein einfacher ärztlicher Handwerker und Geldverdiener; ihm kann nie nach des Hohenheimers Forderung „ein Patient Tag und Nacht vorschweben". Ich empfinde es keineswegs als Mangel an männlichem Wesen, wenn ein Arzt, der vor der Allmacht des Todes die Waffen strecken muß, trauernd und niedergeschlagen am Totenbett des ihm nahestehenden Patienten steht und, sich geschlagen gebend, eine Träne des Leides und der Trauer vergießt. Er ist sicher ein besserer Arzt als jener, der nach der Ausstellung des Totenscheines sachlich

das Konto auf der Kartothekkarte abschließt, die Schluß-
rechnung für die Erben aufstellt und die Karte zu den
erledigten ablegt. Gibt es ein schöneres Bekenntnis für einen
Arzt als das Paracesus-Wort: „Der höchste Grad der Arznei
ist die Liebe!"

Ein Arzt soll mutig sein! Pettenkofer war mutig und
viele andere Ungenannte mit ihm. Mut gehört zu mancher
Berufstätigkeit des Arztes. Hierher gehört auch der Mut
zur Verantwortung — und nicht zuletzt der kriegerische
Mut des Sanitätsoffiziers. Gerade in diesem zweiten und
größeren Weltkriege, aber auch im ersten, haben Aerzte
Unvorstellbares an Mut, Tapferkeit und männlicher Ausdauer
und Pflichttreue gezeigt und immer wieder in jahrelanger
Wiederholung neu bewiesen. Im Kriege erreicht das Arzttum in der Synthese zwischen Soldat und Arzt die höchste
Stufe der Männlichkeit. Es ist eine laienhafte Vorstellung,
zu glauben, der Arzt habe es im modernen Krieg besser
als jeder andere Offizier. Dieser kann im Kampf immer die
Möglichkeiten der Deckung und der Verteidigung ausnutzen;
ein Arzt, der Verwundete einholt oder am Verbandplatz
arbeitet, hat keine Zeit und auch keine Möglichkeit, an
eigenen Schutz zu denken; er muß sich ohne Widerstand
oder eigenes Mitwirken in das fügen, was das Geschick
ihm bringt, Leben oder Tod. In allen Kriegen sind stets die
Militärärzte in prozentual hohen Zahlen gefallen — ein
stolzer Beweis ihrer erprobten Männlichkeit und ihres ernsten Soldatentums.

Daß der Historiker nur wünschen kann, die Gegenwart
möge aus der Vergangenheit lernen und nicht in ihre Fehler
zurückfallen, entspricht seiner Natur. Dabei muß er zugeben, daß es für ihn als über den Dingen Stehenden oft
leichter ist, Mängel aufzudecken und Fehler festzustellen,
als für andere, die ohne historische Schulung mitten im
Geschehen stehen und oft gezwungen sind, augenblickliche
Entscheidungen fällen zu müssen, deren Gut und Böse erst
wieder später der Historiker beurteilen kann. Jedenfalls
können historische Betrachtungen, also ein Blick in die
Vergangenheit, die Entscheidungen der Gegenwart, wenn
auch nicht bestimmen, so doch sie allenfalls in ihren
Richtungen und Zielsetzungen wohltuend beeinflussen. Daß
dem so sei, ist mein Wunsch!

Die Erbkrankheiten
mit ausschließlicher oder vorwiegender Manifestation beim Manne

Von

Professor Dr. **K. Thums**

Prag

Mit 16 Abbildungen

Es entspricht einer alten ärztlichen Erfahrung, daß einige Krankheiten ausschließlich oder fast nur bei Männern aufzutreten pflegen, und zwar nicht nur etwa Erkrankungen spezifisch männlicher Organe, wie z. B. die Hypospadie oder die Prostatahypertrophie, die sich ja naturgemäß nur beim Manne äußern können, sondern familiär gehäuft auftretende Leiden, die weder nosologisch noch pathogenetisch irgend welche offensichtlichen Beziehungen zum männlichen Geschlecht erkennen lassen. Medizingeschichtlich dürfte diesbezüglich die Hämophilie am längsten bekannt sein. Die Juden kannten mindestens seit dem 2. Jahrhundert n. d. Z. Eigentümlichkeiten der Vererbung der Bluterkrankheit, wie aus bestimmten Vorschriften des Talmuds hervorgeht, der arabische Arzt Abul-Kasim beschrieb sie um die Wende vom 11. zum 12. Jahrhundert erstmalig. Weisungen aus jener Zeit lassen erkennen, daß man über gewisse Einzelheiten des Erbganges unterrichtet war. Wenn sich im vorigen Jahrhundert in einem Graubündner Dorf weibliche Mitglieder altbekannter Bluterfamilien zu einem gemeinnützigen Bund mit dem Gelübde der Ehe- und Kinderlosigkeit zusammenschlossen, um da-

durch die unter der männlichen Jugend dieses weltabge-
legenen Alpentales wütende Krankheit zum Verlöschen zu
bringen, so ist daraus ersichtlich, daß man schon seit
langem rein empirisch wesentliche Merkmale ihrer Uebertragung erkannt hatte und daraus instinktiv rassenhygienische Folgerungen zu ziehen entschlossen war. Die vor-
mendelistische Erblehre versuchte auch diese empirisch
gewonnenen Erkenntnisse in Regeln zu fassen. So besagte
die N a s s e sche Regel (1820), daß „die Bluter jedesmal nur
Personen männlichen Geschlechtes sind; die Frauen aus
jenen Familien übertragen von ihren Vätern her, auch
wenn sie mit Männern aus anderen, mit jener Neigung nicht
behafteten Familien verheiratet sind, ihren Kindern die
Neigung. An ihnen selbst und überhaupt an einer weiblichen Person einer solchen Familie äußert sich eine solche
Neigung aber niemals." Die L o s s e n sche Regel (1877) hingegen lautete: „Die Anlage zu Blutungen wird nur durch die
Frauen übertragen, die selbst keine Bluter sind; nur Männer
sind Bluter, vererben aber, wenn sie Frauen aus gesunden
Familien heiraten, die Bluteranlage nicht."

Den wahren Uebertragungsmechanismus aufzufinden,
der schlagartig alle Eigentümlichkeiten zu klären und die
empirischen Regeln zu begründen imstande ist, war erst
der Erblehre unserer Zeit, dem Mendelismus, vorbehalten.
Ihm gelang es, im Vorgang der Vererbung des Geschlechtes
den Schlüssel für das Erbgeschehen bei der Bluterkrankheit und den dem gleichen Erbgang unterworfenen Leiden, Anomalien und normalen Körpermerkmalen aufzufinden und dafür den — leider wenig glücklichen, weil miß-
verständlichen — Begriff der geschlechtsgebundenen Vererbung zu prägen.

Es muß daher zunächst ein kurzer Blick auf die Vererbung
des Geschlechtes geworfen werden. C o r r e n s, einer der Wieder-
entdecker des Mendelschen Gesetzes, schloß aus verschiedenen
Kreuzungsexperimenten und insbesondere aus dem zahlenmäßigen
Auftreten von durchschnittlich 50% männlichen und 50% weiblichen Nachkommen bei der Mehrzahl der zweigeschlechtlichen
Lebewesen, daß diesem Zahlenverhältnis 50 : 50 oder 1 : 1 ein
einfacher Mendelscher Rückkreuzungsvorgang zugrunde liegen
müßte, wenn überhaupt das Geschlecht eines Individuums als
ein Erbmerkmal aufgefaßt werden könnte, was übrigens auch
M e n d e l selbst auf Grund ähnlicher Ueberlegungen schon vermutet hatte. Bei dem Kreuzungsversuch zwischen einer rosa-
farbenen heterozygoten (spalterbigen) Wunderblume mit einer homozygoten (reinerbigen), den man Rückkreuzung nennt, erhält man
das Zahlenverhältnis von 50% heterozygoten zu 50% homozygoten
Nachkommen. Dies führte zur Folgerung, daß bei den zweigeschlechtlichen Lebewesen jede Befruchtung eine solche Rückkreuzung und demnach das eine Geschlecht hinsichtlich seiner
diesbezüglichen Erbanlage heterozygot, das andere homozygot

beschaffen sein müßte. Die Zytologie des Erbgeschehens, die in
den Chromosomen die wesentlichen Träger der Erbanlagen erkannte, bestätigte diese Vermutung vollauf durch die Feststellung,
daß bei den zweigeschlechtlichen Lebewesen das eine Geschlecht
über einen paarigen homologen Chromosomensatz verfügt, demnach hinsichtlich seines Chromosomenbestandes homogametisch
beschaffen ist, während das andere Geschlecht neben einer Anzahl homologer Chromosomenpaare, den Autosomen, ein ungleiches
Paar besitzt, das man als X- und Y-Chromosom bezeichnet. Während also das eine Geschlecht durch die dem homogametischen
Verhalten entsprechende Erbformel XX gekennzeichnet ist, weist
das andere durch XY einen heterogametischen Zustand auf. Beim
Menschen, allen daraufhin untersuchten Säugern und zahlreichen
anderen Tieren, insbesondere der für die Erbstudien besonders
geeigneten Drosophila, ist das weibliche Geschlecht homozygot XX, das männliche heterozygot XY, bei Vögeln und Schmetter-
lingen ist es gerade umgekehrt. Manchen Lebewesen fehlt das
Y-Chromosom, so daß sie im heterogametischen Zustand durch
X— gekennzeichnet sind. Beim Menschen vollzieht sich die Geschlechtsbestimmung in der Weise, daß bei der Geschlechts-
reifung das homogametische weibliche Geschlecht nur eine Sorte
befruchtungsfähiger Eizellen, gekennzeichnet durch den Besitz eines
X-Chromosoms, das heterogametische, männliche Geschlecht hingegen zwei Sorten reifer Samenzellen, solche mit einem X-Chromosom und solche mit einem Y-Chromosom im Verhältnis 50% : 50%
produziert. Somit stellt jeder Befruchtungsvorgang eine Rückkreuzung im Mendelschen Sinne dar, gekennzeichnet durch die
Erbformel:

$$\overbrace{\text{XX—XY}}$$
$$50\% \text{ XX} : 50\% \text{ XY}$$
$$♀ \qquad ♂$$

Daß die Knaben : Mädchenrelation bei der Geburt 106 : 100
lautet, und daß die Zeugungsquote wahrscheinlich noch mehr von
der idealen Proportion 100 : 100 abweicht, ist für den Zusammenhang der Geschlechtsbestimmung und der geschlechtsgebundenen
Vererbung belanglos, ein Erklärungsversuch* dieser Regelwidrig-

---

* Nach B u r g d ö r f e r war die genannte Sexualproportion
100 ♀ . 106 ♂ bei den Geburten in den Jahrzehnten vor dem ersten
Weltkrieg ganz außergewöhnlich konstant; nach dem Weltkrieg
zeigte sich die schon früher nach Kriegen beobachtete, viel diskutierte, im wesentlichen aber auch heute noch rätselhafte Erscheinung eines erhöhten Knabenüberschusses. Die diesbezüglichen
Zahlen lauten:

1913....................	1000 ♀ : 1060 ♂
1919....................	1000 ♀ : 1085 ♂
1933....................	1000 ♀ : 1070 ♂

Nun ist der Knabenüberschuß bei den Totgeburten aber noch
viel größer als bei den Lebendgeburten:

1913....................	1000 ♀ : 1263 ♂
1919....................	1000 ♀ : 1265 ♂
1933....................	1000 ♀ : 1276 ♂

keit würde zu weit von unserem Thema ablenken. Daß auch die Geschlechtsbestimmung nicht etwa n u r darauf beruht, daß eine im X-Chromosom gelagerte Geschlechtsanlage homozygot weibliches und heterozygot männliches Geschlecht bedingt, sondern daß ihr ein viel komplizierterer Mechanismus zugrunde liegt, sei nur nebenbei erwähnt, auf eine ausführliche Darstellung dieser Verhältnisse muß in unserem Zusammenhang verzichtet werden.

A. Geschlechtsgebundenheit

Für unser Thema ist nun die Erkenntnis wesentlich, daß im X-Chromosom zahlreiche Erbanlagen für normale und krankhafte Merkmale gelagert sind, ein Verhältnis, das man in leicht mißzuverstehender Weise als geschlechtsgebunden bezeichnet, obzwar es richtiger und unmißverständlich geschlechtschromosomgebunden heißen müßte. Denn die Erbanlagen der „geschlechtsgebundenen" Merkmale und Krankheiten sind nicht an ein Geschlecht, also etwa die Hämophilieanlage an das männliche gebunden, vielmehr hängt das vorwiegende Auftreten der rezessiv geschlechtsgebundenen Erbmerkmale bei Männern mit der Lagerung der diesen Merkmalen zugrunde liegenden Erbanlagen im X-Chromosom, dessen doppeltem Vorhandensein beim weiblichen und dessen einfachem Vorhandensein beim männlichen Geschlecht zusammen.

Bei Berücksichtigung der Totgeburten und aller Aborte, bei denen das Geschlecht schon bestimmbar ist, verschiebt sich die Sexualproportion zur Zeit der Zeugung auf 100♀ : 120—125 ♂ (A u e r b a c h), nach anderen Autoren sogar auf 100♀ : 150—160 ♂ (P f a u n d l e r 106♀ : 146·2 ♂). Neuerdings fand B a y e r an einem großen Beobachtungsgut die Proportion 100♀ : 124·2 ♂.

Die mendelistisch unerwartete Verschiebung wurde verschiedentlich zu deuten versucht, ohne daß bis heute von einer endgültigen Aufklärung gesprochen werden kann. B a u r dachte daran, daß die mit dem Y-Chromosom behafteten, also männlich bestimmten Spermatozoen „besser geeignet sind, den langen Weg von der Scheide zum Ovidukt zurückzulegen"; H e r t w i g erwähnte neben der Möglichkeit einer verschiedenen Befruchtungsfähigkeit heteromorpher Gameten auch eine unmittelbar nach der Befruchtung erfolgende Genverschiebung nach männlich im Sinne der Verschiebung der Bildungshäufigkeit heterogameter Keimzellen.

Diese erhebliche Mehrzeugung männlicher Keime wird bekanntlich durch eine größere prä- und postnatale Sterblichkeit derselben bis zum Pubertätsbeginn ausgeglichen, so daß in diesem Zeitpunkt beide Geschlechter etwa gleich häufig sind. L e n z u. a. haben dies auf rezessiv geschlechtsgebundene Letalgene zurückgeführt, neuerdings vermuten L u d w i g u. a., daß bei dem Mechanismus der Mehrzeugung und des nachfolgenden Mehrsterbens der männlichen Früchte das Mehrsterben das Primäre darstellt und im wesentlichen durch eine konstitutionelle „Schwäche" des männlichen Geschlechtes bedingt ist.

Schon vor Eingehen in die Möglichkeiten geschlechtsgebundenen Verhaltens, das gelegentlich auch Wilson-
sche Vererbung nach dem ersten Interpreten der Biologie
des X-Chromosoms genannt wird, seien einige allgemeine
Regeln festgestellt, die sich aus dem bisher Besprochenen
zwangsläufig ergeben (Abb. 1):

1. Frauen haben doppelt soviel X-Chromosomen als
der Mann.

2. Söhne erhalten ihr einziges X-Chromosom stets
von der Mutter, die Uebertragung eines X-Chromosoms vom

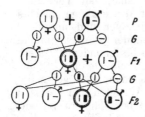

Abb. 1. Schema
für den geschlechtsgebundenen Erbgang

I = Normales Geschlechtschromosom. —
∎ = Geschlechtschromosom mit krank-
hafter Anlage. — P = Parentalgeneration.
— F₁, F₂ = Erste u. zweite Filialgeneration.
— G = Gameten.

(Aus v. Verschuer, Leitfaden
der Rassenhygiene)

Vater auf den Sohn ist völlig ausgeschlossen, weshalb Väter
ihre geschlechtsgebundenen Erbanlagen auch niemals auf
Söhne weitergeben können.

3. Töchter erhalten sowohl vom Vater als auch von
der Mutter je ein X-Chromosom.

4. Beim Mann müssen sich auch rezessive geschlechtsgebundene Erbanlagen immer erscheinungsbildlich äußern,
da die rezessiven Erbanlagen seines einzigen X-Chromosoms durch keine dominanten Allele eines zweiten X-Chromosoms überdeckt werden können.

5. Das Y-Chromosom wird in ausschließlich männlicher Descendenz vererbt. Der Sohn hat sein Y-Chromosom stets vom Vater. Der Vater vererbt sein Y-Chromosom
stets auf alle Söhne.

Aus diesen allgemeinen Gesetzmäßigkeiten sind nun
ohneweiters die Eigentümlichkeiten der geschlechtsgebundenen Vererbung abzuleiten und damit der Uebertragungsmechanismus der diesem Modus folgenden Erbkrankheiten
aufzuklären.

Zwei monomere geschlechtsgebundene Erbgänge sind
möglich, je nachdem, ob die im Geschlechtschromosom
gelagerte Erbanlage sich einer allelen gegenüber dominant
oder rezessiv verhält: dominant geschlechtsgebundener und
rezessiv geschlechtsgebundener Erbgang.

Der geschlechtsgebunden dominante Erb-
gang gehört eigentlich nicht in den Zusammenhang unseres
Themas der Erbkrankheiten mit vorwiegender oder ausschließlicher

Manifestation beim Manne: denn dieser Erbgang ist gerade dadurch gekennzeichnet, daß dominant geschlechtsgebundene Erbmerkmale im Durchschnitt doppelt so häufig bei Frauen auftreten
müssen als bei Männern, da ja die Frau über doppelt soviel
X-Chromosomen verfügt als der Mann. Im übrigen spielt der dominant geschlechtsgebundene Erbgang in der menschlichen Erbpathologie so gut wie keine Rolle, nur einige seltene Erbkrankheiten,

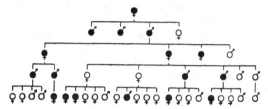

Abb. 2. Erblicher Nystagmus nach D u b o i s als Beispiel eines
(unregelmäßigen) geschlechtsgebunden dominanten Erbganges.
(Aus B a u r - F i s c h e r - L e n z, Bd. 1, 2. Hälfte: Erbpathologie)

wie die dominante Form der Retinitis pigmentosa, der angeborene
Nystagmus (Abb. 2), atypische Fälle von Keratosis palmaris et
plantaris, manchmal auch L e b e r sche Optikusatrophie u. dgl.,
folgen gelegentlich diesem Erbgang. Er ist oft nicht mit Sicherheit
zu erkennen, obwohl er in großen Sippentafeln drei Kennzeichen
aufweisen müßte:

1. Etwa doppelt soviel Frauen als Männer müssen mit dem
Merkmal behaftet sein.

2. Uebertragung vom Vater auf den Sohn ist ausgeschlossen.

3. Schließlich die allgemeine Regel des dominanten Verhaltens: Merkmalsträger müssen stets von einem Merkmalsträger
abstammen, die Kette der mit dem Merkmal behafteten Personen
darf bei regelmäßiger Dominanz von der jüngsten Nachkommenschaftsfolge aufsteigend bis zu den ältesten in der Sippentafel ver-
zeichneten Generationen nicht abreißen.

Wenn wir z. B. mit L e n z eine Bevölkerung annehmen,
deren Männer überwiegend Rotgrünblinde sind, welche Anomalie
ja bekanntlich dem rezessiv geschlechtsgebundenen Erbgang folgt,
dann würden farbentüchtige Männer in einer solchen Bevölkerung
auffallen; die Verteilung der Farbentüchtigkeit würde unter diesen
Umständen den Verhältnissen des dominant geschlechtsgebundenen
Erbganges entsprechen.

So belanglos der dominant geschlechtsgebundene Erbgang für die menschliche Erbpathologie ist, von so großer
Bedeutung ist der rezessiv geschlechtsgebundene. Zahlreiche
normale Erbmerkmale, Erbanomalien und Erbkrankheiten
folgen der rezessiv geschlechtsgebundenen Erbgesetzmäßig-
keit, d. h. die ihnen zugrunde liegenden Erbanlagen liegen
im X-Chromosom und verhalten sich Allelen gegenüber
rezessiv.

Als Modell des geschlechtsgebundenen rezessiven Verhaltens sei die Rotgrünblindheit besprochen, ohne dabei auf Einzelheiten ihrer vier Hauptformen,
der Protanopie, Protanomalie, Deuteranopie und Deuterano-
malie, einzugehen. Die phänotypische Manifestierung der
ihr zugrunde liegenden Erbanlagen ist streng spezifisch und
von peristatischen Einflüssen unabhängig. Der Vorgang der
Vererbung bei der Rotgrünblindheit läßt sich folgendermaßen beschreiben:

1. Aus der Verbindung eines Rotgrünblinden mit einer
erbgesunden farbentüchtigen Frau (Abb. 3) gehen lauter
farbentüchtige Nachkommen hervor, und zwar a) erschei-
nungs- und erbbildlich gesunde Söhne, da ja deren X-Chromosom von der Mutter stammt und daher nicht mit der

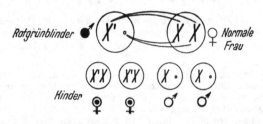

Abb. 3. Die möglichen Genkombinationen bei Ehe zwischen einem
Rotgrünblinden und einer gesunden Frau.
(Modifiziert nach Gänßlen im Handbuch der Erbbiologie des Menschen
von Just, Bd. IV/1)

Erbanlage zur Rotgrünblindheit behaftet ist; b) erscheinungsbildlich farbentüchtige Töchter, die aber alle neben
dem normal veranlagten mütterlichen X-Chromosom vom
Vater das mit der Anlage zur Rotgrünblindheit behaftete
X-Chromosom in ihrem Erbgut besitzen; sie sind zwar
äußerlich gesund, da das rezessive Gen der Rotgrünblindheit von einem normalen Allel des anderen X-Chromosoms
überdeckt wird, genotypisch aber erbanlagekrank, oder, wie
dieses Verhalten auch genannt wird, Konduktoren. Denn
über sie vollzieht sich nun die Uebertragung in die nächste
Nachkommenschaftsfolge.

2. Aus der Verbindung einer Konduktorin mit einem
erbgesunden Mann gehen (Abb. 4):

a) gesunde und kranke Söhne mit einer Wahrscheinlichkeit von je 50% hervor, je nachdem, ob das normale
oder das mit der krankhaften Anlage behaftete mütterliche Chromosom auf sie vererbt wurde; letztere haben
die rezessive Anlage zur Rotgrünblindheit zwar nur ein-

fach (was bei autosomaler Rezessivität bekanntlich nicht
zum phänotypischen Auftreten des auf der Anlage be-
ruhenden Merkmales genügen würde), daneben jedoch kein
zweites X-Chromosom mit einem dominanten Allel, so daß
sich also die einfache geschlechtsgebunden-rezessive Erbanlage bereits im Erscheinungsbild des Mannes zu äußern
imstande ist;

b) weiter gehen aus der Verbindung einer Konduktorin
mit einem erbgesunden Mann durchweg erscheinungsbildlich farbentüchtige Töchter hervor, die aber mit einer Wahrscheinlichkeit von je 50% Konduktoren oder genotypisch
von der Anlage zur Rotgrünblindheit frei sein müssen.

Somit zeigen die ersten Nachkommenschaftsfolgen
aus Verbindungen von Konduktorinnen mit erbgesunden
Männern insgesamt die ideale Proportion: 25% rotgrün-

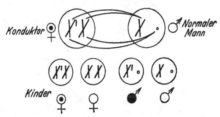

Abb. 4. Die möglichen Genkombinationen bei Ehe zwischen
Konduktorin und gesundem Mann.
Modifiziert nach G ä n ß l e n im Handbuch der Erbbiologie des Menschen
von J u s t, Bd. IV/1)

blinde Söhne, 25% farbentüchtige Söhne, 25% farbentüchtige Töchter mit Konduktoreigenschaft, 25% erscheinungs-
und erbbildlich gesunde Töchter.

Aus diesen Verhältnissen ergeben sich nun ohneweiters
die Kennzeichen, die in der Sippentafel den rezessiv geschlechtsgebundenen Erbgang eines Merkmales erkennen
lassen:

1. Nur (bzw. richtiger fast nur) Männer zeigen das
Merkmal.

2. Die Merkmalsträger erben dieses immer nur von
ihren gesunden Müttern, die ihrerseits ihre Konduktoreigenschaft von einem mit dem Merkmal behafteten Vater
oder von einer Mutter bekamen, die selbst wieder Konduktorin war.

3. Niemals geht die Kette der rezessiv geschlechtsgebundenen Vererbung vom Vater auf den Sohn, wohl aber
kann es vom Großvater über eine Tochterkonduktorin auf
den Enkel weitergegeben werden.

Wenn demnach ein Kennzeichen geschlechtsgebundener Rezessivität das vorwiegende Behaftetsein von Männern mit dem betreffenden Merkmal ist, weshalb ja auch der rezessiv geschlechtsgebundene Erbgang im Mittelpunkt dieses Vortrages steht, so muß darauf hingewiesen werden, daß es sich dabei tatsächlich nur um ein · vorwiegendes, nicht aber um ein ausschließliches Befallensein des männlichen Geschlechtes handelt. Vielmehr verlangt die M e n d e l sche Theorie, daß beim rezessiv geschlechtsgebundenen Erbgang gelegentlich auch Frauen erscheinungsbildlich das Merkmal zeigen:

Aus der Verbindung einer Konduktorin mit einem Rotgrünblinden (Abb. 5) müssen neben 25% rotgrünblinden, 25% farbentüchtigen Söhnen und 25% Konduktorinnen mit

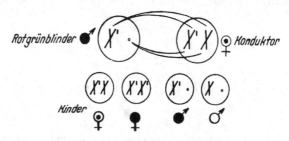

Abb. 5. Die möglichen Genkombinationen bei Ehe zwischen einem Rotgrünblinden und einer Konduktorin.
(Modifiziert nach G ä n ß l e n im Handbuch der Erbbiologie des Menschen von J u s t, Bd. IV/1)

einer Wahrscheinlichkeit von 25% rotgrünblinde Frauen hervorgehen, die sowohl vom Vater als auch von der Mutter das mit der Erbanlage zur Rotgrünblindheit behaftete Chromosom erhalten haben, daher hinsichtlich dieses rezessiven Gens homozygot sind und somit auch im Erscheinungsbild das Merkmal zeigen müssen.

Tatsächlich entspricht bei der Rotgrünblindheit (Abb 6) und anderen rezessiv geschlechtsgebundenen Erbanlagen die Erfahrung durchaus diesem theoretischen Postulat. Daß die Hämophilie diesbezüglich eine Ausnahmestellung einnimmt, indem nämlich noch niemals mit Sicherheit eine Bluterin beobachtet wurde, soll später kurz erörtert werden. Jedenfalls ist daran festzuhalten, daß auch Frauen gelegentlich ein rezessiv geschlechtsgebundenes Erbmerkmal durch Homozygotierung aufweisen können. Dieses Ereignis wird einerseits insbesondere bei Blutsverwandtenehen in derartigen Sippen oder anderseits bei besonders häufigen rezessiven gonosomalen Genen mit größerer Wahrscheinlichkeit als sonst eintreten, weil die Inzucht ja ganz allgemein ein wesentliches Moment der Homozygotierung darstellt und weil mit zunehmender Häufigkeit einer rezessiv geschlechtsgebundenen Erbanlage in einer Bevölkerung auch

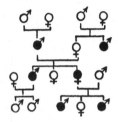

Abb. 6. Eine Sippe mit einer rotgrünblinden Frau.
(Nach L o r t aus B a u r - F i s c h e r -
L e n z , Bd. I, 2. Hälfte:
Erbpathologie)

die Wahrscheinlichkeit zunimmt, daß sich Merkmalsträger mit Konduktorinnen zusammenfinden.

Uebrigens findet man in Sippen mit rezessiv geschlechtsgebundenen Erbkrankheiten auch kranke Frauen, ohne daß sie aus einer Ehe eines Kranken mit einer Konduktorin hervorgegangen wären. So sind Konduktorinnen der Protanopie und der Protananomalie erscheinungs-

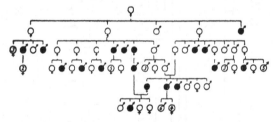

Abb. 7. L e b e r sche Optikusatrophie. Sippe mit kranken Frauen, die von gesunden Vätern abstammen. Beispiel intermediären Verhaltens.

(Nach W a a r d e n b u r g aus v. V e r s c h u e r , Leitfaden der Rassenhygiene)

bildlich oft nicht völlig normal, sondern zeigen eine Farbenschwäche. Bei der L e b e r schen Optikusatrophie findet man gewöhnlich die klaren Gesetzmäßigkeiten rezessiver Geschlechtsgebundenheit, gelegentlich aber kranke Frauen mit gesundem Vater (Abb. 7). In der zuerst veröffentlichten Sippe mit der rezessiv geschlechtsgebundenen Pelizaeus-Merzbacherschen Krankheit (Abb. 8) sind zwei Frauen erkrankt, ohne daß sie von einem kranken Vater abstammen würden. Bei leichteren Hämophilieformen kann sich das kranke Gen in heterozygotem Zustand bei den Konduktorin-

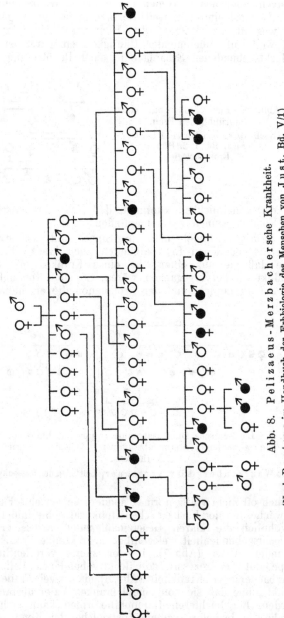

Abb. 8. Pelizaeus - Merzbachersche Krankheit.
(Nach Boeters im Handbuch der Erbbiologie des Menschen von Just, Bd. V/1)

nen durch Blutungsneigung, Gerinnungsabweichungen und
ähnliche Erscheinungen äußern, die aber durchweg des
wirklichen Hämophiliecharakters entbehren. In allen diesen
Fällen verhalten sich die krankhaften Erbanlagen nicht
extrem rezessiv, sondern zeigen ein von der alternativen
Vererbung abweichendes, i n t e r m e d i ä r e s Verhalten
gegenüber den normalen Allelen: die Krankheit kann sich
daher gelegentlich auch bei den heterozygoten Frauen (Konduktoren) äußern. In seltenen Fällen kann sich ein für gewöhnlich rezessiv geschlechtsgebundenes Gen gegenüber
einem normalen Allel sogar dominant verhalten, so daß man
bei Erbkrankheiten, die sonst in der Regel dem rezessiv
geschlechtsgebundenen Erbgang zu folgen pflegen, gelegentlich eine Sippe findet, in der die Verteilung der Kranken
den früher besprochenen dominant geschlechtsgebundenen

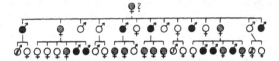

↑ Voll ausgebildetes Krankheitsbild.

Rudimentäre Keratosis follicularis spinulosa decalvans ohne Augen-
erscheinungen.

Abb. 9.   Keratosis follicularis spinulosa decalvans.

(Nach S i e m e n s aus B a u r - F i s c h e r - L e n z, Bd. I, 2. Hälfte:
Erbpathologie)

Verhältnissen entspricht. Ein instruktives Beispiel stellt eine
Sippe mit Keratosis follicularis spinulosa decalvans dar
(S i e m e n s, Abb. 9).

Dies sind aber durchweg seltene Ausnahmen, die weitaus
überwiegende Mehrzahl der im X-Chromosom gelagerten pathologischen Erbanlagen verhält sich zu ihren normalen Allelen rezessiv;
dementsprechend folgen zahlreiche menschliche Erbkrankheiten
dem rezessiv geschlechtsgebundenen Erbgang. **Von** den bekannteren
seien folgende aufgezählt:

1. Eine Domäne rezessiv geschlechtsgebundener Erbkrankheiten und Erbanomalien ist die Erbpathologie des Auges. Uebrigens
ist das X-Chromosom auch für die normale Entwicklung des Auges
von großer Bedeutung. Von rezessiv geschlechtsgebundenen Augenleiden seien folgende erwähnt:

Die mit anderen Anomalien komplizierte Form der Mikro-
ophthalmie;

gewisse Glaukomformen, so in einer im G ü t t - R ü d i n -
R u t t k e schen Kommentar beispielhaft angeführten Sippe mit
Hypoplasie des mesodermalen Irisblattes;

der im Gegensatz zu dem stets einfach rezessiven allgemeinen Albinismus erbliche Albinismus des Auges, weiter isolierter Bulbusalbinismus mit Maculalosigkeit und Astigmatismus;
gewisse Sippen mit totaler Farbenblindheit (vgl. Abb. 16),
die aber in anderen Sippen auch autosomal-rezessiv vorkommt.

Die Rotgrünblindheit mit ihren vier Hauptformen wurde
als Modell der rezessiv geschlechtsgebundenen Vererbung bereits
besprochen.

Die Retinitis pigmentosa, von der neben häufigeren einfach rezessiven und selteneren dominanten Fällen auch zahlreiche
Sippen mit rezessiv geschlechtsgebundenem Erbgang und gelegentlich auch solche mit dominant geschlechtsgebundenem Erbgang
beschrieben wurden (vgl. Abb. 16).

Die mit Kurzsichtigkeit und Nystagmus kombinierte Nacht-
blindheit (vgl. Abb. 16), aber auch seltene Fälle von Myopie allein.

Die L e b e r sche Optikusatrophie und ihr gelegentlich nicht
streng rezessives, sondern intermediäres Verhalten wurde schon
erwähnt (Abb. 7 und 10). Bemerkenswert ist die bei diesem erb-
lichen Augenleiden gemachte Erfahrung, daß kranke Männer das Leiden nicht weiter vererben, sondern daß die Uebertragung ausschließlich durch gesunde Konduktorinnen oder durch kranke Frauen
erfolgt, ein Verhalten, das in diesem Sonderfall die vormendelisti-
sche L o s s e n sche Regel zu rechtfertigen scheint. Eigentümlicher-
weise haben nun überdies die Ueberträgerinnen der Krankheit
mehr kranke als gesunde Söhne und mehr heterozygot veranlagte
als homozygot gesunde Töchter, was eine bevorzugte Befruchtung
belasteter Eizellen erkennen läßt. Diese Eigentümlichkeiten der
Vererbung der L e b e r schen Optikusatrophie veranlaßten übrigens
mehrere Autoren (I m a i und M o r i w a k i, W a a r d e n b u r g),
dabei an eine Mitwirkung des Plasmas zu denken und darin einen
der ganz wenigen Anhaltspunkte für die viel diskutierte, aber bisher noch völlig hypothetische Möglichkeit einer plasmatischen
Vererbung beim Menschen zu erblicken.

Auch der primär angeborene Nystagmus beruht gelegentlich
auf einem rezessiven gonosomalen Gen, desgleichen sind Megalo-
cornea und Mikrocornea gonosomal bedingt.

In einer Sippe wurde rezessiv geschlechtsgebundene Vererbung von angeborenem Totalstar beobachtet.

2. Aus dem Bereich der E r b p a t h o l o g i e d e s G e h ö r -
g a n g e s ist hinsichtlich geschlechtsgebundener Erbmodi nur die
keineswegs allgemein anerkannte Vermutung englischer Autoren
erwähnenswert, daß die Otosklerose auf zwei dominanten Faktoren, einem autosomalen und einem gonosomalen, zu beruhen
scheine.

3. Das X-Chromosom spielt bei der normalen Entwicklung
der Haut eine Rolle, dementsprechend gibt es unter den e r b -
l i c h e n H a u t l e i d e n auch zahlreiche geschlechtsgebundene,
von denen folgende erwähnt seien:

Das Xeroderma pigmentosum, jene eigentümliche mit Atrophien, Teleangiektasien und Pigmentierungen einhergehende, auf
einer chemisch-physikalischen Schutzlosigkeit beruhende Ueberempfindlichkeit der Haut gegenüber Sonnenlicht, scheint gelegentlich
(neben einfach rezessiven Formen) rezessiv geschlechtsgebunden
zu sein (vgl. Abb. 16). Diese Erkrankung spielt ja als eine typi-

sche „Präcancerose" auch eine bedeutsame Rolle für die Frage der Geschwulstvererbung.

Die Epidermolysis bullosa (vgl. Abb. 16) zeigt neben der unregelmäßigen Dominanz der Bullosis simplex und der ein-

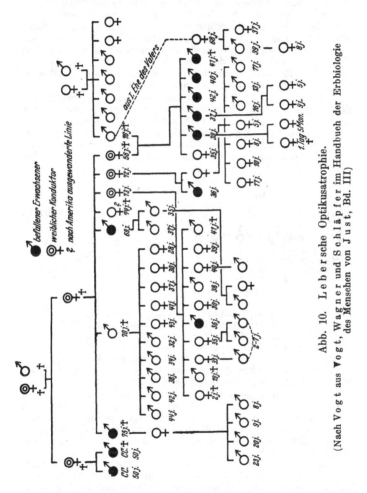

Abb. 10. Lebersche Optikusatrophie.

(Nach Vogt aus Vogt, Wagner und Schläpfer im Handbuch der Erbbiologie des Menschen von Just, Bd. III)

fachen Rezessivität der dystrophischen Form auch seltene rezessiv geschlechtsgebundene Fälle („Bullosis spontanea congenita maculata").

Die Ichthyosis vulgaris folgt neben unregelmäßig dominanten Formen gelegentlich geschlechtsgebundener Rezessivität (Abb. 11).

Von der Keratosis follicularis spinulosa decalvans ist neben der erwähnten dominant geschlechtsgebundenen Form auch eine umfangreiche Sippentafel mit rezessiv geschlechtsgebundener Vererbung bekanntgeworden. Das angeborene Fehlen der Schweißdrüsen (Anidrosis hereditaria) wird als ein geschlechtsgebundenes Merkmal aufgefaßt. Die Dysplasia ectodermalis anidrotica, jene eigentümliche Hemmungsmißbildung des Ektoderms mit Fehlen der Schweißdrüsen und kümmerlicher Entwicklung der Haare, Talgdrüsen, Schleimhautdrüsen und Zähne zeigt gelegentlich Erbverhältnisse, die L e n z zur Vermutung verschiedener geschlechtsgebundener Allele führten, die sich durch den Grad der Dominanz unterscheiden: von voller Rezessivität scheint es über intermediäres Verhalten bis zu weitgehender Dominanz alle möglichen Stufen zu geben.

4. Hinsichtlich der nach wie vor sehr problematischen Frage der G e s c h w u l s t v e r e r b u n g ist zu unserem Thema nur wenig zu sagen. Schon 1915 wurde bei der Drosophila eine im X-Chromosom genau lokalisierbare rezessive Erbanlage entdeckt, die zu melanotischen Tumoren in den Larven führt, die sämtlich absterben. Bei der Maus sind Faktoren, die für das

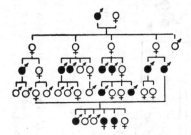

Abb. 11. Ichthyosis vulgaris.

(Nach C s ö r s z aus v o n V e r s c h u e r, Leitfaden der Rassenhygiene)

Angehen von Transplantationsgeschwülsten notwendig sind, mehrfach im X-Chromosom nachgewiesen worden. Im übrigen erscheint aber trotz umfangreicher statistischer Untersuchungen über die Geschlechtsabhängigkeit der Geschwulstvererbung bisher ein positiver Beweis für eine geschlechtsgebundene Vererbung, aber auch nur für Geschlechtsbegrenzung bei der Vererbung von Geschwulstanlagen beim Menschen nicht erbracht.

5. Trotzdem an der Erblichkeit zahlreicher i n n e r e r K r a n k h e i t e n heute kein Zweifel mehr bestehen kann, ist hinsichtlich der Aufklärung der Erbgänge gerade in diesem Fach noch viel zu leisten übrig. Von rezessiv geschlechtsgebundenen Erbkrankheiten aus dem Bereich der inneren Medizin sind folgende zu erwähnen:

a) Von der Hämophilie wurde schon gesprochen. Besonders bekannt ist sie durch ihr Auftreten in mehreren europäischen Fürstenhäusern (Abb. 12) geworden. Die Krankheit zeigt gelegentlich familiäre Besonderheiten: manche Familien zeigen eine leichtere, andere eine schwerere Form mit oder ohne Neigung zu Gelenk- und Schleimhautblutungen. Daß bei den leichteren Formen auch gelegentlich ein intermediäres Verhalten zu beobachten ist, wurde bereits erwähnt; desgleichen auch die bei der Hämophilie festgestellte Erfahrungstatsache, daß homozygot kranke Frauen entgegen der genetischen Theorie bisher noch nicht beobachtet werden konnten. Die mehrfach veröffentlichten Fälle von weiblicher Hämophilie ließen sich bisher noch niemals als echte

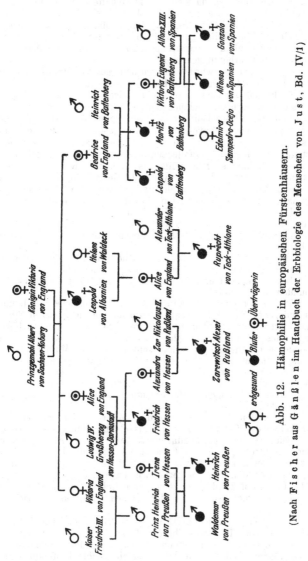

Abb. 12. Hämophilie in europäischen Fürstenhäusern.

(Nach Fischer aus Gänßlen im Handbuch der Erbbiologie des Menschen von Just, Bd. IV/1)

homozygote Bluterinnen erkennen, die ja der Ehe eines Bluters mit einer Konduktorin entstammen müßten, sondern mußten durchweg als Ausdruck intermediären Verhaltens aufgefaßt werden.

4*

Dies veranlaßte mehrere Autoren (B a u e r, W e h e f r i t z u. a.) zu der Behauptung, daß eine homozygote weibliche Bluterin niemals zu erwarten sei, da sich das krankhafte Gen als Letalfaktor auswirkt. L e n z, W e i t z u. a. halten diese Annahme für unnötig, um das bisherige Fehlen der Beobachtung einer echten weiblichen Hämophilie zu erklären, sondern weisen vielmehr diesbezüglich auf die erwartungsgemäß extreme Seltenheit von Konduktor-Blutverbindungen hin.*

Pylorospasmus wurde gelegentlich geschlechtsgebunden rezessiv beobachtet, desgleichen Diabetes insipidus.

6. In der E r b n e u r o l o g i e zeigen folgende Krankheiten rezessiv geschlechtsgebundenes Verhalten:

Von der E r b schen progressiven spinalen Muskeldystrophie sind Sippen bekanntgeworden, die an geschlechtsgebundene Rezessivität denken lassen, doch ist das fast durchweg festgestellte vorwiegende Befallensein des männlichen Geschlechtes (zwei- bis dreimal so häufig als das weibliche) bei dieser Krankheit in der Mehrzahl der Fälle wohl auf Geschlechtsbegrenztheit zu beziehen, die nicht mit Geschlechtsgebundenheit verwechselt werden darf, was nachher noch eingehender erörtert werden soll.

Die äußerst seltene P e l i z a e u s - M e r z b a c h e r sche Krankheit wurde schon erwähnt, da in einer der beiden am besten durchforschten deutschen Sippen intermediäres Verhalten beobachtet wurde.

Die W e r d n i g - H o f f m a n n sche infantile Muskelatrophie trat in einer Sippe rezessiv geschlechtsgebunden auf.

Der erbliche Tremor wurde mehrmals rezessiv geschlechtsgebunden beobachtet.

7. Die E r b p s y c h i a t r i e kennt im Bereiche der Gruppe des endogenen Schwachsinnes Verhältnisse, die in gewissen Sippen eine Geschlechtsverbundenheit vermuten lassen: erhebliches Ueberwiegen des männlichen Geschlechtes und die alte Erfahrung der besonderen Gefährung der Söhne schwachsinniger Mütter schienen — nicht unbestritten — in dieser Richtung zu sprechen.

Die oft erörterte Hypothese, daß man beim manisch-depressiven Irresein mit dominanter Geschlechtsgebundenheit zum mindesten von Teilanlagen rechnen muß, erscheint neuerdings endgültig widerlegt.

8. Bei den A n o m a l i e n d e r K ö r p e r f o r m, den Erbkrankheiten des Knochen-, Gelenk-, Muskel- und Bindegewebssystems, den Defekten und Mißbildungen, konnte bisher mit Sicherheit keine geschlechtsgebundene Erbanlage festgestellt werden. Uebrigens wird auch kein normales Merkmal des Stützgewebes durch eine im X-Chromosom gelagerte Erbanlage bedingt. Daß es sich in der Erbpathologie des Stützgewebes hauptsächlich um Störungen handelt, die sich schon in der frühembryonalen Entwicklung

---

* Soeben hat A p i t z (Erbarzt, 10, 219, 1942) bei der Analyse einer von T r e v e s beschriebenen, von H a n d l e y und N u ß b r e c h e r neubearbeiteten Sippe von „Pseudohämophilie" zeigen können, daß es sich dabei um eine echte Blutersippe handelt, in der aus einer Bluter-Konduktor-Ehe neben 2 Blutern und 6 gesunden Frauen 3 homozygote Bluterinnen hervorgegangen sind. Dadurch würde die Letalfaktorenhypothese hinfällig.

manifestieren, läßt nach v. V e r s c h u e r den Schluß ziehen, daß diese Entwicklungsvorgänge von autosomalen Genen bestimmt werden.

Damit wäre ein — wenn auch nicht lückenloser — Ueberblick über die wichtigsten rezessiv geschlechtsgebundenen Erbkrankheiten gegeben. Abschließend sei nochmals daran erinnert, daß die geschlechtsgebundenen Erbgänge die Stellung einer t h e o r e t i s c h e n oder, wie sie auch genannt wird, r e i n e n m e n d e l i s t i s c h e n E r b p r o - g n o s e gestatten. Die diesbezüglichen Möglichkeiten der Belastung sind in Tabelle 1 zusammengestellt.

Diese Tabelle der Belastungsarten bei den beiden geschlechtsgebundenen Erbgängen zeigt gleichzeitig die verschiedenen Möglichkeiten sicherer mendelistischer Erbprognosen bei ihnen. Darüber hinaus lassen sich aber, wie bereits früher ausführlich dargetan, noch andere Erbvorhersagen in Prozentzahlen der Wahrscheinlichkeit stellen; diesbezüglich sei bei dem hier am meisten interessierenden rezessiv geschlechtsgebundenen Erbgang daran erinnert, daß die heterozygoten Töchter kranker Väter mit gesunden Männern eine Nachkommenschaft mit der Mendel-Proportion 25% kranke Söhne : 25% gesunden Söhnen : 25% heterozygoten Töchtern : 25% erb- und erscheinungsbildlich gesunden Töchtern. Dabei muß man sich immer vor Augen halten, was eine derartige in Prozenten ausdrückbare Erbprognose in Wirklichkeit bedeutet: nicht, daß sich in der kleinen menschlichen Einzelfamilie die ideale Mendel-Proportion verwirklichen muß oder wird, sondern daß die angegebene Ziffer die Wahrscheinlichkeit des Eintretens des betreffenden Falles im Augenblick der Zeugung bezeichnet. Jede der folgenden Zeugungen hat die gleichen Chancen der Verwirklichung, die gleiche zahlenmäßig faßbare Erbprognose, unabhängig von der Beschaffenheit der bereits vorhandenen Nachkommenschaft.

In diesem Zusammenhang sei kurz erwähnt, daß B o r c h a r d t aus diesen Kenntnissen von der rezessiv geschlechtsgebundenen Erbmodalität eine rassenhygienische Folgerung hinsichtlich der vollständigen Ausmerzung solcher Erbleiden zog, indem er vorschlug, in solchen Sippen mit Hilfe der umstrittenen U n t e r - b e r g e r schen Methode der willkürlichen Geschlechtsbeeinflussung regelmäßig ausschließlich männliche Nachkommen erzielen zu lassen. Männliche Merkmalsträger würden nur gesunde Söhne bekommen, Konduktorinnen würden zwar auch Merkmalsträger unter ihren Söhnen haben, aber in der nächsten Generation würde sodann bei Anwendung der gleichen Methode das Erbübel vollständig beseitigt sein.

Die g e s c h l e c h t s v e r s c h i e d e n e M e r k m a l s - v e r t e i l u n g , die im Bereiche der menschlichen Erbpathologie in den letzten Jahren, insbesondere von G ü n -

Tabelle 1

Uebersicht über die verschiedenen Möglichkeiten der Belastung, bzw. der theoretischen Erbprognose bei geschlechtsgebundenen Erbgängen (Gekürzt nach Luxenburger in Bleulers Lehrbuch der Psychiatrie, Springer, Berlin, 1937)

	Sicher mit dem zur Krankheit notwendigen Genotypus belastet	Mindestens mit Teilanlagen, die nicht zur Erkrankung führen, belastet	Nur mit Teilanlagen belastet	Sicher unbelastet
Geschlechtsgebunden rezessiver Erbgang	1. Kinder kranker Elternpaare 2. Söhne kranker Mütter	1. Kinder kranker Mütter 2. Töchter kranker Väter 3. Eltern kranker Töchter 4. Mütter kranker Söhne	Töchter kranker Mütter	—
Geschlechtsgebunden dominanter Erbgang	1. Töchter kranker Väter 2. Töchter kranker Elternpaare 3. Mütter kranker Söhne	—	—	Söhne kranker Väter

ther, in zahlreichen Arbeiten analysiert wurde, beruht
aber n i c h t n u r auf den besprochenen Verhältnissen der
Geschlechtsgebundenheit, also der Lagerung der betreffenden Erbanlagen im X-Chromosom, und stellt daher von
vornherein keinen Beweis für diesen Erbmodus dar. Zweier
anderer Modalitäten muß in diesem Zusammenhang gedacht werden, von denen die erste, die sogenannte Geschlechtsfixierung, in der menschlichen Erbbiologie und
-pathologie bisher überhaupt keine Rolle spielt, während
die andere, die Geschlechtsbegrenzung, von größter theoretischer und praktischer Bedeutung für die menschliche
Erbpathologie ist.

B. Geschlechtsfixierung

Unter Geschlechtsfixierung einer Erbanlage versteht
man ihre Lagerung im Y-Chromosom. Während bei der
Drosophila derartige geschlechtsfixierte Gene bekannt sind
und auch bei der Maus ein für das Angehen von Tumor-
transplantat notwendiger Faktor im Y-Chromosom lokali-
siert gefunden wurde (B i t t n e r), konnte beim Menschen
weder für eine normale noch für eine pathologische Erbanlage eine Lokalisation im Y-Chromosom auch nur einigermaßen wahrscheinlich gemacht werden. Dieses erscheint
bisher als ein stummes, wirkungsloses Chromosom. Stammesgeschichtlich wird das Y-Chromosom nach L e n z als
ein rudimentäres Geschlechtschromosom angesehen, in dem
die geschlechtsgebundenen Erbanlagen nicht nur wirkungs-
los zu sein scheinen, sondern vermutlich überhaupt nicht
mehr vorhanden sind. Lange Zeit war es unbekannt, daß
der Mensch überhaupt ein Y-Chromosom besitzt. Seit W i n i -
w a r t e r (1912) pflegte man die für das Weib typische
Zahl von 48 Chromosomen einer männlichen von 47 gegen-
überzustellen, so daß sich damals für den Mann eine diesbezügliche Erbformel X— und nicht XY ergeben hätte. Im
letzten Jahrzehnt aber scheint es mehrfach gelungen zu
sein, das menschliche Y-Chromosom nachzuweisen; diese
Beobachtung wurde in jüngster Zeit immer wieder von
namhaften Autoren bestätigt, so daß heute die Existenz
eines Y-Chromosoms beim Menschen nur mehr von wenigen
Forschern bezweifelt wird.

Wenn nun auch bisher das menschliche Y-Chromosom wir-
kungslos zu sein scheint, so sei doch kurz dargetan, daß sich
das Y-Chromosom in rein männlicher Linie vererbt, vom Vater
auf alle Söhne, von diesen auf alle Enkel usw., also ähnlich der
Vererbung des Familiennamens. Wir können im allgemeinen nicht
feststellen, von welchem unserer Vorfahren in der 5., 6., 7. oder
x-ten Ahnenreihe wir diese oder jene Erbanlage, dieses oder
jenes der 47 Chromosomen geerbt haben. Wohl aber kann der
Mann mit Sicherheit den Ahnherrn seines Namens als denjenigen

bezeichnen, von dem er das Y-Chromosom bekommen hat. So läßt sich auch an diesem winzigen morphologischen Substrat jenes gewaltige biologische Geschehen erläutern, das wir unter dem Namen der endlosen Keimbahn, des ewigen Erbstromes zu erahnen versuchen.

Im übrigen spielen, wie gesagt, geschlechtsfixierte Erbanlagen in der menschlichen Erbpathologie keinerlei Rolle. (Bei einer als Keratoma dissipatum bezeichneten Keratose könnte man an eine im Y-Chromosom fixierte Erbanlage denken [Abb. 13]).

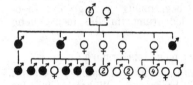

Abb. 13. Keratoma dissipatum.

(Nach B r a u e r aus B a u r - F i s c h e r - L e n z , Bd. I, 2. Hälfte: Erbpathologie)

Um so bedeutungsvoller ist hingegen jene Erklärung einer geschlechtsverschiedenen Verteilung von Erbmerkmalen, die als G e s c h l e c h t s b e g r e n z t h e i t bezeichnet wird.

C. G e s c h l e c h t s b e g r e n z t h e i t

Darunter ist kein Erbgang zu verstehen, geschlechtsbegrenzte Vererbung gibt es nicht, vielmehr handelt es sich dabei ausschließlich um eine Frage der Manifestierung.

Dies kann zunächst an Erbmerkmalen klargemacht werden, die sich stets nur bei dem einen der beiden Geschlechter äußern können, weil nur dieses eine Geschlecht etwa über das zur Manifestierung notwendige Organ verfügt. Dafür ist eines der bekanntesten Beispiele die Hypospadie, die auf einer einfachen dominanten (gelegentlich auch unregelmäßig dominanten) autosomalen Erbanlage beruht, sich aber naturgemäß nur im männlichen Geschlecht äußern kann. Daß es sich dabei um keine Geschlechtsgebundenheit handeln kann, geht aus der Sippentafel (Abb. 14) eindeutig hervor, in der die Uebertragung vom Vater auf den Sohn festgestellt werden kann, wodurch eine gonosomale Vererbung von vornherein ausgeschlossen ist.

Geschlechtsbegrenzte Erbmerkmale können auf dominanten, rezessiven, ja sogar auf geschlechtsgebundenen Genen beruhen.

Aber nicht nur hinsichtlich des Manifestationsmechanismus so klar deutbare Erbmerkmale wie die Hypospadie zeigen Geschlechtsbegrenztheit (a b s o l u t e Geschlechtsb e g r e n z t h e i t). Es gibt eine große Reihe, zum Teil höchst wichtige Erbleiden, die regelmäßig eine geschlechtsverschiedene Verteilung zeigen, ohne daß dabei für Geschlechtsgebundenheit Anhaltspunkte bestünden, aber auch ohne daß Manifestierungsschwierigkeiten bei dem hinsichtlich der Häufigkeit benachteiligten Geschlecht etwa infolge fehlender Organanlagen auf den ersten Blick ersichtlich wären. Hierher scheinen zu gehören: das bevorzugte Behaftetsein des männlichen Geschlechtes mit Lippen-Kiefer-Gaumenspalten, erblichem Klumpfuß, progressiver Muskeldystrophie, neuraler Muskeldystrophie sowie beim weiblichen Geschlecht das häufige Auftreten von angeborener Hüftverrenkung, Basedowscher Krankheit, Gallensteinen, achylischer Chloranämie u. a. m. In diesen Fällen muß eine

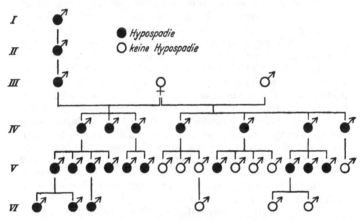

Abb. 14. Hypospadie in sechs Generationen.
(Nach L i n g a r d aus K e m p im Handbuch der Erbbiologie des Menschen von J u s t, Bd. IV/2)

r e l a t i v e G e s c h l e c h t s b e g r e n z t h e i t angenommen werden. Bei der im männlichen Geschlecht so häufigen Glatzenbildung schließt die vielfach beobachtete Vererbung vom Vater auf den Sohn Geschlechtsgebundenheit aus, vielmehr scheint hier eine durch die Geschlechtshormone kontrollierte Geschlechtsbegrenzung vorzuliegen. Es ist ja eigentlich auch leicht verständlich, daß die für jedes Individuum so entscheidende Geschlechtsveranlagung nicht ohne Einfluß auf andere körperliche Erbmerkmale sein kann, sondern sie direkt oder indirekt „kontrolliert", was ja letzten Endes nichts anderes als die Mitwirkung der übrigen Erbmasse für die Manifestierung eines Erbmerkmales bedeutet und damit in das Gebiet polymerer Erbvorgänge überleitet. Immerhin bedarf aber gerade die Erscheinung der relativen Geschlechtsbegrenztheit noch tiefergehender Aufklärung.

Hier liegen noch mannigfaltige Probleme künftiger Erbforschung am Menschen.

Vom Standpunkt unseres Themas aus ist es aber wichtig, die Wesensverschiedenheit zwischen geschlechtsgebundenen Erbvorgängen und geschlechtsbegrenzten Manifestie-
rungserscheinungen auseinanderzuhalten und bei der Aufklärung von Geschlechtsunterschieden einer Merkmalsver-
teilung an diese beiden grundverschiedenen Möglichkeiten
zu denken.

Ich möchte diese Ausführungen, in deren Mittelpunkt
ja die Biologie des X-Chromosoms notwendigerweise stehen
mußte, nicht abschließen, ohne neuester einschlägiger Erkenntnisse zu gedenken. Die Tatsache der Lagerung vieler
Erbanlagen in einem Chromosom, die F a k t o r e n k o p -
p e l u n g genannt wird und durch welche die M e n d e l -
sche Unabhängigkeitsregel von der freien Kombination der
Erbanlagen zunächst nur für solche Geltung hat, die in
verschiedenen Chromosomen gelagert sind, sowie die Erscheinung des Faktorenaustausches haben durch das Auffinden der Gesetzmäßigkeiten von Koppelung und Austausch — benachbarte Gene werden häufiger gekoppelt
vererbt, je weiter voneinander entfernt Gene gelagert sind,
um so häufiger unterliegen sie dem Austausch — bei einigen Versuchsobjekten, so vor allem bei der Drosophila, die
Aufstellung von Chromosomenkarten ermöglicht, die die
gegenseitige Lage der Gene im Chromosom erkennen lassen.

Beim Menschen wurde der Faktorenaustausch zum
erstenmal vor wenigen Jahren von v. V e r s c h u e r und
R a t h beobachtet. Systematische Durchsuchungen großer
Blutersippen nach Rotgrünblinden ließen eine Geschwister-
reihe finden, die aus vier Brüdern bestand, von denen
einer ein rotgrünblinder Bluter, der zweite ein Bluter, der
dritte rotgrünblind und der vierte gesund waren. Die Mutter
war eine erscheinungsbildlich gesunde Konduktorin beider
rezessiv geschlechtsgebundenen Erbanlagen, bei der es demnach im Rahmen ihrer Eizellenreifung zweimal zu einem
Faktorenaustausch zwischen ihren X-Chromosomen gekommen sein mußte (Abb. 15).

Während schließlich die menschliche Erbforschung
über die genauere Lokalisation gewisser Erbanlagen in
einem der 23 Autosomenpaare keine Angaben machen kann
und damit auch die Möglichkeit der Aufstellung einer Chro-
mosomenkarte im Sinne des oben gezeigten entfällt, so
scheint aber neuerdings der Nachweis eines Faktorenaustausches zwischen bestimmten Teilen des X-Chromosoms
und des Y-Chromosoms gelungen zu sein, wodurch der
Anfang einer genetischen Karte des X-Chromosoms mit
Lokalisation der Erbanlagen der totalen Farbenblindheit,

der obersten Entwicklungsstufe des Zentralorgans niederer Tiere entspricht, eingebaut zwischen Kortex und dem Gesamtkörper mit Leistungen, welche uns zum Teil in psychischen Erlebnissen bewußt werden. Auf diesem Wege ist der Gesamtkörper eingeschaltet in das Entstehen und Ablaufen psychischer Vorgänge.

Die einzelnen Organe des Körpers haben sehr verschiedene Wirkungen auf das zentrale Nervensystem, manche, soweit wir erkennen können, eine sehr geringe. Wenn man in erster Linie hier an die Bedeutung der endokrinen Drüsen denkt, so ist auch gleich die Ueberlegung anzuschließen, daß jedes Organ an den humoralen Vorgängen und ihren Aenderungen beteiligt ist. Zunächst mag an die Bedeutung des Gefäßapparates und die verschiedenen Organe in bezug auf die Blutverschiebungen erinnert werden.

Ein besonderer Einfluß kommt der Muskulatur zu, weit über Kinästhesie, vasomotorische und humorale Effekte der Ruhe oder der Bewegung. Von der Muskulatur gehen Einflüsse auf den psychischen Allgemeinzustand aus, deren Wirkung zu den sogenannten Gemeingefühlen zu zählen sind. Die Tonästhesie, die Empfindung der Leistungsbereitschaft, bringt ein Kraftgefühl, dessen man sich gar nicht bewußt zu sein braucht, das aber fallweise deutlich wird, z. B. in der Bewegungslust von Tieren oder Kindern, die auf Wiesen herumtollen. Wie sehr wir diesen Teil unseres Allgemeingefühls brauchen, merken wir bei Schwächungen durch akute Erkrankungen, Enteritiden u. dgl. Das Vorhandensein wohlentwickelter Muskulatur führt zu Kraftbewußtsein, steigert die Selbstsicherheit, fördert die Selbstbeherrschung.

Eindeutige Beweise für den Einfluß der subkortikalen Zentren auf psychische Funktionen hat uns die Pathologie geliefert. Ich erinnere nur an die bekannten Charakterveränderungen nach Encephalitis lethargica, an die Versuche von F ö r s t e r und G a g e l, die durch Druck auf die Regio hypothalamica ein manisches Zustandsbild auslösen konnten, an G a m p e r s Nachweis organischer Veränderungen im Hirnstamm beim Korsakow. Seit E c o n o m o s grundlegenden Arbeiten kennen wir schließlich die Bedeutung des Höhlengraus im dritten Ventrikel für den im psychischen Leben so wichtigen Rhythmus des Schlafens und Wachens.

Auf die Zusammenhänge zwischen psychischen und vegetativen Erscheinungen, die wir durch Messung des Pulses, der Respiration, durch das Plethysmogramm, durch das galvanische Reflexphänomen, durch die Elektrencephalographie usw. erkennen, sei nur flüchtig hingewiesen.

Die Hirnrinde ist den subkortikalen nervösen Zentren übergeordnet als Ausgangsstelle psychischer Abläufe und als vielfach wirksames Hemmungsorgan, sie ist aber abhängig von ihnen im Sinne vegetativer Steuerung und durch diese beeinflußt vom gesamten Körper.

Die Hemmungsleistung des Kortex sieht man unter anderem recht deutlich an der Mimik. Die Innervation der Gesichtsmuskulatur im Zusammenhange mit Gefühlsvorgängen erfolgt subkortikal gelenkt, unwillkürlich. Sie kann aber auch kortikal willkürlich erfolgen und kortikal bewußt und willkürlich unterdrückt werden. Im Berufe z. B. von Aerzten und Richtern oftmals sehr wichtig.

Versucht man nach diesen Ueberlegungen dasjenige herauszuheben, was die Eigentümlichkeit der männlichen Psyche zustande bringt, so stoßen wir auf einige Schwierigkeiten. Es ist naheliegend, auf die Unterschiede zwischen männlichem und weiblichem Körper (außerhalb des nervösen Zentralorgans) mit allen seinen Einzelheiten hinzuweisen; zuerst auf die Drüsen, welche die Geschlechtsmerkmale determinieren. Die geschlechtsgebundenen Eigenheiten der Reaktionsformen sind aber nicht nur bestimmt durch die Wirkungen der Generationsdrüsen, sondern aller Organsysteme. Auf die Unterschiede, die hier vorliegen, braucht nicht eingegangen zu werden.

Die Suche nach maskulinen Charakteristiken im Nervensystem hat zu keinen beweisenden Ergebnissen geführt. Die seinerzeitige Annahme, daß das männliche Gehirn schwerer sei als das weibliche, war unhaltbar geworden, nachdem man erkannt hatte, daß innerhalb einer Tierspezies das Hirngewicht proportional zum Gesamtgewicht steigt. Die Messungen von R i e g e r erwiesen, daß dies auch für den Menschen zutrifft. Da der Durchschnitt männlicher Körper den Durchschnitt der weiblichen an Gewicht und Größe übertrifft, ist es verständlich, daß das männliche Gehirn schwerer gefunden wird.

Messungen über Unterschiede in den Größenverhältnissen einzelner Hirnteile zueinander, etwa Stammhirn und Hirnrinde, liegen, wie mir auch Professor G a g e l bestätigte, nicht vor. Ein Ueberwiegen kortikaler Leistungen des Mannes über die der Frau könnte zur Vermutung bezüglicher Unterschiede führen. Wir kennen aber keine morphologischen Differenzen.

Dennoch ist zu vermuten, daß gerade in der Relation zwischen dem — den Einfluß des Gesamtkörpers verarbeitenden — Stammhirn und dem Kortex die wesentliche Quelle des Unterschiedes männlicher und weiblicher psychischer Leistungen zu suchen sei. Die Wahrnehmung vegetativer Reaktionen des Gesamtkörpers, welche uns als Ge-

fühle bewußt werden, hängt weitgehend von der Tätigkeit der subkortikalen Zentren ab. F. H a r t m a n n hat
gesagt: „Als Grundlage des ‚Gefühls'tones darf jener Teil
der Vorgänge betrachtet werden, welcher während des der
Wahrnehmung zugrunde liegenden Vorganges — und mit
diesem in engstem Abhängigkeitsverhältnisse — den alte-
rierten Zustand des zentral-korrelativen Systems in direkter,
wechselweise humoral-vegetativer Abhängigkeit vom Zustande und den Vorgängen im System der inneren Bedingungen erhält und von hier wieder ins Gleichgewicht
zu setzen vermag."

Mit dem Fühlen ist das Wollen und Handeln folgemäßig
verbunden. Das Ichbewußtsein, die Wertung von Vorstellungen — um nur einige weitere Hirnrindenleistungen
herauszuheben — kommt ebenso unter Stammhirneinflüssen
zustande, wie z. B. umgekehrt vegetative Reizzustände,
die wir im Sinne von Trieben erleben, vom Kortex aus
gehemmt werden können. Es ist ein Ineinandergreifen von
gegenseitigen Beeinflussungen zwischen Kortex, Stammhirn und Gesamtkörper.

So nähert sich die Annahme einer Berechtigung, daß
beim Manne aus einer durchschnittlich besseren Entwicklung der Hirnrinde und den vegetativen Besonderheiten
des Gesamtkörpers sich die hauptsächlichen Voraussetzungen für die Eigenheiten der männlichen Psyche ergeben.
Die letzten Beweise für die Richtigkeit dieser heuristischen
Theorems dürften allerdings noch auf sich warten lassen.

Die Eigentümlichkeiten der männlichen Psyche sind
nicht erst beim Erwachsenen erkennbar. Schon beim Säug-
ling ist man oftmals in der Lage, männliche Eigenheiten
feststellen zu können. Es ist manchmal gar kein Zweifel
vorhanden, daß ein wenige Monate altes Kind ein Knabe
ist, so energisch ist es in seinen Bewegungen, in seiner
Kopfhaltung, in seinem Blick usw.

Bei normaler Entwicklung des Kindes nimmt diese
charakteristisch männliche Artung zu und im Alter von
wenigen Jahren sind gut entwickelte Knaben schon deutlich von den Mädchen unterschieden, nicht etwa bloß durch
die Unterschiede der Körperentwicklung, sondern auch durch
ihre psychischen Merkmale. Das Mädchen ist weicher, an-
schmiegsamer, der Knabe ist fester in der Haltung, eher
imstande, einen Schmerz zu unterdrücken usw. Wenn in
der späteren Zeit auch durch das Bedürfnis vieler Mädchen
nach knabenhafter Betätigung, was man ja öfters beobachten kann, etwas davon verwischt wird, so tritt zur Zeit
der Pubertät die entscheidende Trennung der Wege in der
Entwicklung der Psyche auf. Schon die Unterschiede in der
Art der körperlichen Veränderung müssen eine Ungleichheit

der Einstellung der beiden Geschlechter zur Umgebung bewirken. Beim Mädchen entsteht eine auffallende Form-
veränderung mit dem Wachstum der Brüste. Der Eintritt
der Menses nötigt es zu einer zeitweilig vorsichtigen Behandlung seines Körpers. So ist die Frau bereits in der
Pubertät durch die Umstellung ihres Körpers auf eine
Plattform der Schonung, der Zurückhaltung gedrängt. Das
beeinflußt grundsätzliche Verschiebungen der psychischen
Haltung überhaupt.

Der Knabe hingegen entwickelt sich im Uebergang zum
Jüngling durch Zunahme seiner körperlichen und geistigen
Kräfte, ohne diese dem weiblichen Geschlechte zufallen-
den Hemmungen. Auch der Jüngling hat in der Pubertätszeit, jener Zeit der Uebergänge, in den Beziehungen mannig-
fache Unsicherheiten und Schwierigkeiten zu überwinden,
es geht aber bei ihm doch stetig vorwärts und während
die myosensorische Komponente der somatogenen psychischen Faktoren das Bewußtsein des eigenen Ichs von
Tag zu Tag steigert, entwickelt sich wesentlich unter
hormonalem Einflusse jene psychische Einstellung zum
weiblichen Geschlechte und damit zur ganzen Umwelt,
welche im Gegensatz zum weiblichen Verhalten mit einer
gewissen Aggressivität verbunden ist.

Während beim weiblichen Geschlechte vielfach nach
der Zeit der Pubertät ein relativer Stillstand der Entwicklung eintritt, der zu jenem psychischen Infantilismus
führt, welcher lange Zeit als „physiologischer Schwachsinn
des Weibes" bezeichnet worden ist, läßt sich beim reifen-
den Manne nach der Pubertätszeit nicht nur ein Fortschreiten körperlicher und geistiger Entwicklung, sondern
der wesentlichste Teil derselben beobachten.

In der Periodizität sexueller Funktionen besteht für die
Frau über die ganze Höhezeit ihres Lebens ein Hemmnis,
nicht nur die Menses, sondern auch die Zeiten der Gravidität
und Laktation machen die Frau schonungsbedürftig. Die
seelischen Zustände der werdenden Mutter, der stillenden
Frau sind von einer Art, die der Mann nie erlebt. Er
schreitet ungehemmt durch solche körperlich wie seelisch
tief eingreifenden Veränderungen durch das Leben.

Daraus muß sich ein großer Unterschied in der Ver-
arbeitung von Reizen aus der Umwelt ergeben, bedingt
durch die Verschiedenartigkeit der körperlichen Veranlagung und der seelischen Reaktionsmöglichkeiten. Während
die Frau gefühlsreicher, affektbereiter, aber auch unkriti-
scher ist, überwiegt beim Manne die intellektuelle Leistung, er ist beherrschter, urteilsfähiger. Man kann sagen,
daß bei der Frau in einem gewissen Sinne die subkortikalen,
beim Manne die kortikalen Elemente der zerebralen Sub-

strate überwiegen. Die Form der Gedankenabläufe wird
dadurch wesentlich gelenkt. Es sei zunächst auf eine, mit
ihren Auswirkungen bis in die höchsten Stufen psychischer Leistungen reichende Erscheinung hingewiesen.
W e r n i c k e hat den Begriff der pathologischen überwertigen Idee geprägt. Es gibt aber auch eine physiologische
Wertung und Ueberwertung von Ideen. Solche Ideen und
Ideenverbindungen sind gekennzeichnet dadurch, daß sie
leichter erregbar sind, daß sie affektbetonter sind, und
daß sie eben dadurch bestimmend werden für das Wollen
und Handeln des Menschen. Während die krankhaften überwertigen Ideen meist als etwas Fremdes, oft als belästi-
gend, selbst quälend empfunden werden, erscheinen die
physiologischen als ein selbstverständlicher Bestandteil des
Denkens. Sie entstehen aus der affektbetonten Stellungnahme des betreffenden Menschen, gleichsam autochthon oder
durch Beeinflussung von außen. Nur ein Beispiel: Wenn ein
Deutscher vom Vaterlande der Franzosen spricht, wird er
in kühler, gewissermaßen objektiver Form, diesen ichfrem-
den Begriff verarbeiten. Des Deutschen Vaterland ist ihm
aber ein affektbetonter Begriff und er wird es um so mehr
sein, je mehr die äußeren Umstände eine Affektbetonung
veranlassen, z. B. wenn er sich in der Fremde befindet, und
es wird von Deutschland gesprochen, z. B. wenn das Vaterland in Gefahr ist, wie im Kriege. Da fühlt der Deutsche
mit aller Affektbetonung des Begriffes Vaterland, daß es
sich um sein Vaterland handelt, das ihm gehört, dem er
gehört. So wird der Begriff Vaterland im Denken anders
verarbeitet, wenn das Ich dazu keine, oder wenn es eine
unter Umständen stark gefühlsbetonte Beziehung hat. Es
entsteht die Wertung und Ueberwertung. Wir bauen uns
solche überwertige Ideen selbst, wir erhalten sie von außen
durch alles, was uns das Leben an Erziehung und Belehrung bringt.

Der Mann unterscheidet sich nun von der Frau hinsichtlich der überwertigen Ideen dadurch, daß er kritischer, weniger leicht beeinflußbar ist, an erfaßten Ideen
intensiver festhält, und in seinem Handeln dadurch ver-
läßlicher erscheint als die Frau. Der Mann ist auch wähle-
rischer bezüglich des Inhaltes von solchen Ideengebieten.

Diese physiologischen überwertigen Ideen bewirken
die Art des Denkens. Nur aus überwertig gewordenen Ideen
entstehen Grundsätze, Weltanschauungen. Die ganze Lebensführung baut sich so auf überwertigen Ideen auf. Sind
die überwertigen Ideen fest verwurzelt, d. h. mit zahl-
losen Nebenvorstellungen in Einklang gebracht und von entsprechender Intensität der Gefühlsbetonung, dann werden
sie überall zur Geltung kommen, auch trotz Gegenvorstel-

lungen bestehen bleiben, es wird die Stetigkeit des Handels gesichert sein, man kann auf den Menschen bauen. Wenn diese überwertigen Ideen dem Bereiche ethischen Denkens entstammen, der Mensch nach solchen Grundsätzen sich selbst getreu und für andere verläßlich handelt und lebt, so sagen wir, er hat Charakter. Der Mann ist nach seiner ganzen psychischen Veranlagung zu solchem Handeln und Leben eher befähigt. Besonders eben dadurch, daß er kritischer denkt und weniger suggestibel ist.

Die überwertigen Ideen, welche die Lebensführung bestimmen, haben eine Entwicklungszeit notwendig. Erst der Erwachsene, urteilsfähige Mann kann im Besitze gereifter Vorstellungen sein. Beim Kinde sind es die eingeredeten Belehrungen und das Beispiel der Eltern, für die Knaben vor allem das Beispiel, das der Vater gibt, was zur Entstehung fester Vorstellungen führt. Etwa um die Pubertätszeit entstehen dann selbständigere Wege des Denkens, die Phantasie wächst, der Knabe sucht Anregungen in Büchern, im Kino für seine Phantasien. Es ist die Zeit der Lederstrumpfgeschichten vergangener Epochen, der Karl-May-Literatur. Und nun kommt etwas dazu: Das wachsende Gefühl der eigenen Persönlichkeit schafft einen Tatendrang. Die gelesenen und durchgedachten Phantasien werden irgendwie zu verwirklichen gesucht. Die Spiele: Räuber und Panduren, Indianerschlachten u. dgl. sind uns in guter Erinnerung. In geradezu vorbildlicher Ausnützung dieser, dem Jungen immanenten Bedürfnisse, hat die heutige Jugenderziehung die Zeltlager der HJ, die Geländeübungen, die Pfadfinder geschaffen, um einem höheren Ziele und bedeutungsvollen überwertigen Ideen den Boden vorzubereiten.

Wenn dabei Kampf gelehrt und geübt wird, so entspricht das einer Forderung der natürlichen Gegebenheiten. Kampf ist eine biologische Erscheinung und Krieg eine biologische Erscheinung im Völkerleben. Die Lust am Kämpfen entsteht aus dem Selbstgefühl, aus dem Kraftbewußtsein des einzelnen. Die Notwendigkeit, den Krieg zu verstehen, ihn vorzubereiten und zu leisten, kann Sache eines ganzen Volkes werden, aber nur dann, wenn bestimmte Ideen im ganzen Volke Ueberwertigkeit gewonnen haben.

Das Spiel mit dem Leben wird in jungen Jahren, wenn das Kraftgefühl groß und der natürliche Tod noch weit ist, oft gesucht. Da zeigt sich der Mut; und die Ueberwindung einer Gefahr ist ein befriedigendes Erlebnis, die Lösung nach einer Spannung, in der alle körperlichen und psychischen Kräfte eingesetzt waren. Das ist bildend für die Psyche des Mannes. Ich kenne keinen, der im vorgeschrittenen Alter so ein Jugenderlebnis bedauert oder verurteilt hätte. In diese Schule des Lebens gelangt man, durch sie

geht man durch das Ueberwertigwerden von Ideen. Da
spielt das Bedürfnis, im kleinen Rahmen Ueberwinder, Held
zu sein, eine Rolle. Es ist die Vorübung für den Geist
des Kämpfers. „Das lateinische bonus glaube ich", sagt
N i e t z s c h e, „als ‚den Krieger' auslegen zu dürfen: vorausgesetzt, daß ich mit Recht bonus auf ein älteres duonus
zurückführe (vgl. bellum = duellum = duenlum, worin
mir jenes duonus enthalten erscheint). Bonus somit als
Mann des Zwistes, der Entzweiung (duo), als Kriegsmann:
man sieht, was im alten Rom an einem Manne seine ‚Güte'
ausmachte."

In der Zeit des Ueberganges vom Jüngling zum Manne
werden die Vorstellungen geläutert, viele überwertige Ideen
gefestigt. Ich erinnere Sie an Worte, die erstmalig in unserer
Studentenzeit eine große Rolle spielten: Ehre, Freiheit,
Vaterland, Worte, aus denen sich Grundsätze entwickelt
haben, durch die jeder einzelne wieder auf weitere Kreise
gewirkt hat.

Die somatischen wie die psychischen Anlagen des
Menschen führen dazu, daß der Mann der Erwerber oder
Erkämpfer der Nahrung ist. Vor Jahrtausenden waren unsere
Vorfahren nur Jäger, Fischer, später Ackerbauer, wie wir
das heute noch bei sogenannten Primitivvölkern sehen.
Der Mann war oder ist derjenige, der den Kampf mit den
Tieren, mit den Gefahren der Natur aufnimmt. Er ist derjenige, der nicht nur sich, sondern auch sein Weib und
seine Kinder vor den Gefahren der Umwelt schützt und
verteidigt. Auf weiteren Stufen kultureller Entwicklung sind
es die Gruppen zusammengehöriger Männer, welche ihr
Eigentum gemeinsam gegen feindliche Einwirkungen verteidigen. Der Mann wird Krieger. Die Vorstellungen von
seinem erweiterten Ich werden durch ethische Gedanken-
gänge überwertige. Das Pflichtgefühl für Familie, Stamm,
Vaterland, hebt ihn zur kämpferischen Höchstleistung, zur
Opferung der eigenen Person, er wird zum Helden. Das
war so in grauer Vorzeit, das ist heute ebenso.

Daheim aber ist er derjenige, der im kleinsten sozialen
Gemeinwesen, der Familie, die Führung hat, haben muß.
Es ist nicht nur die Führung im Sinne der Erhaltung und
Lenkung der Familie im ganzen, es kommen dem Manne
noch besondere Führungsaufgaben zu. Er ist derjenige,
welcher die Meinungsdifferenzen affektlos zu schlichten
hat, der, wenn es nötig ist, die Kinder affektlos straft
und durch sein väterliches Beispiel in der Lebensführung
erzieherisch wirken soll. Durch das geistige Uebergewicht,
das er unter natürlichen Verhältnissen hat, muß er der
Bringer, der Vermittler überwertiger Ideen in der Familie
sein, dadurch der geistige Führer. Er muß weiter auch

etwas besitzen, was in der Psyche jedes wirklichen Füh-
rers eine Rolle spielt, nämlich Verantwortungsgefühl und
bezügliche Einsatzbereitschaft.

Auch in der größeren Gemeinschaft, in der Gemeinde,
im Gau, im Staate, sind es immer Männer, welche die
wirkliche Führung in der Hand haben, nicht etwa, weil
man die Frauen zurücksetzen will, sondern weil die Frauen
nach ihrer ganzen Artung, nach ihrer Beeinflußbarkeit usw.
für die Führung nicht geeignet sind. Wenn B l ü c h e r
gesagt hat, jeder Soldat trägt den Marschallstab in seinem
Tornister, so kann man auch sagen, daß jeder Mann irgend
ein, wenn auch kleines Etwas vom Führer in sich hat,
weil er für sich und seine Familie den Lebensraum zu gestalten hat. Aber so, wie es nur einen Marschall Vorwärts gegeben hat, gibt es auch nur außerordentlich wenig
Führerpersönlichkeiten. Adolf H i t l e r hat das ja so klar
in „Mein Kampf" erläutert. Trotzdem muß man daran festhalten, daß jeder Mann nach der biologischen und sozialen
Situation, in die er gestellt ist, etwas von der Aufgabe des
Führens zu erfüllen hat. Dem Charakter kommt hierbei
eine große Rolle zu, aber er ist doch sicher nicht einzig
ausschlaggebend. Gerade hier zeigt sich so deutlich die
Bedeutung der Gesamtpersönlichkeit, welche bald mehr
durch Wissen, bald mehr durch Intelligenz oder die Fähigkeit, überwertige Ideen zu schaffen, und die eigene Kraft
auf andere zu übertragen, ausgezeichnet sein kann. Ganz
große Führerpersönlichkeiten, die alle Voraussetzungen in
sich vereinen, sind deshalb so selten.

Die geistigen Leistungen, die der Mann in der Familie,
in seinem Berufe, in der Gemeinde usw. zu vollbringen
hat, werden immer deutlicher als Führung erkennbar, je
größer die Auswirkung einer geistigen Tat auf die Allgemeinheit ist.

Auf dem Gebiete geistiger Arbeit ist die Ueberlegen-
heit des Mannes eindeutig gegeben, wo es sich um Schöpferisches handelt. In Wissenschaft, Kunst und Technik kennen wir keine großen schöpferischen Leistungen von Frauen.
Wenn man den Einfluß nahestehender Männer berücksichtigt, fallen auch manche sogenannte Ausnahmen weg. Und
die großen Frauen der Politik und der Weltgeschichte
haben sicher — ohne daß man ihre Intelligenz anzuzweifeln
braucht — etwas besessen, was die Frau auszeichnet:
Feingefühl auch in der Unterordnung unter fremde Gedanken. Das kritische, zielbewußte Denken, der geniale
Entwurf, die stetige Durchführung desselben ist Sache des
Mannes. Erfindungen und Entdeckungen, Konstruktionen und
künstlerische Entwürfe größerer Art wurden nur von Männern
geschaffen, von Werten abstrakten Denkens, von Mathematik

und Philosophie usw. ist gar nicht zu reden. Alles was organisatorischen Aufbau bedeutet, die Erschließung von Wirtschaftsgebieten, die Schaffung von Kultursystemen, die Gründung von Staaten ist geistige Leistung von Männern, die dadurch Führer in ihrem Volke werden.

„Die Stärke der Staaten", sagt Friedrich der Große, „beruht auf den großen Männern, die ihnen zur rechten Stunde geboren werden."

Außer diesen, oftmals recht in die Augen springenden Persönlichkeiten, gibt es andere, die relativ zurücktreten und doch mit der Gedankenwelt, die sie geschaffen haben, Einfluß gewannen auf das Denken ihrer Zeit, ja, auf das ganzer Epochen, denen sie den Stempel ihrer Persönlichkeit aufdrückten.

Wenn von den ethischen Anteilen des Denkens führender Männer andeutungsweise die Rede war, so ist hier nochmals eindringlich auf die Bedeutung derselben zu verweisen. Je mehr sich der Einfluß eines Menschen auf andere vergrößert, je mehr er Führer wird, und je mehr er als Führer Macht gewinnt, desto deutlicher ist seine weltanschauliche Stellungnahme, sind deren Auswirkungen erkennbar. Hier zeigt sich der verantwortungsbewußte Führer als der aufbauende, konstruktiv Schaffende, der sich als Teil einer Gemeinschaft fühlt, für die als sein erweitertes Ich er arbeitet und leistet, zum Unterschiede von den einfach nach Macht gierenden Männern, deren Arbeitserfolg den Charakter des Destruktiven trägt. Die aus dem Osten in Europa eingefallenen Stämme der Hunnen, Tartaren usw. haben Kulturen zerstört und nichts Neues dafür geschaffen. Auch sie sind von Männern geführt worden. Wo war aber etwas von dem Ethos in diesen? Eine gleichartige, nur viel ungeheuerlichere Bedrohung der Kultur ganz Europas haben wir eben jetzt abzuwehren. Die Psychologie der unsere Feinde führenden Männer wird erst geschrieben werden, aber schon heute steht fest, daß ihnen das Ethos fehlt, von dem unser Führer getragen ist, zu jenen Höhen männlicher Psyche, die nur ganz selten in der Geschichte der Menschheit erreicht werden. Von diesem Ethos hat er, beispielgebend und lehrend, so viel seinem ganzen Volke einzuflößen verstanden, daß heute zahllose Männer in ihrem Denken und Fühlen geklärt, in ihrem Pflichtbewußtsein gegen Familie und Vaterland entschlußfreudig und einsatzbereit geworden sind, und so eine ungeheure Kraft darstellen, welche die Sicherheit unserer Zukunft gewährleistet. Es ist das Werk der Psyche eines Mannes, das zu erleben und begreifen zu können beglückend ist.

Kehren wir zurück zu unseren ärztlichen Berufsproblemen. Die Aufgaben, die sich für uns ergeben, gehen in

zwei Richtungen: Führung der Psyche des Mannes durch
den Staat in der Einwirkung auf die Menge und Führung
der einzelnen Männer zur Entwicklung und Förderung
männlicher Psyche.

Wir Aerzte haben an den Aufgaben des Staates als
Mitarbeiter und Ausführende teilzunehmen, dort wo es sich
handelt um Schulung, körperliche und geistige Ertüchti-
gung der Jugend und der jüngeren Männer. Wir brauchen
ein muskelstarkes Geschlecht. Auch der geistige Arbeiter
soll eine Bewußtheit aus der persönlichen Kraft heraus
bekommen und pflegen. Nur so können wir das sein und
bleiben, was man uns Deutschen stets nachgerühmt hat:
wir seien ein Volk der Denker und Krieger. Nur so kann
der einzelne jene Ideale pflegen und wo es nottut, mit
Mut und persönlichem Einsatze befolgen, die uns inneren
Halt und Kraft nach außen geben.

In der Einzelarbeit treten an den Arzt dabei oft Aufgaben heran, an die er im allgemeinen gar nicht denkt.
Wenn er als Schularzt einen Knaben seinen Kräften entsprechend vor Ueberanstrengung schützt und einer gleichmäßigen Ausbildung im Rahmen seiner Fähigkeiten zu-
führt; wenn er als Berufsberater verhindert, daß ein Junge
einem Studium oder einem Gewerbe zugeführt wird, das
ihm nach seinen Anlagen nicht liegen kann, sondern einem
anderen, für das er Eignung besitzt und Lust aufbringen
kann; wenn er als Eheberater ein ungleiches Paar, das
aus rein äußerlichen Gründen heiraten will, warnt, so
arbeitet er oft, ohne daß jemand davon etwas merkt,
ja, ohne daß er selbst davon Notiz nimmt, an der Er-
tüchtigung männlicher Psyche im einzelnen. Und schließlich der Arzt in der Sprechstunde: Wir müssen uns darüber klar sein, daß der Arzt durch seine Stellung als Be-
rater, als Helfer, ein Freund der Bedrängten ist. Sein Wort
hat Gewicht, es muß deshalb gut gewählt sein und kann,
wie tausendfältige Erfahrung lehrt, viel leisten. Ein er-
munternder Zuspruch, ein kraftvoller Gedanke, ein ruhiger
Hinweis auf Probleme der Zeit, das sind kleine Beigaben
in der Sprechstunde, durch die der Arzt mitarbeiten kann
an der Charakterbildung, an der inneren Festigung, die
manche nötiger haben als die Medizin, die er ihnen wegen
irgendwelcher Beschwerden verschreibt. Er macht sich dadurch verdient um den einzelnen, um die Psyche eines
Mannes, aber auch verdient um das große Ganze.

Ein zusammengedrängter Entwurf wie der, den ich
versucht habe, Ihnen vorzulegen, muß natürlich Sätze enthalten, die, besonders wenn man sie aus dem Zusammenhange hebt, zum Widerspruch reizen, weil jedermann auch
über andersartige Erfahrung verfügt. Es ist ebensowenig

schwierig, auf kleine, schwächliche Männer zu weisen, welche große Charaktere waren oder sind, wie auf Männer von asthenischem Habitus, welche als geistige Führer Großes geleistet haben usw. Meine Ausführungen konnten selbstverständlich nur Einzelheiten herausgreifen und einiges Grundsätzliche bringen. Vieles aber mußte vernachlässigt werden. Nur andeutungsweise soll hingewiesen sein auf den Einfluß von Erkrankungen, auf die Bedeutung von Klima, Rasse usw. Wenn wir z. B. von Malinowski über die Trobriander erfahren, daß auf dieser Insel östlich Neu-Guinea die eigenartigsten Mutterrechtsverhältnisse existieren, welche die Frauen in vieler Hinsicht dem Manne gleich-stellen, in manchen Punkten vorausstellen, daß dort die Männer aber wie anderswo Fischer, Jäger, Krieger sind und daß Häuptlinge die Führung der Stämme in der Hand haben, muß man sagen: Vieles erscheint gleich wie bei anderen Völkern, vieles ist aber so ganz anders, daß die Psyche dieser Männer nicht vergleichbar sein kann mit der anderer.

In der Darstellung einzelner Züge der Psyche des Mannes war notwendigerweise von der Frau die Rede und es konnte dabei der Eindruck entstehen, als sollte der Mann über die Frau gestellt werden. Das war weder meine Absicht, noch entspricht es dem Sinne meiner Ausführungen. Wenn Goethe sagt: „Der Mann schafft und er-wirbt, die Frau verwendet's: das ist auch im intellektuellen Sinne das Gesetz, unter dem beide Naturen stehen," dann darf man daran erinnern, daß er weit davon entfernt war, die Frauen gering zu schätzen. Die Bedeutung der Frau liegt auf anderen Gebieten psychischer Leistung, in denen der Mann der Frau den Vorrang nie wird streitig machen können. Macht aber jemand den Einwand, daß Frauen heute im Sport und in manchen Berufen so viel leisten wie viele Männer, dann darf man sagen, es war eine weise Planung, die Frauen zur Muskelleistung zu üben, in einer Zeit, in der junge Mädels und Frauen an Lenkrädern und Maschinen stehen. Sonst brauchen wir keine Athletinnen. Die rich-tige Begrenzung der weiblichen Leistung im Sport ist heute schon gekennzeichnet durch die Devise „Kraft und Schön-heit". Die Zeit wird kommen, wo die Frau wieder ganz Frau sein wird, damit die Psyche des Mannes die Psyche der Frau suchen und finden kann, zur eigenen Ergänzung.

Ich habe versucht, einige Seiten der Psyche des Man-nes zu beleuchten. Wenn der Mann unseres Volkes dabei im Vordergrund des Interesses stand, so ließ sich doch er-kennen, daß die natürlichen Anlagen über Zeiten und Kul-turen hinaus gleichartige Erscheinungen schaffen können. So darf ich an den Schluß die Worte eines Mannes setzen, der vor 3½ Jahrhunderten durch die Tat bewiesen hat, daß seine Psyche die eines ganzen Mannes war bis zur Vollendung seines Lebens. G i o r d a n o B r u n o, der große Philosoph, der Lehrer an der Universität in Wittenberg, hat sie geschrieben, bevor er im Jahre 1600 den Scheiterhaufen der Inquisition bestieg:

Ein Kämpfer war ich, // voll Hoffnung zu siegen, // doch lähmte oftmals // Natur und Schicksal // der Seele Bemühen // des Geistes Kraft. // Immerhin // ist es kein Geringes, // auch nur in Schranken // getreten zu sein. // Der Sieg liegt, ich seh es // in den Händen des Schicksals. // In mir ist gewesen, // was irgend nur konnte // an heißem Bemühen // und ehrlichem Mut, // würdig des Sieges. // Das wird mir, so hoff ich, // kein künftig Jahrhundert // absprechen und leugnen. // An Charakterstärke und Todesverachtung // gab keinem Helden ähnlichen Geistes // ich etwas nach. // Unrühmlichem Leben // hab ich bevorzugt // mutiges Sterben, // dem Beifall der Besten, // dem herrlichen Nachruhm // hat meine Tugend // sich freudig geopfert.

Die Psychopathien des Mannes

Von

Professor Dr. **O. Pötzl**

Wien

Die seelischen Unterschiede zwischen Mann und Weib legen vielleicht die Fiktion nahe, daß es auch unter den seelischen Anomalien und Krankheiten spezifisch männliche und spezifisch weibliche gebe. Dies ist aber keineswegs der Fall; soll man daher irgend etwas „spezifisch Männliches" an Psychopathien und psychischen Erkrankungen suchen, das über die sattsam bekannten Unterschiede zwischen Temperament, Charakter usw. von Männern und Frauen hinausgeht und zur P a t h o l o g i e der psychischen Erkrankungen und Anomalien in einer wesenswichtigen Beziehung stehen könnte, dann bleibt nichts übrig, als die psychischen Krankheitsbilder und Verläufe für beide Geschlechter vergleichend gegenzuführen.

Es wird sich empfehlen, dieses Unternehmen gerade bei einer Krankheit zu beginnen, bei der eine greifbare, unbezweifelte äußere Ursache mit gewissen konstitutionellen Eigentümlichkeiten in Wechselwirkung steht: mit der progressiven Paralyse. Seit es Statistiken über Paralysen gibt, weiß man, daß dieser Erkrankung (auf luetisch infizierte Individuen bezogen) ungefähr doppelt so viel Männer als Frauen zum Opfer fallen; bekanntlich hat man in früheren Generationen die geringere geistige Ueberanstrengung der Frauen, ihre geringere Durchseuchung mit Genußgiften usw., hierfür in Erwägung gezogen. Aber alle diese Verhältnisse haben sich

geändert; das Zahlenverhältnis aber ist über alle diese
Umwälzungen hinweg im Wesen das gleiche geblieben, wie
ja auch der Prozentsatz der Erkrankungen und die Länge
des Intervalls zwischen Primäraffekt und paralytischer Erkrankung von Lebensverhältnissen, Lebensalter, traumatischen Einflüssen usw., sich zumindest in der Statistik
als weitgehend unabhängig und merkwürdig konservativ
erwiesen haben. So liegt es nahe, tiefer in der Konstitution wurzelnde Verhältnisse heranzuziehen, also (für die
Zahlenquote männlicher und weiblicher Erkrankungen an
Paralyse) konstitutionelle Faktoren, die etwas W e s e n t -
l i c h e s für die Unterschiede zwischen Mann und Weib
enthalten. Allerdings ist es bisher noch nicht gelungen,
dieses Wesentliche zu formulieren.

Man ist heute wohl ziemlich allgemein der Ansicht,
daß die relativ größere Widerstandskraft der Frau gegen
die Paralyse nur Teilerscheinung eines allgemeineren Umstandes ist: daß die Syphilis bei der Frau im allgemeinen
überhaupt dazu neigt, milder zu verlaufen als beim Mann.
Trifft dies zu, so ist das vielleicht nur ein Sonderfall jener
oft hervorgehobenen, durchschnittlich größeren körperlichen
Widerstandskraft des Weibes, seiner Anpassung an die
Traumen von Geburten, an die Leiden der Schwangerschaft,
an die Erschöpfung der Laktation, die sich ja auch in dem
durchschnittlich höheren Lebensalter offenbart, wie es die
Frau im Gegensatz zum Manne erreicht. Mit dieser ver-
allgemeinernden Auffassung ist aber meines Erachtens gerade jenes Teilstück des Betrachteten nicht ohneweiters
abzutun, das sich in der durchschnittlich größeren Resistenz der Frau gegen die Paralyse darbietet. Auf die Beweis-
führung für diese Resistenz glaube ich hier nicht besonders eingehen zu müssen; ich darf voraussetzen, daß die
so gut wie regelmäßige Infektion der Frau mit einer „neuro-
tropen" Lues in einer Paralytikerehe allbekannt ist, ebenso
daß, wie W a g n e r - J a u r e g g stets hervorgehoben hat,
im Verhältnis dazu die konjugale Paralyse (selbst wenn man
die konjugale Tabes hinzurechnet) nicht häufig genug ist,
als daß nicht konstitutionelle Verhältnisse hier eine Hauptrolle spielen würden.

Wie Sie wissen, ist diese Anschauung W a g n e r -
J a u r e g g s heute auch von der modernen Erbforschung
anerkannt; ebenso strebt man immer mehr danach, die
Spezifität der konstitutionellen Disposition für Paralyse in
ihren Eigenschaften zu erfassen, wie dies W a g n e r -
J a u r e g g und seine Schule, namentlich P i l c z, bereits
grundlegend angebahnt haben. Ich hatte gelegentlich eines
Vortrages im selben Rahmen (Ueber Alterspsychosen) Gelegenheit, auf eine gut begründete und interessante Hypo-

these von P a t z i g hinzuweisen, die eine Identität oder
nahe Verwandtschaft der Disposition für Paralyse bei luetisch Infizierten und der Disposition zur geistigen Altersschwäche (der Presbyophrenie und der senilen Demenz)
bei luetisch nichtinfizierten Individuen aus denselben Sippen wahrscheinlich macht. In der Verteilung der senilen
Psychosen auf beide Geschlechter findet diese Hypothese
zunächst allerdings keine Stütze; mindestens ist kein o f f e n -
k u n d i g e s Ueberwiegen eines der beiden Geschlechter
hier zu bemerken. Die Hypothese ist aber durch andere
Gründe gut gestützt; für den hier angestrebten Zusammenhang brauche ich ihr übrigens nur zu entnehmen, daß sie
auf eine größere Resistenz des G r o ß h i r n m a n t e l s
gegenüber der Symbiose mit den Spirochäten hinweist,
die also nach dem z w e i f e l l o s e n Ueberwiegen der para-
lytischen Erkrankungen beim männlichen Geschlecht als eine
konstitutionelle Eigenschaft des Weibes erscheint; in bezug
auf sie scheint die männliche Konstitution statistisch der
weiblichen einigermaßen unterlegen zu sein.

Die Geschichte der Syphilis mit ihrer zunehmenden
Verringerung der Schwere der luetischen Erscheinungen
in historischen Zeiträumen bietet uns einen Abschnitt dar,
der sich in der jüngsten Vergangenheit gleichsam vor den
Augen der Psychiater abgespielt hat und der hier erwähnt
werden muß, weil er Anregung gibt, das Erörterte an einem
Sonderfall zu prüfen; ich meine die verbesserte Heilungs-
prognose der kindlichen und juvenilen progressiven Paralyse unter der Malariabehandlung. Wer, wie ich, das Glück
hatte, unter W a g n e r - J a u r e g g selbst die ganze Geschichte der Malariabehandlung von ihren ersten Anfängen
bis zur Gegenwart mitzuerleben, weiß genau, daß bis etwa
zum Ende des dritten Dezenniums dieses Jahrhunderts, also
etwa bis 1927 oder 1928, jede kindliche oder juvenile
Paralyse ein völliges Versagen des Heilerfolges der Malariabehandlung erkennen ließ; W a g n e r - J a u r e g g selbst hat
die Aussichtslosigkeit dieser Fälle wiederholt publizistisch
betont. An d e r Methode hatte sich nichts geändert, als sich
zur bezeichneten Zeit vereinzelte Besserungen der kindlichen
Fälle nach Malariabehandlung zeigten; anfangs als Seltenheiten kasuistisch publiziert, wurden sie unter unseren
Augen häufiger und häufiger, so daß heute die Prognose
der malariabehandelten kindlichen Paralyse nicht wesentlich schlechter ist, als die Prognose der Malariabehandlung
der gewöhnlichen Paralytiker unter sonst gleichen Voraussetzungen. Ich selbst bin geneigt, darin die Manifestation
jenes Abschnitts von Milderung der Schwere luetischer
Krankheitssymptome zu sehen, der in der Geschichte dieser
Erkrankung auf einen Zeitraum fällt, den unsere Generation

nunmehr überblicken kann, d. h. auf etwa drei Dezennien. Daß aber dies nicht etwa für die Prognose der u n b e h a n - d e l t e n, bzw. unzweckmäßig behandelten Paralyse gilt, dafür gibt es leider selbst in unserer Zeit noch an dem Zugang von Paralytikern an die Wiener psychiatrische Klinik flagrante Beispiele genug.

Eine Zusammenstellung durch Ch. P a l i s a hat bereits vor sechs Jahren das oben Gesagte mit Ziffern aus den zugegangenen Fällen der Wiener Klinik belegt; es sind aber vorher und gleichzeitig von den verschiedensten Orten des Reiches übereinstimmend ebenfalls Heilungen bzw. weitgehende Besserungen jugendlicher Paralytiker durch Malariabehandlung mitgeteilt worden. Immerhin ist die Zahl der an einzelnen Orten zugänglichen Beobachtungen dieser Art viel zu klein, als daß man, was meines Erachtens naheliegen würde, untersucht, ob auch diese Etappe in der Geschichte der Paralyse einen Unterschied zugunsten einer erhöhten Resistenz des weiblichen Geschlechtes erkennen ließe. Vielleicht aber würde eine kollektive Statistik für viele Orte dies mit der Zeit entscheiden lassen.

Vorläufig allerdings wird man jene.erhöhte Resistenz gegen die Noxen, die die Paralyse vorbereiten, nur der Konstitution des e r w a c h s e n e n Weibes im Vergleich zum erwachsenen Mann zuschreiben dürfen, soweit statistische Verhältnisse sie bereits ergeben haben. Hier ist noch ein Umstand zu beachten, auf den ich bereits a. a. O. hingewiesen habe, und der geeignet ist, die Hypothese von P a t z i g weiter zu stützen: Wie mir sicher festzustehen scheint, zeigen die Sippen der Manisch-Depressiven eine relativ weitgehende Resistenz gegen die geistige Altersschwäche; die Presbyophrenie und die senile Demenz ist in solchen Sippen auffallend selten; es zeigt sich dies übrigens meines Erachtens am schlagendsten darin, daß bei den manisch-depressiven Kranken selbst, falls sie ein entsprechend hohes Alter erreichen, die letzte Melancholie genau so ausheilt und zur völligen geistigen Frische zurückführt wie die erste. Ich habe darauf hingewiesen, daß man in der Prognosestellung bei Greisen dieser Art zwischen 70 und 80 Jahren diesem Umstand Rechnung tragen darf und Rechnung tragen m u ß. So scheint mir zwischen der Konstitution, die der manisch-depressiven Psychosengruppe zugrunde liegt, und der Konstitution, die eine relativ frühe Abnützung des Großhirnmantels zutagetreten läßt, ein Gegensatz zu bestehen; dies erweitert jene These, die schon W a g n e r - J a u r e g g sowie P i l c z aufgestellt haben: die sehr weitgehende Resistenz periodischmanischer Kranker gegen die Paralyse trotz weitgehender luetischer Durchseuchung.

Allerdings lassen sich die zuletzt betrachteten Verhältnisse meines Erachtens kaum in Statistiken bringen:
dafür sterben viele Manisch-Depressive zu früh, z. B. an
Arteriosklerose, was bekanntlich mit der senilen Abnützung
n i c h t zu verwechseln ist; dafür gibt es überhaupt relativ
zur Gesamtbevölkerung zu wenig manisch-depressive Sippen. Will man aber zur Stützung des bisher hier Vor-
getragenen nach weiteren Zusammenhängen suchen, so
sollte sich aus dem Vorigen ergeben, daß auch die Disposition zur manisch-depressiven Psychose entsprechend
ihrer vermuteten Koppelung mit einer erhöhten Resistenz
gegen Paralyse beim weiblichen Geschlecht häufiger zu
finden sei, als beim männlichen Geschlecht.

Dies ist nun in der Tat so. Mindestens gilt dies für
die manifest K r a n k e n, bei denen ja auch die Resistenz
gegen Paralyse (und gegen die geistigen Alterserkrankun-
gen) am ausgesprochensten erscheint. K r a e p e l i n hat
schon früher diese Verteilung hervorgehoben: „Das weibliche Geschlecht liefert nahezu zwei Drittel der Kranken.“
Die neueren Statistiken (B u m k e u. a.) bestätigen es noch
mehr. Besonders stark sei das Ueberwiegen der jugend-
licheren Lebensalter für den Beginn der Erkrankung beim
weiblichen Geschlecht. Hier fallen drei Viertel der Fälle
vor das 25. Jahr.

Nach K r a e p e l i n haben R ü d i n u. a. dieselben Verhältnisse vermerkt. Jeder Kliniker hat sie auf seiner eigenen
Klinik fortlaufend finden können. Die Frage, ob dies zum
V e r e r b u n g s m o d u s des manisch-depressiven Irreseins
(der „Zyklophrenie“, wie der jetzt gangbare Ausdruck dafür lautet) etwas Wesentliches zu bedeuten habe, hat zuerst
H o f f m a n n gestellt und im ganzen und großen verneint;
es ist auch bei dieser Verneinung geblieben. Nicht ein geschlechtsgebundener Erbgang kommt hier in Frage, auch
nicht geschlechtsbegrenzte Vererbung, die letztere mindestens nicht, wenn man nicht diesen S i e m e n s schen Begriff in einer unerlaubten Weise verwässern wollte. So
scheint es also, daß vielleicht besonders hier Merkmale in
Betracht kommen, die — von der Erblichkeitsfrage ganz
abgesehen — in irgend einer Weise die Gesamtkonstitution
des erwachsenen Weibes von seiner ersten jugendlichen
Reife an bis spät in vorgerückte Jahre hinein betreffen.
Da bekanntlich die Periodizität eines der Hauptmerkmale
des Verlaufes der manisch-depressiven Psychosen ist, würde
es zunächst natürlich naheliegen, die besprochenen Beziehungen mit den Zyklen des Weibes in irgend einen
Zusammenhang zu bringen.

Dies scheint mir aber keineswegs fruchtbar zu sein.
Mindestens findet sich in bezug auf die Periodizität dieser

psychischen Erkrankungen kein wesentlicher Unterschied
zwischen Mann und Frau, wenn man von den seltenen rein
menstruellen Verlaufsformen absieht. Ueberhaupt sind die
Bilder der Manie sowohl wie bei der Melancholie bei Mann
und Frau die gleichen, wenn man die psycho-pathologischen
Mechanismen betrachtet und die selbstverständlichen cha-
rakterlichen Unterschiede der Gesamtpersönlichkeit vernachlässigt. Mithin ergibt die Betrachtung der manisch-
depressiven Psychosen beim Manne nur jene tiefliegenden
Beziehungen der Häufigkeit, von denen schon die Rede
war, namentlich die erwähnte Beziehung zu einem, wenn
man so sagen darf, konservativen Prinzip im Aufbau des
weiblichen Organismus, dem eine größere Tendenz des
männlichen Organismus zu Aufbrauchserkrankungen gegen-
übersteht. Diese letztere allerdings zeigt sich doch auch
einigermaßen in dem Verhältnis zu den senilen Psychosen;
nicht die Zahl der Erkrankungen in beiden Geschlechtern,
wohl aber der durchschnittlich um fünf oder sechs Jahre
früher auftretende Beginn bei vielen männlichen Erkrankungen, auf den gleichfalls schon K r a e p e l i n aufmerksam macht, weist darauf hin. K r a e p e l i n hat dies auf die
stärkere Gefährdung des Mannes durch Arbeit und Aus-
schweifungen bezogen; es kommt aber noch ein biologi-
sches Prinzip hinzu, das mit der Gesamtkonstitution der
beiden Geschlechter verbunden ist.

Die umfangreichste Gruppe der konstitutionell bedingten (oder mindestens mitbedingten) psychischen Erkrankungen der beiden Geschlechter ist bekanntlich die Gruppe der
Schizophrenie. Nach B u m k e überwiegen bei ihr die Frauen,
so daß etwa auf 100 männliche Fälle 120 weibliche kommen.
Nach K r a e p e l i n „überwiegen bei den h e b e p h r e n e n
Formen die Männer mit 64%, bei den katatonischen und
paranoiden Formen dagegen die Frauen mit 58 und 59%".
Dieses Ueberwiegen erscheint zunächst zahlenmäßig gering;
da sich aber der Rahmen der schizophrenen Gruppe immer
mehr erweitert hat, und eine sehr große Anzahl akuter
Psychosen (akuter Verwirrtheit) nach ihrer konstitutionellen
Grundlage hierher zu rechen ist, wird es faktisch höher zu
bewerten sein. Es entspricht einer alten Erfahrung, daß
sich unter den Frühfällen auf einer Beobachtungsstation
die akuten Psychosen auf der Frauenabteilung häufen, während die Wahnsinnsformen bei den Männern vielfach einen
mehr schleichenden Verlauf nehmen. Infektionskrankheiten,
Puerperium und Laktation sind hier selbstverständlich beteiligt. Da aber die akuten Schübe dieser Erkrankungen
zweifellos eine weit bessere Tendenz zur Ausheilung haben
als die mehr schleichenden Formen, so kann man sagen,
daß der weibliche Organismus auf Grund der schizophrenen

Veranlagung krisenhafter reagiert, aber mit dieser akuten Reaktionsweise auch im ganzen größere Heilungstendenzen entwickelt. Die schwersten und am wenigsten therapeutisch beeinflußbaren Krankheitsbilder, die hierher gehören, entsprechen der Hebephrenie als einer schleichenden Verblödung. Ihre Beziehungen zur Pubertät sind viel engere als die Beziehungen der katatonen und paranoiden Formen. Somit kann man diese Differenz in der Reaktionsweise der beiden Geschlechter zu einem großen Teil auf eine größere Gefährdung des männlichen Organismus durch den Reifeprozeß der Pubertät beziehen, ein Umstand, der wohl nicht allein bei der Wechselwirkung der Konstitution mit den Faktoren der Schizophrenie zutage tritt.

Unter den mehr chronischen Verlaufsformen der Schizophrenie steht die reiche Wahnbildung der paranoiden Formen im Gegensatz zu den wenig produktiven, mehr verödenden Prozessen des hebephrenen Verlaufes. Da bei den weiblichen Schizophrenen nicht nur rein zahlenmäßig ein gewisses Ueberwiegen der paranoiden Formen da ist, sondern reiche phantastische Wahnbildungen sich bei ihnen viel häufiger vorfinden als bei den Männern, ist (neben gewissen quantitativen Differenzen in der Reaktion auf die krankmachenden Faktoren) entschieden auch eine Eigenart der weiblichen Psyche mit im Spiel. Auf die viel besprochene Kindlichkeit der weiblichen Psyche läßt sie sich meines Erachtens nicht beziehen, da eine Wahnbildung bei den Psychosen des Kindesalters höchst selten ist. Viel eher hängt dies bei den vielfachen Analogien zwischen Traum und Wahn mit der Eigenschaft zusammen, daß im ganzen und großen ein reicheres Traumleben bei den Frauen vorkommt als bei den Männern. Damit ist allerdings das Problem nur verschoben; aber aus der eigentlichen Pathologie der Erkrankungen ist es damit vielleicht eliminierbar. Es enthält den Hinweis auf eine verschiedene Bindung zwischen vorbewußten und bewußten seelischen Mechanismen, die wohl einen Geschlechtsunterschied bedeutet.

Wenn auch das zentrale Problem der Pathologie der Schizophrenien auch heute noch als ungelöst gelten muß, so ist doch ihre Beziehung zu endokrinen Störungen gerade im hier angestrebten Zusammenhang beachtenswert. Sie hat bekanntlich K r a e p e l i n zur Hypothese veranlaßt, daß der Schizophrenie als Grundstörung eine Selbstvergiftung des Organismus auf Grund einer abwegigen inneren Sekretion der Keimdrüsen zugrunde liege; vereinzelte Anhaltspunkte hierfür haben sich seither ergeben, z. B. in den Befunden von M o t t, die M ü n z e r bestätigen kann (degenerierte Hodenkanälchen, unregelmäßig verstreut zwischen anderen mit ungestörter Spermatogenese),

sowie durch das bekannte, aber nur statistisch, nicht dia-
gnostisch verwertbare Ueberwiegen des Abbaues von Keim-
drüseneiweiß durch A b d e r h a l d e n sche Abwehrfermente
im Blut von Schizophrenen. Heute allerdings ist die Anschauung, daß es ˗sich um eine inkretorische Störung der
Keimdrüsen allein oder überwiegend handle, so ziemlich
aufgegeben. Gerade die verhältnismäßig so geringen Unterschiede in der Reaktionsweise der beiden Geschlechter
auf die Krankheitsfaktoren der Schizophrenie, wie sie im
vorigen besprochen worden ist, scheint mir entscheidend
dafür zu sprechen, daß hier ü b e r g e o r d n e t e Momente
gestört sind, die a u f die Keimdrüsen wirken, vergleichs-
weise etwa gonadotropen Hormonen der Hypophyse, also
als geschlechtlich unspezifische Motoren oder auch B r e m-
s e n. Dabei ergibt sich allerdings nicht der mindeste Anhaltspunkt dafür, daß bei den krankmachenden Faktoren
der Schizophrenie etwa an die Hypophyse zu denken sei;
auch fehlt es an Befunden im Zwischenhirn. Allgemeiner
kann man daran denken, daß jener Vorgang hier entscheidend gestört ist, dem B o l k eine Hauptrolle bei der Evolu-
tion des Menschen aus seinen affenartigen Ahnen zuge-
geschrieben hat: Die R e t a r d i e r u n g hormonal beding-
ter Merkmale, also die Wachstumsverzögerung, späte Geschlechtsreife usw. Die Schizophrenie ist nicht e i n e m
jener Prozesse ähnlich, die (nach B o l k) in bezug auf ein
einzelnes dieser Merkmale durch Erkrankung einer Hor-
mondrüse oder auch durch polyglanduläre Erkrankung den
„primitiveren" Zustand wieder erscheinen läßt (wie etwa
Hypertrichose, abnorme Pigmentierung der Haut usw.); am
ehesten erinnert sie (in einzelnen Fällen bei b e i d e n
Geschlechtern) an Merkmale der Keimdrüsen i n s u f f i-
z i e n z, wie z. B. an die Hahnenfedrigkeit der Hennen oder
an andeutungsweise vorhandene eunuchoide Merkmale des
Körperbaues.

Aber auch diese Merkmale sind eben nur in einzelnen
Fällen stark ausgesprochen oder sie entwickeln sich erst
in späten Stadien, nach jahrelangem Bestehen der Krankheit und auch dann nur in einem Teil der Fälle. Viel
verbreiteter sind die p s y c h o sexuellen Störungen; von
diesen ist höchstens ein kleiner Teil der paranoiden Entwicklungen völlig frei; bei der Hebephrenie treten sie in
vielen Fällen besonders in den Vordergrund. Ihre Grundzüge
sind wieder bei beiden Geschlechtern ganz die gleichen:
im Anfang eine furchbar überreizte Libido sexualis, sehr
häufig verbunden mit exzessiver Masturbation und großen
seelischen Schwierigkeiten im Auffinden eines Sexual-
objektes; das ist das bekannte Stadium, in dem die Laien
(auch ärztliche Laien) eine Heilung der „Nervosität" durch

Herbeiführung von Sexualverkehr für den Kranken anzustreben nicht müde werden, unbelehrt und unbelehrbar durch die Mißerfolge. Im weiteren Fortschreiten folgt dann häufig (nicht i m m e r) eine Art von Umstimmung der Libido sexualis auf Homosexualität, im Anfang und in den meisten Fällen auch dauernd nur in der Form der Abwehr, d. h. in einem Verfolgungswahn, der homosexuelle Beeinflussungen als treibende Kräfte wittert; hier gibt es wieder nur eine Minderzahl der Fälle, in der der Kranke wirkliche homosexuelle Impulse hat und ihnen nachgeht. Die Umstimmung wird als Zwang empfunden und erlebt. In den späteren Stadien verwehrt die Abgeschlossenheit des Kranken von der Außenwelt wirkliche Kenntnisse der weiteren Umwandlungen des Sexualtriebes; was darüber geäußert worden ist, ist Hypothese; sicher ist nur, daß triebhaftes Masturbieren, zumal bei den männlichen Kranken, bis in die spätesten Krankheitsstadien andauert.

Heute, in der Aera der Sterilisierung im Sinne des Gesetzes zur Verhütung erbkranken Nachwuchses soll eine fast vergessene Ansicht W a g n e r - J a u r e g g s in diesem Zusammenhang Erwähnung finden. W a g n e r - J a u r e g g hat bei exzessiv masturbierenden männlichen Geisteskranken (die wohl· mindestens zum größten Teil zur Gruppe der Schizophrenie zu rechnen waren) die Durchschneidung der Samenstränge empfohlen und in einer Anzahl der Fälle auch durchführen lassen. Er behauptete (entgegen der herrschenden Meinung), daß dieser Eingriff i n s o l c h e n F ä l l e n die exzessive Libido herabsetze, in einer Weise, die praktisch einer Heilwirkung gleichkommt. Jetzt, wo gleichsam ein Experiment im großen vorliegt, wird dieses Problem einem sorgfältigen Studium zuzuführen sein. Die Behandlung mit Zirbeldrüsenextrakten (Epiphysen) in großen Dosen (P i l c z) wird noch immer geübt; sie scheint — mindestens in einzelnen Fällen — wirksam zu sein, obwohl mittlerweile die Rolle der Zirbeldrüse als Hemmungsorgan der Sexualität sehr zweifelhaft geworden ist. Bekanntlich haben in jüngster Zeit S p a t z und seine Mitarbeiter teils klinisch-anatomisch, teils experimentell gezeigt, daß Erkrankungen der Gegend des Tuber cinereum mit der Pubertas praecox eher gesetzmäßig in Verbindung zu bringen sind als Tumoren der Zirbeldrüse. Eine Auswertung dieser neuen und hochinteressanten Befunde auf das Schizophrenieproblem fehlt noch zur Zeit.

Dagegen haben sich — wie ich auch an dieser Stelle wieder betonen muß — a l l e therapeutischen Versuche hormonaler Art auch bei den männlichen Schizophrenen als unwirksam erwiesen. Sie kommen heute neben den Schockbehandlungen zumindest in allen bisherigen Formen

(auch den operativen) für die Behandlung dieser Psychosen
nicht in Betracht. So erscheint speziell die Schizophrenie der Männer
am ehesten vergleichbar einer pathologisch gesteigerten
R e t a r d a t i o n der hormonalen Entwicklung im Sinne
von B o l k, die allmählich in Abbauvorgänge übergeht; der
Grundfaktor dieser pathologischen Abänderung aber ist noch
unbekannt, ebenso wie der Grundfaktor der B o l k schen
Retardation selbst. Der Unterschied der Geschlechter in
der Reaktion auf die Krankheitsfaktoren der Schizophrenie
ließe sich, soweit er klinisch erfaßbar ist, am ehesten dahin definieren, daß beim Mann die gestörte Retardation
der hormonalen Entwicklung in seiner Reaktionsweise mehr
in Erscheinung tritt, bei der Frau aber Retardation und
Reifungsprozeß weniger zu Störungen inklinieren, dafür
aber krisenhafte Vorgänge in den sexuellen Entwicklungen
die Abwehrfähigkeit des Individuums gegen die Noxen der
Schizophrenie akut schwer zu verändern vermögen.

Wenn auch der hier hervorgehobene Unterschied in
den schizophrenen Reaktionen der beiden Geschlechter
recht subtil und nur ungenau faßbar ist, scheint er mir
doch wichtiger zu sein, als jene Unterschiede psychologi-
scher Natur, die sich lediglich aus den Verschiedenheiten
des männlichen und weiblichen Seelenlebens im allgemeinen
ableiten. In dieser Beziehung kann ich auf die Ausführungen
von O. A l b r e c h t über die Psyche des Mannes verweisen.
Das hier Betrachtete aber sollte darauf aufmerksam machen, daß im Problem der Schizophrenie und ihrer Wechselwirkungen mit den Geschlechtsfaktoren ein evolutionisti-
sches Problem steckt, daß also die Schizophrenie in gewissem Sinne eine Krise der Menschwerdung darstellt.
Ich möchte aber nicht damit den Eindruck erwecken, daß
die therapeutischen Bestrebungen hier zu einer Resigna-
tion verurteilt sind. Die von K r e t s c h m e r aufgedeckten
Beziehungen der Anlage zur Schizophrenie zum leptosomen
Körperbau, deren Zusammenhänge mit Spätreifung und Retardation der Entwicklung vor kurzem durch C o n r a d
in einer lichtvollen Weise herausgestellt worden sind, führen auf analoge Gesichtspunkte. Allerdings dürfen auch
diese Beziehungen nur statistisch betrachtet werden; man
muß festhalten, daß sie nur einen konstitutionellen Boden
betreffen, auf dem eine K r a n k h e i t leichter auskeimen
kann. Mit den Beziehungen zum leptosomen Körperbau ver-
knüpfen sich auch die mannigfaltigen Verschlingungen des
Problems der Schizophrenie mit dem Tuberkuloseproblem;
ich beschränke mich hier, darauf hinzuweisen, daß die
Erbverhältnisse für die Schizophrenie in vielen Zügen frap-
pant den von V e r s c h u e r aufgedeckten Erbverhältnissen

für die Disposition zum tuberkulösen K r a n k h e i t s p r o -
z e ß ähneln; wie diese die Heilbestrebungen gegen die
Tuberkulose nicht zunichte machen, so mag dies auch für
die Heilbestrebungen gegen die Schizophrenie gelten!
W a g n e r - J a u r e g g hat in seinen nachgelassenen Arbeiten und Anregungen den Beziehungen zwischen Schizophrenie und Tuberkulose, zumal der toxischen Tuberkulose,
große Aufmerksamkeit geschenkt; leider muß hervorgehoben werden, daß Versuche einer therapeutischen Auswertung dieser Beziehungen bisher noch immer versagt
haben. Jedenfalls ist dieses Problem in keinem Punkt vergleichbar mit den Zusammenhängen zwischen Syphilis und
Paralyse; hat sich in historischen Zeiträumen die Tuberkulose gemildert in ihren manifesten Krankheitserscheinungen
und Verläufen, so ist die Schizophrenie doch bisher in
ihrer Häufigkeit unter der Bevölkerung, soweit es feststellbar ist, gleich geblieben. Schließlich wäre in diesem
Zusammenhang auch noch der fraglichen Beziehungen zwischen schizophrener Veranlagung und Veranlagung zu
sexuellen Perversionen zu gedenken, da in Sippen nicht
so selten beide vorkommen. Doch scheint mir mindestens
vorläufig die durch den K r a n k h e i t s p r o z e ß der Schizophrenie zuweilen verursachte Veränderung sexueller Ziel-
richtungen n i c h t identifizierbar zu sein mit den sexuellen
Perversionen auf Grund einer primären Veranlagung.

Konnte man aus den beiden besprochenen Konstitu-
tionsgruppen, dem manisch-depressiven Irresein und der
Schizophrenie, immerhin einiges für die Pathologie der
Psychosen des Mannes besprechenswert finden, so ist dies
für die E p i l e p s i e nach meiner Meinung überhaupt nicht
der Fall. Nur eine Gruppe von Zuständen soll hier berücksichtigt werden, für die einige Autoren (G a u p p u. a.) eine
gewisse Epilepsieverwandtschaft angenommen haben: die
periodischen Verstimmungszustände mit Trunksucht oder
Wandertrieb, also die psychischen Störungen, zu denen der
Quartaltrinkertypus, wie ihn jeder Laie kennt, gehört, aber
auch so mancher Fahnenflüchtige. Wer sich hier in der
psychiatrischen Literatur umsieht, kann leicht zu der Auffassung kommen, daß es sich hier um spezifisch männliche Anomalien handle; gibt es doch namhafte Autoren,
die das Vorkommen echter Dipsomanie bei Frauen überhaupt in Abrede stellen. Bei näherer Betrachtung aber stellt
sich heraus, daß es sich hier nur um Bedingungen einer
S y s t e m a t i k handelt, die die betreffenden Autoren festhalten: sie rechnen nämlich die keineswegs seltenen me n-
s t r u e l l e n Dipsomanien weiblicher Kranker n i c h t zu
dieser Gruppe. Sie berufen sich darauf, daß diese, ganz
anders als bei männlichen Quartaltrinkern, mit Exhibitio-

nismus, Nymphomanie und anderen exzessiv-sexuellen Erregungszuständen einhergehen, und zählen solche Fälle darum zu anderen Krankheitsformen. Dies ist meines Erachtens für ein natürliches System der Psychosen unberechtigt. Der oft hervorgehobene Unterschied beschränkt sich also darauf, daß die periodischen Verstimmungszustände mit periodischen Suchten und mit Wandertrieb beim weiblichen Geschlecht überaus enge an die Alteration von Körper und Seele gekoppelt ist, wie sie die Ovulation mit sich bringt; diese Alteration verankert gewissermaßen diese Reaktionsweise und erklärt ihre Periodizität von selbst, während die Periodizität der analogen Zustände beim Mann einer einheitlichen Erklärung überhaupt kaum zugänglich ist. Wir sehen auch hier das Krisenhafte bei den Verläufen im weiblichen Geschlecht, wie es auch in den Reaktionen der weiblichen Schizophrenen und bei den akuten Psychosen zum Ausdruck kommt; wir gewinnen hier keine gesonderten neuen Gesichtspunkte. Da unter den süchtigen Psychopathen ohne Periodizität, also z. B. bei den Morphinisten und Kokainisten, die Frauen bekanntlich ein großes Kontingent stellen, scheinen mir auch hier zur Erklärung der besprochenen Unterschiede die landläufigen psychologischen Erklärungen nicht auszureichen.

Bekanntlich ist, was sich in der forensischen Psychiatrie so oft schwer auswirkt, die Abgrenzung der periodischen Suchten und des periodischen Wandertriebes von den haltlosen Psychopathen sowohl, wie von Gelegenheitstrinkern usw. in praxi (und vielleicht auch in der Theorie, Pappenheim) außerordentlich schwierig. Daß unter den haltlosen Psychopathen weibliche und männliche Individuen sich gleich häufig finden, bedarf kaum der Besprechung.

Ich sollte nach dem Thema, das mir gegeben worden ist, von den Psychopathien des Mannes sprechen; aber ohne den gegebenen Ausblick auf die psychischen Erkrankungen hätte mir dieses Thema kaum etwas Besprechenswertes ergeben. Wie Sie wissen, ist der Begriff des Psychopathen eigentlich nur einer sozialen Definition zugänglich. Es handelt sich um abnorme Persönlichkeiten, nicht um Krankheitsprozesse, um abnorme Individuen, die selbst an ihrer Seele leiden oder an deren seelischen Abnormitäten die Gesellschaft leidet (Kurt Schneider). Die Einteilung dieser Charaktertypen ist von den verschiedensten Gesichtspunkten versucht worden. Am besten bewährt hat sich bisher der Standpunkt von Kurt Schneider, der eine „systemlose Typenlehre" vertritt, d. h. eine Aufstellung abnormer Persönlichkeitstypen, die vorgefaßte Einteilungsgründe, wie etwa die nach ihren Beziehungen zum Körperbau (K r e t s c h m e r) oder nach h y p o t h e t i s c h e n Beziehungen zu vollentwickelten Psychosen (K r a e p e l i n) nicht anerkennt, sondern rein empirisch vorgeht. „Auf eine konstitutionell gewissermaßen neutrale rein p s y c h o l o g i s c h e Typenlehre können wir nicht verzichten. Man wird nie darauf verzichten können schon aus Gründen der gegenseitigen klinischen Verständigung, denn nur mit ihr ist es möglich, Psychopathen kurz und anschaulich zu charakterisieren. Eine rein psychologische Patho-Charakterologie hätte selbst dann noch ihre Berechtigung, wenn eine konstitutionswissenschaftliche Charakterologie und Patho-Charakterologie solider begründet wäre, als das heute der Fall ist." Diesen Leitsätzen von Kurt S c h n e i d e r kann ich für den gegenwärtigen Stand unserer Kenntnisse nur rückhaltlos zustimmen; sie enthält eine berechtigte Reserve gegen manche Pseudo-Exaktheit vieler heute verkündeter Typenlehren. Da nun die Einteilung der Psychopathen nach Kurt S c h n e i d e r, die mit diesen Leitsätzen übereinstimmt, eine p s y c h o l o g i s c h e Typenlehre ist, könnte man vielleicht erwarten, daß bei den durchgreifenden Unterschieden zwischen der Psyche des Mannes und der Psyche der Frau unter den einzelnen Typen der Psychopathen doch, mindestens zum Teil, ein flagranter Unterschied zwischen Psychopathien des Mannes und der Frau zu finden sein werde.

Ich kann mich hier auf K. S c h n e i d e r selbst berufen, der in seiner lebendigen und treffenden Schilderung es für keinen einzelnen Typus versäumt, das Problem „Geschlecht, Alter, Erblichkeit" zu besprechen. Man kann in keiner dieser Besprechungen einen flagranten Unterschied zwischen dem Anteil des männlichen, bzw. des weiblichen Geschlechtes an der in Rede stehenden Psychopathie entdecken. Mithin müssen die Variationen, die diesen verschiedenen abnormen Charaktertypen biologisch zugehören, andere Faktoren der Konstitution, der Entwicklung, der Genealogie betreffen, als es die Faktoren sind, die das bestimmen, was man vielfach als sekundäre Geschlechtsmerkmale des Seelenlebens bezeichnet hat.

Einige Beispiele mögen das veranschaulichen: Unter der Bezeichnung „Hyperthymische Psychopathen" faßt K. S c h n e i d e r (nach dem Vorbilde Z i e h e n s) eine Gruppe von Persönlichkeiten zusammen, die gewissermaßen die Karikatur eines sanguinischen Temperaments und einer zu sehr vortretenden Aktivität sind. Unter ihnen wieder finden sich mehr ausgeglichene Individuen, chronisch aufgeregte Sanguiniker, Streitsüchtige, Haltlose usw. Daß bei allen diesen Typen, die jeder kennt, Geschlechtsunterschiede

keine Rolle spielen, ist ohne Besprechung klar. Wenn man
anscheinend öfters hyperthymische Männer als Frauen sieht,
so pflichtet K. S c h n e i d e r einem Worte B l e u l e r s
bei, daß sich bei Frauen ähnliche Charaktere mehr im
internen Familienzank ausleben. Daß im Kindesalter die
Entwicklung dieses Temperaments und Charakters bei Knaben und Mädchen ungefähr gleich zu beobachten ist, braucht
ebenfalls kaum berührt zu werden.

Das Gegenstück hierzu, die d e p r e s s i v e n P s y c h o -
p a t h e n, also die exzessiv schwermütigen oder mißmutigen
oder nörglerischen Temperamente, sind wohl ähnlich verteilt,
selbst wenn (S c h n e i d e r) die ausgeprägtesten Gestalten
auch hier dem männlichen Geschlecht anzugehören scheinen.
Für diese beiden Gruppen tut S c h n e i d e r übrigens dar,
daß sie sich mit dem K r e t s c h m e r schen Begriff der
zykloiden Psychopathen, d. h. derjenigen, die nicht nur
im Temperament, sondern auch in Konstitution und Genealogie den ausgesprochenen manisch-depressiven Psychosen
verwandt sind, zwar überschneiden, aber nicht decken.
Dies ist ebenso zutreffend wie wichtig. Man wird darum
in der Beurteilung solcher männlicher Psychopathen in
Anlehnung an einen Standpunkt, den L u x e n b u r g e r in
höchst fruchtbringender Weise für das Problem der schizo-
iden Psychopathie angewendet hat, scharf differenzieren
zwischen Individuen, in denen eine solche Affinität zur
manisch-depressiven Psychose, wie sie K r e t s c h m e r aufstellt, wirklich nachweisbar ist, und solchen, bei denen
dies n i c h t der Fall ist. Dies gilt z. B. für die Ehe-
beratung.

Welch verschiedene Aetiologien die konstitutionellen
Faktoren sein können, die als Unterbau für diese Art der
Psychopathien in Betracht kommen, zeigt schon der Hinweis auf deren Aehnlichkeit mit gewissen kindlichen Störungen des Temperaments und Charakters nach durch-
gemachter Encephalitis epidemica; dies gilt allerdings keineswegs allein und in reiner Weise für diese Gruppe der
Psychopathen, sondern auch besonders für die Haltlosen und
Kriminellen.

Eine weitere Sondergruppe hat K. S c h n e i d e r aufgestellt als s e l b s t u n s i c h e r e P s y c h o p a t h e n, eine
Gruppe, die sich durch innere Unsicherheit und Insuffizienz auszeichnet. Zwei ineinander übergehende Unter-
formen, die S e n s i t i v e n und die Z w a n g s h a f t e n
(„Anankasten“) werden unterschieden. Jeder kennt diese
Typen. In den zweitgenannten geht vieles davon ein, was
von alters her als zwangsneurotischer Charakter bezeichnet
wird und sich von den ausgesprochenen Zwangsneurosen
nur unscharf abtrennen läßt, in den meisten Fällen aber

ihr Mutterboden ist: die überängstliche, pedantische, eben
s e l b s t - u n s i c h e r e Persönlichkeit, mag sie nun ein
überängstlicher, umständlicher Aktenmensch männlichen
Geschlechtes sein oder eine überängstliche Hausfrau. Auch
diese Gruppe also enthält keine wesentlichen Differenzen
im Sinne seelischer Geschlechtsmerkmale. Auch ihre Beziehung zu den Schwierigkeiten der Ueberwältigung eroti-
scher und sexueller Probleme, die ihnen das Leben bringt,
ist in beiden Geschlechtern merkwürdig gleich.

Die Gruppe der f a n a t i s c h e n P s y c h o p a t h e n,
zu der auch die querulanten Kampfnaturen zählen, teilt
K. S c h n e i d e r in die Typen der Kampffanatiker und in
„matte Fanatiker". Daß unter den letzteren häufig Frauen
sind, erotisch gebunden an irgend eine der fanatischen
Kampfnaturen, enthält nur die analoge Verteilung, wie bei
der Kriminalität. Unter s t i m m u n g s l a b i l e n P s y c h o -
p a t h e n versteht der Autor gerade jenes Grenzgebiet zu
Süchtigkeit und Wandertrieb, von dem schon vorhin die
Rede war. „Die sogenannten Triebmenschen sind in der Tat
allermeist primär Gefühlgestörte, die auf diesem Wege sich
entladen." Daß K r a e p e l i n in diesen Naturen selten
Frauen gefunden hat, ihr Herausdrängen doch spezifisch
männlich findet, ist mindestens für die weiblichen Jugend-
zustände nicht allgemein gültig. Die Gruppe der e x p l o s i v e n
P s y c h o p a t h e n steht in so mannigfacher Beziehung zur
traumatischen Hirnschädigung, daß schon daraus ein gewisses Ueberwiegen des männlichen Geschlechtes zwangsläufig folgt, ohne daß man geschlechtsspezifische Gründe
folgern könnte. Zu betrachten sind noch jene drei Gruppen, unter denen sich verhältnismäßig viel Kriminelle finden, die g e l t u n g s b e d ü r f t i g e n P s y c h o p a t h e n,
die g e m ü t l o s e n P s y c h o p a t h e n und die W i l l e n -
l o s e n.

In der erstgenannten Gruppe findet sich vieles von dem,
was früher als hysterischer Charakter bezeichnet worden
ist; ihr Grundzug aber (J a s p e r s) ist vor allem das Bestreben, mehr zu scheinen, als man ist. Der Name Geltungs-
s ü c h t i g e ist demnach ein gut gewählter Kollektivaus-
druck.* Exzentrische sind darunter, Renommisten und
pathologische Lügner, mögen sie nun kriminelle Hochstapler
sein oder nicht. Für alle diese Typen kann man männliche
und weibliche Exemplare genug finden. Ueberraschend ist,
daß in einer Statistik K r a e p e l i n s von den Lügnern und
Schwindlern, die hierher gehören, fast drei Viertel männlichen Geschlechtes waren. Dem stehen aber die vielen

---

* K. S c h n e i d e r selbst hat diesen Ausdruck allerdings
aufgegeben.

geltungsbedürftigen nichtkriminellen Frauen gegenüber, die eine solche Statistik natürlich nicht enthält. Die Gruppe der g e m ü t l o s e n P s y c h o p a t h e n deckt sich mit dem, was man mit dem jetzt allgemein mit Recht aufgegebenen Ausdruck Moral insanity gemeint hat und was O. A l b r e c h t den a n e t h i s c h e n S y m p t o m e n k o m p l e x genannt hat. K r a e p e l i n hat es bezeichnet als eine „Form der seelischen Mißbildung, für die kein Anlaß vorliegt, sie unter anderen Gesichtspunkten zu beurteilen, als etwa die geistige Schwäche bei guter sittlicher Veranlagung". Auch hier finden sich nur die Geschlechtsunterschiede, die aus der Verteilung der Kriminalität bekannt sind. Von großer Bedeutung ist, daß nach den mustergültigen und umfassenden Untersuchungen von S t u m p f l endgültig die Meinung widerlegt ist, Kriminelle dieser Art seien genetisch verwandt mit der schizophrenen Veranlagung. S t u m p f l fand (ebenso wie v. B a e y e r und R i e d e l) überhaupt im Erbkreis solcher Psychopathen keine vermehrte Häufigkeit der Psychosen. Da anderseits die weitgehende hereditäre Bedingtheit für die Charakterentwicklung der gemütlosen, kriminellen Psychopathen feststeht (vgl. die bekannten Zwillingsstudien von J. L a n g e usw.) ist die Selbständigkeit und Einheitlichkeit gerade dieser Erbanlage den Psychosen gegenüber zu betonen; es sollten aus ihr aber auch die Konsequenzen im Sinne der Verhinderung kriminellen Nachwuchses gezogen werden.

Als w i l l e n l o s e P s y c h o p a t h e n sind Individuen gekennzeichnet, die charakterisiert sind durch die Widerstandslosigkeit gegen alle Einflüsse, durch andere Menschen und Situationen leicht lenkbar und leicht verführbar. Daß auch diese in den beiden Geschlechtern ziemlich gleichmäßig vorkommen, ist evident. S t u m p f l fand sie im Erbkreis rückfälliger Verbrecher häufig; v. B a e y e r sah sie auch in den Sippen von Schwindlern und Lügnern. Das soziale Problem, das sie aufgeben, wird natürlich für männliche Psychopathen dieser Art anders zu lösen sein; der Boden aber, auf dem diese Psychopathie entsteht, hat nichts Geschlechtsspezifisches.

Eine letzte Gruppe von Psychopathen, die K. S c h n e i d e r aufstellt, die a s t h e n i s c h e n, bezieht sich „ganz besonders auf jene Naturen, die man mit dem Namen der ‚Nervösen' zu belegen pflegt". In diese Gruppe mündet das klinische Gebiet der Lehre von der Neurasthenie aber doch nur so weit, als es sich um etwas Angeborenes, K o n s t i t u t i o n e l l e s handelt. Gerade diese Art der Neurasthenie aber findet sich, wie auch K. S c h n e i d e r betont, in gleicher Weise bei beiden Geschlechtern. Gerade für diese Gruppe bietet die patho-physiologische Konstitutionsforschung, wie sie gegenwärtig besonders Bumke mit seiner Schule vertritt, einige bemerkenswerte Ansätze. Jahn fand, daß bei solchen Asthenischen häufig die normale Milchsäureazidose nach Muskelarbeit ausbleibt, die Milchsäurekonzentration im Blut weitgehend verändert ist, Lungen mehr CO_2, Magen mehr NCl ausscheiden als bei Gesunden. Es handle sich um Regulationsstörungen, die eine gewisse Aehnlichkeit mit der Diathese der körperlichen Ueberempfindlichkeit haben.

Nur ein einziges Syndrom muß hier herausgegriffen werden: die sexuelle Neurasthenie, die psychische Impotenz des Mannes. Sie findet sich wohl unter den asthenischen Psychopathen im Sinne der besprochenen Typenlehre gehäuft; jeder Arzt aber weiß, daß sie keineswegs auf diese Psychopathie beschränkt ist und daß männliche Vollnaturen aller Art in den verschiedensten Stationen des Lebens daran zu leiden haben. Die psychische Impotenz des Mannes ist fast das schwerste ärztliche Problem der für den Menschen ungelösten und aus biologischen Gründen vielleicht überhaupt nicht restlos lösbaren sexuellen Frage.

Im allgemeinen wird der psychischen Impotenz des Mannes der Mangel von sexueller Lustempfindung an die Seite gestellt, wie ihn viele Frauen aufweisen, also die Dyspareunie; man begnügt sich damit, darauf hinzuweisen, daß eine Frau durch ihren Libidomangel nicht daran gehindert wird, sich hinzugeben, während der aktive Partner beim Geschlechtsakt eben neurotisch versagen muß. Ich glaube nicht, daß diese Gleichstellung restlos das Richtige trifft. Die psychische Impotenz des Mannes ist ja in der überwiegenden Mehrzahl der Fälle kein Libidomangel, eher sogar ein Ueberschuß an Libido und mit dem allzu raschen Absinken der Kontrektation verbunden; die Grunderscheinungen sind also zumeist gegensätzlich für beide Geschlechter. Man hat mit Recht das verschiedene Tempo des Ablaufes libidöser Gefühle hier herangezogen, der bei der Frau langsam anschwellend, beim Mann in kurzer Frist jäh absinkend sich vollzieht. Eine pathologische Steigerung dieser zeitlichen Disharmonie, die bis zu einem gewissen Grade physiologisch ist, wäre also wesentlich für die häufigste Sexualneurose des Mannes. Sie werden über die Therapie der Potenzstörungen alles Wissenswerte im Vortrag von Haslinger hören. Ich darf mich hier auf wenige psychotherapeutische Bemerkungen beschränken. Der hervorgehobene Punkt zeigt, daß das Hauptziel einer Psychotherapie alle jene Maßregeln sein müssen, die zu einer Libidostauung beim Mann führen können. Die oft geübte anfängliche Behandlung mit Mitteln, die die Libido herabsetzen, wie Lupulin, Monobrom-Kampfer usw., führt auch manchmal zum Ziele, wenn sie mit entsprechender Separation und Leibesübungen verbunden ist; immer aber bleibt das schwierigste Problem die Therapie des Lampenfiebers, das bei dieser Neurose nur durch Mitbehandlung des weiblichen Partners auf mühsam und taktvoll suggestivem Wege gut beeinflußt werden kann und über das sich kaum allgemeine Vorschriften geben lassen. Von psychotherapeutischer Seite ist dagegen Einspruch erhoben worden, daß man solche Fälle mit Hormonen, also mit Präphyson, bzw. mit Testoviron usw., systematisch behandelt; man erhöhe dadurch das Insuffizienzgefühl des Neurotikers und führe ihm nur Substanzen zu, die er nicht braucht. Ich glaube nicht, daß dieser Standpunkt richtig ist, wenn man die hormonale Kur mit der richtigen Psychotherapie verbindet und z. B. aufmerksam macht, daß man ja auch bei rheumatischen Neuritiden Ueberschüsse von Vitaminen und Hormonen dem Organismus zuführen muß. Demjenigen, der sich auf den Standpunkt der reinen, medikamentös nicht konkurrenzierten Psychotherapie stellt, muß vorgehalten werden, daß eine reine Psychotherapie a n a l y t i s c h e r Art für sich kaum jemals imstande war, das Lampenfieber zu beheben. Ueberhaupt ist es vielen Psychotherapeuten weniger klar als ihrem Publikum, daß die suggestiven Beeinflussungen im allgemeinen um so weniger wirken, als sie sich als rein suggestiv zu erkennen geben. Hier ist ein gefährliches Gebiet: der Kranke w i l l getäuscht werden und der anständige Arzt d a r f nicht schwindeln.

Ich habe das Gebiet der sexuellen Neurasthenie des Mannes nur gestreift; dabei aber schien es, als sei die sexuelle Neurasthenie das einzige Gebiet, in dem wirklich geschlechtsgebundene, tief in die Biologie reichende Unterschiede zwischen Mann und Weib auf dem Gebiet der Neurosen gefunden werden können. Ihre Auswertung allerdings würde auf biologische Probleme führen, wie sie Ihnen die Vorträge von B u d d e n b r o c k und von P l a t t n e r aufrollen werden. Die meines Erachtens geringe Ausbeute einer differenzierten Betrachtung der Psychosen und Psychopathien des Mannes, wie ich sie Ihnen geben konnte, erinnert mich an eine Geschichte, die unser hochverehrter, unvergeßlicher Lehrer O b e r s t e i n e r oft erzählt hat: Kurz nach Vollendung seines Hauptwerkes „Geschlecht und Charakter" erschien der jugendliche Philosoph W e i n i n g e r im O b e r s t e i n e r schen Institut und begehrte ein weibliches Gehirn, da er die Unterschiede zwischen männlichem und weiblichem Gehirn klarlegen werde. O b e r s t e i n e r erwiderte ihn: „Ich weiß nicht, woran Sie ein weibliches Gehirn erkennen werden; wir erkennen es in der Regel daran, daß ein langes Haar dabei ist."

Nachweis der Zeugungsfähigkeit des Mannes

Von

Professor Dr. **Ph. Schneider**

Wien

Die Frage nach der Zeugungsfähigkeit des Mannes hat in der gerichtlichen Medizin schon immer im Rahmen des sogenannten Sachverständigenbeweises eine besondere Rolle gespielt.

Es sei hier zunächst auf die Notwendigkeit dieser Begutachtung nach dem Strafgesetze hingewiesen, wenn es darauf ankommt, ärztlicherseits dem tatsächlichen Geschehen eines Sittlichkeitsdeliktes mit erfolgter Schwängerung etwa im Sinne eines erzwungenen Beischlafes, der Verführung, der Blutschande u. a. m. nachzuforschen. Besonders häufig hat aber der Sachverständige nach dem Zivilgesetz z. B. in einer Scheidungsklage zur Befruchtungsfähigkeit des männlichen Ehepartners Stellung zu nehmen oder zur Abstammungssicherung in einer Unterhaltssache die Möglichkeit der Zeugung eines Kindes durch den angegebenen Vater zu überprüfen, wozu im nationalsozialistischen Staate die Auswirkungen der neuen gesetzlichen Bestimmungen über Ehetauglichkeit, Gewährung von Ehestandsdarlehen, Erbbauernfähigkeit, Unfruchtbarmachung bei Erbkranken usw. kommen.

Da gerade in der gerichtsärztlichen Tätigkeit fortgesetzt auf die Zeugungsfähigkeit des Mannes in bestimmter

und klarer Form einzugehen ist, nimmt es nicht wunder,
wenn bei solchen Untersuchungen schon immer vom Praktiker der Rat des darin besonders geschulten, wenn auch
sonst gerne als „Theoretiker" bezeichneten Gerichtsmediziners eingeholt wurde, zumal im Rahmen der üblichen
ärztlichen Aus- und Fortbildung dieser Fragenkomplex meist
nur stiefmütterlich behandelt wird.

Gerade in letzter Zeit hat aber die Beratung kinderloser Ehen, welche in verdienstvoller ·Weise vom Rassen-
politischen Amt des Gaues Niederdonau ihren Ausgang
nahm und nach Anordnung des Reichsgesundheitsführers
nunmehr über das ganze Reich ausgedehnt wurde, das
Interesse weitester Kreise an dem gegenständlichen Thema
wachgerufen und eigentlich jeden Arzt vor die Aufgabe
gestellt, bei etwaiger Inanspruchnahme aus seinem Pa-
tientenkreis sich in zweckmäßiger Weise und verläßlich
ein Urteil bilden zu können.

Da nach den Erfahrungen des Gerichtsmediziners bisher leider in diesen Belangen sehr häufig mangelhafte Dia-
gnosen und Fehlurteile beobachtet wurden, welche sich
teils auf unrichtige Durchführung der Untersuchung, teils
auf falsche Auslegung der Befunde gründen, ist es angebracht, den kunstgerecht erbrachten Nachweis der Zeugungsfähigkeit des Mannes in großen Zügen zu besprechen.

Bevor auf die Untersuchungstechnik eingegangen wird,
soll die Zeugungsfähigkeit als Sammelbegriff in Beischlafs-
und Begattungsfähigkeit einerseits und in Zeugungsfähigkeit im engeren Sinne, also der Befruchtungsfähigkeit des
Mannes anderseits unterteilt werden, wobei als Gegenstand der Besprechung hauptsächlich das letztere Vermögen
in Betracht gezogen wird. Soweit hier auf die Beischlafsunfähigkeit überhaupt eingegangen wird, ist hervorzu-
heben, daß sich der objektive Nachweis zumindest in eindeutiger Weise selten erbringen läßt und nur dann Gegenstand eines schlüssigen Gutachtens bilden kann, wenn z. B.
bestimmte mechanische Beischlafshindernisse oder schwere
Grade von Erkrankungen des Zentralnervensystems vorliegen. Dabei ist davor zu warnen, daß geringfügige anatomische Regelwidrigkeiten und krankhafte Veränderungen
der Geschlechtsteile oder deren Umgebung schon als Begat-
tungshindernis hingestellt werden, wie dies von Aerzten
bei bedeutungslosen Fällen von Epi- und Hypospadie, bei
Leistenbruch und oberflächlichen Narben, bei Wasserbruch,
leichter Phimose u. a. m. angenommen wurde. Bemerkenswert ist z. B. daß trotz schwerer Tabes die Beischlafsfähigkeit zuweilen kaum berührt wird, wenn auch die
Durchführung des Geschlechtsverkehres nur bei aktivem
Verhalten der Partnerin möglich ist. Hierher gehört auch

— abgesehen von Fällen schwerer zentraler Schädigung — die Ueberschätzung von Schädeltraumen, welche häufiger zur Erklärung einer behaupteten Beischlafsunfähigkeit herangezogen werden, als dies tatsächlich zutrifft, wobei in der Regel kaum von organischen, sondern höchstens von funktionellen Störungen gesprochen werden kann. Bedeutungsvoll für die Rechtsprechung ist ferner, daß bei bloßer Minderung der Beischlafsfähigkeit eine Befruchtung keineswegs ausgeschlossen werden kann, da diese nach einschlägiger Erfahrung auch bei Beischlafsversuchen, die zur Ejakulation führen, durchaus möglich ist. Daß bei alten Männern die Beischlafs- und Zeugungsfähigkeit bis in das 8. und 9. Lebensjahrzehnt erhalten bleiben kann, ist nach ärztlicher Erfahrung durchaus bekannt. Es wird daher immer dann noch Beischlafsfähigkeit anzunehmen bzw. nicht auszuschließen sein, wenn die körperliche Untersuchung ausgesprochene Zeichen allgemeiner Vergreisung vermissen läßt und dem Alter entsprechende Rüstigkeit vorliegt. Besondere Schwierigkeiten in der Diagnose mangels objektiv erfaßbarer Beweise sind bei behaupteter Beischlafsunfähigkeit dann zu erwarten, wenn als Grundlage rein funktionelle Störungen bei nervös veranlagten, neuropathischen und psychopathischen Persönlichkeiten in Betracht kommen. Gerade in solchen Fällen ist dem Praktiker zu empfehlen, neben eingehender Allgemeinuntersuchung und Erwägung aller näheren Umstände den Rat eines psychiatrisch und neurologisch geschulten Facharztes oder Gerichtsmediziners einzuholen. Wertvoll, wenn auch keineswegs entscheidend für die Diagnose wird sein, im Zusammenhange mit der Beischlafsfähigkeit gleichzeitig die Zeugungsfähigkeit in der Weise zu überprüfen, daß vom Untersuchten die sofortige Beibringung eines Ejakulates verlangt wird. Obwalten dabei keine Hemmungen, wird es wohl gestattet sein, aus dem Gelingen der Masturbation auch vorsichtige Schlüsse auf zumindest früher bestandene Beischlafsfähigkeit zu ziehen, was für die retrospektive Betrachtung in vielen Rechtsfällen von Bedeutung ist. Streng abzulehnen und geradezu als K u n s t f e h l e r zu bezeichnen ist der Versuch des Arztes, masturbatorische Handlungen und Samenentleerung zu überwachen oder gar dabei selbst Hand anzulegen, sowie Messungen an dem durch mechanische und elektrische Mittel gesteiften Glied vorzunehmen. Ganz unglaublich erscheint aber das Verhalten eines Arztes, welcher die Beischlafshandlungen des Untersuchten zum Gegenstand des persönlichen Augenscheines macht.

Wenn auch die Zeugungsfähigkeit der objektiven Ueberprüfung in der Regel standhält, erwachsen doch dem Untersucher häufig deshalb überraschende Schwierigkeiten, weil

immer wieder schon lange erkannte Richtlinien und einheitliche Gesichtspunkte außer acht gelassen werden. Abgesehen von der stets notwendigen Allgemeinuntersuchung,
kann nach genauer Inspektion der Geschlechtsteile n u r
die sofortige mikroskopische Untersuchung einer f r i s c' h
e n t l e e r t e n Samenprobe zur Grundlage einer klaren und
sicheren Beurteilung gemacht werden. Daß die Entleerung
des Ejakulates zwar nicht in Anwesenheit, aber doch in den
Räumen des Arztes erfolgen soll, ist im Interesse der ein-
wandfreien Diagnose zu fordern, da die Beweglichkeit dèr
Samenfäden leichter zu überprüfen ist und Täuschungs-
manöver, die gerade in Rechtsfällen zu erwarten sind,
so gut wie ausgeschlossen werden. Im Sinne der ärztlichen
Ethik wird es notwendig sein, dieses Verlangen dem Untersuchten in möglichst taktvoller Art nahezulegen.

Nur in Ausnahmefällen sollte man sich damit begnügen,
daß die Samenprobe auswärts in ein Kondom entleert zur
Untersuchung gebracht wird, wobei darauf zu achten ist,
daß die Ausfolgung möglichst rasch nach dem Geschlechtsverkehr erfolgt. Erfahrungsgemäß wird nämlich die Beweglichkeit der Samenfäden offenbar durch Einwirkung von
Benzin, welches bei Herstellung der Kondome eine bestimmte Rolle spielt, schon in kurzer Zeit höchst ungünstig beeinflußt, was den wenig geschulten Arzt veranlassen kann, irrtümlich auf Unbeweglichkeit und Abge-
storbensein der Spermien zu schließen. Dies ist leicht zu
vermeiden, wenn die Anweisung gegeben wird, das Ejakulat s o f o r t durch Aufschneiden des Kondoms in ein
geeignetes, säurefreies Glasgefäß, z. B. Glasröhrchen, Likör-
gläschen und ähnliches abfließen zu lassen, welches, am
besten in ein Tuch gehüllt, im Hosensack oder in der Rock-
tasche getragen, dem Untersucher übergeben wird. Ueber-
wärmung und starke Unterkühlung sowie auch das Halten
auf Körperwärme führen zur Bewegungslosigkeit der Samenfäden, deren sichtbare Vitalität am ehesten bei Zimmer-
temperatur erhalten bleibt. Die Beobachtung dieser Richtlinien wird die Beweglichkeit der Samenzellen meist noch
1 bis 2 Stunden nach der Entleerung feststellen lassen.

In Rechtsfällen — nicht aber bei Beratung steriler
Ehen — wird vorsichtshalber die Aufklärung des Untersuchten über den Zweck der angeordneten Maßnahmen ge-
flissentlich zu unterlassen sein, um die Ueberbringung
früher entleerten Samens und bewegungsloser Spermien
zu verhindern. Kondomentleerungen sind mikroskopisch
leicht zu erkennen, da der Samenflüssigkeit Bestandteile
des Puders, wie Maisstärkekörner und Lykopodiumsporen,
beigemengt sind.

Bei Gewinnung des Samens durch Masturbation erfolgt die Entleerung am besten in ein Spitzglas, welchem man mit der Glaspipette aus verschiedenen Höhen Tropfen entnimmt und damit Nativpräparate anfertigt. Bei Nachweis von reichlich und gut beweglichen Samenfäden wird die Durchmusterung von ·1 bis 2 Präparaten meist genügen, während bei Bewegungslosigkeit m e h r f a c h e und bei Fehlen der Samenfäden mindestens 10 bis 15 Präparate aus verschiedenen Teilen der Flüssigkeit und vor allem des Sediments zu untersuchen sind. Um in Rechtsfällen Täuschungen auszuschließen, ist einerseits die Feststellung notwendig, daß nicht eine andere Flüssigkeit, z. B. Speichel, unterschoben wurde, anderseits darauf zu achten, daß es sich tatsächlich um e b e n entleerten Samen handelt und dieser nicht etwa von auswärts mitgebracht wurde. Die plumpe Unterschiebung von Speichel ist mikroskopisch aus dem Mangel an sonstigen Elementen des Samens durch Nachweis von Speichelkörperchen (Leukozyten), durch die Ptyalinreaktion und bei Rauchern aus dem Auftreten einer bräunlichroten Verfärbung durch Rhodaneisen nach Versetzung der Speichelprobe mit salzsaurer Eisenchloridlösung zu erkennen. Daß die übergebene Flüssigkeit auf typischen Geruch, Beschaffenheit und Menge eines gewöhnlichen Ejakulates (3 bis 5 ccm) zu überprüfen ist, erscheint selbstverständlich, wird aber allzu häufig unterlassen, wobei vergessen wird, daß ein krankhaft veränderter Erguß ohne Samenfäden oftmals das zunächst vorhandene Aussehen gequollener Sagokörner vermissen läßt und den sonst erst nach Minuten auftretenden dünnflüssigen Zustand zeigt.

Die einwandfreie Untersuchung wird ʹauf jeden Fall zur Vornahme der bekannten F l o r e n c e schen Vorprobe mit einer jodreichen Jodkaliumlösung zwingen, an deren Stelle auch die Probe nach B a r b e r i o mit kaltgesättigter Pikrinsäure verwendet werden kann. Diese Methoden lassen in der Regel bei Anwesenheit von Samenflüssigkeit, genauer infolge des Spermingehaltes im Prostatasekret, die typischen Kristallbildungen beobachten.

Sind Spritz- und Abrinnspuren an der Innenwand des Spitzglases zu erkennen und lassen sich durch sofortige Ausstreifung aus der Harnröhre Rückstände des Ergusses gewinnen, wird von seltenen raffinierten Täuschungsversuchen in Rechtsfällen abgesehen, die kurz vorher erfolgte Ejakulation als gesichert angesehen werden können.

Die mikroskopische Untersuchung wird, wie bereits erwähnt, den Nachweis von reichlich und gut beweglichen Samenfäden zum Ziele haben, wobei niemals oberflächlich und allzu rasch vorgegangen werden darf, um nicht aus dem zufälligen Mangel von Samenfäden in e i n e m e i n z i g e n Präparat voreilig auf Azoospermie zu schließen. Wird letztere nach Durchmusterung zahlreicher Präparate mit Recht angenommen, bleibt zunächst die Frage unbeantwortet, ob es sich um einen zeitlichen oder dauernden Mangelzustand handelt. Ist dauernde Azoospermie vorhanden, kann diese nur durch m e h r f a c h e, nach gerichtsmedizinischer Erfahrung mindestens d r e i m a l i g e Untersuchung des Ejakulates in Abständen von 1 bis 2 Wochen als rechtsbindend unter Beweis gestellt werden, wozu noch kommt, daß die Ursache und der beiläufige Zeitpunkt ihres Entstehens durch Vorgeschichte und eingehende Untersuchung der Geschlechtsteile zu klären sind.

In diesem Zusammenhang ist auf die verhältnismäßig seltene Aufhebung der Spermienbildung durch entzündliche Prozesse der Hoden bei Lues, Tuberkulose, Typhus, Scharlach, Mumps, Fleckfieber und anderen Infektionskrankheiten hinzuweisen, welche sich aber wie bei anderwärtigen akuten fieberhaften Krankheiten bloß über einen bestimmten Zeitraum zu erstrecken braucht, weshalb der Zeitpunkt der Entzündung für die Beurteilung wichtig ist und unter Umständen eine neuerliche Untersuchung vielleicht sogar erst nach Monaten notwendig wird.

Oftmals, aber keineswegs immer, findet sich die Aufhebung der Spermienbildung nach beiderseitigem schwerem Hodentrauma, bei Kryptorchismus, auffälliger Kleinheit infantiler Hoden und bei manchen Formen eunuchoider Körperbildung. Weit wichtiger und von ausgesprochen praktischer Bedeutung ist die Verlegung der ableitenden Samenwege bei ungestörter Samenzellbildung durch p h l e g m o - n ö s e Prozesse, deren Hauptursache in der akut entzündlichen Trippererkrankung zu erblicken ist, welche ebenso wie beide Nebenhoden auch die Samenleiter als solche und die Kanälchen in der Vorsteherdrüse befallen kann. Von untergeordneter Bedeutung sind traumatische Schäden der ableitenden Samenwege und tuberkulöse Nebenhodenentzündungen. Zu erinnern ist hier, daß sexuelle Exzesse zum Fehlen der Samenfäden im Ejakulat führen können, wobei dieser Zustand jedoch nur Stunden anzuhalten pflegt, da es sich eben um einen vorübergehenden Erschöpfungszustand der spermienbildenden Organe handelt. Das Erlöschen der Spermienbildung im hohen Greisenalter mit allen körperlichen Begleiterscheinungen ist in der Art zu erwarten, daß die Beischlafsunfähigkeit dem Schwinden der Zeugungsfähigkeit vorausgeht.

Unsicherheit und widersprechende Auffassung sind oftmals bei Beurteilung unbeweglicher Samenfäden zu beobachten. Hier hat der Leitsatz zu gelten, daß die echte Nekrospermie, welche in ärztlichen Zeugnissen überaus häufig bei bloß bewegungslosen Spermien voreilig bestätigt wird, nur dann angenommen werden darf, wenn das mikroskopische Bild des Ejakulates reichlich entzündliche Veränderungen, wie Eiterzellen und rote Blutkörperchen, enthält oder einen ausgesprochenen und vorgeschrittenen Zerfall der Samenzellen erkennen läßt. Bei wohlerhaltenen bewegungslosen Samenfäden mag diese Diagnose bloß dann in vorsichtiger Auswertung der Befunde noch Geltung haben, wenn die in längeren Zwischenräumen mehrfach wiederholte Untersuchung des einwandfrei f r i s c h e n Ejakulates immer gleiche Verhältnisse ergibt. Im allgemeinen wird aber in allen Rechtsfällen die Bewegungslosigkeit der Samenzellen allein niemals genügen, daß Zeugungsunfähigkeit in einer jeden Zweifel ausschließenden Weise behauptet wird, denn einerseits sind nach der Erfahrung Fälle echter Nekrospermie, die noch dazu vorübergehend sein kann, gewiß selten und anderseits mag die Bewegungslosigkeit trotz einwandfreier Durchführung der Untersuchung in zufälligen, nicht näher erkennbaren Ursachen begründet sein.

Anders liegen die Beurteilungsverhältnisse bei Beratung steriler Ehen, wobei zweifelsohne Bewegungslosigkeit und Minderung in der Beweglichkeit der Samenzellen nicht außer acht gelassen werden dürfen, da es sich um eine andere Fragestellung handelt, nämlich die Wahrscheinlichkeit einer Zeugung abzuschätzen und den Grund der ehelichen Kinderlosigkeit im Zusammenhang mit dem Untersuchungsergebnis an der Frau zu ermitteln. Dabei wird auch auf etwaige feine Veränderungen im Bau der sonst gut beweglichen Samenfäden einzugehen sein. Daß in solchen Fällen den Untersuchten die Diagnose einer „absoluten" Zeugungsunfähigkeit nicht zu eröffnen und schon gar nicht schriftlich zu bestätigen ist, erscheint verständlich, um sich in einem etwaigen späteren Rechtsstreit nicht festzulegen.

Von der Oligospermie ist zu sagen, daß ihr in der Begutachtung vor Gericht keine Bedeutung zukommt, sie aber bei sterilen Ehen zur Abschätzung der Zeugungswahrscheinlichkeit nicht zu vernachlässigen ist.

Sollte ein Samenerguß nach Angaben des Untersuchten weder durch Masturbation noch durch Beischlaf zu erzielen sein, kann letzten Endes die Samenblasenmassage zur Diagnosestellung herangezogen werden. Sie gibt häufig ein unbefriedigendes Resultat, da das Fehlen von Spermien im Sekret der Samenblasen keineswegs Zeugungsunfähigkeit erschließen läßt und anderseits nur selten bewegliche Samenfäden gefunden werden, wobei die Erklärung der Bewegungsstörung heute noch umstritten ist. Jedenfalls ist aber in Rechtsfällen auf die Möglichkeit der Zeugungsfähigkeit noch durchaus hinzuweisen, wenn auch nur bewegungslose Samenzellen vorgelegen haben. Abzulehnen und einem Kunstfehler gleichzustellen ist die Vornahme einer Hodenpunktion, da diese höchstens über die Spermienbildung, niemals aber über den Zustand der ableitenden Samenmenge ein Urteil gestattet.

Bei Untersuchung der Geschlechtsteile ist die Abtastung der Hoden, Nebenhoden und Samenstränge notwendig. Es dürfen jedoch aus dem Mangel oder Vorliegen krankhafter Veränderungen keineswegs falsche Schlüsse gezogen oder deshalb auf die Samenuntersuchung verzichtet werden. Ebenso wie der negative Befund eine Zeugungsunfähigkeit keineswegs ausschließt, kann bei deutlichen narbigen Verdickungen der Nebenhoden ein durchaus gutes Zeugungsvermögen vorliegen, wenn trotz vorausgegangener schwerer Entzündung die Durchgängigkeit der Samenwege erhalten geblieben ist.

Bei Befolgung der vor allem von der Gerichtlichen Medizin aufgestellten Gesichtspunkte werden Fehldiagnosen bei Ueberprüfung der Zeugungsfähigkeit vermeidbar sein. Leider sind die unrichtigen und ausgesprochen schlechten Beurteilungen noch immer so häufig, daß von den Gerichten den in der ärztlichen Praxis ausgestellten Attesten kaum ein Wert beigelegt wird.

Zum Schlusse soll noch darauf hingewiesen werden, daß nach den bisherigen Erfahrungen in der Beratung kinderloser Ehen die Ursache der Sterilität nicht gar zu häufig bei den Männern liegt und das Ausmaß der Beteiligung mit 30%, wie im Schrifttum dargelegt ist, keineswegs erreicht wird.

Klinik und Therapie
der Gefäßkrankheiten

Von

Professor Dr. A. Winkelbauer

Graz

In dem Satz: „Jeder Mensch ist so alt wie seine Gefäße", erscheint sowohl der Zusammenhang zwischen Gefäßsystem und Alterserscheinungen als auch die Bedeutung
der Gefäße für den gesamten Organismus besonders beleuchtet. Es ist begreiflich, daß die Gefäße als Transport-
system des Blutes und damit aller lebenserhaltenden und
lebensnotwendigen Stoffe eine besondere Rolle spielen und
daß daher Störungen dieses Systems auch zu Störungen
des Gesamtorganismus führen müssen. Diese Störungen betreffen entweder die Druckverhältnisse und wirken sich
dadurch schädlich aus oder sie treten als sogenannter Durch-
blutungsschaden auf, mit dem wir uns hier vorwiegend zu
beschäftigen haben.

Wenn das Thema des Fortbildungskurses die Erkrankungen des Mannes ist, so darf das Kapitel Gefäßerkrankungen hier nicht fehlen. Denn es ist auffällig,
in welch hohem Prozentsatz gerade das Gefäßsystem des
Mannes erkrankt, und es gibt gewisse Gefäßerkrankungen,
die man als typisch männliche bezeichnen könnte, so selten
sind sie bei der Frau, und bei anderen wieder fällt das
überwiegende Befallensein des Mannes deutlich auf. Diese
merkwürdige Tatsache ist man versucht auf verschiedene

Ursachen zurückzuführen, wobei in erster Linie wohl an
den Beruf des Mannes gedacht werden könnte, der mit seinen verschiedenen einseitigen Belastungen an das Gefäßsystem besondere Ansprüche stellt. Dabei ist es nicht so
sehr die schwere körperliche Arbeit, die hier eine Rolle
spielt, denn bei der Arteriosklerose z. B. sehen wir, daß
gerade körperlich schwer arbeitende Klassen, wie Land-
arbeiter, weniger häufig und später als die Stadtbevölke-
rung die Abnutzungserscheinungen der Gefäße zeigen. Gerade der Mann in höherer sozialer Stellung und der geistige
Arbeiter ist in vermehrtem Ausmaß unter den schweren
Arteriosklerotikern zu finden. Hierzu kommen noch verschiedene mit dem männlichen Beruf im Zusammenhang
stehende Schäden, wie Kälte, Nässe, chronisches Trauma
sowie der Abusus der Genußmittel und Gifte des täglichen
Lebens, die als mitschuldig angesehen wurden und worauf
wir später noch einmal zurückkommen wollen. Außerdem
scheint aber eine gewisse Minderwertigkeit des Gefäßsystems
von Bedeutung zu sein, bei der äußere Faktoren, wie sie
z. B. auch Infektionskrankheiten darstellen, besonders schä-
digend in Erscheinung treten.

Was nun die einzelnen Gefäßerkrankungen betrifft, so
sind diese so zahlreich und so mannigfaltig, daß bei der
Kürze der Zeit kaum ein Ausschnitt gegeben werden kann,
geschweige denn eine vollständige Besprechung. Es haben
sich ja in letzter Zeit die Vorstellungen über das Zustandekommen der Durchblutungsstörung verschoben, so daß
ich hier viel weniger auf längst bekannte Tatsachen als auf
neuere Ansichten und therapeutische Versuche das Schwergewicht legen will.

Von den anatomischen Veränderungen, die zu den
verschiedenen Gefäßerkrankungen führen, wissen wir, daß
bei der Arteriosklerose ebenso wie beim diabetischen
Gefäßschaden in fast gleicher Weise die Intima sowohl
wie die Media ergriffen werden, so daß eine histologische Unterscheidung fast nicht zu treffen ist. Nur treten
beim Diabetiker infolge seiner Stoffwechsellage die Veränderungen wesentlich früher auf. Man hat dies so ausgedrückt,
daß der Diabetiker seine Arteriosklerose früher erlebt, eine
Tatsache, die sich auch aus dem statistischen Material ersehen läßt, wonach beim Diabetiker die Verkalkungserschei-
nungen der Gefäße um 15 bis 20 Jahre früher manifest
werden. Bei der Arteriosklerose tritt der Gefäßschaden an
den Extremitäten meist erst nach dem 60. Lebensjahr auf
und zeigt die Symptome, die allen Durchblutungsstörungen
gemeinsam sind. Es sind dies gewisse Ermüdungserschei-
nungen, ein Kältegefühl in den Extremitäten, Auftreten von

Parästhesien, leichte ziehende Schmerzen usw. Diesen subjektiven Empfindungen entsprechen objektiv feststellbare Veränderungen an der Haut der Zehen oder der Finger, die in einer leichten Rötung und Verdünnung, Veränderungen an den Nägeln, Hyperkeratosen u. a. bestehen. Die subjektiven Beschwerden verstärken sich vor allem bei vermehrter Beanspruchung der Extremität und führen schließlich an den Beinen zum alarmierenden Symptom des intermittierenden Hinkens. Der mit diesem gleichzeitig auftretende Schmerz wird als äußerst heftig geschildert und wird zu einem Dauerschmerz, sobald sich der Gewebszerfall dazugesellt. Diese beiden Erscheinungen Gewebszerfall und Schmerz beherrschen nun das Krankheitsbild im steigenden Maße und verleihen ihm ein charakteristisches Gepräge. Zu dieser Zeit verschwinden auch die Pulse an den kleinen Arterien, wie der Dorsalis pedis und der Tibialis postica, in anderen Fällen ist auch in der Poplitea oder Femoralis kein Puls mehr zu fühlen. Der Gewebszerfall, die Nekrose, beginnt gewöhnlich an der Spitze der Extremitäten, Zehen oder Interdigitalfalten. Entscheidend ist, ob der Gewebszerfall in der Form des trockenen Brandes einhergeht, oder ob es mit Zutritt einer Infektion zur Bildung der feuchten Gangrän kommt. Es kann daher nur immer wieder betont werden, wie wichtig die sorgfältige aseptische Behandlung des trockenen Brandes und seine ständige Beaufsichtigung ist.

In den letzten Jahren zeigt sich im Schrifttum das erkennbare Bestreben, in der Behandlung der Nekrose konservativer vorzugehen. Es gelingt so nicht selten unter entsprechender interner und chirurgisch konservativer Behandlung, eine Demarkation des Brandes zu erzielen und auch eine Epithelisierung zu erreichen. Hat die Nekrose eine fortschreitende Tendenz oder kommt es zur Infektion, so bleibt häufig nichts anderes als die Ablatio übrig, die in der Regel am Bein oberhalb des Knies vorgenommen wird; seltener gelingt es, die Absetzung in periphere Abschnitte zu verlegen. Die Mortalität bei der arteriosklerotischen Gangrän wird zwischen 13% und 65% angegeben. Sie richtet sich wohl nach dem verschiedenen Krankengut. Noch ungünstiger als bei der Arteriosklerose liegen die Verhältnisse bei der diabetischen Gangrän, was auf die im Vordergrund stehende Stoffwechselstörung zurückzuführen ist. Hier spielt vor allem die Anfälligkeit gegenüber der Infektion und damit der höhere Prozentsatz der feuchten Gangrän eine große Rolle, abgesehen von den Gefahren, denen der Diabetiker überhaupt im vermehrten Grad ausgesetzt ist. D i e - b o l d und F a l k e n s a m e r weisen darauf hin, daß nicht so sehr die absolute Höhe des Blutzuckerspiegels von Bedeutung ist, als vielmehr die Größe des Anstiegs im Verlauf der Gangrän. So starben alle ihre Kranken, deren Blutzucker zwischen Aufnahme und Operation über 65 mg% gestiegen war. Wenn nicht der Zustand des Patienten einen sofortigen Eingriff erfordert, ist eine entsprechende Vorbehandlung, die in der Einstellung besteht, zweckmäßig. Die Behandlung des diabetischen Gefäßkranken wird daher, wo dies angängig ist, vom Chirurgen und Internisten gemeinsam geführt; der Chirurg wird sich glücklich schätzen, wenn ihm die reichen Erfahrungen einer Stoffwechselabteilung, wie dies z. B. im Krankenhaus in Lainz der Fall ist, zur Verfügung stehen. Es hat sich in den letzten Jahren gezeigt, daß bei günstig liegenden Fällen auch beim Diabetes mit relativ konservativen Methoden das Fortschreiten der Erkrankung wirksam bekämpft werden kann. Verschlechterung des Allgemeinzustandes, Temperatur- und Pulssteigerung, Gefahr des Uebergehens in die Allgemeininfektion erzwingen jedoch den sofortigen Eingriff, wobei dann die sonst erwünschte Besserung der Stoffwechsellage nicht abgewartet werden kann.

Zwei weitere interessante Gefäßerkrankungen haben in den letzten Jahren besonderes Interesse hervorgerufen, es sind dies die sogenannte Endarteriitis Winiwarter und die Raynaudsche Gangrän. Die erstere geht auch unter verschiedenen Namen, wie spontane oder juvenile Gangrän, Thrombangiitis obliterans usw. Es handelt sich dabei stets um das von v. Winiwarter im Jahre 1879 beschriebene Krankheitsbild, das v. Winiwarter als eine primär entzündliche Veränderung der Gefäßwand der Arterien und Venen auffaßte. Er beschrieb auch die histologischen Veränderungen, die sich vorwiegend an der Intima abspielen und zu einer Verbreiterung dieser sowie zu verrukösen oder polsterartigen Veränderungen führen, wobei sich in der Tiefe eine merkwürdige homogene glasige Substanz, die sogenannte fibrinoide Nekrose vorfindet. Trotzdem in den letzten Jahren durch eine größere Arbeit Bürgers diese Erkrankung bekannter geworden und als Bürgersche Erkrankung bezeichnet worden ist, gebührt v. Winiwarter zweifellos das Verdienst, als erster diese Erkrankung erfaßt und in klassischer Weise beschrieben zu haben. Klinisch handelt es sich um eine ausgesprochen chronisch verlaufende Durchblutungsstörung, die, und dies ist eines der wichtigsten Unterscheidungsmerkmale gegenüber den anderen Gefäßstörungen, Jugendliche befällt — das Durchschnittsalter ist etwa 34 Jahre — und fast nur beim männlichen Geschlechte gesehen wird. Die Durchblutungsstörun-

gen laufen hier in analoger Weise ab wie bei den übrigen
Gefäßerkrankungen; häufiger gehen hier sprunghafte Throm-
bophlebitiden voraus, bis es schließlich zum Auftreten des
Brandes kommt. Ebenso wie die Gefäße der Extremitäten können
die Veränderungen an anderer Stelle im Vordergrund
stehen, was zu verschiedenen Krankheitsbildern Anlaß
gibt, so z. B. an den Coronar- oder an den Gehirn-
gefäßen. Aber auch im Abdomen können die Arterien die
typischen Wucherungen zeigen. In jüngster Zeit wurden
endangiitische Veränderungen auch an den Lungenarterien
nachgewiesen (H a g e d o r n, E p p i n g e r), wobei dann der
Pulmonalthrombose ähnliche Bilder hervorgerufen werden.
Weitaus am häufigsten sind jedoch die unteren Extremitäten ergriffen oder es werden schubweise alle Extremitäten dabei beteiligt, so daß mehrfache verstümmelnde Operationen notwendig werden.

Befällt die Endangiitis den Mann, so ist die Raynaudsche Erkrankung die Gefäßerkrankung der jugendlichen
Frau. Sie ist charakterisiert durch schmerzhafte Anfälle,
die zu einem Weiß- oder Blauwerden der Finger oder
Zehen, der Zunge oder Nasenspitze führen. In der Zwi-
schenzeit ist keine Verfärbung der betreffenden Partie vorhanden. Auch die Pulse sind in normaler Stärke ausgebildet.
Im weiteren Verlauf kommt es auch hier zum Brand an
den Spitzen, gewöhnlich der Finger. Charakteristischerweise
werden die Anfälle durch den Kältereiz ausgelöst. Die
Raynaudsche Erkrankung ist familiär gebunden und häufig
vergesellschaftet mit anderen Erkrankungen, wie Chorea,
Sklerodermie, Epilepsie usw. Die Raynaudsche Erkrankung
ist nicht zu verwechseln mit der Akrozyanose, die ihren Sitz
in den periphersten Abschnitten des Gefäßsystems hat und,
wie sich herausgestellt hat, durch hormonale Störungen ausgelöst wird, daher häufig im Pubertätsalter zu sehen ist.
Ein seltenes Krankheitsbild ist die Erythromelalgie, die in
einer anfallsweise auftretenden schmerzhaften Rötung besonders der Beine besteht und durch Wärmereize hervorgerufen wird. Nicht selten wird eine Polycythämie und Hochdruck dabei gefunden.

Lassen Sie mich noch kurz der Periarteriitis nodosa Erwähnung tun, bei der die entzündlichen Erscheinungen sowohl im klinischen Verhalten als auch im
histologischen Bild mehr in den Vordergrund treten. Diese
mit Fieber und Kopfschmerzen beginnende Erkrankung spielt
sich auch im Bereich der inneren Gefäße ab, an denen
die charakteristischen Knötchen zu finden sind. Schließlich
kommt es unter polyneuritischen Erscheinungen zum Auf-

treten einer Nephritis und Retinitis; unter urämischen Erscheinungen kann ein rascher Tod erfolgen.

Die modernen Vorstellungen über das Zustandekommen
des Durchblutungsschadens setzen eine gewisse anatomische
Kenntnis der Strombahn voraus. Man hat die Kapillaren
und die ihnen vorgeschalteten kleinsten Arterien, die sogenannten Arteriolen und Präarteriolen, sowie die feinsten
Venenplexüsse als sogenannte Endstrombahn aus bestimmten Gründen zusammengefaßt. Bei dieser Endstrombahn fällt
auf, daß direkte Verbindungen zwischen Arteriolen und
den kleinen Venen bestehen, so daß ein direktes Ueberleiten
des arteriellen Blutes in das venöse System und dadurch
eine Umgehung des Kapillargebietes — arterio-venöse Ana-
stomose — möglich ist, falls bestimmte Druckverhältnisse
dies notwendig machen. Neben dem für die Fortbewegung
des Blutes wichtigen Gehalt der Gefäße an elastischem Gewebe kommt natürlich der Verengungs- und Erweiterungs-
fähigkeit die größte Bedeutung zu. Da sich nun nicht alle
Gefäßabschnitte gleichmäßig dilatieren, entstehen verschiedene Druckverhältnisse, die die Strömungsgeschwindigkeit
entscheidend beeinflussen. Die Steuerung erfolgt von verschiedener Seite her. Da die Muskelzelle des Gefäßes der
glatten Muskulatur angehört, besitzt sie auch die Fähigkeit,
bei Unterbrechung der übergeordneten Impulse einen entsprechenden Tonuszustand herzustellen, so daß wir von
einer örtlichen Steuerung sprechen können, die indirekt
durch den Reiz des Gefäßversorgungsgebietes ausgelöst wird.
Diese Auslösung erfolgt auf chemischem Wege, indem humorale Substanzen, die dem Histamin bzw. Acetylcholin
nahestehen, eine Rolle spielen. Eine weitere Steuerung
ist auf dem nervösen Wege über die sogenannten Axon-
reflexe, kurzgeschaltete Reflexe, möglich. Als weiterer wichtiger Faktor müssen die Hormone angesehen werden, die
fast alle einen Einfluß auf das periphere Gefäßsystem nehmen. Wir haben hier das auf die Arteriolen wirkende Adre-
nalin, das der Hypophyse entstammende, die Kapillaren
verengende Vasopressin, das Kallikrein oder Padutin des
Pankreas und schließlich die Sexualhormone. Auch das
Thyroxin scheint einen Einfluß zu nehmen. Vor allem
aber hat man eine nervöse Fernsteuerung und ihre hervorragende Bedeutung in den letzten Jahren kennengelernt.
Wir müssen zum Verständnis der chirurgischen Therapie
etwas näher darauf eingehen. Vasokonstriktoren und Vaso-
dilatoren verlaufen in getrennten Bahnen; dabei gelangen
die Konstriktoren hauptsächlich durch die vorderen Wurzeln
des Rückenmarks durch die Rami communicantes in den
Grenzstrang, während die Dilatoren durch die hinteren

Wurzeln ziehen sollen. Liegen spastische Zustände des Gefäßsystems vor, wird die Unterbrechung der Konstriktoren besonders deutlich; aber auch bei anatomischen Veränderungen macht sich der Fortfall der Konstriktoren im günstigen Sinne bemerkbar. Eine gewisse Regelung wird natürlich trotzdem durch die übrigen Steuerungen, vor allem die örtliche Steuerung, auch bei Fortfall der Konstriktoren aufrecht erhalten. Da das Maß der spastischen Komponente die Prognose des chirurgischen Eingriffs stellen läßt, hat man eine Reihe von Voruntersuchungen in den letzten Jahren ersonnen, die alle auf dem Prinzip beruhen, daß mit der vermehrten Durchblutung eine vermehrte Durchwärmung der Extremität auftritt, die mit Hilfe von Hautthermometern festzustellen ist. Solche Voruntersuchungen sind von L e v i s , B r a u n und anderen angegeben worden; wir verwenden weiters die Kapillarmikroskopie und die Oscillometrie, um einen Aufschluß über die Verhältnisse der Gefäße zu erhalten. Besondere Bedeutung hat aber in letzter Zeit die Arteriographie erlangt, die uns nicht nur die anatomischen Verhältnisse klarlegt, sondern häufig auch über die funktionellen Aufschluß gibt.

Die chirurgische Therapie besteht nun vor allem in der Durchtrennung der Vasokonstriktoren, ein Verfahren, das von L e r i c h e ersonnen wurde. L e r i c h e durchtrennte mit der sogenannten periarteriellen Sympathektomie die direkt zu den Gefäßen tretenden Konstriktoren, indem er die Adventitia abschälte. Die Wirkung ist im allgemeinen nur eine vorübergehende, wenngleich auch einzelne Fälle eine dauernde günstige Beeinflussung zeigen. A d s o n , R o y l e u. a. sind radikaler vorgegangen und haben die Durchtrennung am Sympathicus an zentralerer Stelle vorgenommen, indem entweder die Rami communicantes durchschnitten oder der Grenzstrang selbst in weiter Ausdehnung reseziert wird. Im allgemeinen soll mindestens eine Strecke von 5 bis 6 cm aus dem Grenzstrang entfernt werden, doch gelingt es nicht selten, Abschnitte von 10 cm Länge und mehr zu entfernen. P e n d e hat die Splanchnici durchtrennt, C r e i l e hat das Ganglion coeliacum in größerer Ausdehnung entfernt und auch dadurch gewisse Erfolge erzielt.

Bei der Bedeutung der hormonalen Steuerung ist es begreiflich, daß es auch nicht an Eingriffen an Drüsen mit innerer Sekretion gefehlt hat; so hat O p p e l die Nebennieren reseziert, um die seiner Ansicht nach wichtige Adrenalinausschüttung zu vermindern, und in den letzten Jahren ist die totale oder subtotale Thyreoidektomie auch zur Behandlung der Gefäßerkrankungen herangezogen worden, eine

Operationsmethode, die bei dekompensierten Vitien, Angina pectoris und Asthma cardiale bedeutende Besserung erzielen konnte. Worauf die Wirkung beim Gefäßschaden zurückzuführen ist, ist nicht ganz klargestellt. Die Erfolge der lumbalen Grenzstrangresektion sind fraglos abhängig von der Auswahl der Fälle, und sie bessern sich, wenn durch die Voruntersuchungen das Vorwiegen einer spastischen Komponente festgestellt wurde. Amerikanische Autoren geben Erfolge von über 80% an, während L e r i c h e bei der Endangiitis über 50% verzeichnet. Für die Arteriosklerose und die diabetische Gangrän scheint dieses Verfahren viel weniger geeignet, so daß es die meisten Autoren wieder ablehnen. Die Erfolge können sich über mehrere Jahre erstrecken.

Für die obere Extremität wird analog der lumbalen Grenzstrangresektion der Sympathicus vom 6. Zervikal- bis zum 2. Thorakalganglion entfernt, wobei meist ein Zugang von vorne gewählt wird. Gerade die Raynaudsche Erkrankung scheint durch die Ganglion stellatum-Exstirpation besonders gut beeinflußbar zu sein, worauf R i e d e r hingewiesen hat, der auch bei mehrjähriger Beobachtung in 37% gute Erfolge verzeichnet.

Auch das merkwürdige Krankheitsbild der Kausalgie, das durch die Kriegsverletzungen wieder häufiger geworden ist, ist mit dieser Operation in hervorragendem Maße beeinflußbar, was Veröffentlichungen aus der allerletzten Zeit beweisen.

Den Reiz, den der plötzlich entstehende Gefäßverschluß auf das kollaterale Gefäßsystem ausübt — erinnern Sie sich an das im Arteriogramm gezeigte Bild —, hat L e r i c h e in anderer Weise zu brechen versucht, indem er den Mut fand, die verschlossene Arterie auf weite Strecken zu entfernen, ein Verfahren, das als Arteriektomie bezeichnet wird, und das auch bei der Arteriosklerose gute Resultate oder jedenfalls wesentliche Besserungen erzielen kann, was in letzter Zeit von F u c h s i g wieder bestätigt wurde.

Die verschiedenen Formen der Steuerung machen es verständlich, daß in der internen Medikation eine außerordentlich große Anzahl von Medikamenten Verwendung findet, die vor allem entweder von humoraler oder von hormonaler Seite her die Gefäße beeinflussen sollen. Hierher gehören das Acetylcholin, das Priscol sowie die Sexualhormone, so vor allem des Menformon, Testoviron usw. Auch das Eupaverin findet hier seine Anwendung. Auch große Gaben von intravenös verabreichter hypertonischer Kochsalzlösung wurden besonders von amerikanischer Seite empfohlen. Ich kann wegen der Kürze der Zeit auf diese

Frage nicht näher eingehen, ebenso wie verschiedene interessante Kapitel der Gefäßchirurgie, wie die Thrombose und die Embolie. aus demselben Grunde nicht besprochen werden können.

Es ist begreiflich, daß die schweren Folgen der Gefäßerkrankungen sehr frühzeitig das Interesse an der Aetiologie dieser Krankheit wachriefen. Das vorwiegende Ergriffenwerden des Mannes und die fast nie zu vermissenden Angaben in der Anamnese scheinen auf die Bedeutung äußerer Einflüsse von vornherein hinzuweisen. Fast stets wird ein Kälte- oder Nässeschaden als auslösende Ursache angegeben. Das genaue Studium der jugendlichen Endangiitisfälle hat jedoch gezeigt, daß der Kälte und der Nässe vielleicht zuviel Bedeutung beigemessen wurde. Ratschow hat durch Untersuchungen an Fischern und Angestellten des Fischereiverwertungsgewerbes, die beiden Einwirkungen in besonderem Maße ausgesetzt sind, festgestellt, daß bei diesen Gewerben Durchblutungsstörungen ganz unverhältnismäßig seltener vorkommen, als z. B. bei Kontoristinnen oder Schulkindern. Auch unter den Endangiitisfällen überwiegen Berufe, die nicht unter Kälte oder Nässe zu leiden haben. Ebenso lehnt Hasselbach, der eine große Anzahl von Endangiitisfällen zu begutachten hatte, die der Kälte oder Nässe zugebilligte Rolle in der Aetiologie dieser Erkrankung ab. Es haben allerdings Untersuchungen an erfrorenen Extremitäten gezeigt, daß Gefäßveränderungen, die den endangiitischen analog sind, noch entfernt vom Orte der Erfrierung feststellbar sind. Da sich solche Veränderungen der Gefäßwand auch dann finden, wenn z. B. durch eine Ligatur der Blutstrom unterbrochen wird, beweist dies wohl nur, daß durch die Kälte auch tiefliegende Gefäße schwer geschädigt werden können. Erst weitere Beobachtungen können ergeben, ob auf dem Boden eines solchen echten Kälteschadens nunmehr eine echte Gefäßerkrankung mit der typischen fortschreitenden Tendenz sich aufpfropfen kann.

Aehnlich scheint es sich mit dem Trauma als einmaligem oder vor allem dem chronischen Trauma, das wiederholt angeschuldigt wurde, zu verhalten. In dieser Beziehung wurde dem chronischen Erschütterungstrauma, dem gewisse Gewerbe, wie Schuhmacher (Klopfen) und vor allem die Preßluftarbeiter ausgesetzt sind, besondere Wirkung zugebilligt. An größeren Reihenuntersuchungen ließ sich jedoch feststellen, daß hier regionär bedingte Schwankungen zu verzeichnen sind, die mit dem Beruf als solchem nichts zu tun haben. Diese Untersuchungen verleiten vielmehr zu der Annahme, daß vielen Gefäßerkrankungen

fast regelmäßig eine bestimmte Disposition zugrunde liegt,
die sowohl in einem familiären Auftreten als auch im Arteriogramm in einer gewissen Enge und Streckung des Gefäßsystems sichtbar wird. Daß ein solches minderwertiges
oder jedenfalls auffälligeres Gefäßsystem äußeren Schädigungen leichter erliegt als ein gesundes, ist wohl anzunehmen. Auch die überragende Bedeutung, die dem Nikotin
als solchem in der Aetiologie zugesprochen wurde, ist nach
genaueren Untersuchungen überschätzt worden. Daß das
Nikotin ein Gefäßgift, vor allem durch Adrenalinausschüttung, ist, ist wohl nicht zu bestreiten. Auch die Nikotin-
empfindlichkeit ist eine sehr verschiedene, wie Hauttest-
proben ergeben, die bei einzelnen Individuen eine ausgesprochene Ueberempfindlichkeit festgestellt haben. Aber anderseits wäre bei der großen Verbreitung des Rauchens —
ein moderner Schriftsteller hat Nikotin nicht als Gift, sondern als Gegengift gegen die Lästigkeiten des Lebens bezeichnet — ein viel höherer Prozentsatz von Endangiitikern
zu erwarten, und zweitens kennen wir diese Gefäßerkrankung auch bei Leuten, die nie in ihrem Leben eine Zigarette angerührt haben. Liegt jedoch ein Gefäßschaden oder
nur eine Disposition vor, so kann das Nikotin den Schaden
fraglos vergrößern. Es ist daher bei den Durchblutungsstörungen ein absolutes Rauchverbot selbstverständlich. Bei
der bekannten Süchtigkeit der Raucher — M a r k T w a i n
hat einmal witzig behauptet, es sei nichts leichter, als sich
das Rauchen abzugewöhnen, ihm sei das schon tausendmal
gelungen — stellt dies oft für Patienten und Arzt eine
schwere Aufgabe dar.

Im den letzten Jahren ist man eher geneigt, voran-
gehenden Infekten mehr Bedeutung zuzumessen (H a g e -
d o r n). Weist schon das Auftreten von Arteriitiden bei gewissen Infektionskrankheiten, wie Flecktyphus, Typhus u. a.,
auf einen Zusammenhang mit toxischer Infektion hin, wie
ja auch die Periarteriitis nodosa alle Zeichen einer akuten
Entzündung an sich tragen kann, so ist man vor allem auf
die Rolle des Rheumas in letzter Zeit besonders aufmerksam geworden. Dafür sprechen sowohl experimentelle Ergebnisse als auch klinische Beobachtungen. Vor allem wurde
an eine Sensibilisierung durch toxische Substanzen gedacht,
welche sonst unterschwellige Reize zur Geltung bringt und
damit manche Veränderungen am Gefäßrohr als allergische
oder parallergische Reaktionen ansehen läßt, eine Auffassung, welche manches sonst unerklärliche Geschehen beim
Gefäßschaden dem Verständnis näherbringt.

Die Frage, wie weit den äußeren Faktoren in der Genese der Gefäßkrankheiten eine Bedeutung zukommt, geht

über das rein theoretische Interesse hinaus, denn die Begutachtung in der Versicherungsmedizin muß in jedem vorliegenden Falle sie aufs neue stellen. Gerade bei den Durchblutungsstörungen ist der Betroffene nur zu geneigt, in dem Kälte- oder Nässeschaden, den er erlitten, die Ursache seiner Erkrankung zu suchen, der oft nur der letzte zufällige Anlaß ist oder vielleicht als auslösendes Moment gewertet werden kann. Anders müssen schon gewerbliche chronische Reize bei bestimmten Berufen, wie Steinklopfen, Granitarbeiten, bei Preßluftarbeiten usw. eingereiht werden, denen man trotz der postulierten konditionellen Veranlagung eine gewisse Mitverursachung zubilligen muß. Ein rein schematisches Vorgehen ist überhaupt bei den Gefäßerkrankungen nicht angebracht; der individuelle Fall hat seine eigene Abschätzung zu erfahren.

Nach dem ersten Weltkrieg hat man eine Zunahme der Endangiitis feststellen müssen. Daß dies nicht bloß auf die Häufung an Kälte- und Nässeschäden zurückzuführen sein kann, dagegen sprechen die bisherigen Untersuchungsergebnisse, die Rolle, die der Gefäßminderwertigkeit, vorangegangener Infektionen, Umstimmung der Reizlage usw. zugebilligt werden muß. Man kann aber nicht übersehen, daß hier noch andere Umstände mitwirken. Die enormen Strapazen, die seelische Belastung und Daueranspannung schaffen wahrscheinlich eine andere Reaktionsbereitschaft, so daß bei Vorhandensein einer gewissen Veranlagung der äußere Schaden viel wirksamer angreifen kann. B i e r u. a. haben daher eine Mitverschuldung durch diese Umstände angenommen; damit wird der Gefäßschaden des Mannes unter die W. D. B. eingereiht. Wenn diese Annahme zutrifft, ist auch im Gefolge dieses Krieges eine Zunahme der Gefäßerkrankungen in noch höherem Ausmaße zu erwarten. Die Anforderungen, die dieser Krieg mit seinen zahlreichen und andauernden Phasen eines Bewegungskrieges und seiner Härte des Einsatzes an den kämpfenden Mann stellt, sind gegenüber den früheren Kriegen gestiegen. Die Totalität des Krieges, die Verwendung von modernen Waffen in bisher unbekanntem Ausmaße, wie z. B. der Luftwaffe, setzt anderseits nicht nur den Frontsoldaten, sondern auch das gesamte Hinterland unter dauernde psychische Spannung. Es ist daher zu befürchten, daß dieser Umstand an dem Heer der Gefäßschwächlinge nicht spurlos vorübergehen wird.

Aus den Ausführungen haben Sie wohl entnommen, daß die Therapie des Gefäßschadens um so aussichtsreicher wird, je früher unsere Maßnahmen einsetzen, bevor noch ein nicht mehr zu behebender Schaden entstanden ist. Sie er-

messen daraus die Wichtigkeit, beim Gefäßschaden die
Initialsymptome, die scheinbar noch harmlos sind, in ihrem
ganzen Ernste zu werten. Dies ist nur möglich, wenn der
praktische Arzt auch bei geringfügigen Erscheinungen an
die Möglichkeit eines Gefäßschadens denkt, weil er sich
mit dem interessanten und an Problemen reichem Gebiet
der Durchblutungsstörung vertraut gemacht hat.

Die Hochdruckkrankheit

Von

Professor Dr. **N. v. Jagić**

Wien

Der h o h e B l u t d r u c k ist ein häufiger Befund, der verschiedene Ursachen hat. Für praktische Zwecke ist die E i n t e i l u n g in die essentielle Hypertonie, die nicht selten familiär ist und in den nephrogenen Hochdruck wohl die beste. Die erste Form ist der rote Hochdruck und die zweite der blasse. Im Endstadium der Erkrankung ist die Scheidung allerdings nicht immer leicht durchzuführen. Die essentielle Hypertonie kann in eine maligne Sklerose übergehen. In solchen Fällen sind die klinischen Symptome oft sehr ähnlich. Von Wichtigkeit für die Therapie ist die F r ü h d i a g n o s e beider Formen. Hier leistet uns die Anamnese und die Nierenfunktionsprüfung gute Dienste. Die Ursache der essentiellen Hypertonie ist eine mannigfaltige. Ich erinnere u. a. auch an den zentralen Hochdruck nach Encephalitis und nach Schädeltraumen. Auf jeden Fall spielt aber die Nebenniere auch eine große Rolle, die auf dem Wege über das vegetative Nervensystem von Nervenzentren aus in ihrer Funktion beeinflußt wird. Wir wollen hier auf die näheren zum Teil noch sehr hypothetischen Grundlagen nicht weiter eingehen, sondern mehr das klinische Bild und die Therapie der Hochdruckkrankheit besprechen.

Von H o c h d r u c k k r a n k h e i t soll man nur dann sprechen, wenn der Blutdruck über 180 mm Hg ansteigt.

Er kann fixiert sein; es können aber auch Hochdruckkrisen hinzutreten, d. h. anfallsweise auftretende paroxysmale Drucksteigerungen, die oft recht unangenehme und gefährliche Symptome hervorrufen. Eine wiederholte Kontrolle der Blutdruckwerte bietet uns diesbezüglich Anhaltspunkte. Am häufigsten sehen wir solche Krisen nach Aufregungen und körperlichen Anstrengungen.

Bei der Hochdruckkrankheit kommt es auch bei der nicht nephrogenen Form zu sekundären arteriosklerotischen Veränderungen im Gefäßsystem, namentlich im Bereich der Nieren, so daß es schließlich zum Bild der malignen Nephrosklerose kommt.

Ergänzend ist zu bemerken, daß auch bei Bleivergiftungen Hochdruck vorkommt. Die Ursache dafür ist nicht ganz klar, doch ist wahrscheinlich auch dieser Hochdruck renal bedingt. Wie insbesondere R i s a k hervorhebt, können auch Tumoren des Hypophysenvorderlappens und der Nebennierenrinde, ferner, wie schon erwähnt, die Encephalitis, aber auch eine chronische Tonsillitis und Zahngranulome auf dem Wege über die vegetativen Zentren zu Hochdruck führen.

Die S y m p t o m e d e r H o c h d r u c k k r a n k h e i t sind sehr mannigfaltig. Subjektive Beschwerden können mitunter ganz fehlen. In anderen Fällen klagen die Patienten über unbestimmte Beschwerden, über Kopfschmerz, Schwindelanfällen, über schmerzhafte Sensationen in den Extremitäten sowie über Herzbeschwerden, auf die wir noch näher eingehen werden.

Wir müssen in allen Fällen eine Reihe von klinischen und Laboratoriumsuntersuchungen vornehmen. Denn auch bei der essentiellen Hypertonie finden sich nicht selten Spuren von Eiweiß, die Harnmenge wechselt, das spezifische Gewicht ist mitunter abnorm niedrig, namentlich bei der entzündlichen nephrogenen Form und der malignen Nephrosklerose.

Wie schon erwähnt ist das A u s s e h e n d e r P a t i e n - t e n ein verschiedenes. Wir sprechen von einem blassen und einem roten Hochdruck. Ersterer ist vor allem bei der nephrogenen Form recht charakteristisch. Oedeme beobachten wir wohl nur bei Nephritiden und bei kardialer Dekompensation. Für die Frühdiagnose ist die Funktionsprüfung der Niere, der Wasserversuch, namentlich aber der Konzentrationsversuch von Wichtigkeit. Eine mangelhafte Konzentrationsfähigkeit bei Zufuhr von größerer Menge von Flüssigkeit ist ein Zeichen für eine schwerere Form der Hochdruckkrankheit. Veränderungen am Augenhintergrund kommen hauptsächlich bei der renalen Form des Hochdruckes vor.

Gar nicht so selten sehen wir bei Hypertonikern hyper-
thyreotische Symptome, wie Neigung zu Tachykardie und
Erhöhung des Grundumsatzes. In solchen Fällen ist auch
bezüglich der Therapie Rücksicht zu nehmen (Röntgenbestrahlung der Thyreoidea, bei größeren Strumen auch
Resektion der Schilddrüse). Wir finden solche hyper-
thyreotische Symptome auch in Fällen, wo kein Jod therapeutisch angewendet wurde.

Von besonderer Wichtigkeit ist das Verhalten des H e r -
z e n s u n d d e s K r e i s l a u f e s. Auf Frühsymptome der
kardialen Dekompensation, auf Atemnot bei Bewegung, auf
Zeichen allgemeiner Stauung namentlich auch in der Leber,
ist besonders zu achten. Die Erkennung der Frühsymptome
und die rechtzeitige Therapie sind nicht selten entscheidend
für das spätere Schicksal der Kranken.

Bei der Hochdruckkrankheit kommt es regelmäßig zu
einer Hypertrophie des linken Herzabschnittes, da dieser
dauernd einen erhöhten peripheren Widerstand überwinden
muß. Beim Hypertonieherzen handelt es sich somit um
eine Linkshypertrophie. Symptomatisch und therapeutisch ist es von Wichtigkeit, daß zu einer Dauerhyper-
tonie, d. h. zu einem fixierten hohen Blutdruck auch noch
Krampfzustände im peripheren Gefäßsystem hinzutreten können, die den an und für sich hohen Blutdruck noch weiter
steigern. Wir werden bei der Besprechung der Behandlung
ganz besonders darauf hinzuweisen haben, daß unsere therapeutischen Maßnahmen hauptsächlich darauf gerichtet sein
müssen, solche, den fixierten Hochdruck noch weiter stei-
gernde Krampfzustände zu vermeiden. Diese Krampfzustände
in den peripheren Gefäßgebieten, namentlich im Gebiete
des peripheren Kreislaufes, bedeuten eine weitere Mehr-
belastung des Herzens und können jeden Augenblick zu
einer Erlahmung des linken Ventrikels führen. Zu den
häufigsten Ursachen für solche Krampfzustände gehören
zweifellos psychische Erregungen verschiedenster Natur.
Auch körperliche Anstrengungen und Aufnahme großer Flüs-
sigkeitsmengen führen zu einer übermäßigen Belastung des
Kreislaufes und können ebenso zu einer Erlahmung des Herzens Anlaß geben. Die klinischen Zeichen einer weiteren
Steigerung des fixierten Hochdruckes infolge von Krampf-
zuständen sind vor allem schmerzhafte Sensationen in der
Herz- und Aortengegend, zerebrale Erscheinungen, Kon-
gestionen und auch Schmerzen im Verlaufe der peripheren
Gefäße, die wir als Vasalgien bezeichnen.

Die k l i n i s c h e D i a g n o s e des H y p e r t o n i e -
h e r z e n s gründet sich auf den Nachweis der Hypertrophie
des linken Ventrikels, die man häufig schon durch Be-
tasten der Herzgegend in der Spitzenstoßregion feststellen

kann (lokomotivkolbenartig hebender verbreiterter Spitzen-
stoß). Röntgenologisch findet man ein aortalkonfiguriertes
Herz und häufig auch eine Verbreiterung des Aortenschat-
tens. Recht häufig beobachten wir ferner bei Hypertonikern
eine etwas vergrößerte und harte Leber, die ich als Hyper-
tonieleber bezeichnen möchte, wahrscheinlich Folge leichte-
ster, immer wiederkehrender kardialer Insuffizienzen, also
chronische Stauungsinduration.

Bei der Behandlung des Hypertonieher-
zens kommt es zunächst darauf an, Herz und Kreislauf
zu schonen und vor allem die Gefäßkrämpfe, die den fixierten Hochdruck noch weiter steigern, zu vermeiden. Wir
machen bei der Behandlung der Hypertonie immer wieder
die Erfahrung, daß es Mittel, die den Hochdruck wirklich
auf die Dauer herabsetzen, nicht gibt. Leichte Senkungen
erreichen wir, aber niemals einen Rückgang der Blutdruckwerte zur Norm. Wir müssen demnach den Hypertoniker
mit seinem fixierten Hochdruck schonen und ihn vor weiteren Blutdrucksteigerungen bewahren. Dazu gehört nun vor
allem Vermeidung jeder psychischen Aufregung, körperlicher
Ueberanstrengung, übermäßiger Flüssigkeitszufuhr und opu-
lenter Mahlzeiten. Auf die einzelnen Mittel, die bei Hypertonie gebraucht werden, kann ich hier nicht näher eingehen;
ich erwähne nur kurz die Theobrominpräparate, die Nitrite,
den Kampfer, Kalk und Atropin. Es gibt unzählige moderne
Präparate, die diese erwähnten Mittel in verschiedenster
Kombination und Mischung enthalten. Größte Vorsicht erfordert die Anwendung des Jods wegen der Gefahr einer
Jodintoxikation mit den Symptomen einer Hyperthyreose
(Abmagerung, Herzklopfen und Tachykardie usw.).

Sehr wichtig ist die Anwendung von Beruhigungsmit-
teln, z. B. Luminal, in kleinen Dosen, zweckmäßig in Form
der Luminaletten, von Theobrominpräparaten mit Brom und
Luminal (Theominal) u. a. Für sehr angezeigt halte ich bei
Hypertonikern, insbesondere bei solchen mit unruhigen
Nächten, die Verabreichung kleiner Dosen von Chloralhydrat
nach folgender Verschreibung. Chloralhydrat 0·25, Mixt.
gumm. 100·0 vor dem Schlafengehen auf einmal auszu-
trinken. Man kann von dieser Lösung auch mehrmals im
Tage einen Kaffeelöffel geben. Es genügt eine Chloral-
hydratmenge von 0·25 auf 24 Stunden.

Bei schmerzhaften Sensationen und Parästhesien im
Verlaufe der Gefäße ist Diathermie oft von guter Wirkung.
Die direkte Therapie der Herz- und Aortengegend ist dabei
besser zu vermeiden, da hier mitunter unangenehme Neben-
erscheinungen eintreten. Hier setzt man an Stelle der Diathermie besser die Quarzlichtbestrahlung. Ein zweckmäßige
Herzschonung bilden auch die wiederholten Aderlässe. Ich

empfehle Leuten mit höhergradig fixiertem Blutdruck viermal im Jahre einen Aderlaß von je 300 bis 400 ccm,
nicht nur im Sinne einer Kreislaufentlastung, sondern auch
im Sinne einer Entgiftungstherapie.

Wichtig ist die Regelung der Diät, Vermeidung von
Gewürzen und allzuviel Kochsalz. Besonders empfehlenswert
ist die kochsalzfreie Ernährung mit reichlich Zucker, die
auch dazu führt, daß die Patienten, wie insbesondere V o l -
h a r d hervorhebt, weniger Durst haben. Ich empfehle Hypertonikern, alle 10 bis 14 Tage einen Kompottag einzuschalten,
auch Rohkost in nicht extremer Form ist sicherlich von Vorteil. Leute mit Hochdruck sollen nicht allzuhoch gelegene
Orte (nicht über 800 m) aufsuchen, da in größeren Höhenlagen bei Hypertonikern häufig ungünstige kardiale Erscheinungen auftreten.

Von größter Wichtigkeit ist es auch beim Hypertoniker-
herzen die ersten Zeichen kardialer Insuffizienz zu erfassen. Dies sind vor allem Druckabfall und Zeichen von
Stauung im Kreislauf, also Stauungsleber, Stauungs-
bronchitis und in weiterer Folge auch Oedem. Hier ist zunächst absolute körperliche Ruhe, am besten eine Liegekur,
vorzuschreiben. Kardiotonische Mittel gibt man in solchen
Fällen in kleinen Dosen, z. B. titrierte Digitalisblätter in
Pulverform nicht über 0·1 g pro Tag, bzw. andere Digitalis-
präparate in entsprechender Stärke. Bei höhergradiger kardialer Insuffizienz bietet der Kranke das Bild der sogenannten Myodegeneratio cordis im dekompensierten Stadium; hier ist der Blutdruck oft recht niedrig und eine
energische kardiotonische Therapie am Platze. Wir geben
gerne in einer Mischspritze 10%ige Traubenzuckerlösung
mit Zusatz von 0·25 mg Strophanthin und Euphyllin. Als
erstes Zeichen beginnender Besserung des Kreislaufes ist,
abgesehen von der Milderung der subjektiven Beschwerden,
ein Ansteigen des Blutdruckes anzusehen. Der Hypotoniker
mit fixiertem Hochdruck ist eben kompensiert, wenn der
Blutdruck eine bestimmte Höhe erreicht.

Der fixierte Hochdruck läßt sich im wesentlichen mit
Medikamenten nicht herabsetzen. Er bleibt unverändert
hoch, trotz der Anwendung von den verschiedenen Präparaten. Es muß immer wieder betont werden, daß wir
es nun in der Hand haben, die paroxysmalen Gefäßkrisen
zu beseitigen oder zu vermeiden. Alle Medikamente und
Mischpräparate, die zur Behandlung des Hochdruckes empfohlen werden, wirken im wesentlichen nur beruhigend,
beseitigen aber nicht den fixierten Hochdruck.

Bezüglich der Bäderbehandlung bei Hypertonikern
möchte ich darauf hinweisen, daß nach meiner Erfahrung
Kohlensäurebäder zumeist nicht gut vertragen werden. Ich

empfehle in der Regel warme Bäder mit Zusatz von Fichtennadelextrakt oder auch Sauerstoffbäder, bei deren Gebrauch der Patient sich recht wohl fühlt.

Auch mit der Röntgentherapie wurden bei der Hochdruckkrankheit therapeutische Versuche angestellt. Nach unserer Erfahrung hat die Röntgenbestrahlung der Nebennierengegend keine wesentlichen Erfolge zu verzeichnen. Es ist uns nur aufgefallen, daß die bei Hypertonie nicht seltenen anginösen Beschwerden nach der erwähnten Strahlentherapie nachlassen.

Ich möchte nochmals darauf hinweisen, daß der Schwerpunkt der Behandlung des Hypertonieherzens darin liegt, daß das Herz geschont werden muß und alles zu vermeiden ist, was zu einer weiteren Steigerung des fixierten Hochdruckes führt, also Vermeidung übermäßiger körperlicher Anstrengungen, Stiegensteigen, Sport und ähnliches und ganz besonders Vermeidung psychischer Insulte verschiedener Art. Hypertoniker, die aufregende Berufe haben, erholen sich am besten, wenn man sie anweist, Urlaub zu nehmen und in einem Orte mittlerer Höhenlage (400 bis 600 m) eine Ruhekur durchzuführen, wobei besonders darauf zu achten ist, daß jede seelische Aufregung ferngehalten wird.

Eine bewährte Behandlung ist bei Hypertonikern die periodische D u r s t - u n d H u n g e r k u r , v e r b u n d e n m i t s a l z f r e i e r Kost. Zur gründlichen Entwässerung kann auch Salyrgan verwendet werden. Die intermittierende Strophanthinkur in kleinen Dosen ist auch bei kleinen apoplektischen Insulten wegen der besseren Durchblutung des Gehirns, angezeigt. Ergänzend bemerke ich noch, daß bei Zeichen kardialer Insuffizienz eine Strophanthinkur bessere Resultate zeitigt, wenn man gleichzeitig kochsalzfreie Diät einhält. Bezüglich der kochsalzfreien Diät ist zu betonen, daß die Salzersatzpräparate immerhin noch Kochsalz enthalten und aus diesem Grunde lieber nicht verordnet werden sollen. Man kann mit Zitronensaft und kochsalzfreien Kräuterextrakten den Geschmack der Speisen zweckmäßig verbessern.

Wiederholt konnte ich beobachten, daß bei fettleibigen Hypertonikern eine systematische Entfettungskur auch zu einer Senkung des Blutdruckes führt. In solchen Fällen bewähren sich Obst und Gemüse besonders gut. Eine Hypochlorämie mit Erbrechen und Durchfällen ist auch bei erwähnter Diät selten. Tritt sie aber auf, so kann man diese Symptome durch Kochsalzdarreichung zum Verschwinden bringen.

T i r a l a hat beobachtet, daß nach wiederholten tiefen Atemzügen der Blutdruck absinkt. Die Nachuntersuchungen haben ergeben, daß tatsächlich die Blutdruckwerte nach tiefen Atemzügen absinken, aber nur für kurze Zeit. Aus diesem Grunde kommt die Methode von T i r a l a nur dann in Frage, wenn es sich um Hochdruckkrisen handelt; hier kann sie versucht werden.

In den letzten Jahren wurde auch versucht, auf o p e r a - t i v e m W e g e die Hochdruckkrankheit zu behandeln. Als Operationsmethoden wurden angegeben: a) Dekapsulation, b) Entnervung am Nierenhilus, c) Dekapsulation und Entnervung.

Als Indikation zu den erwähnten Operationen werden paroxysmale Hochdruckkrisen angegeben, ferner Frühfälle von maligner Sklerose ohne Niereninsuffizienz. Die Resultate sind sehr wechselnd. Bei jüngeren Individuen ist eher ein Erfolg zu erwarten als bei älteren. Von einzelnen Autoren wird die Operation bei renalem Hochdruck ganz abgelehnt. V o l h a r d, D e n k und N o n n e n b r u c h haben sich mit dieser Frage in den letzten Jahren näher befaßt. Die Indikationsstellung und die Wahl der Operationsmethoden finden sich heute noch im Entwicklungsstadium. Die meisten Chirurgen stehen, wie schon erwähnt, auf dem Standpunkt, daß nur bei Patienten unter 50 Jahren eine Operation vorgenommen werden soll. Beim sogenannten roten Hochdruck wird von verschiedenen Seiten die Operation abgelehnt und nur das Frühstadium der malignen Sklerose mit blassem Hochdruck in jugendlichem Alter als geeignet für einen operativen Eingriff bezeichnet. Die operativen Eingriffe im Splanchnicusgebiet werden auch von einzelnen Chirurgen empfohlen. Die ganze Frage der chirurgischen Behandlung der Hypertonie befindet sich noch im Versuchsstadium. Die statistischen Angaben gehen in einzelnen Publikationen weit auseinander. Auf jeden Fall muß in Fällen, wo eine Operation vorgenommen wird, die Ruhekur und diätetische Behandlung nach der Operation weiter fortgesetzt werden.

Z u s a m m e n f a s s u n g. Bei der T h e r a p i e der Hochdruckkrankheit spielen die Ruhekur und die erwähnten diätetischen Maßnahmen die erste Rolle. Auch das Verhalten des Herzens erfordert größte Beachtung. Die rechtzeitige kardiotonische Therapie und Ruhigstellung des Patienten ist das Wichtigste.

Der Myokardinfarkt

Von

Dr. **K. Polzer**

Wien

Mit 1 Abbildung

M. D. u. H.! Herr Professor R i s a k ist leider verhindert, den Vortrag über das aktuelle Thema des Myokardinfarktes vor Ihnen zu halten. Er hat mir die ehrenvolle Aufgabe übertragen, an seiner Stelle Ihnen einen
Einblick in die weitläufige Pathologie dieses dramatischen
Krankheitsgeschehens zu vermitteln. Vor allem aber soll
ich Ihnen, in seinem Auftrag, therapeutische Ratschläge
mit auf den Weg geben und Ihnen zeigen, daß es auch
beim so verwickelten Geschehen, wie es gerade die Coronarthrombose darstellt, eine Prophylaxe geben kann.

Bevor wir aber an die Lösung dieser uns hier gestellten Aufgabe schreiten konnten, mußten wir uns überhaupt darüber klar werden, ob der Myokardinfarkt eine
überwiegend männliche Krankheit darstellt und uns damit
die Berechtigung gibt, im Rahmen dieses Kurses abgehandelt zu werden.

In der gesamten Weltliteratur finden sich Hinweise, die
die überwiegende Beteiligung des männlichen Geschlechtes
an der Coronarthrombose herausstellen (M a s t e r,[5] Hochr e i n [3]). Auch R i s a k [8] konnte schon an anderer Stelle
die Häufung der coronaren Erkrankungen beim Manne an
unserem Material beweisen. Um verschiedenen Fragen und
Problemen des Myokardinfarktes näher auf den Grund zu
gehen, hat ebenfalls R i s a k Unterarzt S c h n e i d e r be-

auftragt, das Material der Herzstation der Wiener städtischen nedizinischen Poliklinik aus den Jahren 1936 bis 1941 in verschiedener Richtung hin statistisch zu verarbeiten.

Von 320 Fällen von Myokardinfarkt, deren Diagnose entweder durch eine typische Krankengeschichte mit klassischem Elektrokardiogramm oder durch die Autopsie gestellt werden konnte, waren fast 83% Männer. Die Abb. 1, die gleichzeitig die Altersverteilung berücksichtigt, führt Ihnen die einwandfrei durch Zahlen erhärtete Tatsache vor Augen. Der Myokardinfarkt ist somit als überwiegend männliche Erkrankung aufzufassen, und wir sind damit berechtigt, an dieser Stelle das Thema abzuhandeln.

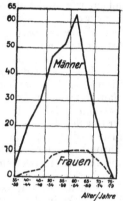

Abb. 1

Gestatten Sie mir, daß ich kurz, ehe wir auf unser Hauptthema eingehen, mit Ihnen noch einmal die pathologische Anatomie des Myokardinfarktes rekapituliere.

Das Herz wird nutritiv von den beiden Kranzarterien, der Arteria coronaria sinistra und dextra, versorgt. Im groben gesehen, versorgt die linke Kranzarterie die Vorderwand der linken Kammer, die Herzspitze und die vordere Hälfte des Septums. Die rechte Kranzarterie versorgt den allergrößten Teil des rechten Herzens, einen Teil der Hinterwand der linken Kammer und den hinteren Abschnitt des Septums. Es hat sich schon in Tierversuchen gezeigt, daß bei Unterbindung eines großen Coronarastes das der Nekrose anheimfallende Gebiet weitaus kleiner ist, als es dem anatomischen Ausbreitungsgebiet des unterbundenen Astes entsprechen würde, daß also die Infarktgebiete nicht lückenlos aneinanderschließen. Diese experimentellen Ergebnisse und auch genaueste anatomische und histologische Untersuchungen verschiedenster Autoren führten zu der klaren Widerlegung der alten Anschauung, daß die Kranzarterien Endarterien seien. Wir wissen heute, daß eine wechselnd große Anzahl von Anastomosen zwischen den Aesten der beiden Kranzarterien bestehen. Die eminente Bedeutung dieser Tatsache braucht wohl nicht besonders hervorgehoben werden.

Rein vom pathologisch-anatomischen Standpunkt betrachtet, sind es in der überwiegenden Mehrzahl der Fälle thrombotische Verschlüsse coronarsklerotisch veränderter

Gefäße, die zur Muskelinfarzierung führen. Die luetische
Arteriitis tritt auch in unserem Material sowie in dem zahlreicher anderer Autoren weit in den Hintergrund. Etwa
4% unserer Patienten waren an Lues erkrankt.

Der embolische Verschluß einer Kranzarterie ist so
selten, daß er praktisch vernachlässigt werden kann.

Wir möchten gleich hier eine Tatsache erwähnen,
auf die wir später noch zu sprechen kommen, daß es nämlich nicht die schwersten Fälle von Kranzgefäßverkalkung
sind, die zur Coronarthrombose führen. Immer wieder erleben wir am Sektionstisch, daß verhältnismäßig zarte
Kranzarterien mit nur geringer lipoider Degeneration. throm-
botisch verschlossen werden und oft eine nur kleine Infarzierung zum stürmischesten klinischen Bild führt und
rasch den Exitus herbeiholt.

Entsprechend den Verlaufsformen der beiden Kranzarterien unterscheiden wir im wesentlichen zwischen zwei
Haupttypen von Kranzgefäßverschlüssen. Der thrombotische
Verschluß der linken Kranzarterie, der meist im oberen
Drittel des Ramus descendens anterior der linken Coronar-
arterie sitzt, führt zum sogenannten Vorderwandinfarkt. Die
Thrombose der rechten Kranzarterie, die ihre Lieblings-
lokalisation im Stammgebiet zwischen Ventrikel und rech-
tem Vorhof hat, führt zum Hinterwandinfarkt.

Nach den Untersuchungen A s c h o f f s sitzt der Myokardinfarkt in den Mittelschichten der Muskulatur. Erreicht
die Infarzierung das Perikard, so kommt es zur Ausbildung
einer Pericarditis epistenocardica. Dieses Ereignis, das gewöhnlich am dritten Tag auftritt, ist uns nicht unerwünscht.
Wir erblicken in ihm eine gewisse Heilbestrebung des Organismus, da aus dem sich bildenden perikarditischen Schwie-
lengewebe schließlich feinste Aestchen von Blutgefäßen in
das Infarktgewebe einwachsen können. Tragischer erscheint
es schon, wenn die Infarzierung das Endokard erreicht.
Es kommt zur Ablagerung von parietalen Herzthromben,
die leicht eine embolische Verschleppung finden können.

Und nun zur Klinik. Wenn heute der Myokardinfarkt
ein so wunderbar scharf umrissenes Bild klinischer Anhaltspunkte bietet, so ist dies das Verdienst mühevollster
Arbeit der letzten 20 Jahre. Bedenken Sie, daß noch R o m -
b e r g[7] in seinem bekannten Werk den Kranzgefäßverschluß als nicht diagnostizierbar hinstellt, so wird Ihnen
der große Wandel zur Erkenntnis klar.

Die Anamnese der meisten Fälle wird bestimmt vom
stundenlang andauernden qualvollen Schmerz, der typi-
scherweise den Patienten in dauernde motorische Unruhe
versetzt, ihn zwingt, das Bett zu verlassen. Die „Herzangst" beherrscht den Kranken. Der Schmerz kommt meist

aus voller Ruhe, oft auch aus dem Schlaf heraus. Daneben
kommen aber immer wieder vollkommen schmerzlos verlaufende Fälle zur Beobachtung, bzw. alle Zwischenformen
über das leichte Beklemmungsgefühl in der Herzgegend bis
zum Schmerz, der den Kranken überwältigt. Besondere ana-
mnestische Schwierigkeiten bereiten alle jene Fälle eines
Myokardinfarktes, die ihre Schmerzlokalisation im Abdomen
aufweisen. Fehldiagnosen mit einer Perforationsperitonitis,
einer Pankreasnekrose oder einer Cholecystitis acuta sind damit erklärlich. Aus der Schmerzintensität auf die Ausdehnung
des Krankheitsprozesses zu schließen oder gar daraus pro-
gnostische Schlüsse zu ziehen, wäre vollkommen verfehlt.
Die Sensitivität des Kranken, sein vegetatives Gleichgewicht
scheinen neben dem pathologisch-anatomischen Geschehen
die ausschlaggebende Rolle für den Grad des Schmerzes
zu spielen. Da aber, abgesehen von den im Abdomen loka-
lisierten Schmerzen, die zur Verwechslung mit abdominellen
Erkrankungen Anlaß geben, auch in der Brust die gleichen
Schmerzen bei den verschiedensten Erkrankungen vorkommen — ich erinnere hier nur an den Lungeninfarkt —, so
ergibt sich, daß dem Myokardinfarkt wohl eine häufige,
aber keine typische Anamnese zukommt.

Trotzdem ist die Diagnose leicht zu stellen, wenn man
einige wichtige klinische Daten genau bedenkt und nach ihnen
bei allen verdächtigen Fällen forscht.

Ich möchte hier vor allem das Elektrokardiogramm erwähnen. Es ermöglicht uns, außer einer Sicherstellung
der Infarzierung als einzige klinische Methode, auch die
Infarktlokalisation. Wenn auch die Standardableitungen bei
einigen Fällen versagen, so brachte die Einführung verschiedener Brustwandableitungen diese Fälle noch mehr
zum Schrumpfen, und es gelang uns in 87% der Fälle
(Polzer[5]), bei Anwendung verschiedener Brustwandableitungen den Infarkt sicherzustellen und seine genaue Lokalisation festzulegen. Allerdings kann es in einigen Fällen
oft tagelang dauern, bis das Elektrokardiogramm positiv
wird. Bei Verdacht auf Myokardinfarkt mit einem einzigen negativen Elektrokardiogramm die Diagnose abzulehnen, muß daher als Kunstfehler angesehen werden. Sicher gibt es auch Fälle von frischer und alter Coronarthrombose, die dauernd das typische Bild der coronaren Defor-
mierung des Elektrokardiogramms vermissen lassen. Sie
zeigen nur das geläufige Bild einer „Coronarinsuffizienz"
in wechselnd starkem Grade ausgeprägt. Die Tatsache erscheint uns besonders erwähnenswert, da gerade diese
Elektrokardiogramme eine besonders schlechte Prognose abgeben können.

Zu den wichtigsten Zeichen der frischen Infarzierung

gehört das Verhalten des Blutdruckes. Während er in den
ersten Anfängen des Schmerzes noch etwas über den Ausgangswert erhöht sein kann, beginnt er sehr rasch zu sinken. Gewöhnlich erreicht der Druck erst nach 6 bis 8 Wochen seinen Ausgangswert. Man hat ursprünglich angenommen, daß dies der Ausdruck der verminderten Herzleistung
durch die akute Schädigung des Muskels sei. Dagegen sprach
jedoch schon immer, daß der akute Anfall mit dem niedri-
gen Venendruck, der Leere der Hautvenen, mit der schlechten Füllung der herznahen Venen und dem Fehlen der Lun-
genstauung ein Herzversagen ausschließen läßt. Der Blutdruckabfall ist demnach nicht als Folge eines Herzver-
sagens aufzufassen, sondern als Teilerscheinung eines Kreis-
laufkollapses. Es kann sich dabei ber nicht um einen
Histamin- oder Peptonschock, hervorgerufen durch das
Uebertreten von Eiweißzerfallsprodukten aus dem ersticken-
den Herzmuskel, handeln, da das stürmische Ereignis des
Blutdruckabfalles viel zu früh eintritt. Aber auch als Folge-
erscheinung eines schweren Schmerzzustandes muß der
Kollaps abgelehnt werden, da auch ohne Schmerzen verlaufende Infarkte zu demselben Bilde führen. Man wird
also zu der Annahme gedrängt, daß ein nervöser Reflex-
mechanismus wirksam wird. Jarisch[4] konnte in tierexperimentellen Untersuchungen zeigen, daß das Bestehen
eines depressorischen, im Herzen selbst entspringenden
Kreislaufreflexes als wahrscheinlich angenommen werden
muß. Er führte den Nachweis, daß die Pulsverlangsamung
und der Kreislaufkollaps bei der Veratrinvergiftung durch
einen im Vagus zentripetal geleiteten Reflex, der in der
Herzkammer seinen Ursprung hat, zustande kommt. Dieser
sogenannte Bezold-Jarisch-Effekt ist also ein kreislaufhem-
mender, vorwiegend depressorischer und in den ersten
Phasen auch stark herzverlangsamender Reflex, der hauptsächlich aus den Kammern kommt und das Herz durch die
Entspannung der Gefäße und den inneren Aderlaß entlastet.
Dietrich und Schimert[1] sahen in weiterer Verfolgung
dieser Untersuchungen die Coronardurchblutung trotz Blutdruckabfalles im Veratrinkollapsversuch ansteigen, wobei
der Stoffwechsel gesenkt wird. Sie erblicken im Jarisch-
Bezold-Effekt das Modell für den Infarktschock. Sie folgern
daraus, daß der Reflex, der durch Erstickungsprodukte im
infarzierten Herzmuskel ausgelöst werden kann, mit seinem
Blutdruckabfall und seiner Verminderung der umlaufenden
Blutmenge als Ausdruck einer sinnvollen Kreislaufsteuerung
aufzufassen ist, die bei gegebenen Bedingungen noch schwerere Störungen des Herzens verhindern soll. Es wird durch
diesen Schutzreflex das Herz nicht nur besser ernährt, sondern auch dessen Ansprüche auf Ernährung herabgesetzt.

Es wäre demnach falsch, diese Störung durch medikamentöse Maßnahmen beeinflussen zu wollen. Nun ist dazu noch einiges zu bemerken. Solange diese Regulation in bestimmten Grenzen verläuft, wird sie sich sicher in segenvollster Weise am Kreislauf auswirken, da sich der Herzmuskel dadurch eine Entlastung verschafft. Jedoch muß, wie H a u ß, T i e t z e und F a l k [2] richtig betonen, bedacht werden, daß der Herzmuskel sich sozusagen den Ast absägt, auf dem er sitzt: sein Funktionieren ist ja in wesentlicher Weise von der Coronardurchblutung abhängig. Sinkt aber der Blutdruck zu stark ab, so wird die sonst sinn- und zweckvolle Regulation zum Störungsfaktor. Die Herzmuskeldurchblutung wird nicht mehr voll garantiert und neben vielen anderen Organen wird in diesem schweren Schockzustand das Gehirn mit seinen vegetativen Zentren ungenügend durchblutet. Die Beeinflussung unseres therapeutischen Handelns durch diese Tatsachen werden wir noch im folgenden zu erörtern haben.

Der Perkussionsbefund ist selbstverständlich uncharakteristisch, er wird nur davon beherrscht, ob dem Anfall eine andere Herzerkrankung vorausging oder nicht. Demgegenüber zeigt die Auskultation ein viel charakteristischeres und leider viel zu wenig beachtetes Zeichen. Es kommt zu einer breiten Spaltung des ersten Tones mit ausgesprochenen dumpfen Spaltkomponenten. Dieser Befund ist sonst nur noch bei sehr schweren Myokarditiden zu erheben und ließ uns bisher noch nie im Stich. Wir möchten daher auf eine exakte Auskultation des Kranken allergrößtes Gewicht legen.

In ungefähr 20% aller Fälle finden wir die Pericarditis epistenocardica, die zwischen dem ersten und fünften Tag gewöhnlich auftritt und nur wenige Tage als charakteristisches dreiteiliges Reibegeräusch zu hören ist.

Eines der konstantesten Symptome stellt das Fieber dar. Da die Patienten im schweren Schmerzanfall noch im Kollaps liegen können, zeigt die axillare Messung nicht selten Untertemperatur. Die gleichzeitige rektale Messung derartiger Fälle wird stets Temperaturerhöhung aufdecken. Die Temperatursteigerung tritt gewöhnlich schon nach 20 Stunden auf und hat ihre Ursache weniger in der reaktiven Entzündung um das infarzierte Gewebe als in der Resorption abnormer Eiweißabbauprodukte aus dem absterbenden Herzmuskelgewebe, das bei jeder Systole ausgepreßt wird. Das Fieber dauert gewöhnlich nur mehrere Tage.

Häufig tritt mit der Temperatursteigerung eine Leukozytose auf mit deutlicher Linksverschiebung. Auch die Leuzytose dauert gewöhnlich nur wenige Tage.

Ein überaus wertvolles diagnostisches Mittel ist uns in der Blutkörperchensenkung in die Hand gegeben. Schon am zweiten Tage nach dem Auftreten der Thrombose beginnt sie rasch anzusteigen und erreicht ihren Höhepunkt zwischen dem vierten und zwölften Krankheitstag. Wir müssen sie als sehr konstantes Symptom ansprechen. Auch hier gilt selbstverständlich das schon vom Elektrokardiogramm Erwähnte. Eine einzige negative Senkungsreaktion darf nicht als endgültiger Beweis gegen einen Myokardinfarkt angeführt werden. Stets ist die Reaktion zu wiederholen.

Noch wertvoller erscheint uns die Bestimmung des Weltmannschen Koagulationsbandes in der Modifizierung nach Teufl,[9] die ob ihrer Einfachheit von jedem Praktiker durchgeführt werden könnte. Wir haben dieses Verfahren bei allen äußeren Fällen angewendet und nie auch nur einen Versager erlebt. Meist schon am Tage nach dem akuten Schmerzanfall, der zur Coronarthrombose führte, kommt es zu einem nun fortschreitenden Abfall des Koagulationsbandes, das gewöhnlich nach 5 bis 6 Wochen wieder annähernd normale Werte erreicht. Wir erblicken in diesem Verfahren einen sicheren Anhaltspunkt für das Fortschreiten des Vernarbungsprozesses, bzw. für das tragische Ereignis eines frischen Infarktnachschubes.

Ein überaus interessantes Problem stellt die Glykosurie und die Hyperglykämie beim akuten Kranzgefäßverschluß dar. Wir unterscheiden mit v. Zimmermann-Meinzingen[10] zwei Phasen derselben. Die primäre, 2 bis 3 Tage anhaltende Glykosurie wird durch eine Störung der Kohlehydratregulation bei pathologischer Regulationsweise des vegetativen Nervensystems hervorgerufen. Die zweite Phase drückt sich nur mehr in einer abnormen Zuckerbelastungskurve aus, die mehrere Wochen anhält und ihre primäre Ursache in der Einwirkung toxischer Eiweißzerfallsprodukte aus den zugrunde gehenden Teilen des Herzmuskels haben soll.

Ein schon bestehender Diabetes verlangt jedenfalls schärfste Ueberwachung, da auch sonst relativ leichte Fälle unter der Einwirkung des Myokardinfarktes rasch ins Koma kommen können.

Daneben finden wir in einer ganzen Reihe von Fällen auch Reststickstoffsteigerungen, Hypochlorämie und Störungen des Chemismus des Magensaftes. Hochrein[3] sieht in den zuletzt genannten Erscheinungsbildern den Ausdruck einer „sekretorischen Insuffizienz". Wir sind allerdings heute noch lange nicht so weit, uns auf einen bestimmten Entstehungsmechanismus der sekretorischen Störungen beim Myokardinfarkt festlegen zu können.

Zwei wichtige Zeichen wären noch zu erwähnen, die

wir immer wieder im Verlaufe eines Myokardinfarktes beobachten können, und wir möchten diese besonders betonen:

1. das Auftreten paroxysmaler Atemnotanfälle und
2. die fast konstanten Beschwerden von seiten des Magen-Darmtraktes.

Zu den Atemnotanfällen wäre noch zu bemerken, daß wir in letzter Zeit mehrfach die Beobachtung machen konnten, daß sich der akute Myokardinfarkt ohne Schmerzanfall nur in einem lavierten bis ausgeprägten Lungenödemanfall bemerkbar machte. Aber auch im Verlaufe der nächsten Wochen tritt die Atemnot, so wie bei jeder anderen Herzinsuffizienz und als Gradmesser dieser, in Erscheinung.

Magen-Darmstörungen treten verhältnismäßig frühzeitig auf. Brechreiz, Uebelkeit und Meteorismus gehören fast mit zum Frühbild der Thrombose. Die Ausbildung des Meteorismus scheint dem Absinken des Blutdruckes parallel zu gehen.

Und nun zur Therapie. Wir müssen unsere Behandlungsverfahren streng nach den drei Phasen des Myokardinfarktes richten. Der akute Schock verlangt eine andere Therapie als die Reparationsphase. Im Stadium der Rekonvaleszenz werden wieder andere Behandlungsverfahren einzuleiten sein.

Die erste Therapie im akuten Schmerzanfall mit dem ausgeprägten Kreislaufschock wird zunächst allerstrengste Bettruhe sein. Insbesondere bei den Patienten mit großer motorischer Unruhe, die, von ihrer Herzangst gepeinigt, dauernd das Bett verlassen wollen, gereicht die Morphiumspritze zum Segen, wobei man gleich eine größere Dosis, etwa 0·02 mit $\frac{1}{4}$ mg Atropin, gibt, um ein eventuell quälendes Erbrechen, zu dem diese Patienten ohnehin neigen, zu verhindern. Delirante Zustandsbilder, die eventuell im akuten Zustand zur Beobachtung kommen, sind meist nur mit größeren intramuskulären Luminaldosen zu beherrschen. Die Hypotonie im akuten Anfall braucht, wie wir schon erwähnten, solange keine Behandlung, als der Blutdruck nicht auf abnorm niedrige Werte absinkt. Werden aber bedrohlich niedrige Werte erreicht, ist vielleicht die Hirndurchblutung nicht mehr garantiert, dann muß zu blutdruckerhöhenden Medikamenten gegriffen werden, wobei sich uns stets in bester Weise das Ihnen allen bekannte Sympatol bewährte, das eine nur geringe toxische Wirkung aufweist und den Blutdruckanstieg langsam herbeiführt. Jede brüske Erhöhung des Arteriendruckes wäre ja bei dem bedrohlichen Grundleiden mit schwersten Gefahren für den Patienten verbunden.

Ganz besonders warnen möchten wir aber vor der Behandlung mit Nitroglyzerin im akuten Anfall der Coronarthrombose. Eine Wirkung im Sinne einer Tieferverschleppung des Thrombus ist nicht zu erwarten, und die unter der Nitritwirkung andauernde weitere Blutdrucksenkung kann für den Träger gefährlich werden.

Ist der akute Schock überwunden, so kommt der Patient in das Stadium der Reparationsphase. Die frische Infarzierung soll allmählich zur Schwiele umgewandelt werden. Unser ganzes ärztliches Handeln muß darauf eingestellt sein, den Patienten so lange unter strengster Bettruhe zu halten, bis wir aus dem Koagulationsband, aus der Blutkörperchensenkung und aus dem Leukozytenbefund annehmen können, daß eine feste Narbe an Stelle der Nekrose getreten ist, was erfahrungsgemäß 6 Wochen dauert. So einfach die Regel aussieht, so schwer muß ihre Durchführung beim Patienten oft erkämpft werden. Ein großer Teil der Kranken hat nämlich in diesem Stadium keinerlei oder kaum Beschwerden mehr und will den ärztlichen Ratschlag nicht verstehen. Es ist daher für jeden Myokardinfarkt am besten, einen Klinikaufenthalt anzustreben. Der Patient darf sich im Bett nicht aufsetzen, er hat die Leibschüssel zu benutzen, kurz und gut, es hat alles zu geschehen, um die Kreislaufarbeit auf ein Minimum zu reduzieren. In diesen natürlichen Methoden scheint uns das Allerwichtigste im Aufstellen und in der Durchführung eines Heilplanes für dieses Stadium zu liegen, wobei wir noch besonders eine kalorienarme, nicht blähende Kost hervorheben möchten. All dies zusammen leistet wahrscheinlich mehr als die kostspieligsten, bis heute in ihrer Wirkung vielleicht noch zum Teil umkämpften Medikamente. Nur ein Mittel möchten wir bei Kranken, die leicht erregbar sind und bei jeder kleinen unangenehmen Angelegenheit mit einer Stenokardie reagieren, nicht vermissen, das ist das Luminal, das wir in Form von 5 bis 8 Luminaltabletten, über den Tag verteilt, in den ersten Wochen verabreichen. Zur Lösung eines eventuell bestehenden kollateralen reflektorischen Krampfes geben wir es gern zusammen mit Papaverin 0·04 dreimal täglich oder zusammen mit einem Euphyllinsuppositorium 0·36 täglich. Treten trotzdem stärkere stenokardische Beschwerden auf, wird eventuell eine Extrasystolie quälend, dann gelingt es, mit Euphyllin oder einem anderen ähnlichen Präparat diese Zustände zu beherrschen.

Die von einzelnen Autoren vorgeschlagene Chinin- bzw. Chinidintherapie, die einem Kammerflattern oder einer Kammertachykardie vorbeugen soll, üben wir nicht. Das Chinin ist ein ausgesprochenes Herzgift und wird nach unserer

Anschauung bei einem so schwer geschädigten Herzmuskel, wie er beim Myokardinfarkt vorliegt, besser vermieden.

Da Strophanthin mit seiner Besserung der systolischen Herzleistung die Coronardurchblutung steigert, wurde es von einer ganzen Reihe von Autoren auch zur Behandlung des frischen Myokardinfarktes empfohlen. Es entbrannte bald ein heftiger Kampf, der in seinem Für und Wider noch nicht abgeschlossen erscheint, doch dürfte sich die Waage mehr zugunsten der Gegner der Strophanthintherapie der akuten Thrombose neigen. Und das hat seine guten Gründe. Die akute Steigerung der systolischen Kraft kann unter Umständen zu einer embolischen Verschleppung von wandständigen Thromben aus dem rechten oder linken Herzen und damit zur Lungenembolie oder zur Embolie im großen Kreislauf führen. Wir selbst mußten dieses traurige Ereignis, als wir die Strophanthintherapie des akuten Infarktes noch übten, zweimal erleben. Es könnte aber auch aus demselben Grunde zu einer Ruptur der infarzierten Stelle und damit zur Herzbeuteltamponade kommen. Die Strophanthinempfindlichkeit bei frischen Myokardinfarkten ist außerdem oft hochgradig erhöht. Kleinste Dosen führen mitunter zu heftigen stenokardischen Anfällen und eventuell durch die ausgesprochen unmittelbare Wirkung zu schwersten Rhythmusstörungen. Wir vermeiden so lange die Strophanthintherapie, solange uns nicht eine Herzschwäche zwingt, zur Mischspritze zu greifen. Ein akutes Lungenödem, ein rasches Auftreten einer Stauungsleber stellen damit auch für uns die Indikation zur intravenösen Strophanthintherapie.

. Während der strengen Bettruhe scheint uns leichte Massage der unteren Extremitäten zur Vermeidung von Venenthrombosen notwendig. Mit dem Ende der fünften Woche und nur dann, wenn Blutkörperchensenkung und Koagulationsband eine deutlich zunehmende Besserung zeigen, erlauben wir dem Patienten das Aufsetzen im Bette. Mit dem Aufstehen warten wir so lange, bis das Weltmannsche Koagulationsband normale Werte erlangt. Es heißt da oft die eigene und die Geduld des Patienten lange auf die Folter spannen. Wir erlebten Fälle, die erst mit einem halben Jahre Bettruhe dieses Ziel erreichten, bei denen vielleicht frische Infarktnachschübe immer wieder zum Ansteigen der Blutkörperchensenkung und zum Fallen des Koagulationsbandes führten.

Ist nun aber endlich das ersehnte Ziel erreicht und der Patient macht unter strenger ärztlicher Kontrolle die ersten Schritte, so treten wir in das Rekonvaleszentenstadium. Ich möchte betonen, daß das Verlassen des Bettes zunächst nur für Minuten gestattet werden soll, und der

Kreislauf, je vorsichtiger und langsamer, um so besser für das normale Leben angepaßt wird. In der überwiegenden Mehrzahl der Fälle gelingt es, den Patienten in einem halben Jahre wieder in seinen Beruf, falls dieser keine besonderen Anstrengungen an den Kreislauf stellt, zurückzuführen. Traten aber schon in der Reparationsphase Dekompensationserscheinungen auf, so bleibt gewöhnlich ein Herzkrüppel zurück, der dauernd einer ärztlichen Betreuung bedarf. Dies gilt insbesondere für den so gefürchteten chronischen Coronarverschluß, der zudem noch eine rasch fortschreitende Thrombose stets neuer Coronaräste zeigt und schon damit eine schlechte Prognose gibt.

Ist aber alles plangemäß verlaufen, so schließt man am besten eine Strophanthinkur mit kleinen Dosen an, von der wir in diesem Stadium ausgezeichnete Wirkungen erleben.

Es erhebt sich nun vor allem die Frage, ob es möglich ist, eine frische Infarzierung zu verhindern, bzw. ob es Vorzeichen einer drohenden Coronarthrombose gibt.

Wir haben mehrmals im Verlaufe des Vortrages herauszustellen versucht, daß nicht nur das pathologisch-anatomische Geschehen, sondern insbesondere auch eine pathologische Reaktionslage des vegetativen Systems, die sich allerdings nicht sicher beweisen läßt, Schuld trägt am klinischen Erscheinungsbild des Myokardinfarktes. Wenn wir an unserem Material auch keine bestimmte Häufung der Berufsgruppen (insbesondere der immer wieder zitierten Aerzte) wahrnehmen konnten, so sind es doch fast immer wieder geistig bewegliche Menschen, die unruhig und scheinbar nie müde sind. Hier bereits hat unsere Vorsorge einzusetzen. Hat ein Mensch von einem so gearteten Konstitutionstyp bereits einen Infarkt hinter sich, so hat der Arzt vor allem auf ausgiebige Urlaube zu dringen. Zum Teil wird es unerläßlich sein, den Beruf zu ändern, um heftige Gemütserregungen, die bekanntlich oft mit dem Eintritt der Thrombose in klarem zeitlichem Zusammenhang stehen, vermeiden zu können. Die weise Führung durch den Hausarzt, die psychische Beratung durch ihn kann in diesem Punkte weit mehr erreichen, als es die dem Patienten doch immer fernerstehende Klinik vermag. Der Patient muß vor übermäßiger Sonnenbestrahlung gewarnt werden, für geregelten Stuhlgang ist zu sorgen. Die heikle Frage des Sexus muß mit dem Patienten in taktvoller Form besprochen werden, wobei er dahin aufgeklärt werden muß, daß auch hier, wie in allen übrigen Dingen des Lebens, jeder Exzeß vermieden werden muß, aber sonst vom Patienten ein normales Leben geführt werden kann. Im Hinblick auf den Ein-

fluß des Zustandes der zerebralen Zentren muß stets ein
erhöhter Erregungszustand rasch gedämpft werden.

Ist es aber auch möglich, den drohenden Infarktnach-
schub oder vielleicht gar den drohenden ersten Infarkt festzustellen und ihn zu verhüten? Wenn auch in der Anamnese, wie wir eingangs schilderten, der Schmerz und
Schock in ihrer ganzen Dramatik wie ein „Blitz aus hei-
terem Himmel" imponierten, so gingen doch bei genauer
Befragung bei 89% unserer Patienten l ä n g e r e Zeit schon
Zeichen einer Herzerkrankung voraus, die er zuerst unter
dem Eindruck des heftigen Schmerzes anzugeben vergaß.
In der überwiegenden Mehrzahl der Fälle handelt es sich
dabei um leichtes Druckgefühl in der Herzgegend bei Aufregungen bis zum typischen Angina pectoris-Anfall, also
um Zeichen einer Vasoneurose bis zu Zeichen einer Coronarsklerose. Die familiäre Belastung ist ebenfalls nicht zu
übersehen. Dabei müssen wir besonders betonen, daß gerade beim männlichen Geschlecht im Alter zwischen 40 und
60 Jahren Klagen von seiten des Herzens ganz besonders
vorsichtig zu verwerten sind. Bei der Frau wird in diesem
Lebensabschnitt das Herz vielmehr zum Sprachrohr der
ganzen endokrinen Umstellung. Klagen sind daher hier anders zu werten, wenn natürlich auch bei der Frau genau
auf den Grund des Leidens gegangen werden muß, sonst
übersieht man einmal einen weiblichen Myokardinfarkt.

Handelt es sich nun um einen Mann vom oben bezeichneten Konstitutionstypus, bei dem diese Beschwerden auftreten, dann haben wir mit allen oben genannten Methoden
und Mitteln einzusetzen. Eine gewisse Bereitschaft für den
Eintritt einer Thrombose scheinen noch Genußgifte, insbesondere das Nikotin, zu setzen. Das strengste Nikotin-
verbot erscheint daher unerläßlich. Die fokale Sanierung,
die wir auch nach stattgehabtem Infarkt 3 bis 4 Monate
nach Eintritt der festen Narbe durchführen lassen, halten
wir ebenfalls als notwendige Prophylaxe.

Ich bin am Schlusse meiner Ausführungen. Ich hoffe
Ihnen bei der Kürze der Zeit einen Ueberblick über die
weitläufige Pathologie des Myokardinfarktes mit seinen zum
Teil noch recht umstrittenen Problemen gegeben und vor
allem Ihnen prophylaktische Anhaltspunkte aufgezeigt zu
haben.

Durch Zusammenarbeit der Klinik mit dem Praktiker
gelingt es vielleicht, diese entsetzliche Krankheit, die gerade die Besten unseres Volkes im Höhepunkt ihres Schaffens hinwegrafft, etwas einzudämmen.

L i t e r a t u r: [1] D i e t r i c h, S. und S c h i m e r t, G.: Verh.
dtsch. Ges. Kreisl.forsch., 13, 131, 1940. — [2] H a u ß, W., T i e t z e

und F a l k: Z. Kreisl.forsch., 34, 335, 1942. — [3] H o c h r e i n, M.: Der Myokardinfarkt. Dresden-Leipzig 1941. — [4] J a r i s c h, A.: Z. Kreisl.forsch., 33, 267, 1941. — [5] M a s t e r, A. M.: Med. Congr. of. Cardiovasc. Disease, 5, 12, 1936. — [6] P o l z e r, K.: Im Erscheinen. — [7] R o m b e r g, E. v.: Lehrbuch der Krankheiten des Herzens und der Blutgefäße. Stuttgart 1925. — [8] R i s a k, E.: Im Erscheinen. — [9] T e u f l, R.: Med. Klin., 1940, 270. — [10] Z i m - m e r m a n n - M e i n z i n g e n, O. v.: Z. Klin. Med., 129, 280, 1935.

Die Geschwürkrankheiten

Von

Professor Dr. **H. Eppinger**

Wien

Jede Theorie, die sich mit der Entstehung der Ulkuskrankheit beschäftigt, hat mit zwei wichtigen Faktoren zu
rechnen: 1. mit der Wirkung des Magensaftes, und 2. mit
der Beschaffenheit der Schleimhaut; eine gesunde Magen-
oder Duodenalschleimhaut ist niemals der Angriffspunkt
für die verdauende Kraft des Magen- bzw. Duodenalsaftes.
Therapeutisch wirkt sich das so aus, daß man einerseits
für die Herabsetzung der Azidität zu sorgen hat, und anderseits bestrebt sein muß, die Vitalität der Magen- bzw. Duodenalschleimhaut tunlichst zu erhalten bzw. wiederherzu-
stellen.

Die radikalste Methode zur Herabsetzung der hohen
Salzsäurewerte stellt die Zweidrittelresektion des Magens
vor; hauptsächlich diesem Umstande ist der günstige Einfluß dieser Operation auf die Heilungstendenz der Ulkuskrankheit zuzuschreiben. Auch der Internist ist imstande,
auf die Säurewerte günstig Einfluß zu nehmen; das beste
Mittel, das uns da zur Verfügung steht, stellt das Atropin
bzw. die Belladonna vor; in dem Sinne nennt man gelegentlich das Atropin das Digitalis des Magens. In derselben
Absicht verwendet man auch die verschiedenen Alkalien;
Soda wirkt rasch und günstig, doch kommt es nie zu einer
bleibenden Herabsetzung der Säurewerte; im Gegenteil sieht
man in der Folge eher eine Steigerung; man hat fast den
Eindruck, als wäre die Soda sogar ein Säurelockerer; daneben ist auch mit einem ungünstigen Einfluß auf die
Gastritis zu rechnen. Wenn schon Alkali gegeben wird, so
ist es besser, wenn man an Stelle von Soda Kalzium oder

Magnesia verwendet; den Vorteil sehe ich darin, daß zwar diese beiden Präparate lokal — also neutralisierend — auf die Hyperazidität Einfluß nehmen, aber davon nur geringe Mengen resorbiert werden. Die Gastritis ist weniger als eine Krankheit sui generis anzusehen, sondern als eine symptomatische Begleiterscheinung, die auf die verschiedensten Ursachen zurückgeführt werden muß; R ö s s l e hat dementsprechend vollkommen Recht, wenn er hier von einer „zweiten Krankheit" spricht, aus der sich unter ungünstigen Bedingungen ein Ulkus entwickeln kann.

Je mehr wir uns mit allgemeinen pathogenetischen Fragen beschäftigen, desto stärker drängt sich immer wieder die Meinung in den Vordergrund, daß Schäden, die unseren Organismus treffen, nur in den seltensten Fällen das eine oder das andere Gewebe isoliert in Mitleidenschaft ziehen, sondern mehr oder weniger den ganzen Körper schädigen; Infekte, wie Typhus, Scharlach, Ruhr und so viele andere können sich im Bereiche des Magens ebenso bemerkbar machen, wie an den Nieren, Leber oder Endokard; die Achylie als Folgezustand einer überstandenen Ruhr ist wohl kaum anders zu deuten; jedenfalls spielen Infekte bei der Entstehung der Gastritis eine große Rolle.

Auch mildere, aber dafür länger anhaltende — also chronische Infekte — müssen genau so berücksichtigt werden; man wird daher bei der mutmaßlichen Entstehung einer Gastritis auf das Vorkommen einer chronischen Tonsillitis oder lange anhaltender Zahneiterungen ebenso bedacht sein müssen, wie bei der Pathogenese einer akuten Nephritis oder eines Rheumatismus.

Dasselbe gilt auch von verschiedenen Intoxikationen; die akute alimentäre Intoxikation bedingt innerhalb weniger Stunden eine schwere Gastritis; dieselbe entsteht in den wenigsten Fällen durch Kontaktwirkung; das schädigende Agens wird vielmehr zuerst resorbiert; sobald es in den Säften zirkuliert, kann es die verschiedensten Gewebe, z. B. die Niere oder die Leber, in Mitleidenschaft ziehen; in gleicher Weise kann es auf diesem Umwege auch zu einer Gastritis kommen; unter den chronischen Intoxikationen ist vor allem das Nikotin und das Koffein in Erwägung zu ziehen.

In letzter Zeit beginnt man sich auch für einen Zusammenhang mit der Allrgie zu interessieren; H a n s e n hat den Ausdruck Gastritis allergetica geprägt und für die Richtigkeit einer solchen Annahme beachtenswerte Anhaltspunkte angeführt.

Im Verlaufe der spastischen Obstipation kann es ebenfalls zu verschiedenen Vergiftungserscheinungen kommen; sie sind zum Teil auf die Resorption von echten Toxinen,

teils auf den Uebertritt von Darmbakterien zurückzuführen; das
Vorkommen einer Colibakteriurie ist eine häufige Komplikation der spastischen Obstipation; dasselbe gilt von Coli-
bakteriocholie, wie man sich leicht bei der Prüfung des
Duodenalsaftes überzeugen kann. Viele Patienten, die die
Symptome der spastischen Obstipation darbieten, zeigen
auch einen positiven Colitest; stellt man sich aus Colibakterien einen Extrakt dar, der eine ähnliche Zubereitung
erfährt wie das Tuberkulin, oder verwendet man Coli-
endotoxine, so zeigt sich in der Haut solcher Menschen bei
der intrakutanen Impfung eine ähnliche positive Reaktion,
wie bei der Pirquetschen Probe, die man bekanntlich
als Test für eine überstandene Tuberkulose verwenden kann;
jedenfalls sagt uns der Colitest und ebenso die Bakteriurie,
daß Colibakterien bei der spastischen Obstipation den Darm-
kanal passieren und so den Organismus infizieren können;
die eigentliche Ursache, warum es im Verlaufe einer spastischen Obstipation zu einem Uebertreten von Bakterium
coli kommt, erblicke ich in kleinen Geschwüren, die sich infolge des langen Liegenbleibens von harten Stuhlmassen
innerhalb der Haustra des Dickdarmes entwickelt haben;
der Darm kann somit für den Gesamtorganismus von ähnlicher Bedeutung sein, wie z. B. ein Granulom des Zahnes
oder eine chronische Tonsillitis; geht man von solchen
Voraussetzungen aus, dann wird man es verstehen, wenn
ich auch dem Colon gelegentlich die Rolle eines „Fokus"
zuschreibe.

Es sind dann noch zwei Begleiterscheinungen, die oft
bei Patienten mit spastischer Obstipation zu beobachten sind
und uns im Rahmen der Ulkusgenese interessieren müssen
— das ist die Hyperazidität und gewisse Veränderungen an
den Kapillaren.

Ganz abgesehen von der Statistik, die uns zahlenmäßig
besagt, daß die meisten Formen von spastischer Obstipation
hohe Salzsäurewerte im Magen zeigen, lehrt die Erfahrung,
daß man durch Verlangsamung der Darmtätigkeit gleichsam
wie im Experiment, die Aziditätswerte steigern kann; reicht
man einer normalen Person, die bis dahin eine geregelte
Darmtätigkeit darbot, eine schlackenfreie Diät, z. B. nur
Fleisch, Butter und aufgeschlossene Kohlehydrate, so entwickelt sich innerhalb kurzer Zeit nicht nur eine spastische
Obstipation, sondern auch eine Steigerung der Salzsäurewerte; jedenfalls trägt die spastische Obstipation wesentlich dazu bei, um die verdauende Tätigkeit des Magensaftes
zu erhöhen.

Der spastisch obstipierte Mensch ist oft schon äußerlich
daran zu erkennen, wenn man ihm die Hand reicht; die
meisten Personen mit habitueller Darmträgheit haben kalte,

feuchte Hände; das Kolorit der Haut erinnert an Zyanose. Betrachtet man bei solchen Menschen die Kapillaren am Nagelfalz, so zeigt sich im Gegensatz zur Norm eine eigentümliche Schlängelung der feinsten Gefäße und gleichzeitig damit auch eine träge Bewegung der roten Blutkörperchen; die Verlangsamung des Blutstromes führt zu einer Abkühlung der Hände, dasselbe läßt sich auch an den Füßen beobachten, und so kommt es, daß viele Patienten mit spastischer Obstipation sich genötigt sehen, wegen der kalten Füße mit einer Wärmeflasche zu Bette zu gehen.

Auch bei den Kapillarveränderungen handelt es sich nicht nur um eine lokale Störung, die sich vielleicht ausschließlich auf die Hände und Füße beschränkt, sondern von ähnlichen Kapillarveränderungen ist mehr oder weniger der ganze Organismus betroffen, obenan auch die Magenschleimhaut; Gewebe, die mit solchen Gefäßveränderungen behaftet sind, zeigen sich den verschiedensten Schäden gegenüber weniger widerstandsfähig; Menschen mit jenen eigentümlichen Händen und Füßen neigen ganz besonders zu Frostbeulen und Erfrierungen; überträgt man dies auf die Magenschleimhaut, so kann man sich ganz gut vorstellen, daß die Magenschleimhaut, die eine solch eigentümliche Beschaffenheit zeigt, Schädigungen gegenüber, wie z. B. der Salzsäure, viel weniger widerstandsfähig ist. Die kalten Hände und Füße mit ihren atypischen kapillaren und ihrer trägen Blutversorgung, nähern sich wieder weitgehend der Norm, wenn es gelingt, der Obstipation z. B. durch entsprechende Diät wieder Herr zu werden. Da diese Kapillarläsionen vermutlich im ganzen Körper zu sehen sind, ist zu gewärtigen, daß nach Beseitigung der Obstipation nicht nur die Zirkulation in den Händen und Füßen eine Besserung erfährt, sondern auch die Magenschleimhaut zirkulatorisch unter günstigere Verhältnisse kommt.

Zieht man das Fazit aus dem bis jetzt Vorgebrachten, so ergeben sich Möglichkeiten, die an eine Aenderung in unserer Behandlung bei den unterschiedlichen Magenkranken denken lassen, denn wenn ein Mensch mit einer spastischen Obstipation behaftet ist, so erwachsen daraus dem Magen drei Gefahren: 1. die Gastritis als Folge der Coliinfektion, 2. die Hyperazidität und 3. die atypische Kapillarisierung der Magenschleimhaut; kommen noch andere Momente hinzu, die erfahrungsgemäß ebenfalls eine Gastritis oder Hyperazidität zur Folge haben können, wie z. B. Nikotinabusus, alimentäre Schäden, Gefäßveränderungen, wie sie z. B. bei der Hypertonie zu sehen sind, so kann eine Bereitschaft zur Ulkuskrankheit in erhöhtem Maße in Erscheinung treten; jedenfalls bildet die spastische Obstipation einen wichtigen Faktor, der unbedingt bei der

Entstehung des Ulkus berücksichtigt werden muß, was meines Erachtens um so mehr therapeutische Berücksichtigung verdient, weil sich die beiden Zustände Ulkus und Obstipation nur zu häufig paaren. Die gesamte Ulkustherapie ringt seit über 50 Jahren nach der wahren Behandlungsmethode.

Die ursprüngliche Behandlung, wie sie vor allem von L e u b e befürwortet wurde, legte das Schwergewicht auf eine Schonung des Magens; genau so, wie man einen entzündlichen Prozeß am Arm durch Ruhigstellung günstig beeinflussen und die Heilungstendenz durch unvorsichtige Bewegungen behindert wird, so war man bestrebt, ein gleiches Prinzip auch beim Magenulkus zu vertreten; nach vorübergehender völliger Unterbrechung der Nahrungszufuhr, die angeblich die Heilungstendenz des Geschwüres stören soll, wird zunächst nur Milch und Ei gereicht, also Nahrungsmittel, die — so stellt man sich vor — keinen reizenden Einfluß auf die Magenschleimhaut ausüben sollen. Eine gleichzeitige Darreichung von Belladonnapräparaten oder Alkalien kann diese Therapie unterstützen; die Patienten sollen Bettruhe bewahren; die Tatsache, daß man durch viele Jahre an dieser Behandlungsmethode festhielt, spricht für sich; auch wir konnten uns vielfach von den günstigen Einflüssen überzeugen; ja man sah auch gelegentlich eine völlige Ausheilung, was ich ebenfalls bestätigen kann. Sehr beliebt war die sogenannte Sippykur; der Patient erhält durch viele Tage hindurch nur Milch und Alkalien; in der Zeit von morgens 8 Uhr bis abends 8 Uhr erhält der Patient innerhalb kurzer Intervalle abwechselnd 100 ccm Milch und einen Kaffeelöffel voll eines Speisepulvers, das aus Soda und Magn. usta und Calc. carb. besteht; schon nach kurzer Zeit wird der Patient beschwerdefrei; nachdem diese Kur von vielen Aerzten durchgeführt wird, ist an der Wirksamkeit kaum zu zweifeln; zur Frage, ob es immer zweckentsprechend erscheint, große Mengen an Alkalien zu reichen, habe ich bereits oben Stellung genommen.

Viele erfahrene Aerzte legen auf die Betonung der absoluten Bettruhe und Ablenkung von den alltäglichen Aufregungen, die die Psyche des meist nervösen Menschen beeinflussen, großes Gewicht; ja es gibt sogar manche darunter, die in der psychischen und körperlichen Ruhe das Wesentliche erblicken.

Der Patient weiß darüber meist am besten Bescheid, welch ungünstigen Einfluß das Zigarettenrauchen nimmt; oft fällt es dem Patienten leichter, das Rauchen ganz einzustellen, als sich mit einem Minimum — das nie eingehalten wird — zu begnügen; vom Einfluß des Nikotins auf die

Magenazidität kann man sich am besten überzeugen, wenn man während einer Magenprüfung rauchen läßt. Nikotinabusus und Ulkusdiät sind zwei Dinge, die schwer miteinander zu vereinen sind.

Entschließt sich der Patient zu einer Zweidrittelresektion des Magens, so hat er es meist nicht zu bereuen; die Zahl der Fälle, wo das Ulkus nach einer gelungenen Operation völlig beschwerdefrei wird und bleibt, ist beachtlich; leider gibt es auch hier Versager, so daß sich manche Aerzte — darunter auch Chirurgen — veranlaßt gesehen haben, hier von einer verstümmelnden Operation zu sprechen; mit der Möglichkeit einer perniziösen Anämie oder einer chronischen Diarrhoe, als Folge einer Zweidrittelmagenresektion hat man relativ oft zu rechnen.

Folgend der Tradition, haben wir uns an diese und ähnliche Vorschriften gehalten und sind im allgemeinen nicht schlecht gefahren; allerdings finden sich viele Patienten immer wieder ein, denn nach bald kürzerer, bald längerer Zeit kommt es zu neuerlichen Beschwerden, die dem Patienten Anlaß geben, sich wiederum einer Kur zu unterziehen. Eine sehr häufige Begleiterscheinung solcher therapeutischer Diätbehandlungen ist nun die Obstipation, die sich meistens noch steigert, wenn man sich strenge an diese oder jene strenge „Magendiät" hält; dieselbe kann gelegentlich solche Grade annehmen, daß sich der Patient dauernd veranlaßt sieht, dagegen etwas zu tun; meist geschieht dies, ohne den Arzt zu Rate zu ziehen, weil sich die Obstipation seit Jahren bald stärker, bald schwächer bemerkbar macht. Oft handelt es sich dabei um einen familiären Zustand, so daß sich oft die Erfahrungen der Eltern auf die jüngere Generation übertragen: Irrigationen spielen dabei eine große Rolle; der typische Patient mit spastischer Obstipation hat im Laufe der Zeit alle Abführmittel kennengelernt und muß sie immer wieder wechseln.

Unsere Erfahrungen auf dem Gebiete der spastischen Obstipation, die sich auf die wirkungsvolle diätetische Behandlung stützen, dann unsere Beobachtung, daß Obstipation und Ulkus so häufig nebeneinander vorkommen, nicht zuletzt das häufige Vorkommen des Colitest und der Bakteriurie bei den unterschiedlichen Magen-, bzw. Duodenalgeschwüren waren der Anlaß, warum wir der Darmträgheit bei der Behandlung der Ulkuskrankheit erhöhte Aufmerksamkeit schenkten.

Nachdem das Wesen vieler Formen von spastischer Obstipation in einem Mangel von Ballaststoffen gelegen ist, so ergibt sich daraus als die logische Behandlung die reichliche Zufuhr von Zellulose, zumal der Mensch als Fleischfresser mit den Holzstoffen nichts anzufangen weiß; die

Schrotkost, die sich bei der Behandlung der Darmträgheit besonders bewährt, müßte also den obstipierten Ulkuskranken die erhöhte Zufuhr von Zellulose ganz besonders empfohlen werden. Es ist manchmal nicht leicht, einen Patienten, der nur unter Darmträgheit leidet und seit Jahren an eine milde Diät gewöhnt ist, auf die derbere Kost umzustellen, wie schwierig gestaltet sich gelegentlich erst der Versuch bei einem ausgesprochenen Ulkuskranken, der seit Jahren unter ärztlicher Kontrolle steht und immer wieder zu hören bekommt, wie wichtig es sei, alle derben Speisen zu vermeiden, da sie dem Magen schaden könnten, eine Schrotkur einzuleiten, zumal die Darreichung von zellulosereichen Gemüsen von vielen Ulkuskranken tatsächlich mit einer Steigerung der Schmerzen beantwortet wird. Da ich mich aber mehrfach überzeugen konnte, daß vielleicht nach einigen Hindernissen die Schrotkur doch ausgezeichnet vertragen wird, und vor allem auf den Verlauf der Ulkuskrankheit den günstigsten Einfluß nehmen kann, habe ich diese Behandlung zunächst schüchtern, schließlich aber systematisch bei allen Ulkuskranken durchgeführt, allerdings zunächst nur bei Patienten, die neben ihrer Gastritis auch eine schwere spastische Obstipation zeigten.

Ich beginne nicht sofort mit der Schrotkur, sondern war zufrieden, wenn das Ziel allmählich erreicht wurde; ich versuchte es zuerst mit wenigen Scheiben von Schrotbrot; aber auch so hat man oft mit Schwierigkeiten zu kämpfen, weil der Patient bis dahin immer an sogenannte Diät gewöhnt war und sich vor derber Kost fürchtet; dieses Moment spielt vielfach die viel größere Rolle, als die wirklichen Schmerzen; jedenfalls erscheint es zweckmäßig, in solchen Fällen daneben Atropin oder Belladonna zu reichen; der Erfolg der Behandlung tritt um so sicherer ein, wenn man anfangs die Therapie durch Darreichung eines leichten Abführmittels, z. B. durch Verabfolgung von etwas Milchzucker (1 Eßlöffel voll nüchtern morgens in etwas Wasser) unterstützt.

Eine wesentliche Erleichterung meiner gegen die Obstipation gerichteten „Ulkuskur" erblicke ich in der Kombination von Schrotkost und Z u c k e r s p ü l u n g d e s M a g e n s; spült man die Magenschleimhaut mit hypertonischer Traubenzuckerlösung (30%ig wäßrig), so gelingt es schon dadurch allein, oft die Gastritis, aber auch das Ulkus zur Ausheilung zu bringen; die Technik dieser Therapie gestaltet sich folgendermaßen: man führt auf nüchternen Magen — morgens — einen dünnen Schlauch ein und läßt jetzt 300 bis 500 ccm 20- bis 30%ige Traubenzuckerlösung einfließen; die Flüssigkeit bleibt jetzt etwa 20 bis 30 Minuten im Magen, worauf sie mittels einer größe-

ren Pravazspritze wieder herausaspiriert wird; danach wird
noch ein- oder zweimal Traubenzucker eingeflößt und nach
je 20 bis 30 Minuten wieder ausgehebert. Das Ver-
blüffende an dieser Behandlungsmethode stellt die rasche
Beseitigung der Schmerzen dar; bestimmt man in der
ausgeheberten Flüssigkeit den Kochsalzgehalt, so kann man
sich von der großen Menge an Salzsäure und Kochsalz
überzeugen, welche so der Magenschleimhaut entzogen wird;
fast gewinnt man den Eindruck, als würde sich die Zuckerspülung hauptsächlich gegen die Gastritis richten, und so
das beseitigen, was den Boden darstellt, auf dem sich das
Ulkus entwickelt hat.

Den großen Wert dieser Zuckerspülung erblicke ich
vor allem in der Erzielung der Schmerzfreiheit; sie setzt
meist unmittelbar nach der ersten Traubenzuckerdarreichung
ein und schafft so gleichsam die Prämisse, um jetzt ohne
Magenbeschwerden mit der Schrotkost zwecks Beseitigung
der spastischen Obstipation einsetzen zu können.

Unter dem Einflusse einer solchen kombinierten Behandlung sieht man ein rasches Verschwinden der subjektiven Beschwerden, aber auch ein Zurückgehen der objektiven Ulkussymptome; verfolgt man nämlich die Gescheh-
nisse nicht nur röntgenologisch, sondern auch mit dem
Gastroskop, so kann man sich sowohl vom Schwinden der
Gastritis, als auch vielfach von einem Ausheilen des Ulkus
überzeugen; das Ulcus duodeni erfährt auf diese Weise
auch eine weitgehende Besserung, aber nicht in dem Maße,
als uns dies vom Ulcus ventriculi bekannt ist; man erreicht
aber auch beim Ulcus duodeni gute Resultate, wenn man
den Schlauch bis ins Duodenum tauchen läßt und jetzt —
allerdings mit viel kleineren Mengen von 30%iger Traubenzuckerlösung — die Darmschleimhaut spült; stößt man bei
den Patienten auf große Schwierigkeiten, weil das Schlucken
selbst eines dünnen Schlauches nicht gelingen will, so erreicht man manchmal recht günstige Resultate, wenn man
durch mehrere Stunden hindurch in viertel- bis halb-
stündigen Perioden — immer bei nüchternem Magen —
50 bis 100 ccm 30%ige Traubenzuckerlösung schlucken
läßt. Henning bemüht sich, die Zuckerspülung des Duo-
denums während der Nacht durchzuführen; der Duodenal-
schlauch wird abends geschluckt und bleibt während der
Nacht liegen; dem schlafenden Patienten werden in halbstündi-
gen Perioden von der Nachtschwester kleine Zuckermengen
durch den Schlauch eingeflößt; die Resultate gestalten sich
um so besser, wenn man gleichzeitig auch auf die Obstipation achtet und sie in entsprechender Weise behandelt.

Die kombinierte — Zucker- und Obstipations- — Behandlung wird von mir seit mehreren Jahren an der Klinik

und in der Privatpraxis geübt; es ist staunenswert, welch günstige Resultate dabei erzielt werden, so daß ich sie jedem Praktiker bestens empfehlen kann; jedenfalls haben wir niemals eine Verschlimmerung oder sonst eine unangenehme Komplikation gesehen; meist verschwindet auch der Colitest, vorausgesetzt, daß es gelingt, der Obstipation Herr zu werden; dasselbe gilt auch von der Bakteriurie; Patienten, die über kalte Hände und Füße zu klagen hatten, betonen eine Besserung auch in dieser Richtung; die Technik der Magenspülung läßt sich leicht erlernen; das geschieht bereits an der Klinik, so daß es dem Patienten ermöglicht wird, sich bei wieder auftretenden Schmerzen selbst zu spülen.

Im folgenden gebe ich eine Statistik:

46 Patienten, bei der Entlassung röntgenologisch, zum Teil gastroskopisch nachuntersucht:

14 Fälle (6 Duo., 8 Ventr.) geheilt, 13 Fälle (10 Duo., 3 Ventr.) gebessert, 18 Fälle (11 Duo., 7 Ventr.) unverändert.

Davon wurden 23 jetzt nach zwei Jahren röntgenologisch und gastroskopisch nachuntersucht:

8 blieben geheilt (1 Duo., 7 Ventr.), 1 gebessert, 14 Fälle unverändert.

Die Zahl der hier berücksichtigten Fälle ist deswegen so klein, weil sie über die Dauerresultate der zuerst behandelten berichten sollen. Es handelt sich nur um 46 Patienten, die vor zwei Jahren in unsere Behandlung kamen und in dauernder Beobachtung standen; bei der Entlassung aus der Klinik wurden sie röntgenologisch, als auch vielfach gastroskopisch nachuntersucht. Von diesen 46 Fällen konnten wir jetzt nach zwei Jahren nur 23 ermitteln; mehr als ein Drittel der Fälle war beschwerdefrei; röntgenologisch und gastroskopisch war bei diesen Fällen ein Ulkus nicht mehr nachweisbar. Jedenfalls kann man mit Befriedigung feststellen, daß die Erfolge als ausgezeichnet bezeichnet werden können, was um so auffälliger erscheint, als die eigentliche Behandlung selten länger als drei Wochen währt; viele Patienten konnten bereits nach 14 Tagen ihre gewohnte Arbeit wieder aufnehmen.

*

Ruhe und Schonung bilden wichtige Bestandteile in unserem therapeutischen Handeln; an dieses Prinzip hat man sich nicht nur bei der Betreuung psychischer, sondern vor allem auch physischer Erkrankungen zu halten; eine mehrtägige Bettruhe und völlige geistige Entspannung nützt gegebenenfalls bei Herzkranken oft mehr, als wenn man sofort mit dem ganzen Rüstzeug der bekannten Kardiaka

eingreift; sicher sind die momentanen Erfolge einer
Strophanthinkur oft verblüffend, aber es besteht die Gefahr,
daß sich der Patient nur zu bald an das Cardiatonikum
gewöhnt und sich mancher Wohltaten entzieht, wenn sich
später die Zeichen einer schweren Herzinsuffizienz einstellen. Aber auch eine übertrieben lang durchgeführte Bettruhe kann sich im Verlaufe eines Herzleidens ungünstig
auswirken, weswegen schon vor vielen Jahren O e r t e l
auf eine Uebungstherapie auch bei Kreislaufstörungen aufmerksam gemacht hat.

Auch bei den unterschiedlichen Magenkrankheiten —
obenan beim Ulkus — hat sich das Prinzip einer Scho-
nungstherapie weitgehend eingebürgert; die Schmerzen der
Ulkuskrankheit erfahren bei Bettruhe und Ablenkung zumeist eine wesentliche Besserung; in dem Sinne hat sich
auch die Ernährung umgestellt; es ist ein großes Verdienst
von L e u b e, in dieser Form richtunggebend zu wirken;
leider haben diese Vorschriften aber wieder den Nachteil,
daß sich viele Aerzte nur zu schematisch daran halten
und so Anlaß geben, daß das Schonungsprinzip zur Dauer-
behandlung wird; die Angst, daß die Zufuhr von Ballaststoffen, zu denen vor allem Obst und Gemüse gehören, den
Magen schädigen könnten, kann derartige Dimensionen annehmen, daß solche Patienten sich allmählich an eine Kost
gewöhnen, die fast frei von Zellulose und Vitaminen ist;
nachdem nun Ulkuskranke an und für sich schon an Obstipation leiden, ist die sogenannte „Schonkost", wie sie
vielfach den Magenkranken auch von den Aerzten empfohlen
wird, weitgehend geeignet, die Darmträgheit mit allen ihren
Begleiterscheinungen und Folgen nur noch zu steigern. Ich
sehe daher in der „Schrotkost" gleichsam eine Art Uebungstherapie, die unter gewissen Voraussetzungen auch vom
Ulkuskranken gut vertragen wird.

Es liegt mir ferne, in dieser Behandlungsmethode
gleichsam die Therapie der Wahl zu sehen, aber dort, wo
symptomatisch neben dem Ulkusleiden auch eine spastische
Obstipation vorliegt, soll man sich bemühen, durch entsprechende Maßnahmen dieses schädigende Moment auszuschalten, womit natürlich nicht gesagt werden soll, daß
damit alle ursächlichen Faktoren erschöpft sind, die bei
der Behandlung der Ulkuskrankheit in Betracht kommen,
denn auch hier gilt der alte Satz: nicht nach der einen Ursache soll man suchen, sondern nach den verschiedensten
Bedingungen eines Leidens forschen.

Die Glatze

Von

Professor Dr. **H. Fuhs**

Wien

Die G l a t z e (C a l v i t i e s h i p p o k r a t i c a) ist eine
ausschließlich für das Haarkleid des Mannes charakteristische Anomalie. Dieses ausgesprochen männliche Merkmal ist das Endergebnis eines vorzeitigen Haarverlustes
(A l o p e c i a p r a e m a t u r a). Die größte Zahl aller davon
befallenen Männer erkrankt daran vor dem 40., und zwar
in überwiegender Mehrheit zwischen dem 20. und 30.,
eine kleinere sogar schon zwischen dem 10. und 20.,
ein noch geringerer Rest nach dem 40. Lebensjahr (J a c k -
s o n und M c M u r t r y, G a l e w s k y). Seltener als der im
folgenden noch eingehender zu beschreibende, auf ein be-
stimmtes Bereich der Schädelhaut beschränkte Haarver-
lust ist das allmähliche Schütterwerden der Haare, wobei
der Haarausfall am ganzen Haarboden gleichmäßig auftritt.
Während der A l t e r s h a a r s c h w u n d (A l o p e c i a
s e n i l i s) erst vom 45. Lebensjahr nach aufwärts an
gerechnet wird, beginnt die zur Glatzenbildung führende,
Frauen im allgemeinen verschonende Alopecia praematura
seltener schon um die oder unmittelbar nach der Pubertät,
viel häufiger erst später, in den Zwanziger- und da vor
allem nach dem 25. Lebensjahr mit einem im Vergleich
zur Norm zu frühen Ausfall der langen Kopfhaare (Ca-
pilli). Dieser Vorgang kann, muß aber nicht von einer
allmählich an Stärke zunehmenden kleienförmigen Ab-
schilferung der Kopfhaut unter gleichzeitig gesteigerter Fett-
ausscheidung (P i t y r i a s i s c a p i t i s, S e b o r r h o e a

s i c c a H e b r a) begleitet sein. Die nachwachsenden Ersatz-
haare zeigen eine immer geringere Lebenskraft als die
ursprünglichen und fallen auch verhältnismäßig rasch wieder aus, werden immer kleiner und schwächer und stellen
zuletzt nur mehr einen zarten Flaum der Kopfhaut dar,
der schließlich ganz verschwindet. Die Alopecia praematura beginnt ähnlich wie die senile entweder am Scheitel
in Gestalt einer oder zweier, oft symmetrischer Stellen,
an denen die Haare dünner werden, oder aber zu beiden
Seiten der Stirn und führt so nach und nach durch Bildung
zweier scharfer Winkel (Denkerecken, Geheimratswinkel),
die immer mehr ins Haargebiet hineindrängen und allmählich auch die Mitte der Stirn einnehmen, zu einer hohen
(Denker-) Stirn (Wallensteinkopf), die immer weiter nach
hinten vorrückt. Desgleichen werden auch die einer Tonsur
in mancher Hinsicht ähnelnden kahlen Flecke auf dem Kopf
immer größer und vereinigen sich endlich unter Umständen
mit dem von vorn vorrückenden Haarausfall. So besteht
schon oft in oder sogar schon vor den Dreißigerjahren
nur noch ein mehr oder weniger ausgesprochener halb-
kreisförmiger, von der einen zur anderen Schläfe über
die Hinterhauptgegend sich erstreckender Haarkranz. Dagegen bleibt nach vorn davon an Scheitel und Umgebung
eine mit dünnem Flaum bedeckte Fläche oder nach gänz-
licher Erschöpfung der Produktionsfähigkeit der Haar-
pillen und konsekutiver Alopecie der Kopfhaut eine vollständige Glatze zurück. Im Gegensatz zum Altershaar-
schwund ist die Alopecia praematura im allgemeinen nicht
von einem Ergrauen der Haare begleitet, wenngleich natürlich bei einer Reihe von Fällen eine Canities gleichfalls in den Dreißigerjahren oder schon früher einsetzen
kann.
    P a t h o l o g i s c h - a n a t o m i s c h liegen nach den
Untersuchungen von P o h l - P i n k u s und M i c h e l s o n
dem frühzeitigen Haarschwund und der daraus später her-
vorgehenden Glatze eine fibröse Umwandlung des Bindegewebes des Coriums und Verdickung seiner Fasern zugrunde. Damit werden so nach und nach die Lymphspalten
enger und durch den Druck entstehen degenerative Vorgänge im Gewebe. Die Haarpapillen, die die Follikel um-
spinnenden Gefäßkapillaren sowie auch die Haartaschen
werden atrophisch und verschwinden schließlich gänzlich.
Mit der zunehmenden Atrophie der Papillen wird das Haar
kürzer, glanzlos, trockener und dünner und schließlich hört
sein Wachstum völlig auf. Die Haartaschen bleiben ziemlich weit und trichterförmig offen, enthalten Massen ver-
hornter Zellen oder Lanugohaare. Die Talgdrüsen sind nur
vereinzelt normal, in der Mehrzahl teils hypertrophisch,

meist atrophisch. Am längsten bleiben die Schweißdrüsen unversehrt, die beim Glatzkopf zu mächtiger vermehrter Absonderung neigen. Auf diese Weise erklärt sich auch, wieso im Sommer die Glatzenträger am Kopf gewöhnlich um vieles stärker als Männer mit normalem Haarwuchs schwitzen.

Bei der Entstehung der Glatze spielt in erster Linie die Erblichkeit eine maßgebliche Rolle; sind doch die Stammbäume einer ganzen Reihe von Sippen bekannt, in denen die männlichen Mitglieder sehr früh ihre Haare verlieren, während die weiblichen sie behalten (McMurtry und Jackson, Peterson). Es ist somit für die zur Calvities führende Alopecia praematura einmal eine dominante, geschlechtsbegrenzte Erbanlage (H. K. Siemens, Brandt) anzunehmen. Dabei dürfte vor allem einerseits eine überstürzte Haarneubildung neben einer übermäßigen Anspannung der männlichen Kopfschwarte pathogenetisch von Bedeutung sein. Bei der Glatzenbildung kommt es einmal in einem gewissen Lebensalter zu vorzeitiger Abstoßung und Wiederhervorbringung der Haare durch die Haarpapillen, so daß die einzelnen Haargenerationen ungleich rascher als normalerweise aufeinander folgen. Durch diese in so stürmischem Zeitmaß vor sich gehende Abstoßung und Wiedererneuerung der Kopfhaare brauchen die Haarpapillen ihre ihnen sonst von der Anlage innewohnenden Reparationsenergien in kürzester Zeit auf, und zwar erschöpft sich und atrophiert der Follikelapparat gerade an jenen Stellen des Haarbodens zuerst, die infolge ihrer anatomischen Verhältnisse besonders schlecht ernährt erscheinen. Es sind dies jene Regionen, die weniger reichlich mit Blut versorgt, mit Muskulatur und Fett nur ungenügend gepolstert und straff über die Schädelkapsel hingespannt sind (R. O. Stein). Tatsächlich konnte bei den zur Glatze neigenden Männern eine übermäßige Straffung der Kopfschwarte durch Verwachsung der Galea des Schädeldaches mit der darüberziehenden Kopfhaut nachgewiesen werden (Schein, Wadel). Die früher hauptsächlich geltenden Ansichten von der Glatze als Folge einer Seborrhoe (Hebra), bzw. einer Schädigung der Haarpapillen durch die Toxine von auf seborrhoischem Terrain in größeren Mengen gedeihenden Aknebazillen (Sabouraud) ist wohl gegenwärtig kaum mehr aufrechtzuerhalten. Läßt sich doch dabei weder der Umstand der Glatzenbildung ausschließlich beim Manne und da wieder nur an bestimmten Partien der Kopfhaut, noch auch die Unmöglichkeit der Erzeugung eines Haarausfalles durch Einreiben von Aknebazillen in behaarte Hautstellen erklären. Die Seborrhoe möchten wir somit wie Stein höchstens als der Glatze beigeordnet und ebenso wie letztere als Ergebnis eines vegetativen Erregungszustandes, der beim Manne die Haarpapillen wesentlich stärker schädigt als bei der Frau, aufgefaßt wissen. Aehnlich wie die beim Manne im Gegensatz zu Frau und Kind über der Gegend der beiden Stirnhöcker sich entwickelnden dreieckigen Hautfelder (Calvities adolescentium) wird die Glatze als Minusvariante des männlichen Haarkleides angesehen (R. O. Stein). Sie ist zwar, wie bereits betont, recht häufig mit einer Seborrhoe vergesellschaftet und durch diese vielleicht auch teilweise in ihrer Entwicklung gefördert, aber keineswegs bedingt, und hat in anatomischen und biologischen Wachstumsvorgängen am Schädel und den dadurch hervorgerufenen Spannungsänderungen der Kopfschwarte ihre vornehmliche Ursache. Wenn auch keineswegs in dem früher angenommenen hohen Ausmaße (Glatzenbildung durch sexuelle Exzesse), wird doch auch gegenwärtig für die Entwicklung der verschiedenen Formen der Glatze dem h o r m o n a l e n   E i n f l u ß der Testikel, aber auch anderer endokriner Drüsen (Hypophyse, Schilddrüse, Nebennieren) eine gewisse Bedeutung zugesprochen. Die oben aufgestellten Auffassungen über die Pathogenese der Glatze erfahren übrigens noch in folgendem Moment eine gewisse Stütze: dem Fehlen der Glatze bei der Frau mit funktionstüchtigen Eierstöcken sowie bei Eunuchen und Eunuchoiden trotz vorhandener Seborrhoe. Es bleibe allerdings dahingestellt, wie weit neben den erwähnten die von verschiedenen Seiten noch angeführten Faktoren einer nachlässigen oder schlechten Pflege des Haares, zu häufiges Waschen und Duschen des Kopfes, namentlich mit kaltem Wasser, geistige Ueberanstrengung, Tragen schwerer, den Kopf fest umschließender und die Durchblutung des Capillitiums verhindernder, harter Kopfbedeckungen u. a. m. ursächlich irgendwie ernstlich in Frage kommen mögen.

Eine gegen die Glatze gerichtete T h e r a p i e hätte sich somit nach oberörterten Entstehungsbedingungen etwa folgende Richtlinien zu eigen zu machen: die Bekämpfung einer die Entwicklung der Calvities begleitenden Seborrhoe, eine desinfizierende Einwirkung auf die auf solchem Terrain ausgezeichnet gedeihenden Saprophyten, ferner eine bessere Ernährung der geschwächten Haarpapillen zwecks Förderung der Haarerneuerung und Hinausziehung der Umwandlung der Haare in Lanugines und endlich Verhinderung einer Sklerosierung der Kopfhaut und Verödung ihrer zuführenden Blutgefäße. Als verhältnismäßig einfaches, den angeführten Momenten in gewisser Hinsicht Rechnung tragendes Verfahren sei Ihnen mit K r e n etwa folgendes empfohlen, das allerdings über eine entsprechend lange Zeit,

d. h. durch viele Monate, ja Jahre, konsequent und mit kürzeren und längeren Unterbrechungen durchzuführen wäre: Es ist dies, abgesehen von einer höchstens alle Monate einmal nur vorzunehmenden Waschung des Kopfes mit warmem Wasser und einer milden Toiletteseife, die tägliche Anwendung eines Haarspiritus, der neben antiseborrhoischen und desinfizierenden, hyperämisierende und haartonisierende Mittel enthält, etwa von folgender Verschreibung: Rp. Acid. salicyl., Euresol (Knoll), Tct. chinae simpl. (und bei Dunkelhaarigen noch eventuell Tct. capsici, Tct. arnicae) $\overline{aa}$ 2·0—3·0, Spir. vini dil. ad 100·0. Dieser wäre täglich ein- bis zweimal in die Kopfhaut einzureiben. Dagegen sind eine nebstbei zur Verhütung einer Sklerosierung der Kopfschwarte und Verödung der zuführenden Gefäßchen mehrfach versuchsweise durchgeführte zusätzliche intensive Rüttelmassage der Kopfhaut, eventuell unterstützt von einer die Durchblutung des Haarbodens steigernden, wiederholten Quarzlichtbestrahlung bis zu leichtem Erythem sowie Fulguration und Diathermie der Kopfhaut meiner langjährigen Erfahrung nach gewöhnlich ziemlich nutzlos. In erhöhtem Maße gilt letztere Beobachtung von den gleichfalls k e i n e r l e i ermutigende Ergebnisse aufweisenden Versuchen einer hormonalen Beeinflussung der Glatzenbildung durch Einverleibung weiblicher Sexualhormone, von Extrakten der Nebenniere oder, wie dies namentlich amerikanische Forscher auf Grund von Tierexperimenten von den Hypophysenvorderlappenextrakten empfehlen. Hingegen wäre vorbeugend eine Verschlechterung der Durchblutung des Haarbodens sowie Irritation der Kopfhaut durch Tragen zu eng anliegender und zu schwerer Hüte sowie unbedachtes Aussetzen des unbedeckten Capillitiums gegenüber stärkerem Sonnenlicht tunlichst zu meiden.

Dennoch müssen wir gestehen, daß allen auf eine Verhütung der Glatzenbildung gerichteten bisherigen Bemühungen einschließlich der Ihnen oben aufgezählten nur ein recht geringes Ergebnis beschieden ist. Dieses aber auch nur dann, wenn die davon Bedrohten zu einem Zeitpunkt in die ärztliche Behandlung treten, wo noch keine Wollhärchen oder etwa gar schon eine Atrophie der Haarpapillen vorhanden sind. Doch selbst dann kann durch rasches Eingreifen der erwähnten therapeutischen Maßnahmen bestenfalls ein nur vorübergehender kürzerer oder längerer Stillstand des Haarausfalles und eine gewisse Hinauszögerung der schließlich dennoch unausweichlichen Calvities erzielt werden; solches aber auch nur insolange, als die Behandlung regelmäßig und beharrlich durchgeführt wird. N i e - m a l s ist es aber durch alle bisherigen wie

immer gearteten Verfahren vorläufig möglich, einen bereits schütteren Haarbestand
wieder dichter zu gestalten und eine bereits
vollentwickelte Glatze neuerlich mit einem
wenn auch noch so zarten Haarflaum zu be-
decken.

Ist die Prognose der Alopecia praematura und
ihres Endzustandes, der Calvities hippokratica, quoad sa-
nationem auch recht ungünstig, so ergibt die Tatsache, daß
eine Reihe davon ergriffener jüngerer Männer darunter
seelisch schwerstens leidet, immer wieder für den Arzt
den Anlaß, in derartigen Fällen zumindest den Versuch
der Hinauszögerung des vielen so unerwünschten, wenn
auch durchaus leichten und harmlosen Gebrechens zu
machen.

Möge allen jenen, die zu Trägern einer Glatze aus-
ersehen sind, letzten Endes der Gedanke zu gewissem
Trost gereichen, daß im Gegensatz zur Frau unter den
für einen Mann maßgebenden Qualitäten ein mehr oder
minder üppiger Haarschmuck am Capillitium im Vergleich
zu manchen anderen im Rahmen dieses Fortbildungskurses
zur Genüge erörterten körperlichen, geistigen und charak-
terlichen Merkmalen eine, wenn vorhanden, zwar nicht un-
sympathische, aber durchaus nebensächliche Erscheinung
darstellt.

Der Krieger

Von

Generalstabsarzt Dr. **A. Zimmer**

Wien

Täglich berichtet uns der Rundfunk von den Ruhmestaten unserer Soldaten, und kleinere Episoden vom heldenmütigen Kampf des einzelnen erzählen uns die Frontberichte der Propagandakompanien. Es lag nahe, daß bei der jetzigen Tagung auch das Kapitel des Kriegers nicht unbesprochen bleiben dürfe. Ich bin daher der Einladung der Leitung der Akademie für ärztliche Fortbildung gerne gefolgt, um so mehr als das mir gesetzte Thema in mehrfacher Hinsicht inmitten eines der größten Kriege aller Zeiten hoch aktuell erscheint.

Der Weltkrieg hat uns schon gezeigt, daß völlig unkriegerische Persönlichkeiten ausgezeichnete Soldaten sein können. Aber eine Truppe, die kriegerische Elemente entbehren muß, würde als Kriegsinstrument versagen. Auch wo der Krieger zum Ausnahmefall geworden ist, durchwirkt der kriegerische Trieb die Mannheit eines Volkes. Der triebhafte Charakter des Kriegerischen als Beimischung des männlichen Wesens unterscheidet eben den Krieger vom Soldaten, denn der Krieger liebt den Krieg als sein Lebenselement und die Bejahung des Krieges ist ein unfehlbares Kriterium des Kriegertums — in diesem Zusammenhang wird der Krieger zum Kämpfer des waffentragenden Mannestums, dem im Rahmen des Gemeinschaftslebens die Austragung kriegerischer Konflikte zufällt. Der Kämpfer ist kein „Ding an sich". Er ist bestimmt durch Volkstum, Kulturstufe, Kriegstechnik und Heeresverfassung. Ein Heer, das auch im zerstörendsten Feuer seine gewohnte Ordnung behält, welches niemals von einer eingebildeten Furcht geschreckt wird, aber auch im Verderben einer Niederlage die Kraft zum Gehorsam nicht verliert, nicht die Achtung und das Zutrauen zu seinen Führern — ein solches Heer ist vom kriegerischen Geiste durchdrungen und beseelt. Die kriegerische Tugend eines Heeres erscheint als eine bestimmte moralische Potenz, deren Kraft man berechnen kann. Tapferkeit, Gewandtheit, Abhärtung und Enthusiasmus sind ihre Grundelemente. Die wunderbaren Erfolge eines Alexander des Großen, der römischen Legionen unter Cäsar, der Schweden unter Gustav Adolf, der Preußen unter Fritz dem Großen und der Franzosen unter Napoleon waren nur bei so potenzierten Heeren möglich.

Entstehen kann dieser Geist nur aus zwei Quellen, und diese können ihn nur gemeinschaftlich erzeugen. Die erste ist eine Reihe siegreicher Kriege, die andere eine oft bis zur höchsten Anstrengung getriebene Tätigkeit des Heeres. Nur in dieser lernt der Krieger seine Kräfte kennen. Je mehr ein Feldherr von seinen Soldaten fordert, um so sicherer ist er, daß diese Forderung geleistet wird.

Im Kriegertum findet schließlich jede Nation ihre schärfste und eindeutigste Ausprägung. Denn der Krieger tritt nur in solchen Zeiten in den Vordergrund, in denen das Schicksal sein Volk auf die schärfste Probe stellt und die letzten Kräfte der Nation auf das Schlachtfeld wirft. In solchen Zeiten schmiedet der Kampf die Eigenschaften eines Menschen mit eisernem Hammer. So stellt die Geschichte des Kriegertums einen Beitrag zur Geschichte des Volkstums dar. Es zeigt sich dabei, daß die ewige Gestalt des Krieges in allen ihren geschichtlichen Wandlungen innerhalb unserer Volksgeschichte gemeinsame Züge aufweist. So geht vom germanischen Urkriegertum über die Zeit der Ritter, der Landsknechte, der Söldner, der stehenden monarchischen Heere und der Volksheere ein verbindender und gemeinsamer Zug bis zum Soldaten des Welt- und des jetzigen Krieges. Es hat zu allen Zeiten kriegerische Nationen gegeben, die eine übermächtige Kampfbegeisterung aus Sippe und Volkstum trieb und in fremde Kriegsdienste geführt hat. So die germanischen Krieger der Frühzeit, die scharenweise sich zum Dienste in den römischen Legionen meldeten. Bei den germanischen Völkern sind diese heimatlosen Abenteurer sogar besonders häufig; aber selbst in der Fremde verlieren sie nicht die Besonderheit ihres Volkes und bleiben bei aller soldatischen Kameradschaft die ewig Fremden.

Und tatsächlich ist all das deutsche Soldatentum zurückliegender Jahrhunderte immer der Ausdruck deutscher Lebenskraft und völkischer Einsatzbereitschaft gewesen. Generaloberst v. S e e k t, der Schöpfer der deutschen Reichswehr, aus der beim Umbruch des Jahres 1933 die junge nationalsozialistische Wehrmacht erwuchs, bringt in einer seiner Schriften das Volksheer auf folgenden Begriff: „Das Heer verkörpert, aus allen Stämmen und Ständen zusammengesetzt, sinnfällig die nationale Einheit des Staates und wird zu einer der stärksten Klammern des Staatsgebäudes. Es sichert nach außen den Bestand des Staates durch Bereitsein zur Abwehr eines Angriffes auf ihn und ist damit der Ausdruck des Staatswillens zur Selbstbehauptung. ... Wie der Staat, ist auch das Heer nicht um seiner selbst willen da, sondern sie sind beide Formen, in denen sich der Wille eines Volkes zum Leben und Bestehen zeigt."

Die deutsche Wehrmacht zeigt so im Sinne S e e k t s den Willen des Volkes auf, zum Leben und Bestehen. Wie ist es nun möglich gewesen, daß nach dem tragischen Weltkriegsende 1918 und nach der entnervenden Systemzeit ein solches Siegfriedsheer, das seit dem 1. September 1939 unermeßliche Räume im Feindesland durcheilt hat, neu erstand? Diese Frage gibt Anlaß, einmal zu untersuchen, wieweit soldatische Begabung vererbt und von Soldatenfamilien weitergegeben wird. Dabei ist festzuhalten, daß das deutsche Volk seinen kriegerischen Sinn bereits in der Geschichte seiner germanischen Völker aufweist, und daß soldatische Leistung unabhängig ist von der Zugehörigkeit zu einer Soldatenfamilie. Nur so sind die gewaltigen Erfolge des deutschen Heeres im Weltkrieg und im jetzigen Völkerringen zu erklären.

Ich möchte bei dieser Gelegenheit auf den bekannten Kriegsphilosophen General Karl v. C l a u s e w i t z hinweisen, der dem deutschen Volke sein Buch „Vom Kriege" schenkte. Seine Leitsätze sind heute noch trotz veränderter Strategie und Waffentechnik unvermindert in Gültigkeit. Neben der Waffenerziehung steht in erster Linie die Erziehung zum wehrgeistigen Ideal: zu Ehre, Tapferkeit, Treue, Kameradschaft und Wahrhaftigkeit. Und damit ist meines Erachtens auch die Frage gelöst, ob der Krieger als solcher erzogen werden kann. Ich muß diese Frage mit Ja beantworten, weil es erwiesen ist, daß auch nichtkämpferische Naturen durch die Ausbildung, die sie beim Militär genossen haben, Krieger wurden, die in richtigem Moment ihre Fähigkeiten zum Ausdruck bringen.

Im Soldatenberuf findet die sittliche Idee des Staates erst ihre höchste Erfüllung. Die höchste sittliche Leistung

ist das Opfer des Lebens. In der dauernden Bereitschaft
zum Opfer des Lebens liegt der Soldatenberuf. Dem Soldaten steht das Vaterland über alles. Dem Vaterland weiht
der Soldat seine ganze Arbeit, seine Person, sein Leben
und Sterben. Und weil die Wehrmacht sich solch hohe
sittliche Weltanschauung gewahrt und sie hinüberrettete
in den nationalsozialistischen Staat, wurde sie zur eisernen
Klammer des Reiches. Adolf H i t l e r hat diese einzigartige
geschichtliche Sendung des Reichsheeres in seinem Buche
„Mein Kampf" anerkannt, als er die wundervollen Worte
niederschrieb: „Als größten Wertfaktor in dieser Zeit
der beginnenden und sich langsam weiterverbreitenden Zersetzung unseres Volkskörpers haben wir jedoch das Heer zu
buchen. Es war die gewaltige Schule der Nation; ohne diese
Macht wäre der Sinn von Versailles an unserem Volke
vollzogen worden. Was das deutsche Volk dem Heere verdankt, läßt sich kurz zusammenfassen in ein einziges Wort:
Alles."

*

Aber auch von wehrmedizinischer Seite betrachtet ist
das zu behandelnde Thema von wesentlichem Interesse.
Den Einfluß des Krieges auf Körper und Geist der Teil-
nehmer darzustellen, heißt aus einer Anzahl von Erscheinungen und Ergebnissen die Erfahrung sprechen zu lassen. Die
Verhältnisse des jetzigen Krieges weichen von den früheren
in mannigfacher Beziehung ab. Dies betrifft vor allem den
Umfang der Altersklassen, die zu den Kampfhandlungen
herangezogen werden. Aktive und Reservetruppen werden
unterstützt von solchen des Landsturms und der Land-
wehr und nicht zuletzt von Freiwilligen, die in jungen Jahren ihren Beitrag zum endgültigen Sieg beisteuern wollen.
Für den deutschen Krieger bringen die Kämpfe im hohen
Norden, auf dem Balkan und in Afrika sehr ungewohnte
Verhältnisse, wie sie sonst nur ausgesuchten Armeen zuge-
mutet werden können. Dazu die seelische Einwirkung! Dies
alles sind Besonderheiten dieses Krieges, deren Einfluß auf
das Verhalten, auf deren Widerstandskraft gegenüber allen
feindlichen Einflüssen, sei es feindlicher oder krankmachen-
der Natur, gewertet werden müssen. Ermüdung infolge
übermäßiger Muskelleistung, Mangel an körperlicher und
geistiger Ruhe, seelische Anspannung bei den Soldaten,
bei den Führern die übergroße Verantwortung belasten
die Gesundheit jedes einzelnen. Körperlich wie geistig
werden von jedem Leistungen gefordert, die alles Friedens-
mäßige weit übersteigen, Monate und Jahre hindurch. Es
ist klar, daß solche Zustände, die aus Anforderung und
Leistung bestehen, am ehesten körperlich Defekte oder

psychisch nervöse Elemente erfassen müssen, also Jugendliche, Präsklerotiker, Alkoholiker und Neuropathen. Und oft
ist es trotzdem erstaunlich, wie auch diese Leute durch-
halten. Sei es der U-Bootfahrer, der Flieger oder Panzer-
schütze oder der Infanterist, der unter allen wohl die
schwerste körperliche Arbeit leistet, alle sind bestrebt, ihren
Mann zu stellen, zur Sicherheit des Reiches, getreu dem
Eide, den sie dem Führer geschworen, beseelt von dem
Wunsche, das untragbare Joch, das uns der Versailler Friede
aufgezwungen hat, zu zerbrechen und unserem Volke jene
Freiheit zu geben, die es auf Grund seiner kulturellen
Stufe verlangen darf.

Ebenso wie die körperliche Belastung spielt auch die
Ernährung eine wichtige Rolle. An Stelle der individuellen
Wahl tritt die Zwangskost, an Stelle des gewohnten Brotes
das einheitliche Kriegsbrot, an Stelle des Sparherdes die
Fahrküche mit ihrer langen Kochdauer. Auch die unregel-
mäßige Einnahme der Mahlzeiten stellt an den Verdauungs-
trakt die größten Anforderungen. Einen überwiegenden Anteil an Magenstörungen liefern die postinfektiösen Zustände,
die Abänderungen in der Sekretion und die psychisch nervösen Anomalien. Ebenso wie die veränderte Kost sind es
auch Witterungsverhältnisse, die die Schlagkraft der Armeen
unter Umständen schwer gefährden können. Jeder Laie weiß,
was rheumatische Erkrankungen an Beschwerden verursachen können. Auch direkte Kälteschäden, die Erfrierungen, haben uns in dem vergangenen Winter vor Aufgaben
gestellt, die fast unüberwindbar schienen. Daß der Soldat
im Felde diesen Erkältungsschäden in weit ausgiebigerer
Weise ausgesetzt ist als der Zivilist in der Mehrzahl der
bürgerlichen Berufe und im häuslichen Leben, braucht
nicht erst betont zu werden.

Die Darmkatarrhe und vor allem Erkältungsnephriti-
den standen an der Tagesordnung. Daß durch solche Begleiterscheinungen auch der beste Soldat in seiner kriegerischen Begeisterung gehemmt wird, braucht nicht hervorgehoben zu werden. Und trotzdem ist es interessant, den
Unterschied der Einflüsse hervorheben zu müssen, welcher
besteht bei Verwundungen oder Erkrankungen. Psychologisch ist der verwundete Soldat, der rein äußerlich auf
den Kampf mit den Gegnern hinweisen kann, auch psychisch
in gehobener Stimmung, weil er mit Stolz und Freude
den Stumpf seines verlorenen Armes oder Beines seiner
Mitwelt zeigen darf, während der Internkranke sich eigentlich durch seine Erkrankung zurückgesetzt fühlt, weil diese
nicht durch feindlichen Einfluß bedingt erscheint. Und trotzdem leisten sie alle das gleiche und opfern ihr Leben für
Führer und Reich.

In einem gigantischen Siegeszug hat das deutsche Heer mit seinen Verbündeten seit dem 1. September 1939 weite Räume im Feindesland erobert. Die ganze Welt hält den Atem an, es fehlt ihr förmlich das Begreifen dieser erstaunlichen Leistungen. Daß dies erreicht werden konnte, ist fraglos nur der idealen Erziehungsarbeit innerhalb des Wehrdienstes zu verdanken. Ihr ist es zu verdanken, daß das junge nationalsozialistische Heer bis zur gebietenden Größe unserer Tage emporgewachsen ist. Echter deutscher Soldatengeist kämpft für Heimat und Volk, der nichts verlangt und nichts für sich will — Frontgeist, der glücklich und stolz im Bewußtsein erfüllter Pflicht ist. Und solchen Geist werden alle Krieger, wenn sie nach siegreichem Kriegsende in die Heimat zurückkehren, mit hinübernehmen in das zivile Berufsleben, um ihn zum Lebensstil des ganzen deutschen Volkes werden zu lassen.

Literatur: Clausewitz, C. v.: Vom Kriege. — Bauer, H.: Der ewige Soldat. — Müller, L.: Der deutsche Volkssoldat. — Picht, W.: Der soldatische Mensch. — Derselbe: Die Wandlungen des Kämpfers.

Das männliche Prinzip in der Tierwelt

Von

Professor Dr. **W. v. Buddenbrock-Hettersdorf**

Wien

Es ist eine der eindringlichsten Tatsachen der gesamten Biologie, daß die meisten Organismen in zweifacher Ausprägung, als männlich und weiblich, in Erscheinung treten. Die wichtigste Funktion dieser beiden oft so verschieden gestalteten Geschlechter ist bekanntlich die Erzeugung der für beide charakteristischen Keimzellen, der Eier und der Samenfäden. Die wichtigste Tatsache der gesamten Sexualbiologie, daß nämlich die Vereinigung des Ei- und des Samenkernes die Bedingungen schafft für die Entstehung des neuen Individuums, ist bekanntlich trotz jahrtausendlanger Bemühungen der Kulturmenschheit erst im Jahre 1875 aufgedeckt worden, und zwar durch den deutschen Forscher Oskar Hertwig, der beim Seeigel die Vereinigung des männlichen und weiblichen Vorkernes beobachtete. Erst von dieser Zeit an konnte das Sexualitätsproblem mit wissenschaftlichen Mitteln in Angriff genommen werden.

Die allertiefste Grundfrage, weshalb es überhaupt notwendig ist, daß zur Erzeugung eines neuen Lebewesens zwei Keimzellen zusammentreten, ist freilich auch heute nicht gelöst und wird wohl niemals eine rationelle Lösung erfahren. Nach meiner Meinung ist die richtigste Auffassung schon vor vielen Jahren vom alten Weismann in Freiburg vertreten worden, der die Theorie der Amphimixis

schuf. Nach W e i s m a n n ist der Sinn des Befruchtungs-
aktes die Neukombination verschiedener Gene. Am klarsten
geht dies wohl aus der Erscheinung der sogenannten Auto-
gamie hervor, die erst viele Jahre nach W e i s m a n n s
Tode beim Sonnentierchen Actinophrys sol entdeckt wurde.
Es teilt sich ein Tier in zwei Teile, beide Hälften machen
eine Reduktionsteilung durch, und die reduzierten Zellen
verschmelzen wieder zu einem einheitlichen Organismus.
Das ganze ist nur so zu verstehen, daß durch die Reduktion die Zusammensetzung der Chromosomengarnitur
der beiden Kerne sich verändert hat, so daß schließlich
das Verschmelzungsprodukt eine andere Chromosomengarnitur besitzt als das Anfangstier.

Wenn diese Theorie richtig ist, dann ergibt sich hier-
aus, daß die beiden beim Befruchtungsakt zusammentreten-
den Partner eigentlich nicht verschieden zu sein brauchen;
sie können einander völlig gleichen, denn das Maßgebende
ist ja nur die Neukombination der Gene, die im Kern
beider Zellen gelegen sind. Trotzdem zeigt sich in der
Natur, daß die kopulierenden Zellen in der Regel voneinander verschieden sind. Dies gilt nicht nur vom Ei und
Samenzelle der Vielzeller, sondern auch von den Gameten
der Einzelligen. Wir kennen hier alle Uebergänge von deut-
lichster Differenzierung bis zur scheinbaren Gleichheit. Aber
auch in diesen letzten Fällen, in denen eine Isogamie
vorzuliegen scheint, haben neuere Forschungen, besonders
der H a r t m a n n schen Schule, überzeugend dargetan, daß
mindestens eine physiologische Differenzierung vorliegt.
Beim Sonnentierchen läßt sich z. B. beobachten, daß der
eine Partner begehrliche Fortsätze nach dem anderen aus-
streckt, der sich völlig passiv verhält. Auf einem anderen
Wege ist bei gewissen Grünalgen der Nachweis gelungen,
daß die Isogamie in Wirklichkeit doch eine Anisogamie ist.
Es gelingt hier, verschiedenen Kulturstämmen durch geeignete Vorbehandlung verschiedene Färbungen zu geben,
so daß man sie leicht auseinanderhalten kann. Bei der
Kopulation vereinigen sich nun nur rote mit grünen Schwär-
mern, nicht rote oder grüne untereinander. Dies läßt die
Deutung zu, daß auch hier bereits trotz äußerlicher Gleichheit eine sexuelle Differenzierung vorhanden ist.

Die Notwendigkeit einer solchen Verschiedenheit ergibt sich leicht aus der folgenden Betrachtung. Wenn es
darauf ankommt, daß die beiden Gameten miteinander verschmelzen, dann muß irgend eine anziehende Kraft vorhanden sein, welche sie zusammenführt. Wir können hierbei von vornherein an gewisse anlockend wirkende Reizstoffe denken, die heute auch tatsächlich verschiedentlich
nachgewiesen sind. Bei völliger Gleichheit beider Gameten

würde eine solche gegenseitige Anziehung Schwierigkeiten bereiten. Es ist offenbar leichter, sich vorzustellen, daß A einen Stoff ausscheidet, der B anlockt, und B unter Umständen einen anderen, der A herbeilockt. Dies ist wohl der letzte Grund der Differenzierung der Keimzellen in zwei verschiedene Sorten und damit der Ursprung der Ausbildung zweier Geschlechter.

In den meisten Fällen ist jedoch eine viel weitergehende Differenzierung der Gameten eingetreten. Schon bei manchen Einzelligen kann man von Makro- und Mikrogameten reden; die schärfste Differenzierung tritt uns, wie bekannt ist, in der Ausgestaltung der Eier und der Samenfäden der Vielzeller entgegen. Zu dem Problem der Anlockung tritt hier als zweites das Prinzip der Arbeitsteilung. Dem Ei ist hierbei die Hauptaufgabe zugefallen. Es liefert nicht nur das mütterliche Keimplasma, sondern sorgt auch durch seinen rätselhaften plasmatischen Aufbau, daß durch einen geringfügigen Anstoß die unendlich lange Kette von Zustandsänderungen eintritt, die schließlich zur Bildung des fertigen Tieres führt. Ich darf hier mit Nachdruck betonen, daß das Ei das größte Wunder der gesamten Biologie ist! Die Natur hat sicherlich viele Jahrmillionen gebraucht, um das erste Ei hervorzubringen, und man könnte ohne Phrase die ganze Biologie der höheren Tiere definieren als die Wissenschaft vom Ei und von dem, was aus ihm wird. Auch ließe es sich rechtfertigen, wenn man die Vielzelligen als Eitiere den Einzelligen gegenüberstellte, denen echte Eier fehlen.

Der Samenfaden hat im Vergleich zum Ei weniger zu leisten, aber auch er ist wichtig genug. Zunächst hat er die Aufgabe, das männliche Keimplasma dem Ei zuzuführen. Zweitens gibt er dem Ei durch sein Eindringen den Anstoß zur Entwicklung. Drittens hat der Samenfaden den Beruf, das Ei aufzusuchen, da das Ei selbst durch seine große Masse zur Inaktivität verurteilt ist. Beide Gameten sind ihrem so verschiedenen Aufgabenkreis aufs vollendetste angepaßt.

Es ist nunmehr die Zeit, die Keimzellen zu verlassen und uns den Geschlechtstieren zuzuwenden. Es kann hierbei der Grundsatz aufgestellt werden, daß bei den niederen Tieren Männchen und Weibchen noch keine anderen Differenzierungen aufzuweisen haben als den Bau ihrer Gonade. Eine männliche Meduse unterscheidet sich von einer weiblichen faktisch nur dadurch, daß sie Samenfäden produziert, während die andere Eier hervorbringt. Von den Borstenwürmern des Meeres läßt sich genau dasselbe sagen. Auch das Verhalten und der Ablauf des ganzen Lebens ist in beiden Geschlechtern völlig identisch. Da es eine der Haupt-

aufgaben aller Geschlechtstiere ist, dafür zu sorgen, daß
den Gameten Gelegenheit gegeben wird, einander zu begegnen, wollen wir einen Augenblick bei der Frage verweilen,
wie dies bei diesen niedersten Tieren geschieht. Als Beispiel wählen wir den Seeigel. Diese trägen Geschöpfe sitzen
am Meeresgrund oft dicht beieinander. Zur Zeit der Fortpflanzung geschieht es nun, daß irgend eines der Tiere seine
zum Bersten gefüllte Gonade ins Meerwasser entleert. Hierbei verbreiten sich nicht näher bekannte Duftstoffe im
Wasser, welche die benachbarten Seeigel erreichen. Dies
ist das Signal zu einer allgemeinen Entleerung von Ei- und
Samenmassen. So kommt es, daß Unmengen von Eiern
und Samenfäden zu gleicher Zeit und am gleichen Ort im
Wasser sich finden, und die Eier leicht befruchtet werden
können. Bei den oft versteckt lebenden Würmern muß noch
etwas anderes hinzukommen. Sie werden zur Zeit der Geschlechtsreife vielfach phototaktisch, verlassen nachts ihre
Schlupfwinkel und schwimmen in Scharen im Wasser herum, wobei sich das Spiel wiederholen kann, das soeben
vom Seeigel geschildert wurde.

Bei den Tieren von mittlerer Organisationshöhe, von
denen hier als Beispiele die Gliederfüßer: Krebse, Insekten,
Spinnen als charakteristisch herausgestellt seien, kommen
einige Momente hinzu, die den niederen Tieren noch fehlen. Als Regel kann hier gelten, daß als Vorbedingung für
die Befruchtung die Einführung des Samens in den weiblichen Organismus, die Begattung stattfinden muß. Dementsprechend erscheint es als eine der wichtigsten Aufgaben der männlichen Partner dieser Tierkreise, das Weibchen zur Begattung aufzusuchen oder herbeizulocken. Die
außerordentlich vielen Probleme, die dem Naturforscher
sich hierbei bieten, können nur kurz gestreift werden.

Zunächst etwas über die Lockreize, die bei der Be-
gegnung der Geschlechtspartner eine genau so große Rolle
spielen wie beim Finden der Geschlechtszellen. Nach der
heute üblichen Auffassung verhalten sich die Gliederfüßer
hierbei noch ziemlich primitiv, indem meist nur ein lei-
tender Reiz angenommen wird. Bei den Insekten steht
hier der unfaßbar feine Geruchsinn unstreitig im Vordergrunde. Berühmt sind gewisse Nachtfalter, die imstande
sind, ihre Weibchen selbst aus einer Entfernung von einigen
Kilometern mit Sicherheit aufzufinden. Daß es sich bei
diesen erstaunlichen Leistungen um Wahrnehmung von
stofflichen Reizen und nicht etwa um irgend welche Strahlen handelt, geht einwandfrei aus folgendem hervor: Nimmt
man den weiblichen Nachtfalter fort, so fliegen die Männchen den Ort an, wo das Weibchen vorher gesessen hat.
Offenbar haftet diesem Ort noch der Duft des weiblichen

Falters an. Der menschlichen Nase sind diese Sexualdüfte der Falter völlig unzugänglich. Verwickelter wird das ganze Problem noch dadurch, daß in einem sommerlichen Walde hunderte solcher Sexualgerüche verschiedener Arten sich mischen müssen. Trotzdem gehören Eheirrungen bei den Insekten zu den größten Seltenheiten. Jede Art muß also imstande sein, ihren eigenen Artduft von dem anderer Arten zu unterscheiden.

Eine noch wenig behandelte Frage ist, ob bei den Insekten neben dem Geruchsinn auch der optische Sinn bei der Auffindung der Geschlechter eine Rolle spielt. Ich möchte sie nicht ganz verneinen. Die zum Teil sehr auffallenden Zeichnungen und Färbungen der Nachtschmetterlinge müssen schließlich irgend einen Sinn haben; es fehlen aber noch die erforderlichen Experimente.

Bei einer Reihe von Insekten tritt an Stelle des Geruchsinnes der Gehörsinn. Die Rollen der Geschlechter vertauschen sich jedoch hierbei, das Männchen musiziert und das Weibchen wird angelockt. Es gilt dies von den Grillen, den Heuschrecken und auch von den Zikaden. Interessanterweise liegen die Dinge bei den Amphibien ganz gleich; wir haben es also hier mit einem Gesetz zu tun, das allgemein für den Gehörsinn zu gelten scheint. Die Anlockung flügelloser weiblicher Grillen durch die Musik der Männchen ist durch einen Wiener Lehrer namens R e g e n, der trotz seines Berufes Zeit fand, sehr schöne Experimente auszuführen, in mustergültiger Weise klargestellt worden. Um alle anderen Reize auszuschalten, benutzte er ein Mikrophon, in das er die männlichen Grillen hineinsingen ließ. Der Schalltrichter, der den Gesang reproduzierte, stand in einem anderen Raume. Hier befanden sich die weiblichen Grillen, die, sobald die Musik ertönte, auf den Schalltrichter zukrochen.

Bei den Krebsen scheint es merkwürdigerweise gar keine spezifischen Erkennungszeichen für die beiden Geschlechter zu geben. Im allgemeinen wird angenommen, daß die begattungslustigen Männchen versuchen, jeden anderen Artgenossen auf den Rücken zu werfen. Während die Männchen sich hiergegen wehren, lassen sich die Weibchen diesen die Begattung vorbereitenden Akt instinktmäßig gefallen.

Eine Werbung, d. h. eine Handlung, durch welche das Weibchen zur Kopulation bereitgemacht werden soll, fehlt bei den meisten Insekten. Eine solche ist dagegen in typischer Weise bei den Spinnen nachweisbar. Bei diesen Tieren tritt als besonderes Moment dies auf, daß in der Regel das weibliche Tier viel größer und stärker als das männliche ist. Bei dem Raubtiercharakter der Spinnen ist daher das

herannahende Männchen in Gefahr, gefressen zu werden,
wenn es nicht zuvor das Weibchen durch besondere Mani-
pulationen zur Kopulation bereitmacht. Es geschieht dies
auf verschiedene Weise. Bei manchen Springspinnen führen
die Männchen einen richtigen Balztanz auf, bei den Netz-
spinnen versucht das Männchen, durch vorsichtiges Zupfen
am Netz sich vom Gemütszustand seiner gefährlichen Partnerin zu überzeugen.

Im Gegensatz zu den meisten niederen Tieren finden wir bei den Gliederfüßern sehr oft schon einen ausgeprägten Sexualdimorphismus, d. h. die Männchen sehen
oft ganz anders aus als die Weibchen. Die Differenzierung
der Männchen steht hier offenbar in Beziehung zum Problem der Gattenfindung. Wo beide Geschlechter gleichbeweg-
lich sind, wie bei den Tagschmetterlingen, ist die Differenzierung meist sehr gering; wo die Weibchen durch die Fülle
der Eier, die sie mit sich herumtragen, sehr schwerfällig
geworden sind, wie bei den Spinnern, ist der Unterschied
zwischen den beiden Geschlechtern oft sehr bedeutend.
Die männlichen Spinner sind wesentlich kleiner als ihre
Weibchen, sie sind reißende Flieger und sind ausgestattet
durch gewaltige, gekämmte Fühler, an denen Tausende von
Sinneszellen sitzen zur Aufspürung ihrer Geschlechtspartner. Diese absonderlichen Geschöpfe können eigentlich als
die Männchen reinster Prägung bezeichnet werden, denn
ihr einziger Lebensinhalt ist das Aufsuchen und die Begattung des Weibchens. Es unterliegt nach unserer heutigen
Naturerkenntnis kaum einem Zweifel, daß die natürliche
Zuchtwahl bei ihrer Gestaltung das entscheidende Wort
sprach. Der schnellste Flieger sowie derjenige Falter, der
besser als seine Konkurrenten befähigt war, das Versteck
des Weibchens aufzuspüren, triumphierten.

Dagegen tritt die geschlechtliche Zuchtwahl, bei welcher das Weibchen unter mehreren Männern den schönsten oder den stärksten usw. aussucht, bei den Gliedertieren noch sehr zurück. Vielleicht wird sie bedeutungsvoll
bei den Schillerfaltern, deren Männchen herrlich schillernde
Flügel besitzen, während die Weibchen einfach braun sind.
Leider fehlen uns aber noch alle Beobachtungen darüber,
ob hier wirklich eine Wahl des prächtigsten Männchens
stattfindet. Wir werden diesem auf einer psychischen Grundlage sich aufbauenden Prinzip erst bei den Wirbeltieren
öfter begegnen. Aus dem gleichen Grunde, der mangeln-
den psychischen Entwicklung, fehlen bei den Gliedertieren
in der Regel auch die Sexualkämpfe. Als Ausnahme weiß
ich nur den Hirschkäfer zu nennen, deren Männchen sich
in richtigen Zweikämpfen mit den riesigen Mandibeln oft
so bearbeiten, daß der eine Kämpfer sein Leben einbüßt.

Zum Schluß dieses Abschnittes muß noch auf einige Besonderheiten hingewiesen werden, die sich vielfach bei den niederen und mittleren Tieren finden. Daß bei ihnen die Uebertragung des Samens der einzige Lebenszweck des männlichen Wesens darstellt, ergibt sich besonders drastisch aus der Existenz der sogenannten Zwergmännchen. Wir finden diese sonderbaren Geschöpfe bei verschiedenen Tierklassen: den Rädertieren, den Fadenwürmern, den Saugwürmern, ferner bei gewissen niederen Krebsen und bei gewissen Insekten, endlich — als seltenste Ausnahme — bei einigen Fischen. Alle Zwergmännchen stimmen darin überein, daß sie nicht nur wesentlich kleiner sind als die weiblichen Tiere, sondern sich auch auf einer viel niederen Organisationsstufe befinden. Sie zeigen alle Stufen der Rückbildung, bei manchen sind eigentlich nur die Haut und der Genitalapparat übrig geblieben. Auch ihr Leben entspricht diesen Verhältnissen. Bei den Rädertieren allerdings schwimmen die Männchen frei umher, bei vielen anderen Tieren führen sie eine Art parasitischen Lebens auf dem Körper der Weibchen. Mitunter sitzen sie in Vielzahl in der Nähe der weiblichen Genitalöffnung.

Die Zwergmännchen sind zwar gerade nicht sehr imponierend, sie scheinen aber immerhin zu beweisen, daß die Existenz männlicher Wesen selbst in der bescheidensten Form für die Arterhaltung notwendig sei. Aus diesem Irrtum werden wir jedoch herausgerissen durch die nunmehr zu beschreibende Parthenogenese. Wir verstehen hierunter die Tatsache, daß die Eier zahlreicher niederer Tiere auch ohne jede Befruchtung imstande sind, sich ganz normal zu entwickeln. Die Parthenogenese ist im Tierreich ziemlich weit verbreitet. Sie findet sich insbesondere bei vielen Würmern, Krebsen und Insekten, fehlt hingegen den Mollusken und den Wirbeltieren. In theoretischer Hinsicht besonders beachtenswert ist die sogenannte obligatorische Parthenogenese, die dadurch ausgezeichnet ist, daß neben ihr gar keine andere Fortpflanzung der betreffenden Tierart vorkommt. Sie stellt eine wahrhafte Revolution dar, die nichts Geringeres bezweckt als die völlige Ausschaltung des männlichen Elements. Die obligatorische Parthenogenese findet sich bei gewissen Rädertieren, niederen Krebsen und Insekten und ist sicherlich eine sehr alte Erscheinung. Der Naturforscher muß aus ihr, und hierauf beruht ihre Bedeutung, den sicheren Schluß ziehen, daß das männliche Prinzip im Tierreiche keineswegs notwendig ist; es wäre eine Welt vorstellbar, in der nur weibliche Organismen zu finden wären. Es paßt dies vorzüglich zu der W e i s m a n n - schen Lehre der Amphimixis, die offenbar für die betreffende Art nur nützlich, aber nicht notwendig ist.

Wenn ich noch einen Augenblick bei der Parthenogenese verweilen darf, so sei erwähnt, daß man in manchen ausgewählten Fällen sich einige Vorstellung machen kann, auf welchem Wege sie entstand. Bei den Nematoden lassen sich alle Uebergänge feststellen von normaler Bisexualität bis zur vollständigen Parthenogenese. Merkwürdigerweise macht die Natur dabei einen Umweg über den Hermaphroditismus. Die Umwandlung beginnt damit, daß die Weibchen mancher Arten neben ihrem Eierstock auch einen Hoden sich zulegen, also unter Uebergehung der Männchen zur Selbstbefruchtung der Eier schreiten. Hand in Hand damit pflegt die Zahl der auftretenden Männchen immer geringer zu werden. Am Ende dieses Weges tritt nun die merkwürdige Merospermie auf: Das Spermatozoon dringt zwar noch in das Ei ein und setzt seinen Entwicklungsreiz, die Verschmelzung mit dem Eikern unterbleibt jedoch, und das Sperma wird schließlich vom Eiplasma resorbiert. Jetzt brauchen wir nur noch anzunehmen, daß der Reiz des eindringenden Spermas durch irgend einen anderen, vorerst allerdings noch unbekannten Reiz ersetzt wird, und die Parthenogenese ist vollendet.

Wenn wir uns nunmehr dem höchsten Tierstamme, den Wirbeltieren, zuwenden, bei welchem wir hoffen können, die meisten Parallelen zum Menschen zu finden, so ist zunächst zu sagen, daß bei den Kaltblütern kein Zustand erreicht wird, der über denjenigen der mittleren Tierklassen herausführte. Das männliche Tier hat in der Regel keineswegs eine dominierende Stellung. Es zeigt sich dies schon an der Körpergröße. Entweder es herrscht Gleichheit oder das Weibchen überragt das Männchen. Dieses letzte Vorkommen ist besonders für viele Fische charakteristisch, z. B. ist die weibliche Scholle oder Flunder ganz wesentlich größer als die männliche. Vermutlich hängt dies mit dem außerordentlichen Umfang der weiblichen Gonade zusammen. Auch bei den Fröschen und Kröten ist das Weibchen im allgemeinen stattlicher.

Der Nutzen des Männchens für die Arterhaltung beschränkt sich auch bei den Kaltblütern meistenteils auf den Zeugungsakt. Es gibt aber immerhin einige bemerkenswerte Ausnahmen, die wir uns kurz ansehen wollen, bei denen das männliche Tier wichtige Dienste bei der Brutpflege übernimmt. Bei der Geburtshelferkröte wickelt sich das Männchen die vom Weibchen abgelegten Laichschnüre um die Hinterbeine und verkriecht sich mit dieser Last in irgend ein Erdloch, bis die Zeit gekommen ist, die schlüpffähigen Larven ins Wasser zu bringen. Der männliche Stichling ist berühmt durch seinen Nestbau, das Weibchen hat hier nichts weiter zu erledigen, als die Eier in das vom

Männchen sorglich bereitete Nest abzulegen, die ganze übrige Brutpflege ist eine ausschließliche Pflicht des Männchens. Beim Seepferdchen und seinen Verwandten, den Seenadeln, hat das Männchen eine präformierte Bruttasche am Bauch. Die Eier werden hier auf der Haut festgeklebt und machen in dieser Tasche ihre ganze Entwicklung bis zum Ausschlüpfen durch. Diese Dinge zeigen trotz ihres Ausnahmecharakters, daß sich bei den höheren Tieren die Stellung des Männchens doch langsam verschiebt.

Als ein grundsätzlich neues Moment treten hin und wieder auch die Hochzeitskleider und die Sexualkämpfe auf. Die Hochzeitskleider, die bei den Fischen eine ziemliche Verbreitung haben, aber auch bei den Molchen sich finden, sind rein männliche Attribute. Sie beweisen, daß die Werbung, die der Paarung vorausgeht, bereits einen recht komplizierten Charakter angenommen hat. Sexualkämpfe sind ebenfalls hauptsächlich bei den Fischen verbreitet und sonst wohl nur bei einigen Eidechsen zu finden. Beim Stichling, dessen kämpferische Haltung ja bekannt' ist, handelt es sich weniger um den Besitz des Weibchens als um die Verteidigung des Nestes. Eine tierpsychologische Analyse hat ergeben, daß bei diesen Kämpfen keineswegs der stärkere siegt, sondern, der sich in der richtigen Stimmung befindet. Der Verteidiger eines mit Eiern versehenen Nestes siegt immer, der Eindringling läßt sich, auch wenn er der körperlich stärkere ist, vertreiben.

Sehr anders gestalten sich nun die Dinge bei den Vögeln.

Diese Tiergruppe ist deswegen von besonderem Interesse, weil hier im Verhältnis beider Geschlechter zueinander alle nur denkbaren Verschiedenheiten realisiert sind. Was zunächst die Größe der beiden Geschlechter anlangt, so ist es zwar bekannt, daß bei den Vögeln, denen wir besonders viel begegnen, den Hühnervögeln und den Singvögeln, die Männchen größer und zumeist auch lebhafter gefärbt sind, es gibt aber viele Ausnahmen von dieser Regel. Bei den Raubvögeln z. B. sind die Weibchen die weitaus größeren und stärkeren, der weibliche Sperber ist sogar doppelt so groß als der männliche. Bei anderen wiederum, etwa den Tauchern, den Störchen, den Möwen usw., sind beide Geschlechter einander völlig gleich.

Eine ebenso große Mannigfaltigkeit finden wir auch bei der Ausübung der wichtigsten Handlungen. Das Nestbauen und das Brüten verteilt sich auf die beiden Geschlechter sehr verschieden. Es gibt hier umfangreiche Zusammenstellungen, denen man entnehmen kann, daß zwar im allgemeinen beide Geschlechter sich in diese Arbeiten

teilen, es kommt aber auch vor, daß das Weibchen das
Nest allein bereitet, oder daß nur das Männchen dies tut.
Oder aber das Männchen trägt das Material herbei und
das Weibchen baut. Das Brüten ist keineswegs eine durchaus weibliche Pflicht, wie wir dies von den Hühnern her
kennen. Verbreiteter ist auch hier die regelmäßige Ab-
wechslung der Geschlechter; der stolze Adler scheut sich
keineswegs, die Eier ebenso fleißig zu bebrüten wie seine
weibliche Ehehälfte. Die Ablösung beim Brutgeschäft wird,
wie bei den militärischen Posten, oft mit einer gewissen
Zeremonie vollzogen.

Selbst bei der Balz verwischen sich die Grenzen.
Es ist keineswegs immer so, daß der männliche Vogel
balzt und das Weibchen mehr oder weniger interessiert
zuschaut. Bei manchen Vögeln, die sich in diesem Falle
auch im Gefieder gleichen, balzen beide Geschlechter mit
denselben Bewegungen und Lauten. Als ganz seltene, immerhin erwähnenswerte Ausnahme ist auch dies zu nennen,
daß die Balz auf das weibliche Geschlecht übergehen kann.

Bekannt ist, daß sich beim ehelichen Leben der Vögel
recht große Unterschiede finden. Es gibt völlig ehelose
Arten, bei denen sich die Geschlechter nur in der Balz-
zeit kurz begegnen, und das Männchen sonst seiner Wege
geht; es gibt Arten mit Saisonehe, und es gibt echte Dauer-
ehen über viele Jahre hin. Es ergeben sich nun sehr
interessante Beziehungen zwischen diesen verschiedenen
Formen des Sexuallebens und der Differenzierung der Geschlechter. Bei streng monogamen Formen, wie z. B. bei
den Störchen, sind die beiden Geschlechter einander völlig
gleich. Die stärkste Auszeichnung des männlichen Geschlechtes vor dem weiblichen in Körpergröße, Gefieder
ist stets dort zu finden, wo Ehelosigkeit herrscht. Dies
auf den ersten Blick unverständliche Verhalten erklärt sich
leicht aus der Wirkung der geschlechtlichen Zuchtwahl, die
sich bei ehelosen Formen schrankenlos auswirken kann.
Gute Beobachtungen besitzen wir vom Kampfläufer. Dieser
zu den Strandläufern gehörige Vogel ist im weiblichen Geschlecht sehr schmucklos; die männlichen Tiere besitzen
dagegen einen oft sehr auffallend gefärbten Halskragen
und sind auch sonst viel ansehnlicher. Zur Paarungszeit
treffen sich die Vögel auf bestimmten Wiesen. Die Männchen treten in den Ring und beginnen Scheinturniere, bei
denen es sehr unblutig zugeht, die ihnen aber Gelegenheit
geben, die Pracht ihres Gefieders von den Weibchen be-
wundern zu lassen. Wenn die Kämpfe eine gewisse Zeit
gedauert haben, tritt das eine oder andere Weibchen in den
Ring und setzt sich vor einem bestimmten Männchen, das
ihm besonders gefiel, zu Boden, so daß dieses die Paarung

leicht vollziehen kann. Es ist beobachtet worden, daß besonders schön gefärbte Männchen mehrmals hintereinander von verschiedenen Weibchen derartig ausgezeichnet wurden, während andere, unscheinbarere, gänzlich leer ausgingen. Die Wirkung der geschlechtlichen Zuchtwahl werden wir bei den Säugetieren wiederfinden, charakteristisch verschieden sind nur die Werte, nach denen die Auswahl erfolgt. Bei den Vögeln entscheiden in der Regel die Schönheit des Gefieders oder des Gesanges oder andere ästhetische Werte, bei den Säugetieren, die erdgebundener sind, sind die Kraft der Glieder oder die Stärke des Gebisses von ausschlaggebender Bedeutung. Die bei den Vögeln aufgedeckte Beziehung zwischen der Ausgestaltung des Männchens und der Art des Sexuallebens finden wir auch hier. Einzeln lebende Arten gleichen sich meistens in beiden Geschlechtern, der männliche Tiger sieht nicht viel anders aus als das Weibchen; nur ist er etwas stärker, eine Eigentümlichkeit, die fast für alle Säugetiere gilt. Stärkere Differenzierungen finden sich vorwiegend bei Arten, die in größerer Zahl beisammen leben als Familien oder Herden. Der Löwe, der Stier, der Mantelpavian gehören alle zu dieser Gruppe. Es ist nicht streng zu beweisen, aber immerhin wahrscheinlich, daß bei dieser Differenzierung sowohl die natürliche als auch die geschlechtliche Zuchtwahl eine Rolle spielen. Die natürliche, indem bei den Sexualkämpfen der Stärkere obsiegt und seinen Nebenbuhler verdrängt, die geschlechtliche, indem die Weibchen, die diesen Sexualkämpfen wohl meist beiwohnen, den Sieger von sich aus bevorzugen. Es ist auffallend, daß die größten Unterschiede zwischen den beiden Geschlechtern dort zu finden sind, wo eine richtige Haremswirtschaft herrscht, wie bei den Seebären oder den Mantelpavianen. Die intimeren Zusammenhänge kennen wir nicht, es ist aber wahrscheinlich, daß die stärksten und größten Männchen den größten Anreiz für die Weibchen darstellen, so daß sie eine größere Zahl von Frauen bekommen als Schwächere.

Uns Menschen widerstrebt es etwas, dieses rein sexuelle Moment so sehr in den Vordergrund zu schieben, und wir können uns überlegen, ob es noch Beziehungen gibt zwischen der Ausbildung des männlichen Geschlechtes und anderen männlichen Instinkten, wie die Verteidigung der Herde gegen äußere Feinde. Es gibt solche Fälle, in denen das stärkste Männchen der Beschützer der Herde wird, genug. Am bekanntesten sind die Rinder. Der Afrikaforscher W i ß m a n n hat es sehr anschaulich beschrieben, was geschieht, wenn der Löwe die Büffelherde umkreist. Die Kühe und schwächeren Stiere bilden einen Ring, in dessen Mitte die Kälber sind, der Hauptstier allein tritt aus dem Kreise heraus und vertreibt den Löwen.

Wir finden aber eine ebenso starke oder noch stärkere Differenzierung bei anderen Arten, bei denen dieses Moment gänzlich wegfällt. Ein interessantes Beispiel dieser Art hat unlängst der deutsche Forscher S c h ä f e r aus den Hochgebirgen Asiens berichtet. Es gibt hier sehr stattliche Schafarten, bei denen die männlichen Stücke sehr viel größer sind als die Weibchen und gewaltige Hörner tragen. In diesen Ländern herrscht der Wolf; der Gedanke liegt also nahe, daß die starken Böcke die Herde gegen diesen Räuber verteidigen. Dies ist aber ganz und gar nicht der Fall. Vielmehr gibt es männliche und weibliche Herden, die ganz getrennt leben. Die männlichen Herden leben tiefer unten, wo auch der Wolf sich herumtreibt, den sie anscheinend nicht fürchten; die weiblichen Stücke gehen viel höher ins Gebirge hinauf bis zu den Steilhängen, auf denen ihnen der Wolf nicht zu folgen vermag. Wir werden uns also wohl doch dazu bekennen müssen, daß die sexuelle Zuchtwahl auch bei den Säugetieren den wichtigsten Faktor darstellt.

Es liegt nahe, zum Schluß einen Ausblick auf den Menschen zu wagen, der ja auch einen beträchtlichen Sexualdimorphismus aufweist. Nach dem, was wir von den Säugetieren und besonders von den Vögeln gelernt haben, müssen wir auch hier annehmen, daß die stärkste Kraft, die sich bei der Differenzierung von Mann und Weib betätigt hat, die geschlechtliche Zuchtwahl gewesen ist. In den unendlich langen Zeiten der frühen Menschheitsgeschichte, die mehrere Jahrhunderttausende umfaßt, müssen ebenfalls ehelose Zustände geherrscht haben, in denen nur die Kraft der Muskeln und der Zähne über den Besitz eines Weibes entschied. In diesen rauhen Zeiten ist der Mann emporgewachsen. Die in der späteren Menschheitsgeschichte auftretende Monogamie ist zwar die sittliche Grundlage der menschlichen Kultur, sie ist aber, da die geschlechtliche Zuchtwahl hierbei fast ganz fortfällt, kein geeignetes Mittel zur Weiterdifferenzierung der Geschlechter. Manche Denker, z. B. N i e t z s c h e, haben zwar die Forderung gestellt, die Kluft zwischen Mann und Weib noch weiter aufzureißen, den Mann männlicher und das Weib weiblicher zu machen. Wir müssen ihm jedoch antworten, daß in der Kultur die biologischen Grundlagen hierfür fehlen. Uns bleibt nur die Aufgabe, zu erhalten, was die Natur in früheren Zeiten schuf.

Die biologischen Grundlagen
spezifisch männlicher Eigenschaften

Von

Professor Dr. F. Plattner

Wien

Die polare Gegenüberstellung von einander Gegensätz-
lichem ist ein fundamentales Arbeitsprinzip, das wir überall in der Schöpfung angewandt finden, besonders dort,
wo nicht Zustände des Beharrens, sondern Entwicklungen
angestrebt werden. Wir finden dieses Prinzip am Werke
in der unbelebten Natur, es tritt uns entgegen im Reiche
der Lebewesen und da wieder besonders sinnfällig beim
Vorgang ihrer geschlechtlichen Fortpflanzung. Der plasma-
reichen unbeweglichen Eizelle steht bei allen höher differenzierten Lebewesen die plasmaarme, aber bewegliche
Samenzelle gegenüber. Die Verschmelzung beider bei der
Befruchtung schafft die inneren Spannungen, die zur Entwicklung eines neuen Lebewesens führen; in ihm wirken
väterliche und mütterliche Anlagen zusammen — oder
gegeneinander: das Resultierende ist ein — bei aller art-
und rassengebundenen Aehnlichkeit — grundsätzlich neues
lebendiges System. Die u n geschlechtliche, monogone Fortpflanzung zerlegt gewissermaßen ein Lebewesen in die
zeitliche Aufeinanderfolge vieler gleicher Lebewesen; es
entsteht nichts grundsätzlich Neues dabei. Mit jeder geschlechtlichen (amphigonen) Fortpflanzung vollzieht sich
jedoch im Grunde genommen immer wieder ein neuer

Schöpfungsakt. Wir sehen daher in der Amphigonie die
höhere Fortpflanzungsform und betrachten die geschlechtliche Polarität als wesentliche Voraussetzung für die Entstehung höher differenzierter Lebewesen. Wir kommen somit auch vom Biologischen her zu Bejahung des Satzes,
daß der Gegensatz Mann — Weib einer von den grundlegenden Faktoren ist, die diese unsere belebte Welt beherrschen.

Dem männlichen Pol dieses Gegensatzpaares gelten
die Auseinandersetzungen dieser Vortragsreihe. Es ist naheliegend, zunächst einmal orientierend zu fragen: Wodurch
unterscheiden sich die Pole voneinander, was ist männlich,
was ist weiblich? Eine kurze, erschöpfende Beantwortung
dieser Frage scheint als selbstverständlich auf der Hand
zu liegen. Wie bei vielen anscheinend einfach zu beant-
wortenden Fragen zeigt sich aber auch hier alsbald, daß
eine wirklich erschöpfende Antwort, eine Antwort, die die
Gegensätzlichkeit befriedigend in einer Formel erfaßt, keineswegs unmittelbar auf der Hand liegt. Man könnte versucht sein, unter Bezugnahme auf sinnfällige Eigenschaften
der Gameten die ebenso bequeme wie oberflächliche Anti-
nomie zu wagen: das männliche ist das aktive, das weibliche das passive Prinzip. Es soll nicht geleugnet werden,
daß dieser Gegenüberstellung für viele Erscheinungen die
Kraft gleichnishafter Kennzeichnung zukommt; aber eben
nur die Kraft eines G l e i c h n i s s e s, denn bei genauerer
Betrachtung ergibt sich, daß man damit weder auf physi-
schem noch auf psychischem Gebiet die Vielfältigkeit der
Tatbestände und ihrer Wechselwirkungen erschöpfend zu
kennzeichnen vermag. Die Beziehungen sind nicht so einfach, als daß man ihr Wesen auf eine kurze Formel bringen könnte, der Gegensatz ist nicht so durchgreifend, wie
es auf den ersten Blick aussieht, mit anderen Worten, es
gibt keine kurze einigermaßen erschöpfende Antwort auf
die aufgeworfene Frage. Die Gründe dafür werden von
selbst klar, wenn man sich auch bloß am Beispiel e i n e s
Poles die Gegebenheiten vor Augen führt und versucht,
sie zu bewerten.

Das grundlegende Merkmal eines Organismus, den wir
als männlich bezeichnen, ist wohl der Besitz eines Gewebes, das Samenzellen erzeugt. Zur Fortbeförderung dieser Samenzellen an den Befruchtungsort sind bei den Tieren
und beim Menschen innere und äußere Einrichtungen vorhanden, die ebenfalls ohneweiters als spezifisch männlich
gelten müssen; ich meine Organe wie Ductus deferens,
Samenblasen, Prostata, Penis. Diese Organe werden zusammen mit dem Hoden nach einer älteren Einteilung als
sogenannte primäre Geschlechtsmerkmale den übrigen, mehr

oder weniger wohldefinierten Kennzeichen der Männlichkeit als sekundären Geschlechtsmerkmalen gegenübergestellt. Besser trägt meines Erachtens den Tatsachen Rechnung die neuere Pollsche Einteilung, die essentielle und akzidentelle Geschlechtsmerkmale unterscheidet. Essentielle Geschlechtsmerkmale sind danach nur die Gonaden, akzidentelle Geschlechtsmerkmale die Leitungswege, akzessorischen Drüsen, Kopulations- bzw. Brutpflegeeinrichtungen und dann die ehemals als „sekundär" bezeichneten Merkmale, also — speziell beim Manne —: tiefe Stimme, viriler Körperbau, Behaarung, allgemein psychische und vor allem psychosexuelle männliche Haltung (ferner besondere Bewaffnung, Färbung usw. bei manchen Tieren).

Ob ein Individuum ein Mann wird, ausgestattet mit den genannten Eigenschaften, ist nach den heute geltenden Anschauungen entschieden von dem Augenblick an, in dem männliche und weibliche Keimzellen sich beim Befruchtungsvorgang zur Zygote vereinigen. Der Mensch gehört zu den Tierarten, bei denen das weibliche Geschlecht homogametisch ist, d. h. Keimzellen nur einer Art, und zwar mit weiblicher Tendenz, bildet. Der Mann ist heterogametisch, die Hälfte seiner Spermatozoen ist nach der Reduktionsteilung weibchenbestimmend, die andere Hälfte männchenbestimmend. Trifft bei der Befruchtung ein weibchenbestimmendes Spermatozoon auf die Eizelle, so entsteht ein Weibchen, dringt ein männchenbestimmendes in die Eizelle ein, so entsteht ein männliches Individuum. Diese Verhältnisse finden ihren morphologischen Ausdruck in der Chromosomenzahl: nach der im Zuge der Reifung bekanntlich bei allen Geschlechtszellen einsetzenden Reduktionsteilung enthalten alle menschlichen Eizellen 24 Chromosomen, die Spermatozoen teils nur 23, teils ebenfalls 24 Chromosomen, wobei das 24. das sogenannte Geschlechts- oder X-Chromosom ist. Das weiblich determinierte befruchtete Ei enthält dann $24 + 24 = 48$ Chromosomen, das männlich determinierte nur $24 + 23 = 47$ Chromosomen. Bei jeder weiteren Teilung der Zellen des sich entwickelnden Keimes bleibt die Chromosomenzahl der neugebildeten Zellen dieselbe wie in der befruchteten Eizelle: sämtliche Soma- und (unreifen) Keimzellen haben demnach beim menschlichen Weibe 48, beim Manne 47 Chromosomen. Die sogenannte „zygotische Geschlechtlichkeit" ist also allen Zellen unseres Körpers von Anfang an eigentümlich.

Wir müssen annehmen, daß die embryonale Entwicklung der Keimdrüsen durch diese zygotische Geschlechtlichkeit bestimmt wird; es dürften geschlechtlich differenzierte ‑Reizstoffe chromosomaler Herkunft sein, die das aus dem Coelomepithel hervorgehende Keimepithel zur Bil-

dung von Hoden oder Ovarien veranlassen. Im ersten
Fötalmonat ist eine geschlechtliche Differenzierung dieses
Epithels für die übliche anatomische Betrachtung noch nicht
zu erkennen; erst vom zweiten Monat an wird offenbar,
ob eine Hoden- oder Ovarienanlage vorliegt. Für diese
entwickelt sich dann der M ü l l e r sche Gang, für jene der
W o l f sche Gang zum Ausführungsgangsystem. Von wo
der Anstoß zur Bildung dieser am frühesten auftretenden
akzidentellen Geschlechtsmerkmale ausgeht, muß dahingestellt bleiben. Daß es sich um eine Art hormonalen Anstoßes
handelt, muß wohl als sicher angenommen werden; experimentell erwiesen ist jedenfalls, daß die embryonalen Anlagen dieser Gebilde auf zugeführte Sexualhormone ansprechen; fraglich bleibt, ob die die normale Entwicklung
veranlassenden Reizstoffe mit den späteren Prägungsstoffen
identisch sind und woher sie stammen. Es ist möglich,
daß derselbe Anstoß chromosomaler Herkunft, der offenbar zur Bildung der Gonaden führt, auch die anderen
embryonalen Sexualanlagen primär induziert; eine sekundäre Induktion dieses Wachstums durch die Keimdrüse
selbst erscheint recht fraglich; denn wir wissen, daß sogar
in den postfötalen Entwicklungsjahren bis zur Pubertät
keine nennenswerte Hormonbildung in den Gon den stattfindet. In Betracht zu ziehen wären aber schon azu dieser
Zeit hormonale Einflüsse von seiten der Nebennierenrinde.
Nach V i n e s tritt von der 9. bis 20. Fötalwoche beim
männlichen Embryo (11. bis 15. Woche beim weiblichen)
regelmäßig eine besondere Färbbarkeit der Nebennieren-
rindenzellen mit Fuchsin auf. Beobachtungen bei genito-
adrenalen Syndromen mit Virilismus ergaben, daß Fuchsin-
ophilie der Nebennierenrinde mit dem Auftreten androgener
Substanzen im Harn einhergeht (Adrenosteron). V i n e s
zieht daraus den Schluß, daß während der Embryonal-
zeit normalerweise eine Ausschüttung androgener Stoffe
aus der Nebenniere stattfindet. Es muß weiteren Forschungen auf diesem Gebiet überlassen bleiben, festzustellen,
ob wir tatsächlich die Nebenniere sozusagen als die Sexual-
drüse der Fötalzeit, als den Bildungsort eines embryonalen
Prägungsstoffes anzusehen haben, der die Entwicklung von
Samenblasen, Prostata usw. fördernd beeinflußt.

Aehnlich lückenhaft wie unsere Kenntnisse über die
physiologischen Grundlagen der Geschlechtsentwicklung in
der Fötalzeit ist auch unser Wissen um die Vorgänge in
der Sexualsphäre des Kindes bis zur Pubertät. Eine nennenswerte Hormonproduktion in den Gonaden findet, wie
schon erwähnt, während dieser Periode nicht statt. Ferner
wird das gonadotrope Hormon des Hypophysenvorderlappens um diese Zeit nur spärlich erzeugt und überdies

ist die infantile Keimdrüse für seine stimulierende Wirkung noch wenig empfindlich. Ihre Empfindlichkeit steigt erst zur Zeit der beginnenden Pubertät beträchtlich an, in welcher das g o n a d o t r o p e H y p o p h y s e n p r i n z i p in größerer Menge erzeugt wird und den Eintritt der Geschlechtsreife anbahnt.

Das gonadotrope Hormon entstammt wahrscheinlich den basophilen Zellen des Hypophysenvorderlappens; es ist ein Glykoproteid, ein Körper, bestehend aus einem Eiweißanteil und einem Polysaccharidkomplex. Der Name „Prolan" hat sich für das Hormon ziemlich allgemein eingebürgert, obwohl er ursprünglich für ein vor allem im Schwangerenharn aufgefundenes Produkt geprägt wurde, das zwar gonadotrope Wirkung besitzt, aber nicht aus der Hypophyse stammt. Die viel diskutierte Frage, ob die Hypophyse einen einzigen gonadotropen Wirkstoff erzeugt, oder ob es zwei Faktoren, ein Prolan A und ein Prolan B, gibt, scheint heute doch wieder zugunsten der dualistischen Auffassung entschieden zu sein. Danach veranlaßt das Prolan A im Hoden die Reifung des samenerzeugenden Apparates und hält auch weiterhin die Spermatogenese in Gang, das Prolan B sorgt für Beginn und Aufrechterhaltung der inneren Sekretion des Hodens. Injektion von Prolan oder Implantation von Hypophysenvorderlappengewebe beschleunigt beim infantilen Organismus den Eintritt der Geschlechtsreife: es kommt zur vorzeitigen Bildung befruchtungsfähiger Spermatozoen, zu vorzeitiger Ausbildung der akzidentellen Geschlechtsmerkmale; beim erwachsenen und seneszenten Organismus kann es zur Steigerung bzw. zum vorübergehenden Wiederaufleben der Brunsterscheinungen kommen. Während die Wirkung auf die Spermatogenese eine unmittelbare ist, handelt es sich bei der Förderung der akzidentellen Geschlechtsäußerungen nur um eine mittelbare Wirkung. Denn beim Kastraten bleibt die Beeinflussung der akzidentellen Merkmale aus.

Exstirpation der Hypophyse am erwachsenen Tier führt in der männlichen Sexualsphäre zur Atrophie des Hodens und zum Aufhören der Spermatogenese. Ferner kommt es zur Verkümmerung der akzidentellen Geschlechtsmerkmale und zum Erlöschen des Sexualtriebes. Bei Exstirpation am noch nicht geschlechtsreifen Tier oder bei angeborener Unterfunktion der menschlichen Hypophyse bleibt der Eintritt der Geschlechtsreife aus: die Hoden bleiben klein und zeigen keine Spermatogenese, die akzidentellen Geschlechtsmerkmale werden, soweit noch nicht vorhanden, nicht ausgebildet, soweit schon angelegt, nicht weiter entwickelt; kurz, das Individuum bleibt auf einer infantilen Entwicklungsstufe stehen. Das unmittelbar Entscheidende

ist auch hierbei der Ausfall der Hypophysenwirkung auf
den Hoden selbst, die übrigen Ausfallserscheinungen sind
mittelbar bedingt. Die Verhältnisse liegen demnach so, daß
die Hypophyse mittels ihres gonadotropen Wirkstoffes nur
am Hoden angreift, an seinem germinativen sowohl als auch
an seinem inkretorischen Apparat, nicht aber an den akzidentellen Apparaten. Sie ist der übergeordnete Initiator und
Regler der Sexualfunktion schlechthin und als solcher nicht
geschlechtlich differenziert: Prolane aus männlichen und
weiblichen Hypophysen sind identisch. Ob die Hypophyse
spezifisch männliche oder weibliche Eigenschaften in einem
Organismus zur Entfaltung bringt, hängt ausschließlich ab
von der sexuellen Determinierung der Keimdrüse, die von
ihr zur Funktion aufgerufen wird. Ist diese Keimdrüse
ein Hoden, so bildet sie nach Eintritt ihrer auf hypophysäre Veranlassung erreichten Reife bis ins hohe Alter
Spermatozoen und ein männliches Sexualhormon, das seinerseits zunächst die Entwicklung bzw. Entstehung aller jener
akzidentellen Eigenschaften bewirkt, die das Individuum
zum Manne prägen und dann für den Bestand dieser Eigenschaften während des weiteren Lebens Sorge trägt.

     Der H o d e n ist die innersekretorische Drüse, mit der
die Menschheit am längsten schon experimentiert, wenn
auch meist nicht mit der Absicht oder in dem Bewußtsein,
ein Experiment zu machen. Die Kastration wurde schon
im Altertum an Tier und Mensch geübt. Der erste, der
sub specie experimenti einen Hahn kastrierte und die
Kastrationsfolgen durch Reimplantation von Hodengewebe
zum Verschwinden brachte, war der deutsche Physiologe
B e r t h o l d in Göttingen (1849). Im weiteren wurde dann
viel an den Keimdrüsen herumuntersucht, und es hat auf
diesem Gebiete nicht an Untersuchern gefehlt, die vor die
weitere Oeffentlichkeit traten mit Ergebnissen, die das für
sie beanspruchte Interesse nicht zu rechtfertigen vermochten. Daß das Gebiet der Sexualhormone heute eigentlich
so ziemlich das bestgeklärte in der ganzen Endokrinologie
ist, ist das Verdienst von Forschern wie B u t e n a n d t, R u-
z i c k a, L a q u e u r u. a., die während des letzten Dezenniums in einem für diese Dinge unerhört raschen Tempo,
aber in aller Stille, Isolierung, exakte Testung, Struktur-
aufklärung und Synthese der Sexualhormone durchgeführt
haben.

     Alle im Tierkörper aufgefundenen Sexualhormone,
männliche wie weibliche, sind ihrer chemischen Struktur
nach eng verwandt mit den Sterinen, sogenannte Steroide,
ähnlich wie die Rindenhormone der Nebenniere, die D-Vita-
mine und die Gallensäuren; aus Sterinderivaten konnten sie
synthetisch gewonnen werden.

Das eigentliche männliche Sexualhormon ist das aus Hoden gewinnbare Testosteron; aus Harn wurden zwei etwas schwächer wirksame Körper isoliert, nämlich das Androsteron und das Dehydroandrosteron. Außer diesen drei Stoffen ist noch eine Reihe von anderen ähnlicher Wirkung synthetisch hergestellt oder durch Umlagerung gewonnen worden. Noch wirksamer als das reine Testosteron sind seine Ester mit niederen Fettsäuren. Darauf ist es zurückzuführen, daß in der Therapie und zu vielen Versuchszwecken an Stelle des reinen Präparates heute das Testosteron p r o p i o n a t verwendet wird.

Wo das Testosteron im Hoden gebildet wird, darüber gehen die Meinungen nach wie vor auseinander; in Betracht gezogen werden die L e y d i g schen Zwischenzellen, die S e r t o l i schen Stützzellen und das samenbildende Epithel selbst. Die fertigen Samenzellen enthalten kein Hormon, was daraus hervorgeht, daß das Sperma keine hormonale Wirksamkeit besitzt. Unklar ist ferner noch, ob die androgenen Stoffe des Harns im Hoden von vornherein getrennt gebildet werden, oder ob sie später aus dem Testosteron entstehen.

Man faßt diese Hormone und ihre wirksamen Derivate unter dem Sammelnamen „männliche Prägungsstoffe" zusammen, ausgehend von der Vorstellung, daß sie es eigentlich sind, die dem Organismus sein sexuelles Gepräge verleihen. Und in der Tat: fallen diese Prägungsstoffe aus, z. B. durch frühe Kastration, so tritt der Zustand völliger Ausbildung der Geschlechtswerkzeuge (Samenblase, Penis usw.) nicht ein, die spezifisch männliche Entwicklung von Muskulatur, Körperproportionen, Behaarung, Kehlkopf und Psyche bleibt aus. Ferner kommt es nicht selten zum sogenannten eunuchoiden Hochwuchs, da infolge von verspäteter Epiphysenverknöcherung ein länger dauerndes Wachstum der langen Röhrenknochen stattfindet. Diese Erscheinung wird durch den Wegfall eines hemmenden Einflusses des Keimdrüsenhormons auf die Produktion des Wachstumshormons im Hypophysenvorderlappen erklärt. Bei Spätkastration können die akzidentellen Geschlechtsmerkmale weitgehend erhalten bleiben. Durch entsprechende Behandlung mit männlichen Prägungsstoffen können die Kastrationsfolgen, abgesehen natürlich von der Wiederherstellung der Zeugungsfähigkeit, völlig beseitigt werden.

Wenn die Keimdrüse von der Hypophyse einmal in Schwung gebracht worden ist, besteht dann weiterhin zwischen den beiden Drüsen folgende Beziehung: bei erhöhter Produktion von Keimdrüsenhormon ist die Prolanbildung gehemmt, bei herabgesetzter Produktion steigt sie an. Das ist offenbar dadurch bedingt, daß die Hypophyse als oberste

Korrelationsstelle im endokrinen System für eine stets optimale Tätigkeit der von ihr beherrschten Drüsen Sorge trägt:
sinkt die Testosteronproduktion, so wird dem Hodengewebe
mehr Prolan zugeführt, um es zu gesteigerter Hormonbildung zu veranlassen und umgekehrt. Die Aufrechterhaltung eines Testosteronspiegels gewisser Höhe, der so erreicht wird, dürfte dabei allerdings in der Regel weniger
zur Erhaltung der somatischen Sexualmerkmale (denn diese
bleiben auch nach Kastration noch lange bestehen), als
vielmehr zur Aufrechterhaltung einer der je eiligen Gesamt-
situation des Organismus gemäßen Stärke des Geschlechtstriebes erforderlich sein.

Es sei nun kurz auf zwei Drüsen mit innerer Sekretion
hingewiesen, die offenbar auch in Beziehung zur Sexualsphäre stehen, von deren Anteil an den hier in Rede stehenden Vorgängen wir aber noch keine sehr eingehenden Kenntnisse haben; es sind das die Nebenniere und die Zirbeldrüse. Darauf, daß die Nebenniere wahrscheinlich in die
embryonale Sexualentwicklung hormonal eingreift, wurde
schon früher hingewiesen. Die bei Störungen der Nebenniere vorkommenden Zustandsbilder der Pubertas praecox
und des Interrenalismus legen die Vermutung nahe,
daß die Nebenniere auch im postfötalen Leben schon
unter normalen Verhältnissen an der hormonalen Steuerung der Sexualität beteiligt ist. Man nimmt heute an,
daß die Nebennierenrinde außer dem Corticosteron noch
andere Steroide bildet, deren sich die Keimdrüsen beim
Aufbau der Sexualhormone bedienen. — Versuche an jungen
männlichen Tieren ergaben, daß die Entfernung der Zirbeldrüse vorzeitige Geschlechtsentwicklung und Brunst nach
sich zieht. Es wurde angenommen, daß die Zirbel ein anti-
gonadotropes Hormon erzeugt, das dem gonadotropen Hormon des Hypophysenvorderlappens entgegenwirkt; neuerdings ist das allerdings wieder fraglich geworden.

Der große Aufschwung der Endokrinologie hat vorübergehend zu einer gewissen Entthronung des Zentralnervensystems geführt: es bestand eine Zeitlang die Tendenz, Beziehungen zwischen Organen nur durch hormonale Korrelation zu erklären. Inzwischen hat sich das aber
wieder geändert, vor allem dank der Vertiefung unserer
Kenntnisse auf dem Gebiete des vegetativen Nervensystems.
Man hat zahlreiche Beispiele für das enge Zusammenwirken
von humoraler und nervöser Korrelation kennengelernt und
— hier schlägt das Pendel nach der anderen Seite aus —
man widersteht nunmehr nicht immer erfolgreich der Ver-
suchung, ein wenig zu schematisch das Vorhandensein auch
nervöser Korrelationen überall dort von vornherein zu vermuten, wo humorale Korrelationen nachgewiesen sind. So

wird von manchen ein Sexualzentrum im Zwischenhirn angenommen, das z. B. auch in die Wechselbeziehung zwischen
Keimdrüse und Hypophyse eingeschaltet sein soll. Als Argument für seine Existenz wird u. a. das Syndrom der Pubertas praecox bei Zwischenhirntumoren angeführt. Dem ist
entgegenzuhalten, daß Zwischenhirntumoren die Hypophyse
wohl stets in Mitleidenschaft ziehen werden. Ist die Drüse
aber in Mitleidenschaft gezogen, so kann man ein in ihrer
Wirkungssphäre auftretendes Syndrom nicht beweiskräftig
der benachbarten zentralnervösen Region zur Last legen.
Es soll kein Zweifel darüber geäußert werden, daß das
Zwischenhirn eine übergeordnete nervöse Befehls- und Ver-
mittlungsstelle für zahlreiche vegetative Vorgänge ist, es
muß als durchaus möglich bezeichnet werden, daß z. B.
die veget tiven Reflexe im Bereiche der Genitalsphäre steu-
ernd von Zwischenhirnzentren beeinflußt werden, aber ich
glaube: das, was wir bis heute wissen, berechtigt uns nicht,
von einer „zentralnervösen Sexualität" als einem dritten
Prinzip gleichen Ranges neben der zygotischen und hormonalen Sexualität zu sprechen. Das Zentralnervensystem
ist natürlich, wie jedes andere Gewebe des Körpers, von
vornherein genetisch geschlechtlich determiniert: der ge-
schlechtsunreife Knabe ist nicht nur somatisch, sondern
auch psychisch schon etwas anderes als das unreife Mädchen. Aber es ist uns nicht bekannt, daß das Zentralnervensystem primär in die Sexualentwicklung derart bestimmend
eingriffe wie die Hormone. Die Art seiner Reaktionsabläufe
erhält vielmehr umgekehrt durch die Keimdrüse die letzte
geschlechtliche Prägung, oder mit anderen Worten: die
psychosexuelle Persönlichkeit ist ein akzidentelles Ge-
schlechtsmerkmal und nicht ein essentielles. Die Anerkennung der Existenz zahlloser rückläufiger Beziehungen aus
der Sphäre des Psychischen in den Bereich der somatischen Sexualität darf uns hier nicht davon abhalten, im
grundsätzlichen die richtige Rangverteilung zu treffen.

Die mit dem Chromosomensatz der Keimzellen über-
nommenen geschlechtsbestimmenden Faktoren, die Wirkstoffe der Hypophyse, der Zirbeldrüse, der Nebenniere und
die Wirkstoffe der Keimdrüse — alle diese Faktoren zusammen schaffen bzw. stellen selbst dar die Eigenschaften,
die für das Geschlecht eines Individuums spezifisch sind;
sie sind die biologischen Grundlagen der Geschlechtlichkeit.
Voraussetzung für die vollkommene Ausprägung der
sexuellen Persönlichkeit ist das harmonische Zusammenwirken der ungestörten Einzelfunktionen. Eine Störung an
irgend einer Stelle bedeutet in der Regel unzureichende
oder unzeitgerechte Ausprägung des Geschlechtes. Als Stö-
rungsfolgen treten dann in Erscheinung: Intersex, Infan-

tilismus, Eunuchoidismus oder Pubertas praecox, um einige
charakteristische zu nennen. Von den genannten Faktoren
sind die wirksamen Prinzipe der Hypophyse (und der Zirbeldrüse) g e s c h l e c h t s u n s p e z i f i s c h; wenn es, wie früher angedeutet, zutrifft, daß die Nebenniere Herstellungs-
ort bloß der Ausgangsprodukte der Sexualhormone ist,
so kann auch sie zu den geschlechts u n spezifischen Faktoren gezählt werden. Die spezifisch männliche Note der
Geschlechtseigenschaften muß daher ihren Grund im Wirkstoff des Hodens und in der genetischen Determination des
Chromosomenapparates haben. Wie aber sieht es nun mit
der Wertigkeit dieser Faktoren aus?

Die Prüfung der Geschlechtsspezifität der Keimdrüsenhormone ergab, daß eine absolut geschlechtsspezifische Aus-
richtung ihrer Funktion, ein echter Antagonismus ihrer Wirkungen keineswegs vorliegt. Wenn man erwartet hatte, daß
die verhältnismäßig einfachen Körper, die eine glänzende
Periode der chemischen Erschließung uns als reine Wirkstoffe in die Hand gab, ausschließlich im männlichen oder
im weiblichen Sinn wirken würden, so sah man sich in
dieser Erwartung bitter enttäuscht. Eine Fülle verwirren-
der, zum Teil einander völlig widersprechender Einzelheiten wurde zutage gefördert. Wir haben diese Periode
der Verwirrung auch heute noch nicht ganz überwunden.
Die wesentlichen Tatsachen sind: Weibliches Hormon wird
im männlichen und männliches im weiblichen Organismus
unter ganz normalen Verhältnissen gefunden, wobei das
jeweils andersgeschlechtliche Hormon nicht etwa bloß in
Spuren, sondern in ganz massiven Mengen vorkommt; Stier-
hoden, vor allem aber Pferdehoden und Pferdeharn, sind
z. B. die ergiebigsten Fundgruben für das weibliche Oestron!
Dahingegen findet sich Androsteron auch stets im Frauen-
harn und sogar im Harn von Kastraten. Ein Biochemiker
hat den Ausspruch getan: Man kann einen Mann, eine
Frau und einen Eunuchen nicht voneinander unterscheiden — wenn man die Androsteronausscheidung im Harn
zum Kriterium nimmt. Die Prägungsstoffe können ferner
Wirkungen des andersgeschlechtlichen Hormons selbst hervorrufen, wenn sie — allerdings in großen Dosen — einem
kastrierten Tier, das diesem anderen Geschlecht angehört,
verabreicht werden. So kann Hodenhormon im kastrierten
Weibchen die Brunsterscheinungen auslösen, Follikelhormon
im männlichen Kastraten Wachstum der sexuellen Anhangs-
drüsen veranlassen.

Die Prägungsstoffe beider Geschlechter sind also ausgesprochen bivalente Hormone; nur das Hormon des Corpus
luteum (Progesteron) macht davon eine Ausnahme, es ist
univalent. Angesichts dieser Sachlage hat K o r e n -

s c h e v s k y vorgeschlagen, von den Bezeichnungen „weiblich" und „männlich" im Zusammenhang mit den Sexualhormonen überhaupt Abstand zu nehmen und sie unter die drei Gruppen unisexuelle, teilweise bisexuelle und echte bisexuelle Hormone einzuteilen. Androsteron und Oestron kämen in die zweite Gruppe, dieses als vorwiegend weiblich, jenes als vorwiegend männlich wirkend; in der ersten Gruppe fände sich nur das Progesteron, wohingegen Testosteron als echter bisexueller Wirkstoff in die dritte Gruppe käme. Einer der Gründe für die Ambivalenz männlicher und weiblicher Prägungsstoffe ist wohl ihre nahe chemische Verwandtschaft: Das wirksame Follikelprinzip Oestron unterscheidet sich z. B. vom Androsteron nur durch das Fehlen einer Methylgruppe und durch den Sättigungsgrad. Die verschiedenen Prägungsstoffe können in vitro leicht einer in den anderen umgewandelt werden, und es muß wohl angenommen werden, daß diese Umwandlung sich auch im Organismus vollziehen kann.

Der intermediäre Stoffwechsel der Prägungsstoffe ist noch keineswegs geklärt. Aus seiner Klarlegung ist die Antwort auf viele heute noch offene Fragen, gerade was die Spezifität der Wirkung betrifft, zu erwarten. Die verwirrende Tatsache, daß Keimdrüsenhormone eigentlich zugleich geschlechtsspezifisch und -unspezifisch sind, dürfte in den jeweils wechselnden quantitativen Verhältnissen ihrer Umwandlung im intermedären Stoffwechsel ihre Erklärung finden. Heute bietet die Beziehung zwischen den Hormonen und den sexuellen Substraten, auf die sie wirken, hinsichtlich der Spezifität jedenfalls noch ein Bild, das sich vielleicht durch folgenden Vergleich kennzeichnen läßt: Es sind da zwei verschiedene Schlösser und dazu gibt es je einen Schlüssel. Jeder dieser Schlüssel, obwohl speziell für sein Schloß angefertigt und am besten zu diesem passend, sperrt aber auch das andere Schloß, zu dem er eigentlich nicht gehört. Ein Stoff wie das durch Reduktion aus dem Dehydroandrosteron gewinnbare Androstendiol, das in gleicher Weise männliche wie weibliche Prägungswirkungen entfaltet, wäre im Sinne dieses Vergleiches als vollendeter „Dietrich" anzusprechen.

Die Erkenntnis der Ambivalenz der Sexualhormone führt uns schließlich dazu, im Erbfaktorensatz, in der genetischen Determination des Chromosomenapparates, die oberste Instanz für die eindeutige Entscheidung der Geschlechtlichkeit zu erblicken. Ein Mann ist letzten Endes nicht deshalb ein Mann, weil Testosteron in seinen Säften kreist, sondern weil bereits die Zygote, die befruchtete Eizelle, aus der er hervorging, in ihrer Erbfaktorenzusammensetzung männlich determiniert war. Das Sexualhormon bringt diese Anlage dann nur zur vollen Entwicklung, sobald die Hypophyse das Zeichen gegeben hat, daß der Organismus reif dazu ist.

Freilich verbürgt auch die Determination des Keimes nicht mit unumstößlicher Gewißheit die Entstehung eines bestimmten Geschlechtes. Es sind experimentelle Bedingungen bekannt, unter denen dem Keim eine Entwicklung aufgezwungen werden kann, die im Widerspruch steht zu seinem genetischen Determinismus; so entsteht z. B. in männlichen Amphibien- oder Vogelembryonen, die mit weiblichem Sexualhormon behandelt werden, nicht ein Hoden, sondern ein Ovar, im weiblichen Fischkeim unter Testosteroneinwirkung ein Hoden. Es läßt sich der allgemein gültige Satz aufstellen, daß jede Geschlechtszelle, jedes Geschlechtsindividuum gegebenenfalls auch die Eigenschaften des anderen Geschlechtes hervorzubringen vermag. Alle Organismen besitzen im Grunde eine bisexuelle Potenz, besitzen somit geschlechtliche Plastizität. Wir begreifen so, daß der Gegensatz der Geschlechter letzten Endes nichts Absolutes ist, nichts bis ins Letzte Durchgreifendes. Jenseits der Zweierleiheit sexualer Erscheinungsform steht als übergeordnete Einheit das weder männliche noch weibliche Es der Art, die sich am Dasein erhält, indem sie immer wieder aufs Neue in den Geschlechtern aus sich heraus zu sich selbst sich in Gegensatz setzt.

Das Verjüngungsproblem

Von

Professor Dr. **L. Schönbauer**

Wien

Uralt wie das Menschengeschlecht, ist das Bestreben der Menschen, sich jung zu erhalten, verlorene Jugend wieder zu gewinnen. Menschengeist und Menschensehnsucht wollte zu jeder Zeit den Kreislauf der Natur unterbrechen, für sich Ausnahmebestimmungen aus den ewigen Naturgesetzen erreichen.

In den ältesten Aeußerungen der Sprache finden wir schon den Ausdruck dieses Jugendtraumes. Die Zaubermittel* für die Erhaltung und Verlängerung des Lebens, der Jugendkraft sind in der Spruchsammlung der Edda enthalten, in Märchen und Sagen wird die Erfüllung dieses Traumes erreicht. Aeußere und innere Mittel wurden in Anwendung gebracht, um den Menschen jung zu erhalten oder verlorene Jugend wieder zu finden. Von äußerlich wirkenden Mitteln war es zunächst das Feuer, dem verjüngende Wirkung zugesprochen wurde; es galt seit frühesten Zeiten als eine Kraft, die Unreines beseitigen konnte. Der Mensch übergab den Körper seiner verstorbenen Mitmenschen dem Feuer und hoffte, daß er, durch die Glut gereinigt, einst auferstehen werde.

---

* Ich folge in einem Teil meiner Ausführungen der Dissertation von Alfred H e j l i k, Prag, Philosophische Fakultät, 1933: „Das Verjüngungsmotiv im Denken, Dichten und Leben der Völker".

Omnia purgat edax ignis,

oder

quae ferrum non sanat, ignis sanat, quae vero ignis
non sanat, ea insanabilia existimare oportet.

Die moderne und die alte Heilkunst ordnen Sonnen-
bäder an; durch den Einfluß der ultravioletten Strahlen
wird die Widerstandsfähigkeit des Körpers gegen Krankheiten und frühzeitiges Altern erhöht.

Wie durch die Flamme aus dem weißglühenden Eisen
alles Unreine beseitigt wird, so versucht der Mensch durch
Feuerwirkung den Körper zu verjüngen. J u n g g l ü h e n
heißt dieser Vorgang und es wird im Zusammenhang damit gewöhnlich der Altweiberofen erwähnt. In diesen werden die alten Weiber hineingeworfen und durch die Hitze
junggeglüht; sie kommen als wunderschöne junge Mädchen
wieder heraus. Aber auch Männer werden dieser Prozedur
unterzogen. So wird in einer französischen Novelle berichtet, daß zwei Frauen ihre Männer gegen Bezahlung von
100 Talern von einem Glockengießer trotz vorheriger War-
nung umgießen und verjüngen ließen. In norwegischen und
indischen Sagen ist die Rede von Schmiedemeistern, die in
der Feueresse Menschen durch Umglühen verjüngten. Auch
im deutschen Schrifttum findet sich in F i s c h a r t s Bilder-
gedichten die Erzählung von einem jungen Schmied, der
vergebens sein altes häßliches Weib in der Schmiedeesse
jung machen wollte. In der Illustration zu G r i m m s jung-
geglühtem Männlein finden sich Verse von einer erfolgreichen Verjüngung:

„Es prant dem schmid sein altes weip
in einer esz, das ganz ir leip
ward jung und starc on alles gefahr
als ob sie were XV iar.‟

Dem Schmiedegewerbe wird in alten Zeiten überhaupt
die Fähigkeit zugesprochen, Menschen und Tiere zu behandeln. Nicht nur Jungglühen, auch J u n g s c h m i e d e n
ist ein Mittel zur Verjüngung.

Aus Pommern erzählt ein Märchen, daß die alte Groß-
mutter des Schmiedes durch St. Peter geglüht, von 5 Gesellen gehämmert und dann im Löschtrog gekühlt wird. Als
junges, kaum 18jähriges Mädchen springt die alte Groß-
mutter aus dem Trog. Solche Sagen finden wir im Luxem-
burgischen, in der Schweiz, in Lübeck und vielen anderen
Orten, auch in Rußland und England. So erzählt eine mittel-
englische Legende, daß des Schmiedes alte Schwiegermutter,
die seit 40 Jahren nicht mehr gehen kann, in eine Esse ge-

legt und dann auf dem Amboß mit dem Hammer bearbeitet wird, sie wird jung und schön.

Ich könnte die Reihe dieser Märchen noch weiter ausführen. Es ergibt sich daraus, daß überall in Europa der Glaube an die Verjüngung durch Jungglühen und Jungschmieden verbreitet war.

Eine andere von altersher überlieferte Methode der Verjüngung ist das Umpacken. Besonders in Niederösterreich und in der Steiermark wird das „Göltawenden" geübt; nach H e j l i k, dem ich in meinen Ausführungen folge, noch vor einem Menschenalter. Kinder mit greisenhaftem Aussehen werden nach Herausnehmen des Brotes auf die Backschaufel gebunden und 3mal in den noch warmen Backofen eingeschossen und dabei ein Spruch gesagt:

„A olts schiass i nei, a jungs tua is aussa."

In den Dekreten von Burchard von Worms, gestorben 1025, wurde dieses Umpacken bei Strafen verboten.

In ungarischen und in südamerikanischen Indianermärchen spielt das Umpacken eine große Rolle.

Neben dem Feuer gilt die Asche als verjüngendes Mittel. Sie ist, nach dem Glauben der ältesten Völker, mit heilvollen Kräften ausgestattet und frei von unreinen Stoffen. Der Vogel Phönix, der bei Annäherung des Todes in seinem Nest verbrennt, steigt nach dem Glauben der alten Aegypter verjüngt aus der Asche und gilt als Symbol der Unsterblichkeit.

Das Titelblatt zu Grimmelshauses „Simplizissimus" zeigt ein fabelhaftes Wesen mit Flügeln, Fischschwanz und Pferdefuß und die Aufschrift:

„Ich wurde durch's Fewer wie Phönix geborn. Ich flog durch die Lüffte! Ward doch nit verlorn."

In Schillers Jungfrau von Orleans sagt der Erzbischof von Reims:

„Ihr seid vereinigt, Fürsten! Frankreich steigt ein neu verjüngter Phönix aus der Asche. Uns lächelt eine schöne Zukunft an."

Eine andere Art der Verjüngung ist in der „Altweibermühle" gegeben, im Jungmahlen. Wie das Korn von seiner Schale gereinigt und zu feinem Mehl verarbeitet wird, so kann, wie man sich vorstellte, eine Maschine Altes jung und Häßliches schön mahlen.

In den „Sagen der Technik" liegt die Jungmühle in Baden, oberhalb Bönihheim im Weiler Treffentrill, der im

Volksmund Tripstrill genannt wird. Dorthin kommen, wie
viele bildliche Darstellungen zeigen, von allen Seiten
Männer, die ihre alten Frauen auf Schubkarren, auf dem
Rücken oder im Arme mitbringen. Sie werden in große
hölzerne Trichter geschüttet und fallen unten verjüngt und
verschönert in den Arm des wartenden Gatten.

Daß neben dem Element des Feuers besonders dem
Element W a s s e r eine verjüngende Kraft zugesprochen
wurde, ist verständlich. In der altindischen Göttersage wird
V a r u n a als Gott des Ueberhimmels angesehen, der mit
seinem himmlischen Wassersee an der Stelle, wo die
Himmelsdecke mit dem Weltozean zusammenstößt, in das
irdische Wassergebiet hineinragt, und der überall Leben
hervorruft.

Das Wasser ist nach Hieronymus und Hellanikos das
Prinzip, aus dem sich die Erde verdichtete und mit ihm den
ewig-jungen Drachen zeugte. Nach der Edda bildet das
Wasser den Hauptbestandteil des Weltstoffes, aus dem der
Urriese Ymir entsteht.

Das Lebenswasser verhindert das Altern und das
Sterben. Das Lebenswasser zu finden, heißt den Weg in das
Land der ewigen Jugend finden. Schon babylonisch-assyri-
sche Märchen zeigen in bunter Mannigfaltigkeit und Ausgestaltung die Quelle des Lebens im Lebenswasser.

Istar, wahrscheinlich der Morgenstern, der auf seiner
Wanderung ins Totenreich erloschen ist, wird mit dem
Wasser des Lebens besprengt und steigt jung und schön
empor.

Altpersische Mythen verlegen die Quelle des Lebens in
ein dunkles, unbekanntes Land gegen Osten oder Süden,
gegenüber dem Throne des Teufels. Die lebensspendenden
Quellen persischer Dichter sind Arduisir und Selsebil. Der
Dichter und Lyriker Hafis besingt die Geliebte:

> „O Du mit Wangen, schön wie Eden
> Und Lippen gleich dem Selsebil."

Im persischen Heldenepos Schahname des Firdusi (gestorben 1030) sagt Alexander zu seinem Begleiter Chidher:
Wenn wir das Lebenswasser in unsere Gewalt bringen, so
wollen wir dort lange weilen, um ihm Verehrung zu erweisen. Chidher erreichte den Lebensquell, wusch sich drin
und trank daraus und erlangte die ewige Jugend.

In der griechischen Göttersage war Nektar der Trank,
durch den die Götter jugendfrisch und unsterblich blieben.
Im Garten der Hesperiden entspringt der Lebensquell und
fließt seit der Vermählung des Zeus mit Hera. In der germanischen Göttersage ist die Unterwelt der Ort des Unsterblich-

keitswassers, das einer der drei Wurzeln der Weltesche
Yggdrasil entspringt, der Urdsbrunnen:

> Begossen wird die Esche, die Yggdrasil
> heißt, der geweihte Baum mit weißem Nebel.
> Davon kommt der Tau, der in die Täler fällt;
> Immergrün steht er über Urds Brunnen.

In der späteren Zeit ist es der Hulda- oder Holda-
brunnen, der als Jungbrunnen bezeichnet wird.

Zahlreiche Märchen erzählen von dem Kampf um das
Lebenswasser. Gewöhnlich bewachen Riesen, Zwerge oder
wilde Tiere den Brunnen, der nur von wenigen Glücklichen
gefunden wird. Viele gehen im Bestreben, das Wasser zu
erringen, zugrunde. Mit Zaubermittel, mit Hilfe von Pflanzen und Tieren wird der Weg gefunden. Für viele ist die
Erringung dieses Wassers kein Glück, sie werden von neidi-
schen Verwandten getötet, die sich nun selbst das Wasser
aneignen. Solche Märchen finden sich im Schrifttum aller
Völker.

Wie Jungglühen und Jungschmieden demselben Ge-
dankenkreis angehört, so schließt sich an das Lebenswasser auch die Kenntnis von dem J u n g b r u n n e n an.
Jungbrunnen gibt es in zahlreichen Orten. Der Mensch, der
in diesem Brünnlein badet, wird jung und schön; auch
Tiere werden verjüngt. „Renovabitur ut aquillae juventus
tua." Der Adler fliegt, wenn er alt wird und seine Augen
schwach werden, zu einer Quelle, von dieser zur Sonne,
dort verbrennt er seine Flügel und klärt sein Auge. Auf
die Erde gefallen taucht er dreimal in das Wasser der Quelle
und kommt verjüngt hervor. Unfern der Stadt Zwickau im
Erzgebirge ist der Schwanenteich, dessen Wasser wirksamer ist, als alle verjüngenden Salben, reinigender als
Eselsmilch oder das zur Erhaltung buhlerischer Reize er-
fundene Waschwasser à la Pompadour, köstlicher als das
berufene Talksteinöl. Es verbirgt in sich wundersamere
Kräfte als ihre weniger wertvolle Nachbarin Karlsbad. Bei
Mähr.-Rothwasser entspringt die Zohsee, die Quelle heißt
Mertabrunnen und schützte in Pestzeiten ihren Besitzer vor
der Pest. Er ist imstande, alte Körper jung zu machen.

Osterwasser oder Christwasser hat dieselbe Kraft wie
der Jungbrunnen. Das Baden im Tau ist besonders wirksam
im Monat Mai. Diese Bräuche sind nicht nur in Deutschland
üblich gewesen, auch aus England und Ungarn wird Aehnliches berichtet.

Besonders verbreitet war das Baden in M i l c h zur
Verjüngung. Poppaea Sabina, die Gattin des Kaisers Nero
badete alle Morgen in Eselinnenmilch und führte auf ihren
Reisen nach Dio Cassius 50 Eselinnen in ihrem Gefolge mit.

Die Gemahlin des Kaisers Augustus soll die Milch ge-
fangener germanischer und keltischer Frauen zu Bädern
benutzt haben. Topfenwasser macht die Haut zart und weiß
und wirkt verjüngend. Nach einem griechischen Märchen
wird der alte König durch Hirschmilch verjüngt, die der
treue Gärtnerbursche verschafft.

In russischen Märchen, in Märchen aus dem Balkan,
in rumänischen Märchen und in Zigeuner-Märchen, ist es
das Baden in heißer Milch, das zur Verjüngung führt.

Der lebenstragende Bestandteil des menschlichen Körpers ist das B l u t. Blut wurde schon in ältesten Zeiten als
Heilmittel und Verjüngungsmittel verwendet. Nach Plinius
verwendet ein ägyptischer König Blut gegen Aussatz. Kon-
rad von Würzburg teilt mit, daß ein römischer Kaiser im
Blut unschuldiger Kinder badete. Er ließ 3000 Kinder nach
Rom bringen,

„daz im würde ein bat gemacht uz ir bluot do".

Papst Innozenz VIII. verwendete 1492 das Blut von
drei 10jährigen Knaben, die dadurch starben, zu seiner
Heilung. Der Arzt, der dazu riet, floh, als der Erfolg aus-
blieb.

Auch von König Ludwig von Frankreich, 1842, wird
berichtet, daß er Kinderblut von seinem Arzt Cottier verordnet bekam.

In der neueren Dichtung ist es das Blut unschuldiger
Mädchen, das sieche Menschen von ihrer Krankheit heilte
und sie verjüngte.

Im Armen Heinrich von Hartmann von der Aue bietet
ein junges Mädchen sich dem mit Miselsucht behafteten
Armen Heinrich an. Er wird durch seinen Entschluß, lieber
lebenslang krank zu sein, als Blut eines unschuldigen
Mädchens zu vergießen, geheilt.

E r d e   u n d   S c h l a m m besitzen die Eigenschaft,
welche, wie man glaubt, zur Verjüngung führen können.
Ein Volksbrauch besteht darin, kleine Kinder nach der Geburt auf die bloße Erde zu legen, weil dann die Kinder sehr
gesund und überraschend schön werden.

Gesichtspackungen mit Schlamm machen bekanntlich
die Haut feucht und glatt.

Als Verjüngungsmittel wurden zu allen Zeiten S a l b e n
verwendet, die ihre Kraft P f l a n z e n verdankten. Besonders ist es der L e b e n s b a u m und das L e b e n s-
k r a u t, welche verjüngende Eigenschaften besitzen sollen.
Schon Keilschrift-Texte schildern den Lebensbaum als eine
Palme oder zederähnliche Pflanze, die in Eridu steht, am
Schöpfungsort Adapas, der von zwei Flüssen durchströmt
wird.

Im Berliner assyriologischen Museum ist ein Relief mit dem Lebensbaum und zwei knienden Gestalten.

Auch in der Religion des Zarathustra wird der Lebens-baum erwähnt und von den Indern wird der Baum als Lebensbaum verehrt, von dem die unsterblichen Götter essen und dadurch ewige Jugend erhalten.

Luther behauptete, daß der Lebensbaum den ersten Menschen ewige Jugend gegeben hat und in Miltons ver-lorenem Paradies wird der Lebensbaum als der mitteste und höchste beschrieben, hochragend mit ambrosiasüßer Frucht.

Bei den Mohammedanern wächst er im 7. Himmel zur Seite des göttlichen Thrones. Auf seinen Aesten ruhen Engel und Vögel. Er überschattet die Paläste der Seligen.

Hafis singt in seinem Divan:

„Auf des Sidra heiligen Aesten
Hoch im himmlischen Revier
Nistete mein Seelenvogel
Sonder irdischer Begier."

An einer anderen Stelle sagt Hafis:

„Zuflucht sucht bei deiner schönen Wange
Und bei deiner schlanken Hochgestalt
Selbst das Paradies und selbst der Tuba."

Bei den Griechen ist der Apfelbaum der Hesperiden der Lebensbaum.

Bei den Germanen verwahrt die Gattin des weisen Brage die Aepfel der ewigen Jugend, während in der nordischen Sage die Weltesche Yggdrasil als Lebens-baum gilt.

Hier wäre die Sage vom weisen Salomon zu erwähnen, der sich ewige Jugend wünscht. Da er im Besitz des Schamir ist, durch dessen Berührung alle Felsen und Steine sich spalten, kann er sich das Kraut, das in einem Felsen des nördlichen Palästina wächst, verschaffen. Er spaltet den Felsen, aus dem ihm der Duft eines Krautes entgegendringt. Dieses hält ein Mann mit schnee-weißem Haar und Bart. Er kann nicht sterben, trotzdem sein Körper altert. Da nimmt Salomon das Kraut aus den Händen des alten Mannes, worauf dieser stirbt. Vor Entsetzen warf der weise König das Kraut weg, der Felsen schloß sich und birgt das Lebens-kraut bis heute.

Es gibt unter allen Völkern Sagen, die sich auf das Lebenskraut beziehen, gleichgültig, ob es als Lebenskraut, als Schlangenkraut oder als Schlangenblätter bezeichnet wird.

Eine weitere Art der Verjüngung ist das S c h l a g e n mit d e r L e b e n s r u t e, ein Brauch, der in Deutschland

verbreitet war. Gewöhnlich waren es Birkenruten, die nach
uraltem Zauberglauben Zauberkräfte enthalten sollen, die
auf Menschen übertragen werden können. Durch das
Schlagen mit der Birkenrute soll das Weib fruchtbar gemacht werden und auch dem Manne größere Kraft zu-
kommen.

Daß es eine Verjüngung durch Häutung gibt, ist bei
Schlangen allgemein bekannt. Auch hier versuchte der
Mensch, den Körper durch Abnehmen der alten, garstigen
und runzeligen Haut rein, jung und schön zu machen.

In Märchen, die aus Polynesien stammen, aber auch
in südamerikanischen und französischen Märchen, kommt
dieser Wunschtraum immer wieder zum Ausdruck.

Was nun innerlich angewandte Mittel anlangt, so ist
das Lebenswasser bereits erwähnt worden. Durch den Genuß dieses Wassers, das im Lande der Jugend aus einem
Lebensquell sprudelt, wird Verjüngung erzielt. Diese Auffassung finden wir in der Literatur der ganzen Welt. Die
Quelle kommt vom Paradies, das Wasser gibt den hinfällig-
sten Greisen Jugend und Schönheit wieder. Die aus-
schweifendsten Frauen erlangen dadurch ihre Jungfern-
schaft, wie aus dem französischen Märchen Hyon de Bor-
deaux hervorgeht. Der Zugang zu dieser Quelle wird von
einer Schlange bewacht, die jedem Bösewicht, der sich ihr
nähert, den sicheren Tod bringt. Hyon gelangt mit List zu
dieser Quelle, trinkt und wäscht sich die Hände und wird
jung.

In spanischen, bulgarischen, serbo-kroatischen und
polnischen Märchen, in kaukasischen Märchen, in den
hawaiischen Märchen ist vom Lebenswasser des Ka-ne, vom
Verjüngungswasser die Rede.

Im Gedichte „Das Wasser des Ka-ne" heißt es unter
anderem:

> „Eine Frage will ich an dich richten:
> Wo ist das Wasser des Ka-ne?
> Am östlichen Tor, wo die Sonne scheint,
> in Haehae, dort fließt das Wasser des Ka-ne."

Die Hawai-Bewohner glauben, daß hinter ihrer Insel,
tief unter dem Meere, sich ein Land befindet, das Götter-
reich mit dem Wasser des Lebens, das in einem See sich
bewegt. Es heißt Ka wai ola a Ka-ne.

Durch den Genuß von Speisen kann ebenfalls
Verjüngung erreicht werden. Das Ei gilt seit jeher als
Lebenssymbol, es ist bei den alten Mohammedanern, den
Römern und im deutschen Kulturkreis als Mittel gegen
sexuelle Schwächen gepriesen. Im Volksglauben kommt
diese Ansicht beim Schmeckosterbrauche zum Ausdruck.

Am Ostermontag gehen Kinder und Erwachsene von Haus zu Haus und schlagen die Bewohner mit der Schmeck-Oster-rute. Als Gegengabe erhalten sie Eier, die mit Sonnenfarben gefärbt sind und deren Genuß die Fruchtbarkeit beim Weibe veranlaßt und die sexuelle Potenz beim Manne erhöht. Auch junge frische Kräuter und junges Gemüse sind als besonders wirksam bekannt.

Aus dem 10. Jahrhundert ist der angelsächsische Neun-kräutersegen überliefert, der aus der germanischen Vorzeit stammt. Nun haben diese 9 Kräuter Macht gegen böse Geister, gegen 9 Gifte und gegen 9 ansteckende Krankheiten.

Die Zahl „neun" spielt in der nordischen Mythologie überhaupt eine große Rolle, denn diese Zahl ist die Ver-dreifachung der heiligen Zahl „drei". 9 Walküren, 9 riesige Meerweiber u. dgl.

Das Wunderkraut, das Verjüngung schafft, heißt bei Ullrich Bibernal, in den Böhmerwaldsagen Enzigen; in den ostfränkischen Sagen Bimellen, in Graubünden Bibernella, ein Name, der bereits im 7. Jahrhundert von einem Arzt Benedictus rispus erwähnt ist.

Auch berühmte Aerzte wollten durch Verordnung von bestimmten Speisen eine Verjüngung und eine Erhöhung der Körperenergie erreichen. So hat im Dreißigjährigen Krieg M a r c u s M a r c i von Kronland, der an der Prager Universität wirkte, ein Büchlein herausgegeben, in dem er Knoblauch und Zwiebel für besonders reich an Lebens-säften empfiehlt.

Von den Lebensäpfeln sagt der Volksglaube, daß eine Frau schöne Kinder bekommt, wenn sie während der Schwangerschaft viele Aepfel ißt. Im 15. Jahrhundert er-reichte die Nachricht Europa, daß im Schloßgarten Fon-tainebleau, nördlich von Paris, der biblische Lebensbaum neu entdeckt wurde. Wer von den Früchten dieses Baumes ißt, ist gefeit gegen Krankheiten und Altersschwäche. Sein Leib wird unverwundbar, wie der des Achilles und der ver-gißt alle andere Nahrung und Sorge. Es handelt sich um eine Thuja occidentalis, und der Traum war bald aus-geträumt.

Die Lebenswurzel, das Lebenskraut oder die Lebens-früchte wurden bis in die letzte Zeit zur Verjüngung ver-wendet.

Der Freundlichkeit des Herrn Doz. Z e c k e r t ver-danke ich eine ausgedehnte Literatur über „Lukutate". Es handelt sich hier um ein Geheimmittel, das noch in den letzten Jahren in Deutschland und Oesterreich sehr ver-breitet war. Aus einer Arbeit von H o y e r aus dem Jahre 1933 geht hervor, daß Lukutate in tropischen Höhenlagen wächst und daß das hohe Alter der wilden Elefanten auf

den Genuß der Lukutatefrüchte zurückgeführt wurde. Die
Elefanten sollen 3- bis 4mal im Jahr oft viele Meilen wandern, um dorthin zu gelangen. Während Elefanten in der
Gefangenschaft nur 70 bis 90 Jahre alt werden, erreichen
sie durch den Genuß von Lukutate ein Alter von 150 Jahren.
Auch Papageien und Geier sollen durch dieses Mittel ein
hohes Alter erreichen. Auf Schildkröten und Krokodile hat
man dabei vergessen. Mit diesem Mittel, das H o y e r als
Schwindelmittel bezeichnet, wurde in aufsehenerregender,
ungenierter Weise Reklame gemacht, so daß die Behörden
gezwungen waren, das Mittel zu verbieten. Die Zusammensetzung wurde genau untersucht. Es besteht aus verschiedenen Drogen und einheimischen Obstsorten und ist
ein gelindes Abführmittel.

Auch mit anderen Pflanzen, mit indischem Teepilz, mit
Schwämmen u. dgl., wurde bis in die letzte Zeit ausgiebi-
ger Unfug getrieben. So war es auch mit dem Lebenspilz,
der in chinesischen Märchen erwähnt wird und der verhindert, daß die Lieblingsfrau des Kaisers Wu vom Haus
Han alt wurde. Tiere, die von dieser Pflanze genießen,
werden darauf betäubt, Menschen werden unsterblich und
erhalten ihre Jugend zurück.

Vom Lebenselixir erzählen Ueberlieferungen vieler
Völker. 1770 trat ein Marquise d'Aimar, auch Graf Saint
Germain genannt, mit seinem Lebenselixir auf. Eine
70jährige Dame wurde dadurch zu einem 17jährigen Mädchen verjüngt, eine alte Dame, die sich zu stark damit rieb,
in den Zustand eines Embryo versetzt. Eine andere Frau
konnte sich dadurch verjüngen, daß sie jeden, der zu ihr
kam, zur Liebe zwang. Eine solche Nacht verjüngte sie
jedesmal um 30 Jahre. Nach der Lehre des Celsus sog ihr
ausgetrockneter Körper alle gesunden, jugendlichen Exhala-
tionen des rüstigen Schlafgesellen gierig ein.

In Prag ist heute noch ein heilsamer Balsam des
Kapuzinerklosters in Prag-Hradschin, der sogenannte „englische Kapuzinerbalsam", verbreitet.

Auch Faust soll für sein Gretchen durch einen Zauber-
trank Lebensmut und Lebenssehnsucht erhalten.

Der schwedische Arzt Hjäme, gestorben 1774, gab zur
Erhaltung und Verlängerung des Lebens ein Universalelixir
an, das aus Alve, Rhabarber, Zitwerwurzel, Safran und ver-
dünntem Spiritus besteht.

Daß auch mehrere Mittel angewendet wurden, daß dasselbe Mittel oftmals in Anwendung gebracht wurde, ist bei
dem Glauben an diese Mittel, selbstverständlich.

Der Fortschritt der medizinischen Wissenschaft und
die Durchforschung der Geheimnisse unseres Lebens, die
Ausgestaltung der Hygiene, der Jugendfürsorge und der

Fürsorge für die Arbeiter hat die Lebensdauer um Jahre verlängert. Es unterliegt keinem Zweifel, daß hier, ganz besonders beim Menschen, die ä u ß e r e n L e b e n s b e d i n - g u n g e n und die L e b e n s f ü h r u n g in engsten Wechselbeziehungen zu der Lebensdauer sich befinden. Vorschläge, wie sie in E. P f l u e g e r s „Kunst, das menschliche Leben zu verlängern" und in der für seine Zeit ebenso berühmten „Makrobiotik" H u f e l a n d s (1796) gemacht sind, bilden ebenso wie die, welche die moderne Gesundheitslehre uns bietet, gewiß wertvolle Wegweiser im Kampfe gegen das Altern und für die Verlängerung der Lebenszeit. Aber was damit erreicht werden kann, ist doch nur etwas Relatives: eine Verlangsamung, ein geringes Hinausschieben des Eintrittes bestimmter Alterserscheinungen, bestenfalls das Erzielen einer Lebensdauer, die bis zu dem für den Menschen physiologischen Tode hinreicht. Eine wirkliche, absolute Daseinsverlängerung dürfte auf diesem Wege kaum erreichbar sein.

Auch heute noch setzen die Menschen das Suchen nach Verjüngungsmitteln fort. Nicht mehr aus märchenhaft-mythologischen Ueberlegungen, sondern aus der Erkenntnis des Baues und der Physiologie des menschlichen Körpers leitet man die Methoden zur Verjüngung ab. Die Medizin hat sich in experimenteller und klinischer Arbeit mit diesem Problem befaßt und zeigt uns drei Wege, die zur Verjüngung führen sollen. Bei diesen Verjüngungsversuchen ging man aus von der Tatsache, daß gewisse Organe des Wirbeltierkörpers in besonderem Maße imstande sind, die vegetativen Lebensprozesse anzufachen: die Drüsen mit innerer Absonderung. Wenn es gelang, die Wiederauffrischung und künstliche Funktionserneuerung nur eines dieser inkretorischen Organe im alternden Organismus herbeizuführen, so mußte bei dem innigen Zusammenspiel aller eine Rückwirkung auch auf die übrigen Teile dieser Organgruppe und darüber hinaus ein auffrischender Einfluß auf den Gesamtkörper zu erwarten sein. Das Organ, das hierfür dank seiner hervorragenden innersekretorischen Bedeutung und seiner auch sonst hervorgehobenen Stellung im Metazoenkörper in erster Linie in Frage kam, war die K e i m - d r ü s e (P e r t h e s).

B r o w n - S e q u a r d, über 70 Jahre alt, zog aus diesem Gedanken praktische Anwendung und injizierte sich 1889 einen Extrakt von Hodensubstanz, den er Hunden und Meerschweinchen entnahm, und stellte eine erheblich Zunahme seiner körperlichen und geistigen Leistungsfähigkeit fest. Diese Art der Verjüngung wurde auch im letzten Jahrzehnt häufig angewandt und durch Injektionen von Hodenhormonen weiter vervollkommnet. Es zeigt sich nun in der

Tat, daß konzentrierte Hodenextrakte und die reinen spezifischen Hodenhormone zu vollkommener Substitutionswirkung führen und konstanter sind als alle anderen Methoden. Androsteron oder das von S c h i t t e n h e l m empfohlene Testoviron in Ampullen zu 5 mg intramuskulär injiziert, zunächst 14 Tage lang jeden 2. Tag, später jeden 3. Tag, führt bei Patienten, welche durch Trauma oder Erkrankung ihre Hoden verloren haben, zu gewissen Erfolgen.

Ein anderer Weg, Hodensubstanz in den Körper einzubringen, ist der auf dem Wege der Transplantation. Von H a r m s wurden nach vorausgegangenen Verjüngungsexperimenten an wirbellosen alternden Meerschweinchen Hodenstücke jugendlicher Tiere eingepflanzt (1911 bis 1914). Es gelang, den verlorengegangenen Brunsttrieb wieder zu erwecken, auch zeigt sich in der ganzen Körperbeschaffenheit der so behandelten senilen Tiere eine unverkennbare Auffrischung, welche freilich nur einige Monate andauert und den dann ohne erkennbare Ursachen eintretenden Tod nicht aufhalten konnte. In weiterer Folge war es V o r o n o f f, der durch seine homoioplastischen Transplantationen ins Skrotum ausgezeichnete Erfolge erreicht haben will. Er experimentierte zuerst an Schafen und Widdern, später an Stieren; auch er verwandte die Ueberpflanzung männlicher oder weiblicher Keimdrüsenstücke auf das zu verjüngende Tier. Die Ergebnisse waren nach den Schilderungen V o r o n o f f s auffallend genug.

Als Beispiel sei ein solcher Versuch nach V o r o n o f f wiedergegeben:

Der behandelte Widder war im Alter von 14 Jahren nahezu an der für diese Tiere äußersten Lebensgrenze angelangt. Er war in wirklich kläglichem Zustande. Die Beine wackelten und zitterten. Die Wolle war dünn und fehlte stellenweise, das Tier litt an dem bei Tier und Mensch so häufig als Alterserscheinung beobachteten Harnfluß durch Schwäche des Blasenmuskels. 3 Monate nach der Hodeneinpflanzung war das Tier wie umgewandelt. „Der Körper bedeckte sich wieder mit einem dichten Vließ. Der vorher furchtsame Widder wurde streitsüchtig, die erschlaffte Muskulatur kräftigte sich und die vorher völlig erloschene sexuelle Kraft kam wieder. Das Tier wurde zu einer fruchtbaren Begattung fähig."

Jetzt wurde ein Jahr nach der Operation der eingepflanzte Hoden wieder entfernt mit dem Erfolg, daß die Alterserscheinungen sofort wieder einsetzten. Eine nochmalige Ueberpflanzung jugendlicher Hodensubstanz brachte erneute Verjüngung. Das Tier wurde bisher $7^1/_2$ Jahre nach der ersten Operation beobachtet, wie V o r o n o f f angibt, und hat damit die äußerste ihm zukommende Lebensgrenze erheblich überschritten.

Man kann sich des Eindruckes der genau berichteten und mit Lichtbildern belegten Versuche um so weniger verschließen, als auch H a r m s — seine alten Meerschweinchenversuche aufnehmend — in den Jahren 1920 bis 1923 an gealterten Hunden ganz ähnliche Ergebnisse erzielt und veröffentlicht hat.

In interessanter Weise hat nun V o r o n o f f seine positiven Verjüngungsversuche an alternden Tieren für den M e n s c h e n nutzbar gemacht. Da menschliche Hoden, die sich zur Verpflanzung eignen, nur äußerst selten zu gewinnen sind, hat V o r o n o f f menschenähnliche Affen herangezogen, und zwar solche Arten, die durch eine gewisse Reaktion ihres Blutes (Präzipitinreaktion) eine gewisse Stammverwandtschaft mit dem Menschengeschlecht aufwiesen. Es handelte sich um Schimpansen, Paviane und Makaken. Die Erfolge von 300 solcher Ueberpflanzungen, über die V o r o n o f f unter Wiedergabe der brieflichen Mitteilungen der Operierten über ihren Zustand und unter Beigabe von Photographien vor und nach der Operation berichtet, sind nun recht merkwürdig. Die Verjüngung äußert sich in einer gewissen Wiederkehr der geistigen Spannkraft und dem Schwund des lähmenden Ermüdungsgefühles. Sexuelle Potenz ist bei den operierten alten Leuten — darunter verschiedene über 70 Jahre — teilweise in überraschender Form wieder aufgetreten, körperliche Alterserscheinungen, schlaffe gebückte Haltung, Fettsucht und die lästige Schwäche des Blasenschließmuskels verschwanden. Der Erfolg konnte angeblich in einem Falle bis zu 3 Jahren beobachtet werden. Es war ein andermal um so beachtlicher, als die vorher ausgeführte S t e i n a c h s' he Operation versagt hatte.

Diese Erfolge V o r o n o f f s, an denen zu zweifeln vorerst ein Grund nicht vorliegt, stehen in auffallendem Gegensatz zu den Ergebnissen der bisherigen chirurgischen Beobachtungen.

Wir haben diese Methode an 4 Fällen angewendet und in 2 Fällen einen gewissen Erfolg verzeichnen können. In 1 Fall handelte es sich um einen 21jährigen Mann, dem gelegentlich einer auswärts durchgeführten Hernienoperation beide Samenstränge verletzt wurden. Es wurde bei ihm eine Transplantation nach V o r o n o f f durchgeführt und durch 4 Monate eine Besserung festgestellt.

In einem anderen Fall hielt die Besserung ebenfalls 3 Monate lang an. Bei 2 Patienten haben wir keinerlei Einfluß feststellen können. Es haben damals die Arbeiten von V o r o n o f f, H o g e n a u e r und mich veranlaßt, auf experimentellem Wege noch einmal nachzusehen, ob es etwa mit der von V o r o n o f f angegebenen Methode gelingt, den Hoden längere Zeit lebensfähig zu erhalten. Wir haben Rhesusaffen verwendet und Hoden vom Rhesus auf einen anderen Rhesus verpflanzt, zum Teil in den Hodensack, wie

V o r o n o f f es angab, zum Teil extraperitoneal, zum Teil intraperitoneal. Obwohl wir eine große Versuchsreihe anstellten, konnten wir nach 72, 90 und 158 Tagen in keinem der Fälle feststellen, daß das Hodengewebe sich erhalten hatte. Immer kam es zu einer Nekrose der implantierten Hodenstücke. Wenn trotzdem auch bei Affen eine gewisse Steigerung ihrer sexuellen Erregbarkeit festgestellt werden konnte, so wäre diese Steigerung nur durch Resorptionsprozesse zu erklären, wie das K u r t z a h n schon ausführte. Auch von anderen Autoren groß angelegte Experimente ergaben, daß jeder autoplastisch verpflanzte Hoden zugrunde ging, gleichgültig mit welcher Technik und wohin er eingepflanzt wurde.

So interessant die besprochenen Versuche und Fragen vom biologischen Gesichtspunkt sind, so kritisch muß man ihren p r a k t i s c h e n E r g e b n i s s e n gegenüber bleiben, wo sie Anspruch erheben auf Herbeiführung einer tatsächlichen und dauerhaften Verjüngung.

I s t d a s, w a s m i t d e n v e r s c h i e d e n e n c h i r - u r g i s c h e n „V e r j ü n g u n g s o p e r a t i o n e n" a m M e n s c h e n u n d T i e r e r r e i c h t w u r d e, w i r k l i c h e i n Z u s t a n d, d e r d e n N a m e n V e r j ü n g u n g v e r - d i e n t, der z. B. einen Menschen von 60 bis 70 Jahren nach Aussehen und Lebenskraft wieder einem Vierzigjährigen gleichmacht, um ihn auf dieser Altersstufe längere Zeit hindurch zu erhalten, bis erneutes Einsetzen der zurückgebildeten Alterserscheinungen ihn dem physiologischen Lebensende entgegenführt?

Diese Frage muß im großen ganzen wohl mit „Nein" beantwortet werden, und viele Autoren vertreten ohne Einschränkung diesen Standpunkt (R ö s s l e, E n d e r l e n, S l e e s w i j k, P a y r [P e r t h e s]).

Es ist auch schwer zu verstehen, wie Zufuhr von Hodengewebe eine dauernde Veränderung des Organismus herbeiführen soll. Wenn tatsächlich Hodenimplantation zu einer Verjüngung führt, so müßte die Exstirpation des Hodens ein vorzeitiges Altern erwarten lassen; V o r o n o f f teilt mit, daß die Lebensdauer bis zum physiologischen Tode durch die Kastration wesentlich v e r k ü r z t wird. Die Eunuchen, die V o r o n o f f in Aegypten genau beobachtete, waren angeblich niemals über 60 Jahre alt, machten aber schon im Alter über 50 Jahre den Eindruck müder und welker Greise. Wenn wir eine Kastration bei einem Säugetier vor der Geschlechtsreife ausführen, so kommt es zu einer Unterentwicklung der Geschlechtsorgane sowie der meisten sekundären Geschlechtsmerkmale und des Geschlechtsinstinktes. Das Körperwachstum wird manchmal überhaupt nicht beeinflußt, manchmal gefördert, manchmal gehemmt. Wenn nach der Geschlechtsreife die Kastration durchgeführt wird, so bilden sich die sekundären Geschlechtsorgane zurück. Niemals aber hat man gehört, daß kastrierte Tiere ein kürzeres Leben hätten als nicht kastrierte. Der Walach hat ein ebenso langes Leben wie ein Hengst oder wie eine Stute.

Viel von sich reden machten die seinerzeit von S t e i n a c h durchgeführten Versuche. So interessant seine Versuche über Geschlechtsumstimmung durch Austausch der Geschlechtsdrüsen sind, hat seine zweite große experimentelle Arbeit über Wirkungen der Unterbindungen des Vas deferens einstimmige Aufnahme nicht gefunden. S t e i n a c h konnte im Tierexperiment feststellen, daß nach Unterbindung des Vas deferens das Hodenzwischengewebe, die Leydigschen Zwischenzellen, erhalten bleiben und vermehrt werden. Er fand, daß die Unterbindung bei senilen Ratten zu Veränderungen führte, daß Lebhaftigkeit, Angriffslust, Libido im verstärkten Maße auftrat und daß sie bei einseitiger Unterbindung noch imstande waren, das Weibchen zu befruchten. Diese Untersuchungen von S t e i n a c h wurden von einer Anzahl von Nachprüfern bestätigt.

Andere, wie P r i e s l , K y r l e, standen dieser Auffassung ablehnend gegenüber. Bei Menschen wurden die S t e i n a c h schen Resultate von L i c h t e n s t e r n und vielen anderen bestätigt, von einer großen Anzahl von Nachuntersuchern nicht bestätigt. So blieben in Fällen von Prostatahypertrophie, bei denen die Durchschneidung des Samenstranges vorgenommen wurde, nach den Mitteilungen von H a b e r e r und vielen anderen, alle Verjüngungserscheinungen aus, wenngleich, wie G a g s t ä t t e r , W e h n e r und andere gefunden haben, in manchen Fällen diese vorbereitende Operation allein einen günstigen Einfluß im Sinne einer Zurückbildung der vergrößerten Prostata hatte.

Das dritte Verfahren, das in Anwendung gebracht wurde, der Eingriff am Sympathicus, hofft durch operativen Eingriff am geheimnisvollen vegetativen Nervensystem neue Kräfte zu wecken. Hier war es insbesondere D o p p l e r, der die Sympathicusäste der Hodenarterie mit 5 bis 8%iger Phenollösung bepinselte und nach diesem Eingriff nicht nur im Tierexperiment, sondern auch beim Menschen länger dauernde Hyperämie und Hyperthermie des Hodens und einen Umschwung des Allgemeinbefindens beobachtet. Ein lange dauernder Einfluß ist aber auch von diesem Eingriff nicht zu erwarten.

Betrachtet man alle diese Versuche vom sexuell-ethischen und sozial-biologischen Standpunkt, so muß man verjüngte Tiere als abnorm bezeichnen, infolge abnorm gesteigerten Geschlechtstriebes. Es ist außerdem auf die Gefahr der Verjüngungsoperation, gerade für alte Menschen hinzuweisen, die lebensverkürzend wirken kann. Es wird ein alterndes Nervensystem zu Funktionen veranlaßt, die den Rest seiner Reservekraft rascher verbrauchen und daher schneller zum Lebensende führt.

Es ist für die Allgemeinheit wenig von den Verjüngten, aber alles von einer echten und tüchtigen Jugend zu erhoffen.

Potenzstörungen

Von

Dozent Dr. **K. Haslinger**

Wien

Der ursprüngliche Zweck der Potenz ist die Erhaltung der Gattung. Um dieses Ziel leichter zu erreichen, hat die Natur den Geschlechtsakt mit höchsten Wollustgefühlen verbunden. Daraus erklärt es sich, daß vom einfachsten Naturmenschen bis zum Genie der Sexualtrieb eine außerordentlich große Rolle im Leben des Individuums spielt. Die exzessive Uebertreibung des Sexualtriebes führt im Einzelindividuum und in der Rasse zu degenerativen und Verfallserscheinungen, die ein ganzes Volk treffen können, wie sie uns als klassisches Beispiel im alten Rom vor Augen treten; hingegen bedeutet der normal geregelte Geschlechtsverkehr für den einzelnen und das Volk höchstes Glück und Segen, der in der Ehe und im Kindersegen seinen schönsten Ausdruck findet. Große Volksführer und geniale Menschen stellten aus dieser Erkenntnis ihre Lehren und Gesetze stets auf die Sittlichkeit des Menschen als Gesellschaftswesen ein.

Abgesehen von der ohne Befriedigung durchgeführten Onanie vor der Reife des Jünglings kommt der Geschlechtstrieb beim männlichen Individuum mit der Ausbildung der sekundären Geschlechtscharaktere zum Vorschein. Die Stärke des Geschlechtstriebes ist in erster Linie Sache der Veranlagung und als solche der Hauptbestandteil des Temperaments. Der Sexualtrieb ist ein komplizierter Vorgang, bei dem neben der Haupttätigkeit der Sexualorgane auch andere Drüsen des Körpers mit eine große Rolle spielen. In der Ansicht über den Sexualtrieb möchte ich mich der Meinung E. K r e t s c h m e r s anschließen, der sagt: Der Sexualtrieb ist k e i n e e i n f a c h e F u n k t i o n der Keimdrüse, sondern entsteht wiederum unter deutlicher Mitwirkung anderer Drüsen und des nervösen Zentralorgans, indem sich Zentralsystem und Blutdrüsen in einem verschlungenen Zirkel von Wirkung und Rückwirkung teils auf dem Nerven-, teils auf dem Blutwege gegenseitig beeinflussen und mit Förderungs- und Hemmungsimpulsen regulieren. Der Sexualtrieb ist n i c h t e i n P r o d u k t der Keimdrüse, sondern eines aus Gehirn-Rückenmark und Blutdrüsen zusammengesetzten komplizierten Kausalringes, in dem die Keimdrüse eine besonders hervorstechende Rolle spielt. Zudem ist der Sexualtrieb keine selbständige psychophysische Größe, sondern ein unlöslich hineingewebter Hauptbestandteil des Gesamttemperaments. Wir dürfen die Gesamtaffektivität weder vom Sexualtrieb trennen noch sie in der terminologisch überspannten Weise mancher Psychoanalytiker fast in lauter Sexualtriebe auflösen. Wir müssen uns aber klar sein, daß uns die Betrachtung des Sexualtriebes bereits tief in die Temperamentseigentümlichkeiten eines Menschen hineinführt.

Um diese komplizierten Verhältnisse und deren Störungen zu verstehen, müssen wir auf einige normale und physiologische Vorgänge der Potenz eingehen. In unseren Gegenden tritt beim Manne die Potenz mit dem 15. bis 18. Lebensjahre — in südlichen Klimen etwas früher, in den nördlichen etwas später — in Erscheinung. Als ihr Ende ist die Zeit um das 65. Lebensjahr anzunehmen. Sowohl die untere als auch die obere Grenze ist Schwankungen unterworfen, indem wir bei frühreifen Jünglingen schon mit 14 Jahren und davor vollkommene Potenz feststellen können. Noch mehr schwankt die obere Grenze. Während es Männer gibt, die schon mit 40 bis 45 Jahren ihre Potenz verlieren, finden wir solche, die sie bis ins hohe Greisenalter erhalten. Es ist dies, wie schon erwähnt, Temperamentssache, hängt auch vielfach vom Zustand des Gesamtorganismus im höheren Alter ab. Der Mann am Lande ist hierbei gegen den Städter im Vorteil, seine Potenz bleibt länger erhalten. Jetzt sei schon darauf hingewiesen, daß Exzesse in venere sowie Genuß- und Rauschgifte, wie Alkohol, Nikotin, Morphium, Kokain u. a., von denen wir noch später sprechen werden, die obere Grenze herabsetzen können.

Wir unterscheiden die Potentia coeundi von der Potentia generandi, die erstere ist der weitere Begriff, von ihm soll hier die Rede sein. Die Potentia coeundi schließt noch nicht die Potentia generandi in sich, hingegen ist die Potentia generandi ohne die Potentia coeundi unter gewöhnlichen Verhältnissen nicht möglich. Der normale Vorgang der Potentia coeundi — auch als Geschlechtsakt bezeichnet — läuft in vier Phasen ab. Die erste Phase ist die Erregung, die zweite die Immissio penis mit reibenden Bewegungen bis zur dritten Phase: der Ejakulation, auf die die vierte Phase der Erschlaffung folgt. Störungen dieser vier Phasen zählen zu den Potenzstörungen. Es soll hier nur von der Potentia coeundi, unabhängig davon, ob eine Potentia generandi besteht oder nicht, die Rede sein, letztere Frage bedarf bei der Größe des Stoffes einer Spezialbesprechung.

Der physiologische Ablauf des Koitus ist von der richtigen Funktion des nervösen Zentralorgans abhängig. Während für die erste Phase in erster Linie Sinneseindrücke maßgebend sind, wird die zweite und dritte Phase vom Zentralnervensystem und dem Rückenmark geregelt. Das Sehen des den Sexualtrieb anregenden Objektes oder obszöner Bilder, die Erinnerungen an Situationen oder die Vorstellung des Genusses, das Hören von mit dem Geschlechtsakt in Verbindung stehenden Erzählungen und Witzen, die Berührung eigener oder weiblicher Körperteile, besonders der Sexualorgane, und die Erregung des Geruchssinnes, sei es des Geruches der Genitalorgane oder des jedem Menschen eigenen Geruches, oder eines Wohlgeruches, wie Parfums, leiten entweder einzeln oder in Kombination den Sexualakt ein. Es ist dies die Vorphase oder das „Vorspiel", und ist je nach dem Temperament und Alter des einzelnen ein längeres oder kürzeres Stadium.

Nun tritt der nervöse Apparat des Körpers in Funktion, der die Erektion und Ejakulation hervorruft. Im Gehirn werden Sexualzentren in der Großhirnrinde, in der Gegend der Corpora mammillaria und in der Gegend der Tuberkerne angenommen. Im Lumbalmark (L I) und Sakralmark (S III) liegen die Nervenfasern, die das Genitale versorgen. Vom Sakralmark geht das Erektionszentrum aus, das von dem im Lumbalmark gelegenen Genitalzentrum bei Schädigungen und Ausfällen teilweise ersetzt werden kann. Die erwähnten Sinneseindrücke werden auf bisher unbekannten Wegen zu dem Erektionszentrum in S III geleitet. Bei Berührung oder Reibung des Gliedes oder der Eichel geht auf reflektorischem Wege von den spezifischen Endorganen der Haut der Glans penis oder des Gliedes über den Nervus dorsalis penis der Reflex auf den Nervus pudendus communis in das sakrale Erektionszentrum, wo er die Nervi erigentes trifft, von hier den Reiz auf die Nervi cavernosi fortsetzt und hierdurch die Erektion und Blutfülle der Corpora cavernosa auslöst. Von den Nervi eri--

gentes gehen Fasern zum Plexus hypogastricus, von diesem
zu den Samenblasen und zur Prostata. Zu diesem Reiz
gesellt sich die Kontraktion des Constrictor urethrae, des
Bulbo- und Ischiocavernosus und die Nerven der Ductuli
deferentes sowie der Samenblasen und Prostata, worauf
die Ejakulation erfolgt. Diese Nerven sind parasympathische
Fasern, die aus dem Lumbalmark stammen. Erschlaffen
die Nervi erigentes, so kommt es zur Erschlaffung des
Gliedes, zur vierten Phase, das Blut fließt aus den Corpora
cavernosa ab. Dies sind nur in kurzen Worten und durchaus
nicht erschöpfend die Vorgänge, die sich beim Geschlechtsakt abspielen.

Zu der zerebralen Innervation, der Betätigung der
Genitalzentren und Nerven der Geschechtsorgane, kommt
als drittes die Beeinflussung durch endokrine Vorgänge,
die auf die Ganglienzellen im prostatischen und Corpus
cavernosum-Geflecht eventuell in S III einen Einfluß ausüben. Genaue Details diesbezüglich fehlen uns noch, sind
aber nicht zu leugnen. Erwähnt sei, daß auf der Höhe des
Geschlechtsaktes der ganze Körper auf dem vegetativen Nervensystem beeinflußt wird, indem die Atmung beschleunigt, der Puls schneller wird, eventuell Schweiß auftritt.
Es kommt reflektorisch auch zur Streckung willkürlicher
Muskel des Körpers, besonders der Beine.

Bei der Pollution tritt ohne äußere Sinnesreize eine
Erektion auf — manchmal ist es der Druck der vollen
Blase und des Rektums, ein zu warmes Bett, zu lebhafte
Träume —, die zur Ejakulation führt. Vielfach wird die
volle Samenblase oder ein Druck auf dieselbe als auslösende Ursache für die ungewollte Samenentleerung angenommen, es ist dies jedenfalls eine unwillkürliche Erscheinung, die auf reflektorischem Wege zustande kommt.

Vor Eingehen in die Störungen der Potenz möchte ich
noch auf die Frage der Hormone, Vitamine und Schutz-
stoffe kurz eingehen. Vielfache Beobachtungen zeigen, wie
wir dies auch schon zu Beginn erwähnt haben, daß für
den Sexualtrieb nicht bloß die Keimdrüse allein maßgebend
ist, sondern daß auch andere Drüsen, so die Hypophyse,
Nebenniere u. a., eine Rolle spielen. Die Annahme geht
heute dahin, daß der Geschlechtstrieb von der Funktion
und Dysfunktion der verschiedenen hormonbildenden Drüsen des Körpers weitestgehend beeinflußt wird. Es kann
als Ursache entweder eine Schwäche oder mangelhafte
Entwicklung des Geschlechtsapparates vorliegen, so daß
die Bildung der Geschlechtshormone eine ungenügende oder
vollkommen fehlende ist, oder es ist dieser normal entwickelt, reagiert aber auf die Hormone schlecht, wodurch
der zentrale Nervenapparat nicht in Ordnung funktioniert.

Es kann eine Dysfunktion anderer Drüsen des Körpers vorliegen, die die Hormonbildung der Geschlechtsorgane beeinflußt. Wir werden bei der Therapie noch auf diese Frage zurückkommen.

Mangel an Vitaminen kommt ebenfalls für die normale Funktion der Genitalorgane in Betracht, wohl aber nur im Sinne der Dysvitaminosen, nicht der Avitaminosen. Beim Mangel von Vitamin A und E finden sich bei längerer Dauer beim Mann degenerative Hodenveränderungen, die zu Potenzschwächen führen können. Es kommen auch Schädigungen der Samenbildung vor, so daß man auf diese Weise eine Beeinflussung der Hormonbildung und eine Schwächung der Potenz annehmen kann.

Zu den Schutzstoffen zählt das Zink. In den Keimdrüsen und im Sperma hat man reichlich Zink gefunden, Mangel an Zink ruft Potenzstörungen hervor.

Aus dem bisher Gesagten ergibt sich schon, daß die Störungen der Potenz sehr mannigfaltig sein können. Es gibt vorübergehende und dauernde, reparable und irreparable, leichte und schwere, organische und funktionelle Störungen von leichter Schwäche bis zum höchsten Grade, d. i. die Impotenz, es ist dies die Unfähigkeit, den Geschlechtsakt auszuüben. Wenn wir die Einteilung nach o r g a n i - s c h e n u n d f u n k t i o n e l l e n Störungen treffen, so ergibt sich bei dieser Betrachtung, ob es sich um vorübergehende oder dauernde Schädigungen handelt, ebenso, ob der vorliegende Fall ein schwerer oder leichter, ob er reparabel oder irreparabel ist.

Dadurch, daß die Psychoanalyse — besonders durch die Lehren F r e u d s — zu sehr den Sexualneurosen den größten Teil der Tätigkeit des Gesamtorganismus zugeschrieben hat, kam es zu Ueberspannungen. Diese spekulative Art, alle Handlungen und Gedanken des Lebens auf die sexuelle Tätigkeit zu beziehen, liegt uns Deutschen nicht, ist auch nicht stichhaltig. Es wurde aber auf diese Weise alles in ein Fahrwasser gezogen und dadurch die immerhin große Zahl der somatisch bedingten Potenzstörungen in den Hintergrund gedrängt.

Mißbildungen des äußeren Genitales haben meist eine dauernde Impotenz zur Folge. Hierher gehört die Blasenspalte, bei der der Penis meist ganz fehlt, die Epispadie mit kümmerlicher Ausbildung des Gliedes, die Kleinheit des Penis als angeborene Anomalie und der Hermaphroditismus, bei dem neben der Mißbildung des Penis auch noch andere Organmißbildungen des Genitaltraktes vorliegen. Es müssen durchaus nicht schwere Mißbildungen sein, auch schon eine Phimose kann eine Potenzstörung hervorrufen, indem durch die Behinderung der Vorhaut die vollkommene Erektion des Penis verhindert wird, oder der von den spezifischen Endorganen der Haut der Glans penis ausgehende Reiz wegfällt oder zu gering ist. Ich mußte wiederholt Patienten mit zu kurzem Frenulum operieren, weil sie angaben, daß sie dadurch eine Störung in der Ausübung des Geschlechtsaktes hätten. Die Hypospadie bildet dann eine Potenzstörung, wenn durch Hautbrücken die Entwicklung des Penis behindert ist und er dadurch im Wachstum stark zurückbleibt. Dies ist meist bei der Hypospadia penoscrotalis der Fall, sie soll noch vor der Pubertätszeit operativ beseitigt werden. Zu Potenzstörungen bis zur Impotenz führt die Induratio penis plastica sowohl durch die Knickung des Gliedes als auch durch die Behinderung der Blutfülle der Corpora cavernosa penis. Daß natürlich besonders die jetzt im Kriege erworbenen Schußverletzungen und Quetschungen sowie weitgehende Zerstörungen des Penis zu Potenzstörungen verschiedenen Grades führen können, ist einleuchtend. Es wird eine Zusammenstellung und Besprechung dieser bei der rohen Kriegführung besonders der Bolschewiken zu Schaden Gekommenen von Interesse sein.

Das Fehlen der Hoden, die Aplasie, hat Impotenz zur Folge, weil hierbei gleichzeitig meist eine Verkümmerung oder ein Fehlen der Samenblasen und Prostata vorliegt, während die Kleinheit des Hodens an sich noch nicht Impotenz zur Folge haben muß. Ebenso sehen wir Störungen der Potenz bei kryptorchen Hoden in erster Linie, wenn sie in den Leisten liegen, weil sie beim Verkehr durch Druck Schmerz erzeugen, während bei den Bauchhoden die Potenz vorhanden sein oder fehlen kann. Ich möchte darauf hinweisen, daß man zur Funktion des Hodens wegen der zu hohen Innentemperatur des Körpers seine Lage außerhalb des Körperinneren für notwendig hält. Tumoren des Hodens und Nebenhodens behindern natürlich die Potenz. Da die Keimdrüsen neben der Produktion des Spermas auch innersekretorische Aufgaben erfüllen, ist ihre Intaktheit für die Potenz von Wesen. Die häufigste Erkrankung des Nebenhodens, die gonorrhoische Epididymitis, hat in der überwiegenden Mehrzahl der Fälle auf die Potenz keinen Einfluß, außer daß sie im akuten Stadium durch die Schmerzhaftigkeit den Koitus behindert, eine Atrophie oder hormonale Schädigung des Hodens selbst tritt nur selten ein, die Zeugungsunfähigkeit kann jedoch durch die Undurchgängigkeit des Samenstranges bei einem Drittel der Erkrankten eintreten. Diese Komplikation, die einen großen Teil der Männer steril machte, wird in Hinkunft durch die Behandlung der Gonorrhoe mit den Sulfonamiden, wenn nicht vollständig aufhören, so doch wesentlich eingeschränkt werden, denn die bisherigen Erfahrungen zeigen, daß bei dieser Behandlung der Gonorrhoe Komplikationen nicht oder nur selten auftreten. Ebenso habe ich bemerkt, daß die tuberkulöse Nebenhodenerkrankung auf die Potenz nicht immer einen ungünstigen Einfluß hat. Man wird als Arzt dem Kranken mit einer Nebenhodentuberkulose wegen der Verbreitungsmöglichkeit der Infektion im eigenen Körper sowie wegen der Ansteckungsgefahr des tuberkulös infizierten Ejakulates den Geschlechtsverkehr am besten verbieten, doch wird er vom Kranken — besonders in den chronisch verlaufenden Fällen — meistens nicht gemieden. Größere Hydrocelen, Spermatocelen, Leisten- und Skrotalhernien, chronisch besonders juckende Genitalekzeme behindern die Potenz sowohl vorübergehend als auch dauernd. Die Unterbrechung des Samenstranges, wie sie bei der Vasoligatur und Vasektomie erzielt wird, bringt keine Störung des Sexualtriebes mit sich, die aber von ihr erwartete Steigerung der Potentia coeundi bleibt entweder ganz aus, oder ist nur von kurzer Dauer, meist folgt dann eine Periode der Erschlaffung.

Von den Erkrankungen der Harnröhre ist es die Stenose des Meatus externus urethrae, bei der ich einmal eine schwere Potenzstörung beobachtete. Die Striktur der Harnröhre sowohl gonorrhoischer als auch traumatischer Natur kann Störungen bis zur Impotenz hervorrufen. In der hinteren Harnröhre ist es die Erkrankung des Colliculus seminalis, die in nicht seltenen Fällen Potenzstörungen hervorruft. Ihr wird zu wenig Gewicht beigelegt. Leichte bis schwere Entzündungen, wie sie im Gefolge von einfachen prostatischen Erkrankungen oder bei der Gonorrhoe vorkommen, führen neben einer gewissen nervösen Komponente, hervorgerufen durch die entzündlichen Reize des Samenhügels, zu Potenzstörungen. Dies ersehen wir daraus, daß nach entsprechender Behandlung der Colliculuserkrankung oder der Prostatitis die Potenz vollkommen wiederhergestellt werden kann.

Wir kommen nun auch auf die Störungen der Potenz durch die Erkrankungen der Prostata zu sprechen. Ueber die wahre Funktion der Prostata im Genitaltrakt bestehen keine fixen Anhaltspunkte. Die Beimengung ihres Sekretes zum Samen muß eine Bedeutung haben. Ob sie nun darin liegt, daß sie den Samen beweglich macht, sei dahingestellt, denn es finden sich auch im Hoden und in den Spermatocelen selbst alter Leute bewegliche Samenfäden. Ihr hormonaler Einfluß ist dann als sicher anzunehmen, wenn wir die Prostatahypertrophie als durch hormonale Dysfunktion entstehend annehmen. Ihre häufige entzündliche Erkrankung

geringeren oder höheren Grades beeinflußt die Sexualtätig-
keit wesentlich. Die Untersuchung einer größeren Zahl
ambulatorisch urologisch Erkrankter ergab, daß in nahezu
60% der Patienten Leukozyten im Prostatasekret in geringerer und größerer Zahl vorhanden waren. Es unterliegt
keinem Zweifel, daß entzündliche Vorgänge in der Prostata
auf die Potenz einen wesentlichen Einfluß haben. Ich sehe,
daß viele Kranke, die an einer Prostatitis leiden, als Sexual-
neurotiker behandelt werden. Die Prostatahypertrophie und
Tumoren der Prostata schädigen ebenfalls die Potenz. Dies
ist hier wieder fallweise von den Temperamentanlagen des
Individuums abhängig. Ich habe bei Kranken mit Prostatahypertrophie nicht selten eine auffallend gute Potenz feststellen können. Sie ist auch nach der Prostatektomie vorhanden, mit Ausnahme der Störung, daß das Sperma durch
Schwächung des internen Sphinkters in die Blase regurgi-
tiert, eine Erscheinung, die wir bei der Tabes dorsalis und
der multiplen Sklerose ebenfalls beobachten können. Allen,
die sich mit der Potenzstörung des Mannes beschäftigen,
wäre es empfehlenswert, sich mehr mit den Vorgängen
in der Prostata zu beschäftigen, es würden therapeutisch
mehr Erfolge erzielt werden, als in diesen Fällen durch
Psychotherapie erreicht wird.

Wie die Prostata kann auch die Samenblase durch Mißbildung fehlen oder atrophieren. Bisher ist noch nicht klargestellt, ob die Samenblase eine andere Funktion besitzt
als ein Reservoir des Samens zu sein, was verschiedentlich
geleugnet wird, oder ob das von den Samenblasen sezer-
nierte Sekret einen hormonalen Einfluß hat. Erkrankungen
der Samenblase treten häufig im Gefolge von pathologischen
Prozessen im Nebenhoden, Samenstrang und der Prostata
auf, sie können aber auch selbständig in Erscheinung treten. Nicht selten erzeugen sie eine Hämospermie und beeinflussen die Potenz dahin, daß es zur Ejaculatio praecox
oder zu Potenzschwächen bis zur Impotenz kommt. Aus
dieser knappen und kurzen Zusammenstellung ist ersichtlich, daß im Genitaltrakt selbst eine große Zahl von Momenten vorliegt, die Störungen der Potenz zur Folge haben
können.

Zahlreiche allgemeine sowie lokale Erkrankungen, z. B.
des Rückenmarkes, können Potenzstörungen bis zur Impotenz erzeugen. Speziell die Libido wird durch verschiedene Erkrankungen des Organismus geschädigt. Die akuten
Infektionskrankheiten, fieberhafte Erkrankungen hemmen die
Potenz, die jedoch nach Heilung der Erkrankung wieder in
vollem Maße oder geschwächt zurückkehrt. Die Funktion
der innersekretorischen Drüsen spielt hier eine große Rolle.
So sehen wir Störungen bis zur Impotenz beim Myxödem,

bei der Addisonschen Krankheit, bei der Akromegalie und Dystrophia adiposo-genitalis. Von den Stoffwechselkrankheiten ist es der Diabetes (sowohl der mellitus als auch der insipidus) sowie die Fettsucht, die Störungen des Sexualtriebes bis zur Impotenz zur Folge haben. Erkrankungen des Blutes, wie die Anämie, die Leukämie, setzen die Potenz herab. Bei der Leukämie kann der Priapismus auftreten, doch ist dieser eine krankhafte Erscheinung, nicht eine Steigerung des Sexualtriebes. Herzkrankheiten, seien sie angeboren oder erworben, Klappenfehler oder Herzmuskelschädigungen führen häufig zur Impotenz, da die Beanspruchung des Herzens beim Koitus eine zu große ist. Ebenso ziehen Gefäßstörungen Potenzschwäche nach sich. Es ist klar, daß ein Mann mit schweren Atemstörungen sich weniger potent verhält, um so mehr als die Atmung, wie wir das beim Ablauf des Koitus erwähnt haben, stärker in Anspruch genommen wird. Bei Lungentuberkulose besteht eine Ausnahme, indem bei dieser eine Potenzsteigerung nicht selten zu bemerken ist. Es dürfte allgemein bekannt sein, daß Nierenerkrankungen eine Abnahme der Potenz und der Zeugungsfähigkeit zur Folge haben.

Außer den erwähnten gibt es noch eine Zahl anderer Erkrankungen, die zu Potenzstörungen führen können, ich erwähne nur Nervenkrankheiten, wie die multiple Sklerose, Kaudaerkrankungen, Geistes- und Gehirnkrankheiten, Rückenmarksverletzungen, einzelne Hautkrankheiten. Besondere Erwähnung verdient die Lues, die mit der Tabes dorsalis und der progressiven Paralyse besonders oft zur Impotenz führt. Es ist also bei Potenzstörungen des Mannes stets darauf Gewicht zu legen, daß sowohl in der Anamnese als auch bei der Untersuchung nicht eine der vielen erwähnten Erkrankungen außer acht gelassen wird, weil in ihr die Störung des Sexualtriebes gelegen sein kann.

Zu Störungen der Potenz führen außerdem noch verschiedene Vergiftungen. Zu diesen gehört die Leuchtgasvergiftung stärkeren Grades, die akute und chronische Bleivergiftung, die Arsenvergiftung sowie die Vergiftung mit Genuß- und Rauschgiften. Der Alkohol hat, in geringeren Mengen genossen, hauptsächlich durch Steigerung der Libido einen potenzstärkenden Einfluß. Dies ist allgemein bekannt und es wird auch reichlich in diesem Sinne vom Alkohol Gebrauch gemacht. In großen Mengen genossen, setzt er die Potenz stark herunter. Die chronischen Alkoholiker sind meist impotent. Auch das Nikotin hat einen entschieden potenzschädigenden Einfluß, indem es auf den Blutdruck, den Gefäßtonus einwirkt und die Libido bei starken Rauchern bedeutend herabsetzt. Sowohl beim Alkohol als auch beim Nikotin kommt es jedoch in erster Linie auf die Temperamentverhältnisse und konstitutionellen Veranlagungen an, besonders gilt dies beim Nikotin. Von den Rauschgiften ist es besonders das Opium, Morphium und Kokain, das auf den Sexualtrieb einen ungünstigen Einfluß ausübt. Brom, Lupulin in größeren Mengen oder durch längere Zeit angewendet, wirken ebenfalls ungünstig auf die Potenz ein. Ueberbeanspruchung des Organismus oder einzelner Organe setzen die Potenz herab. Die körperliche Ueberanstrengung, besonders aber die geistige fortgesetzte Inanspruchnahme wirken ungünstig und führen auch zur Impotenz. Daß Exzesse im selben Sinne wirken, ist leicht verständlich. Man sieht relativ junge Männer, die durch exzessiven Geschlechtsverkehr vorzeitig impotent werden. Die Onanie, die wohl von allen jungen Männern betrieben wird, wirkt als solche noch nicht potenzschädigend, nur ihr fortgesetzter und exzessiver Gebrauch, nicht selten aus Furcht vor Ansteckungen und der Befruchtung der Frau. Sie setzt die Libido, die Erektionsfähigkeit herab oder führt oft zur Ejaculatio praecox. Schädlich wirkt der lange oder oft geübte Coitus interruptus hauptsächlich dadurch, daß vor Eintreten des Orgasmus eine Tonusherabsetzung der Nervi erigentes erzwungen wird, so daß es nicht zur normalen Entblutung der Genitalorgane kommt, wodurch chronische Entzündungen und Veränderungen in der Prostata und Samenblase entstehen, die ebenfalls schädlich auf die Potenz wirken.

Nach den Betrachtungen über die somatischen Einflüsse kommen wir nun zu den psychisch bedingten Potenzstörungen. Erst wenn genaue Untersuchungen über die in jeder Beziehung normalen Verhältnisse der Sexualorgane und des Organismus durchgeführt sind, so daß diesbezüglich kein Versehen vorliegt, dürfen wir von psychogener Potenzstörung oder Impotenz sprechen. Die moderne Psychiatrie bezeichnet diese Störungen als „sexuelle Organneurosen" und nimmt an, daß ein Organ des Sexualtraktes oder das Organsystem eine Dysfunktion zeigt, indem die Funktion dieses Organs durch seelische Vorgänge beeinflußt wird. Das Gebiet der sexuellen Organneurosen ist ein sehr ausgebreitetes und wird vielfach spekulativ, wenn die Grenzen des Normalen überschritten werden. Wo aber der Psychoanalyse die Grenzen zu setzen sind, ist schwer zu sagen. Zu geringer oder zu starker Sexualtrieb sind pathologisch, wo sind hier die Grenzen, die neben äußeren Momenten vom Temperament weitgehend abhängig sind? Um nur einen Ueberblick über die Größe des Gebietes der Psychoanalyse zu bekommen, möchte ich mich hier kurz auf die Aufzählung einzelner Kapitel beschränken. Zunächst die Frage des Sexualtriebes beim Kind vor der

Pubertät mit dem Problem, daß hierbei nach Eintreten
der Pubertät für das spätere Leben pathologische Einwirkungen auf das Sexualleben und die Potenz auftreten, die
Frage der Monogamie, die wie die Ehe auf einer sittlichen
und religiösen Grundlage fußt, das Kapitel der gewollten
oder gemußten sexuellen Enthaltsamkeit, die teils durch
charakterliche, teils durch äußere Umstände beeinflußt wird,
der Unterschied im Sexualtrieb des Mannes und der Frau,
die Frage der Störungen durch Schädigungen der Sinnes-
organe, wie des Geruchssinnes, insbesondere die Abstump-
fung, das Nachlassen der Wohllustgefühle beim Koitus oder
des Interesses am Geschlechtsleben. Das große Kapitel der
abnormalen Geschlechtstriebe von der Perversion bis zur
kriminellen Perversität und dem Lustmord sind nur kurz
erwähnt einige Abschnitte, die psychisch bedingte Potenzstörungen erzeugen. Dabei ist die Grenze deshalb schwer
zu ziehen, weil es oft gar keines dauernd einwirkenden
Faktors bedarf, der z. B. zur Impotenz führt. Oft genügt
ein einmaliger kleiner, an sich unscheinbarer Anlaß, bei
einer feinfühlenden, Schwankungen ausgesetzten Seele, der
das gesamte Gebäude der Potenz zum Einsturz zu bringen
vermag. Im anderen Falle kann weder eine medikamentöse,
noch eine psychoanalytische Therapie, noch eine Strafe
einen Einfluß auf die Dysfunktion des Genitaltraktes oder
die abnormale Einstellung zum Sexualleben ausüben. Es
ist wohl zu unterscheiden, ob bei dem Einzelindividuum
der Naturdrang nur als Sinnesgenuß und zur Erzeugung
körperlichen Wohlbefindens befriedigt wird, oder ob auch
gesteigerte Gefühle für eine Vererbung geistiger und körperlicher Eigenschaften der seelische Hintergrund des Sexualtriebes sind. Im Gegensatz hierzu stehen die Menschen,
bei welchen der Naturtrieb das Individuum zu einem willen-
losen Werkzeug macht und ihn auf die Stufe des Tieres
stellt. Im Interesse eines Volksganzen muß die sexuelle
Tätigkeit des einzelnen in normale Bahnen gelenkt werden,
denn die spezifisch männliche Geistestätigkeit im Sinne
des geistigen und künstlerischen Schaffens, des konsequen-
ten Handelns, grundsätzlicher Sittlichkeit hängen in hohem
Maße mit der sexuellen Sphäre des Mannes zusammen.
Die ausführliche Behandlung dieser Fragen muß ich den
Psychiatern überlassen, sie müssen aber von allen Aerzten gekannt werden, wenn diese sich mit dem Problem der
Potenzstörungen beschäftigen. Es ist dies bei unserer heutigen Auffassung über die Ethik des Sexuallebens und der
Bevölkerungspolitik eine unbedingte Notwendigkeit. Eine
wesentliche Erweiterung und Förderung für alle Aerzte
wird diese Frage gewinnen, bis die von Gauleiter und
Reichsstatthalter Dr. J u r y in Niederdonau schon errich-

tete Zentralstelle „Kinderlose Ehen" im ganzen Reich verbreitet ihre Tätigkeit in ersprießlicher Weise führen wird.
Es ist schon heute zu ersehen, daß in diesen Stellen nicht
bloß der Internist, Frauenarzt, Urologe und Neurologe eine
Gemeinschaft bilden, sondern daß alle für das Sexualleben
des Volkes in Frage kommenden Faktoren mitzureden haben
werden. Ich erhoffe mir davon ein ersprießlicheres Wirken, als wenn Bände über einzelne Symptome oder Kasuisti-
ken dieses Problems veröffentlicht werden. Die Versitt-
lichung des Sexuallebens ist eine bedeutende kulturelle
Frage, die ich für lösbar halte, wenn Staat und Aerzte
gemeinsam an sie herangehen.

Volksaufklärende Bücher über das Sexualleben bestehen eine große Zahl. Es unterliegt keinem Zweifel, daß
eine Aufklärung auf sexuellem Gebiete sowohl beim Jüngling als auch beim Erwachsenen — bei letzterem besonders
für die Ehe — notwendig ist. Es ist jedoch oft schwierig,
das Richtige zu treffen und daher die ganze Frage ein
Problem. Wie in allem ist ein Zuviel schädlich. Das Temperament des einzelnen, die Erregung der Phantasie, die
Schamhaftigkeit, religiöse Einflüsse, nicht zuletzt die Art
des Geschriebenen oder Gesprochenen, müssen genau er-
wogen werden, wenn man dieses Problem richtig lösen
will. Vielleicht ist hier ein Zuwenig besser als ein Zuviel.
Im unaufgeklärten Naturvolke sind die sexuellen Verfeh-
lungen seltener als bei den Ueberkultivierten. Der gesunde
Bestand unseres Volkes aus dem Bauern, bei dem die
sexuelle Aufklärung weniger möglich ist, ist nicht zuletzt
auf das weitgehend normale Sexualleben zurückzuführen. Es
besteht für uns hier eine große und schwer zu lösende Aufgabe, bei der nach meiner Ansicht auch eine Auswahl
der mit diesem Problem sich beschäftigenden Aerzte getroffen werden muß, die in erster Linie die Verantwortung
tragen.

Wir kommen nun zur Behandlung der Potenzstörungen.
Sie ist sehr mannigfaltig, ihr Erfolg wechselvoll. Während
man in einzelnen Fällen ausgezeichnete Erfolge erzielen
kann, bleibt in anderen oft scheinbar leichten Fällen der
Erfolg vollständig aus. Es ist auffallend, daß die Störungen
im jugendlichen Alter meist schwerere sind als in höherem
Alter und daß sie auch jeder Behandlung schlecht zugänglich
sind. Da die Erfolge nicht von einem Tag auf den anderen
zu erzielen sind, beim Versagen man bei gleichzeitiger Anwendung zuvieler oder aller Behandlungsmethoden zu rasch
mit den therapeutischen Maßnahmen fertig ist, empfiehlt es
sich, sich einen Behandlungsplan zurechtzulegen, der in
erster Linie die zur Verfügung stehenden oder durchführ-
baren therapeutischen Behelfe umfaßt.

Medikamentös stehen uns mehrere Mittel zur Verfügung. Als zentralerregend, aber auch die Gefäße des Genitaltraktes erweiternd, steht an erster Stelle das Yohimbin. Seine Wirkung ist zu Beginn der Behandlung eine gute, leider tritt eine Gewöhnung ein, es muß die Dosis stets gesteigert werden. Da es Allgemeinschädigungen zur Folge hat, kann es nicht lange verwendet werden, meist kommt dann nach Aussetzen des Medikaments eine Verschlechterung der Potenz zustande. Strychnin allein oder in Kombination mit Yohimbin wirkt potenzsteigernd. Bei leichten Störungen erreicht man mit nervenstärkenden Mitteln, wie Lezithin, Kola, Arsen, Eisen, Phosphorpräparaten recht gute Erfolge, besonders bei körperlicher oder geistiger Ermüdung. Auf die Wirkung des Zinks habe ich schon hingewiesen, es möge nicht vernachlässigt werden. Eine große Zahl homöopathischer Mittel ist im Volke verbreitet, ich nenne nur den Kaviar, Zeller und verschiedene meist in der Zeitung angepriesene Geheimmittel. Daß der Alkohol in geringer Menge erregend wirkt, habe ich ebenfalls schon erwähnt. Schwere Störungen werden aber durch ihn nicht geheilt.

Eine wesentliche Rolle in der Behandlung der Potenzstörungen spielt die Behandlung mit Hormonen. Ihre Zahl und Anwendungsweise ist eine sehr große, sie werden teils rein aus tierischen Hormonen oder synthetisch hergestellt, teils kommen sie mit Strychnin oder Yohimbin, Kalziumphosphat und anderen Mitteln in den Handel. Es werden die reinen Sexualhormone, oder die Hormone der Hypophyse, des Harnes, oft auch weibliche Hormone beim Manne verwendet. Ihre Verabreichung erfolgt peroral, perlingual, in subkutanen Injektionen oder in Einreibungen öliger und ätherischer Lösungen. Ich habe von der perkutanen Anwendung noch die besten Erfolge gesehen. Ihre Wirkungsweise ist eine wechselvolle, nicht alle Fälle von Potenzstörungen sind zur Hormonbehandlung geeignet. Daß bei somatischen Störungen eine Hormonbehandlung ohne Effekt ist, ist leicht verständlich, hier müssen die Fehler operativ oder durch die sonst platzgreifenden Behandlungen behoben werden. Es müssen von den Hormonen genügend hohe, aber nicht zu hohe Dosen verabfolgt werden, außerdem muß die Ausscheidung der Hormone durch den Harn kontrolliert werden. Bei Hormonmangel im Harn wird man mit einem Effekt der Hormonbehandlung rechnen können. Allgemein kann man sagen, daß wir sowohl von der Wirkungsweise als auch vom Effekt, von der Ausscheidung und Retention im Körper noch keine befriedigenden Kenntnisse besitzen. Die Medikation der Hormone muß jedenfalls stets kontrolliert werden.

Von den Vitaminen kommen das Vitamin A und E
in Frage. Die Wirkung dürfte eine mehr libidosteigernde
sein, ihre Verabfolgung kann in keiner Weise schaden,
sie können zur Unterstützung bei der Behandlung der Impotenz verwendet werden.

Eine lange geübte Behandlungsmethode ist die Hydro-
therapie. Beginn mit lauwarmen bis kühlen Teilwaschungen,
die zu Ganzwaschungen gesteigert werden, bildet diese Behandlung besonders bei Potenzstörungen durch nervöse Einflüsse ein wesentliches Hilfsmittel, auch kalte Sitzbäder
von kurzer Dauer, Duschen und Abreibungen der Wirbel-
säule wirken im selben Sinne. Von kalten Teil- oder Ganz-
packungen werden gute Erfolge berichtet. Von der Bäder-
therapie können wir mit einem Effekt bei den radiumhaltigen
sowie den Moorbädern rechnen. Nicht selten erleben wir
einen Mißerfolg, wie auch bei anderen Erkrankungen spielt
beim Bädergebrauch die Ausschaltung aus dem eventuell
unter Anstrengungen verlaufenden täglichen Leben, der
Milieuwechsel, die klimatischen Einflüsse, Gesellschafts-
änderung eine nicht zu unterschätzende Rolle.

Verschiedene physikalische Behandlungsmethoden haben oft einen günstigen Einfluß. Elektrische Behandlung in
Form der Galvanisation, Tonisator, Diathermie, Kurzwellen
ist angezeigt, sie wirken in erster Linie hyperämisierend
wie die Anwendung von lokaler Wärme. Diese Behandlungsmethoden sollen nicht zu lange fortgesetzt werden, weil
nicht selten bei Forcierung und intensiver Anwendung Mißerfolge im Sinne von Verschlechterungen des Zustandes eintreten. Die bisher erwähnten therapeutischen Behelfe sollen
nicht alle auf einmal, sondern hintereinander angewendet
werden, um zu sehen, worauf der Patient am besten an-
spricht.

Bei den Mißbildungen schwereren Grades werden wir
weder durch operative noch konservative Maßnahmen eine
schwerere Potenzstörung beheben können, bei leichteren
Graden kann oft ein voller Erfolg erzielt werden. So sind
Phimosen, ein kurzes Frenulum, Hypospadien zu beheben,
die Induratio penis plastica rechtzeitig mit Röntgen und
Radium zu behandeln, bevor noch irreparable Zustände entstanden sind, bei Schußverletzungen wird man bei geeigneten Fällen durch Plastiken noch Erfolge erzielen können:
Kryptorchismen, Hernien, Hydro- und Spermatocelen, Hodentumoren sind zu beseitigen, ebenso sind Strikturen zu deh-
nen. Entzündliche und infektiöse Vorgänge im Hoden, Nebenhoden, der Harnröhre, Prostata und Samenblase sind mit
den geeigneten Mitteln zu behandeln. Nach meinen Erfahrungen hat eine lange fortgesetzte stärkere Sulfonamid-
medikation einen ungünstigen Einfluß auf die Potenz, in-

dem die Libido herabgesetzt wird. Genauere Beobachtungen werden noch Aufschluß diesbezüglich ergeben, irreparable Störungen, die auf Sulfonamidwirkung zurückzuführen wären, habe ich nicht beobachten können, meines Wissens liegen auch diesbezüglich keine Mitteilungen vor. Man muß dabei immer in Betracht ziehen, inwiefern die Krankheit an sich die Schädigung der Potenz zur Folge hat. Instrumentelle Behandlungen mit Kühlsonden, Prostatamassagen, warme Arzberger, haben mir schon wiederholt eine wertvolle Hilfe in der Behandlung der Potenzstörungen gebracht. Der praktische Arzt wird in dieser Beziehung vielfach nicht das instrumentelle Rüstzeug und die praktischen Anwendungsindikationen haben. In Fällen von entzündlichen Vorgängen der hinteren Harnröhre werden tiefe Instilla-tionen, endoskopische Eingriffe mit Aetzung des Colliculus seminalis, sowie Beseitigung von Papillomen und sonstigen Veränderungen unvermeidlich sein.

Ich komme noch zur psychoanalytischen Behandlung. Wie schon das Wort sagt, besteht diese in der Analyse der seelischen Vorgänge des Einzelindividuums. Ich habe schon darauf hingewiesen, daß die Psychoanalyse erst zu beginnen hat, wenn festgestellt ist, daß kein körperlicher Defekt die Potenz schädigt. Ist dies nicht der Fall, dann hat man sich um die seelischen Vorgänge des Kranken zu interessieren, um besonders ungünstige Eindrücke und Ein-flüsse, die in vergangener Zeit oder Gegenwart einwirken, hat den Charakter zu ergründen, die seelische Not zu er-fragen und insbesondere auf das Sexualleben des Patienten einzugehen. Wenn man die Literatur der Psychoanalyse studiert, kommt man zur Erkenntnis, daß sie sich in erster Linie aus dem Studium der Kasuistik zusammensetzt, daß Regeln meist aus Einzelfällen abgeleitet werden, daß in anderen Fällen die Psychoanalyse rein handwerksmäßig betrieben wird. Nirgend mehr als hier ist das Feingefühl des Arztes maßgebend. Mit Ungeduld, barschem Wesen, Schematisieren, Unverstand für die seelischen Vorgänge des Hilfesuchenden und seiner Handlungen soll man die Po-tenzstörungen nicht in Behandlung nehmen und sie lieber jenen überlassen, die hierfür den nötigen Takt und das Fein-gefühl besitzen. Darin wird die schon erwähnte Auswahl der sich mit diesen Störungen befassenden Aerzte bestehen.

Absichtlich bin ich bei meinen Ausführungen nicht in Details eingegangen, weil ich glaube, daß dadurch die Ueber-sicht über dieses schwierige Kapitel verloren gegangen wäre. Ich habe auch hauptsächlich die negativen Phasen der Potenzstörungen, d. h. jene Zustände, die eine Ab-nahme oder ein Sistieren des Geschlechtstriebes aufweisen, hervorgehoben, weil man leichter das Zuviel auf das Normale heruntersetzen, als Defizite des Körpers oder der Organe beheben kann.

Ein großer Teil der sich mit diesem Thema beschäftigenden Arbeiten zitiert Aussprüche großer Geister oder schließt mit solchen. Ich möchte mit folgender Betrachtung meine Ausführungen beenden: Ein Volk wird seine Größe und Stärke solange behalten, als es die seit Jahrtausenden geübte und naturgegebene Reinheit des Sexuallebens zu bewahren weiß und sich fremden Einflüssen nicht unterwirft, denn die Zersetzung kommt nur von außen. Ist uns Aerzten die Aufgabe gestellt, Volksbetreuer zu sein, dann können wir gerade auf diesem Gebiet ganz Großes leisten und wollen dies auch mit allen Kräften zu erreichen trachten.

Der Arbeitsknick

Von

Dr. F. Paula

Wien

Wenn das Thema eines Vortrages durch einen derart fachlichen Spezialbegriff, wie es der Arbeitsknick ist, angegeben wird, dann ist es notwendig, eingangs eine nähere Erklärung vorauszuschicken. Diese Aufgabe bereitet jedoch dann große Schwierigkeiten, wenn es sich um eine in vieler Hinsicht nicht anerkannte oder verschiedentlich bestrittene Begriffsbestimmung handelt. Mit meinem Vortragsgegenstand fällt es mir in dieser Hinsicht besonders schwer und ich muß zu seiner Deutung und Verständlichung weiter ausholen.

Der Nationalsozialismus hat in seiner umfassenden Gedankenrevolution kein Gebiet des staatlichen und individuellen Lebens unberührt gelassen und deshalb unterlag auch die gesundheitliche Betreuung des deutschen Menschen einer grundlegenden Neuausrichtung. Das Ergebnis des Gedankenumbruches in dieser Beziehung findet seinen Niederschlag in der Zielsetzung der Gesundheitsführung des deutschen Volkes. Im Gegensatz zu der in der bisherigen Menschengeschichte verankerten Auffassung von der Gesundheit als dem urtümlichsten Privatbesitz des Menschen, welche die Krankheit als einen ausschließlichen Schaden ihres Trägers und deren Bekämpfung als eine Pflicht der Humanität angesehen hat, stellt die nationalsozialistische Gesundheitsführung jede Störung der Gesundheit als Ursache einer Herabsetzung der Leistungsfähigkeit eines Menschen in Beziehung zu den natürlichen Erfordernissen der nationalen Gemeinschaft. Ihr verdanken wir erst die klare Umschreibung der Vorstellung von der Volksgesundheit. Durch sie rückten alle Bemühungen um die Gesundheit der Nation in das aufmerksame Blickfeld des Politikers und Volkswirtschafters, durch sie wurde dem ärztlichen Gesundheitsführer ein anerkannter Platz in der gesamten Sozialpolitik eingeräumt. Erst der Nationalsozialismus hat uns die tiefen Zusammenhänge zwischen der gesunden Volkskraft und der völkischen Bewährung im Daseinskampf gelehrt. Und deswegen müssen wir es begreifen, wenn mit der geistigen Befruchtung durch unsere Weltanschauung dem ärztlichen Gesundheitsführer Aufgaben besonderer Art erwachsen sind, wenn seine anerzogen einseitige Aufmerksamkeit von der, wie Sie alle zugeben müssen, menschlich ewig begrenzten Krankheitsheilung ab und vorbeugenden Bestrebungen zugelenkt wurde, wenn das Leistungsschicksal des deutschen Arbeiters und die Erhaltung und Steigerung der Leistungskräfte der schaffenden Volksschichte als Grundlage der nationalen Kraftentfaltung zur Plattform für eine besondere Problemstellung geworden sind. Unabänderliche biologische Fehlentwicklungen unseres Volkes in der Vergangenheit mit ihren langerstreckten Auswirkungen auf die strukturelle Zusammensetzung der Bevölkerung, gesteigerte Aufgaben und Verpflichtungen, die dem deutschen Volk in der Gegenwart und für die Zukunft erwachsen sind, verlangen eine entschlossene und sorgfältigste Lenkung aller bevölkerungspolitischen Bestrebungen im Sinne einer zielstrebigen Menschenökonomie, sie verlangen in besonderem Maße eine rationelle Bewirtschaftung der Leistungsfähigkeit unserer schaffenden Volksbasis im allgemeinen und der Arbeitskraft jedes einzelnen Arbeiters im besonderen.

Bei der Erstellung einer Bevölkerungsbilanz, die jeder planmäßigen Oekonomie und Bewirtschaftung der in Rechnung zu stellenden Arbeitskräfte vorangehen muß, stellt sich der Sozialpolitiker folgende Fragen:

1. über die zahlenmäßige Größe und Zusammensetzung der durch den Tod ausfallenden Volksangehörigen, also über die Sterblichkeitsverhältnisse, deren Entwicklung in der Vergangenheit und ihre voraussichtliche Gestaltung in der Zukunft,

2. über die Größe des natürlichen Nachwuchses (Zahl der Geburten, Zahl der ins erwerbsfähige Alter nachrückenden Jugend, Auswirkungen günstiger oder ungünstiger Geburtenschwankungen in der Vergangenheit usw.),

3. über den durchschnittlichen Umfang der menschlichen Schaffensperiode und über die Momente, welche das Leistungsschicksal der Menschen vor- oder nachteilig beeinflussen.

Die beiden ersten Fragen sind das Arbeitsgebiet des Bevölkerungsstatistikers und zwingen dem Politiker, dem Volkswirtschaftler und dem Sozialpolitiker mit ihren Folgerungen hochwichtige Aufgaben auf. Sie können im Rahmen dieses Vortrages nicht weiter erörtert werden. Uns muß die dritte Fragestellung mit Beschlag belegen.

Die Leistungsperiode des Menschen findet ihr Ende mit dem Eintritt einer derartigen Arbeitsfähigkeitsminderung, daß eine Verwertung der restlichen Leistungskräfte im gesamten allgemeinen Arbeitsprozeß weder möglich, noch auch rationell erscheint. Dieses Leistungsende wird physiologischerweise erreicht, wenn die Aufbrauchs- oder Abnutzungsveränderungen im menschlichen Organismus einen bestimmten Grad angenommen haben (Altersinvalidität). Im einzelnen grundverschieden nach Art und Umfang des individuellen Leistungs- und Widerstandspotentials gegenüber den vielgestaltigen Größen und Kombinationsmöglichkeiten aller destruktiv wirksamen Umwelteinflüsse, an deren Spitze widerspruchslos die berufliche Arbeit zu stellen ist, hat sich nach der allgemeinen Erfahrung die durchschnittliche Begrenzung des Schaffensalters mit dem 65. Lebensjahr als brauchbarer Limit erwiesen. Stellen wir dazu in Vergleich, daß heute die mittlere Lebenserwartung des Einjährigen nach den Berechnungen des Statistikers unter Zugrundelegung der Sterblichkeitsverhältnisse der letzten Jahre fast mit der gleichen Zahl an Jahren (65) anzusetzen ist, so wären wir verleitet, von einem gewissen Idealzustande zu sprechen, wenn tatsächlich im großen Durchschnitt der Schwund der Arbeitsfähigkeit kurz vor dem physiologischen Ableben einsetzte. Lassen wir nun all die vielen Menschen, bei denen eine akut einwirkende Gesundheitsschädigung (Unfall, Infektionskrankheiten, Berufskrankheiten aller Art usw.) oder die akute Verschlimmerung eines chronischen Leidens (Apoplexie, Urämie, Herzinsuffizienz usw.) zur vorzeitigen Teil- oder Vollinvalidisierung (d. h. versicherungstechnisch bei mehr als zwei Drittel Erwerbseinschränkung auf dem allgemeinen Arbeitsmarkt) vor der angenommenen Alters- und Berufsgrenze mit 65 Jahren führen, unberücksichtigt, dann bleibt noch ein Großteil schaffender Volksgenossen, deren Leistungsfähigkeit vom Beginn der Vierzigerjahre ab in steigendem Maße abzusinken beginnt, ohne daß sie deshalb als Teilinvalide im Rahmen der Invalidenversicherung aufscheinen, d. h. die sich selbst der Tatsache des Leistungsabfalles nicht bewußt werden und die auch ihrer Umgebung diesbezüglich nicht auffällig werden müssen. Und dies also zu einer Zeit, die der Volksmund als die „besten Jahre" des Menschen zu bezeichnen pflegt. Für diese Erscheinung des vorzeitigen Rückganges der Leistungsfähigkeit wurde die Bezeichnung „Arbeitsknick" geschaffen. Diese Wortbildprägung war, wie ich noch ausführen werde, keine glückliche.

Freilich wird sich ein solcher Arbeitsknick vielfach des greifbaren Nachweises entziehen, wenn, wie das so und sooftmal der Fall ist, das geminderte körperliche Leistungspotential nahezu oder völlig durch einen der größeren und spezialisierteren Berufserfahrung entsprechenden geänderten Berufseinsatz ausgeglichen werden kann. Der Handwerker, dessen Schaffenskraft „mit den Jahren" gelitten hat, vermag als Meister durch die Gaben der konstruktiven Ausnutzung großer Handwerkserfahrung und durch seine Vorbedingungen zum Lehrer und Lenker jüngerer Kräfte seiner Zunft seinen „Arbeitsknick" zu korrigieren. Dasselbe wird für jeden fachlich geschulten und fähigen berufsstrebigen Arbeiter in allen Zweigen der Industrie und Wirtschaft denkbar sein. Hier liegt der Sinn und Zweck des Berufserziehungswerkes der Deutschen Arbeitsfront verankert, hierauf fußen auch die Ansätze zu einer wirklich funktionellen, sinngemäßen Berufsberatung und Berufseinschulung.

Im großen gesehen kann natürlich dieser Weg der Kompensation des zeitlichen Leistungsabfalles nur einer relativ kleinen Gruppe unserer schaffenden Menschen geebnet sein. Vielen Facharbeitern wurde schon die Leistungsminderung zum Anlaß einer Verschlechterung ihrer sozialen Stellung dadurch, daß sie ihre Zuflucht in schlechter entlohnte Hilfs- und Handlangerarbeiten zu nehmen gezwungen waren. Die überwiegenden als Hilfsarbeiten anzusehenden Erwerbsquellen bieten keinerlei für den Arbeiter wie für die schaffende Volksgemeinschaft gleicherweise vorteilhafte Ausgleichsmöglichkeiten des sogenannten „Arbeitsknicks". Und so belastet Jahr für Jahr die Summe der leistungsgeminderten Volksgenossen das Leistungspflichtkontingent der Nation.

Damit glaube ich, Ihnen gleichzeitig mit der Definition des Arbeitsknicks auch einen kurzen Ueberblick über die gedanklichen Voraussetzungen, die zu diesem Begriff führten, gegeben zu haben. Wenn mein Vortragsthema in den Rahmen dieses Fortbildungskurses aufgenommen wurde, so wollen Sie daraus nicht etwa den Schluß ziehen, als ob der Arbeitsknick nur eine Angelegenheit des arbeitenden Mannes sei und nicht in gleicher Weise auf die erwerbstätige Frau Anwendung finden könne. Der Schwerpunkt

unserer gesamten volkswirtschaftlichen Produktion liegt und
wird natürlicherweise immer auf der Arbeit des Mannes
gelegen sein und gerade unsere Weltanschauung verbürgt der
Frau die Sicherstellung ihrer besonderen Sendung im Dienste
des nationalen Lebens. Es ist uns allen klar, daß es nur
schicksalsentscheidende Gebote einer bedeutungsvollen geschichtlichen Epoche, wie es der gegenwärtige Krieg ist,
sein können, die eine verstärkte Einschaltung der Frau in
den Arbeitsprozeß rechtfertigen und unumgänglich notwendig machen. Der grundsätzliche Aufbau der Volkswirt-
schaft auf der Arbeitskraft des Mannes begründet es, das
Thema vom Arbeitsknick da abzuhandeln, wo die Physiologie und Pathologie des Mannes einer umfassenden Erörterung unterzogen wird.

Die Schaffung des Begriffes vom Arbeits- oder Lei-
stungsknick und sein schlagwortartiger Gebrauch müssen
heute mehr denn je als äußerst unglücklich bezeichnet
werden. In einer Zeit, in der die schaffende Heimat in den
Fabrikstätten, auf den nahrungsspendenden Aeckern, in
Zechen und Bureaus, kurz überall, wo neben der militärischen Front der Bestand und die Zukunft unseres Volkes
geschmiedet werden, vielfach mit Hilfe überalterter Männer
und Frauen einmalige Leistungen vollbringt, sträuben wir
uns gegen die Vorstellung, wie sie sich uns aus dem Wort
„Arbeitsknick" aufdrängt. Unter Knicken versteht man das
plötzliche, unvorbereitete Abfallen einer sonst gleichmäßigen
harmonischen Bewegung in einem bestimmten Punkt. Als
Ursache eines solchen Vorganges müßte entweder eine auf
diesen Zeitpunkt zusammengeballte Krafteinwirkung oder
aber die kumulative Häufung länger dauernder, ständiger
nachteiliger Beeinflussungen angesehen werden, die dann in
Gestalt einer eruptiven Entladung in einem gewissen Augenblick den gleichen Erfolg erzielen könnten. Nun muß ich
gleich an dieser Stelle betonen, daß die Verfechter des Arbeitsknicks nicht in der Lage gewesen sind, zahlenmäßige,
statistisch geschöpfte Beweise über den Zeitpunkt, die Größe
und den Umfang eines solchen plötzlichen Leistungsabfalles
zu erbringen. Doch abgesehen davon, entbehrt eine derartige Vorstellung vom d u r c h s c h n i t t l i c h e n Verlauf
des Leistungsschicksals unserer Arbeiter jeder biologischen
Analogie.

Als Aerzte müßten wir eine solche Erscheinung als ein
unerhört eindrucksvolles und pathologisches Syndrom unserer völkischen Substanz werten und daraus bedeutsame
Folgerungen und Auswirkungen ableiten. Gerade der
gegenwärtige Fortbildungskurs unterstreicht wieder die
physiologische Tatsache, daß das menschliche Leben,
bzw. das Leben überhaupt, aus verschiedenen Zeit-

perioden besteht, in denen die mannigfaltigsten Wandlungen
fortschrittlicher oder rückschrittlicher Art im Organismus
vor sich gehen. Aber keiner dieser Zeitabschnitte drängt
sich normalerweise und durchschnittlich auf kürzeste Spannen zusammen, weil das Leben nach Art einer harmonischen
Kurvenform abzulaufen gewohnt ist und ungezwungen alle
Steilwendungen und Knicks vermeidet. Das Auftreten jäher
Abfälle im Lebensablauf eines Menschen gilt uns Aerzten
als einer der ersten und wichtigsten pathognomonischen
Fingerzeige. Die vollinhaltliche Uebernahme und Anerkennung des Arbeitsknicks müßte uns veranlassen, eine alarmie-
rende Krankheitserscheinung der biologisch betrachteten
Volksmasse als gegeben hinzunehmen, wozu wir jedoch aus
der praktischen Erfahrung keinesfalls berechtigt sind.

Ich will nun versuchen, Ihnen einen kurzen Ueberblick
zu geben über den Verlauf des menschlichen Leistungsschicksals im allgemeinen und über jenen Abschnitt im besonderen, in dem der mit dem Arbeitsknick bezeichnete
Leistungsabfall zu verzeichnen ist. Dazu werde ich mich
zunächst einer einfachen symbolischen Darstellung des Le-
bens- und Leistungsablaufes bedienen und sodann gewisse
Hinweise aus zahlenmäßigen Betrachtungen und Untersuchungen anführen. Stellen wir uns, wie das aus der Abbildung, und zwar einer Teildarstellung derselben, unter
der Ueberschrift „die Lebenskippe", ersichtlich ist, den Le-
bens- und Leistungsverlauf eines Menschen in Gestalt einer
auf- und absteigenden Kurve vor, so fallen im aufsteigenden Schenkel Lebens- und Leistungsentwicklung zusammen
und erreichen eine gemeinsame Kulmination. Hier steht
der Mensch, im Zenit seines Lebens, im allgemeinen auch
auf dem Höhepunkt seiner Schaffenskraft. Die Zeit der
vollen Lebens- und Leistungsreife kann nicht als ein Steil-
gipfel angesehen werden, der nur für eine kurze Zeit erreicht und im jähen Absinken wieder verlassen wird. Die
Erfahrung läßt uns vielmehr annehmen, daß die Höhe des
Lebens und der Leistung eine flache Kuppe darstellt, auf
der der Mensch durch Jahre in einem Zustand labilen Ver-
harrens steht, um früher oder später unter dem Einfluß
der lebens- und leistungsabbauenden Faktoren seiner
Umweltverhältnisse (wieder die berufliche Arbeit an der
Spitze) rascher oder langsamer in den abfallenden Schenkel der Kurve abzukippen. Damit vollzieht sich gleichzeitig
eine Trennung der Leistungskurve von der Lebenskurve,
indem die erstere rascher und steiler, die letztere langsamer und flacher nach dem Nullpunkt, dem Leistungsende
einerseits, dem physiologischen Tode anderseits, zustrebt.
In der Phase der labilen Kulmination, ich nenne sie die
L e b e n s k i p p e , wird sowohl der Zeitpunkt der Trennung

der Leistungs- von der Lebenskurve, wie auch der raschere
oder langsamere Verlauf der abfallenden Schenkel entscheidend bestimmt. Der Vollzug der Trennung beider Kur-
ven drängt sich normalerweise ebensowenig auf einen Punkt
zusammen, wie die Höhe des Lebens kein Punkt, sondern
ein mehr oder weniger flaches Plateau ist, er erfolgt nach
Art einer allmählichen Abwendung, d. h. daß wir bei
dieser Betrachtung jeden Knick vermissen. Durch das Tempo
im Verlauf des absteigenden Leistungs- und Lebensschen-
kels dieser Kurve wird nun die Länge jener Lebensspanne
bestimmt, die sich vom Ausscheiden aus dem Arbeitsprozeß
bis zum Ableben des Menschen erstreckt. B u r g d ö r f e r
nennt sie den Lebensfeierabend. Sie ist im allgemeinen
eine natürliche physiologische Erscheinung, jedoch für den
Sozialpolitiker nur so lange, als sie nicht im großen
Durchschnitt eine untragbare Spannung zwischen dem durchschnittlichen Lebens- und dem Leistungsalter der Menschen darstellt. Mit anderen Worten wird sie sich dem
Idealzustande dann nähern, wenn der Leistungsabfall möglichst nahe an die durchschnittlich angenommene Altersinvalidität mit 65 Jahren heranrückt. Je früher ein Nachlassen der Leistungskraft vor diesem Alterstermin eintritt,
um so nachteiliger muß sich dies im Leistungsprozeß des
ganzen Volkes bemerkbar machen, wenn davon ein Großteil der schaffenden Bevölkerung betroffen wird.

Das Dunkel der immer nur aus Einzelerfahrungen
geschöpften Vermutungen und Behauptungen hinsichtlich des
Leistungsabfalles, dem die ominöse Bezeichnung ,,Arbeits-
knick" zuteil wurde, vermögen die Folgerungen zu beleuchten, welche in Heft 1/2 der Schriftenreihe für Arbeits- und
Leistungsmedizin (herausgegeben von Dr. Werner B o c k -
h a c k e r, dem Leiter des Amtes ,,Gesundheit und Volks-
schutz" der DAF) aus größeren Beweisunterlagen abgeleitet werden. An Hand von zahlenmäßigen Beweisen aus
der Invalidenversicherung und unter sinngemäßer Auslegung
der Todesursachenstatistiken wird gezeigt, daß die Erkrankungen des Kreislaufes, des Nervensystems, der Atmungs-
und Verdauungsorgane das Hauptkontingent jener Krankheitsursachen abgeben, welche zur vorzeitigen (vor dem
65. Lebensjahr) Vollinvalidität (Zweidrittel-Erwerbsunfähig-
keit auf dem allgemeinen Arbeitsmarkt) Anlaß geben, und
daß dieselben Organkrankheiten um das 45. bis 60. Lebensjahr herum als Todesursachen sprunghaft hervortreten.
Bedenkt man, daß die allermeisten dieser sogenannten
A b n u t z u n g s - oder V e r s c h l e i ß k r a n k h e i t e n eine
chronische Entwicklung bis zu ihrem vollen Invalidisierungs-
ausmaß durchmachen, so ist nichts naheliegender als der
Schluß, daß die gleichen organischen Abänderungen auch

für den vorzeitigen rascheren oder langsameren Leistungsabfall anzuschuldigen sein werden. Die Auswertung der Be-
triebs-Reihenuntersuchungen des Haupt- und DAF-Amtes
für Volksgesundheit in den Jahren 1937 bis 1939 in vier
verschiedenen Gauen mit den Ergebnissen von 350.000 Ein-
zeluntersuchungen hat die Annahme bestätigt, daß ein
Großteil der erwerbsfähigen Schichte nach dem 45. Lebensjahr nicht mehr voll leistungsfähig und arbeitseinsatz-
fähig ist. Unter den 45- bis 59jährigen wurde bei 16%
der Untersuchten eine Minderung der Arbeitseinsatzfähig-
keit durch Organfehler festgestellt, 9 von diesen 16 sind
infolge Erkrankung des Kreislaufapparates teilinvalide.

Daß sich jeder Betriebsarzt von diesen Verhältnissen
innerhalb der von ihm betreuten Gefolgschaft überzeugen
kann, will ich kurz an einigen von mir in dieser Eigenschaft erhobenen Zahlen zeigen. Im Laufe eines Jahres konnte
ich die Belegschaft meines Betriebes in der Stärke von
1698 Gefolgschaftern untersuchen und die gefundenen gesundheitlichen Abweichungen wurden nach bestimmten Gesichtspunkten tabellarisch zusammengefaßt. Aus gewissen
Gründen habe ich dabei alle diejenigen Arbeiter und Angestellten einer Sonderauswertung unterzogen, welche länger als zehn Jahre im Betrieb tätig waren. Da bei den allermeisten dieser Altdiener des Werkes die Voraussetzung
zutreffen wird, daß sie zumindest an der Grenze des
eventuellen Leistungsabfalles stehen, viele aber sogar ausgesprochenen Altersklassen angehören, wird ein Vergleich
der bei ihnen prozentuell erhobenen pathologischen Befunde mit den analogen Zahlen der einheitlich bewerteten Belegschaft recht aufschlußreich sein können. Da unter den 1698
Untersuchten 543 Menschen älter als 40 Jahre waren und
485 Arbeiter und Angestellte länger als zehn Jahre im Betrieb standen, dürfte sich daraus der Schluß auf das Durchschnittsalter der mehr als zehnjährigen Stammarbeiter rechtfertigen lassen. Aus der nachstehenden tabellarischen Ueber-
sicht sind die Vergleichsziffern zu entnehmen.

Die Angabe manchmal schwankender Werte ist dadurch
zu erklären, daß in meiner gesammelten Uebersicht noch
verschiedene Unterteilungen der Gesichtspunkte sowohl hinsichtlich der untersuchten Menschen (z. B. Einstellungs-
untersuchungen und fortlaufende Reihenuntersuchungen) als
auch hinsichtlich spezialisierter Befundungen, wie floride
und abgeschlossene Prozesse usw. aufscheinen. Jedenfalls
aber zeigen selbst diese relativ viel zu kleinen Zahlen
deutliche Verlagerungen nach der Altersgruppe, die mit den
Ergebnissen der großen Reihenuntersuchungen vollkommen
im Einklang stehen. Wir haben also die Tatsache zur Kennt-

Krankhafte Veränderungen des	A r b e i t e r		A n g e s t e l l t e	
	Gesamt-arbeiterschaft	Altdiener (über 10 Jahre)	Gesamt-angestelltenschaft	Altdiener (über 10 Jahre)
Kreislaufapparates:				
Herz und arterieller Teil	Frauen 3—5% Männer 8—10%	12—14%	Frauen 3—7% Männer 4—9%	7—8%
Venöser Teil (Varizen, Hämorrhoiden)	Frauen 16·7% Männer 19%	22%	Frauen 9—21% Männer 13—16%	17%
Muskel- und Gelenkapparates:				
Rheuma, Arthrosen	Frauen 4—7% Männer 1—3%	4—8%	Frauen 2—5% Männer 1—6%	2—6%
Verdauungsapparates:				
Geschwürige Prozesse	Frauen 0·42% Männer 0·26%	1·29%	Frauen 0—0·68% Männer 1·7—3·5%	2%
Steinbildende Prozesse (Cholelithiasis)	Frauen 1·26% Männer 0·54%	2·15%	Frauen 0—1·2% Männer 0·29%	0·4%
Magenresektionen	Frauen 0·63% Männer 2·6%	2·58%	Frauen 1·36% Männer 2·03%	0·8%
Uropoetischen Apparates	Frauen 0·42% Männer 0·26%	0·86%	Frauen 0 Männer 0·58%	1·6%
Nervensystems:				
Organisch	Frauen 1·9% Männer 2·9%	2·6%	Frauen 0—2·4% Männer 3—6%	3·2%
Funktionell	Frauen 11% Männer 4%	7·3%	Frauen 12—18% Männer 3·5—9%	9%
Stoffwechsels:				
Diabetes mellitus	Frauen 0·2% Männer 0	0·43%	Frauen 0 Männer 0—1·2%	0%

nis genommen, daß sich von der zweiten Hälfte des fünften Dezenniums bis zum Ende des sechsten bei einem
großen Teil der arbeitenden Bevölkerung eine entscheidende
Wende im Leistungsschicksal bemerkbar macht, welche aus
den eingangs erwähnten Gründen die Gesundheitsführung
und mit ihr die gesamte Sozialpolitik bestimmend beeinflussen mußte. Es genügt dies vollkommen, um bei reiflicher
Ueberlegung der Wichtigkeit des völkischen Leistungsproblems gewahr zu werden, ohne deshalb einen Begriff dafür
hinauszustellen, der, von einer betonten Uebertreibung abgesehen, beunruhigen und fast entmutigen könnte.

Wir Aerzte wissen, daß das fünfte und sechste Lebensjahrzehnt für Mann und Frau früher oder später Aenderungen in der körperlich-seelischen Struktur manifest macht,
die so entscheidende Ausmaße annehmen können, daß für
sie auch im Volksmund der Ausdruck der Wechseljahre
gebräuchlich ist. Hier wechselt der menschliche Organismus
aus der Phase der evolutionären und späterhin gewissermaßen stationären Biodynamik in die Phase der involutionären und regressiven Umbildung. In dieser Zeit werden so
viele regressive Metamorphosen einzelner Organe und Organsysteme dem Kliniker und Pathologen manifest, Veränderungen, für die nur der ständige Gebrauch, der Lebensverschleiß oder Aufbrauch, anzuschuldigen sind. Vom jähen
Auftreten einer Krankheit abgesehen, vollzieht sich aber
die Wandlung ins Alter allmählich. Die langsame Entwicklung der Alters- oder Aufbrauchskrankheiten an den Organen
des Kreislaufes, des Atmungs-, Verdauungs- und Nervensystems macht es begreiflich, daß ihr Bestehen anfangs
und oft auch in fortgeschrittenen Stadien dem Träger und
seiner Umgebung nicht sinnfällig wird, daß aber diesbezüglich vorsätzliche und eingehende Untersuchungen derartige
sogenannte Frühschäden im Menschen nachzuweisen
vermögen. Diese Frühschäden sind es, denen die Drosselung der Leistungskräfte des Menschen zuzuschreiben ist.
Sie stellen das Ergebnis jener bereits von mir besprochenen
dauernden nachteiligen Arbeits- (Milieu-) Einflüsse dar, die
aber für gewöhnlich den weiteren Leistungsverlauf nicht
im Sinne des vermeintlichen Leistungsknicks jäh und unvermittelt stören. Nur dort, wo die sich einschleichenden
Verschleißkrankheiten durch eine akut einsetzende Verschlimmerung (Apoplexie, Infarkte, Embolien, Thrombosen,
Dekompensation usw.) eine sprunghafte Progression erleiden,
dort wird die gleichzeitig einsetzende plötzliche Minderung
der Arbeitskraft als ein Arbeitsknick im wahrsten Sinne
des Wortes bezeichnet werden dürfen.

Aber ohne diese Unterscheidung verallgemeinert von
einem Knick in der Leistungs- und Lebensbahn der schaf-

fenden Menschen zu sprechen, erscheint weder zutreffend noch verständlich.

Ich bediene mich zur einfachen Verständigung über die Lebens- und Leistungslage eines Menschen eines Quotienten oder Bruches, den ich den L e i s t u n g s - bzw. L e b e n s q u o t i e n t e n nenne. Er ergibt sich aus dem Verhältnis des jeweiligen anlagebedingten, bzw. durch Alter oder Krankheit veränderten Kräftepotentials eines Menschen (im Zähler des Bruches) zu seiner umwelt- (leistungs-) bedingten Verbrauchsquote (im Nenner des Bruches) und ist als optimal zu werten, wenn sich beide Größen entsprechend die Waage halten, d. h. wenn er 1 ist. Ein Ueberwiegen der Ansprüche an das physiologische oder pathologisch veränderte Kräftepotential wird, gleichgültig, ob das Mißverhältnis durch Reduktion des Zählers bei gleichbleibendem Nenner oder durch eine Erhöhung des Nenners bei gleichgebliebenem Zähler erfolgte, die Verkleinerung des Leistungsquotienten unter 1 bewirken ($>$ 1). Diese sogenannte Minusvariante des Leistungsquotienten ist mir das Symbol der dynamischen Ueberbeanspruchung und der Anlaß bei längerem Bestand zur Beschleunigung des Kräfteverbrauches, d. h. zur Beeinflussung des Lebens- und Leistungsschicksals im ungünstigen Sinne. Mit dieser Betrachtungsweise bedeutet die Lebenswende in den kritischen Jahrzehnten bei fast immer unverminderten Größen der abbauenden Umweltfaktoren (also insbesondere wieder der beruflichen Arbeit) die Veränderung des Leistungsquotienten nach der Minusvariation, weil das körperlich-geistige Kräftegut des Menschen um diese Zeit durch die ersten Syndrome der Frühschäden eine natürliche Verminderung erfahren hat.

Ich habe mir nun die Aufgabe gestellt, die Beziehung zwischen dem Lebensablauf und der schaffenden Arbeit in einer Form zu Gesicht zu bringen, die unabhängig von der unendlichen Veränderlichkeit der beruflichen Arbeit und beziehungslos gegenüber der individuellen Verschiedenheit menschlicher Leistungskraft, rein nach dem z e i t l i c h e n M a ß s t a b und unter der stetigen Voraussetzung eines optimalen Leistungsquotienten allgemeine Gültigkeit haben muß. Die Lösung dieser Aufgabe ist die aus der Abbildung ersichtliche z e i t l i c h e A u f b r a u c h s - oder V e r - s c h l e i ß k u r v e. Die Punkte dieser Kurve ergeben sich aus dem Verhältniswert des jeweiligen Lebensalters eines Menschen zu dem dem Lebensalter entsprechenden Arbeitsalter. Den Berechnungen legte ich nach allgemeinem Gebrauch den Berufsbeginn, oder besser ausgedrückt den Eintritt in die Schaffensperiode, mit dem 15. Lebensjahr zugrunde. Setze ich das jeweilige Lebensalter als die Ganz-

heit mit 1 an und bezeichne ich das zugehörige Arbeitsalter mit dem errechneten Bruchteil, dann liefert das Verhältnis 1:1/x den entsprechenden zeitlichen Verhältniswert

Die zeitliche Aufbrauchs- oder Verschleißkurve
des schaffenden Menschen
(Nach Dr. Paula)

Verhältniswert zwischen Lebensalter und Arbeitsalter

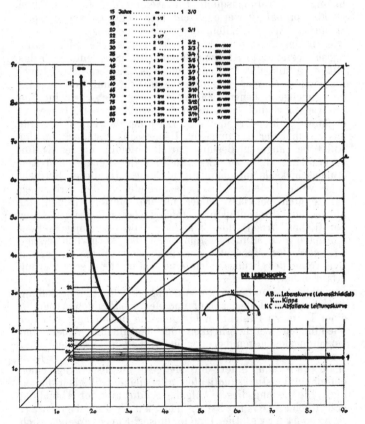

zwischen dem verflossenen Gesamtleben und dem verbrach-
ten Arbeitsleben in einem bestimmten Lebensabschnitt. Die
errechneten Verhältniswerte für die Lebensabschnitte von
fünf zu fünf Jahren können Sie der kleinen Tabelle in der
Kurvenabbildung entnehmen. Beachten Sie deren arithme-
tisch-regelmäßigen Verlauf! Auf diese Weise ergab sich

eine Hyperbel als der geometrische Ort aller dieser Verhältniswerte, d. h. eine Kurve, deren beide Schenkel sich einem gedachten Zielwert nähern, ohne ihn im Endlichen erreichen zu können. Der Jugendschenkel dieser zeitlichen Aufbrauchskurve kommt aus dem Unendlichen im Augenblick des Eintrittes ins Berufsleben, fällt steil bis etwa zum 30. Lebensjahr ab (hier ist der Verhältniswert 2), um von da, zwar nicht mehr steil, jedoch in einem stetig raschen Abfall bis ungefähr zum 50. und 60. Lebensjahr abzubiegen (das wird durch die Projektion der Kurvenpunkte im Abstand von fünf zu zehn Jahren auf die senkrechte Linie bei Marke 15 der horizontalen Koordinate deutlich wiedergegeben), wo dann der völlig flach auslaufende Altersschenkel der Kurve beginnt, der sich asymptotisch dem gedachten Endwert (1 oder Alterswert) nähert. Mehr soll hier nicht über diese Kurve gesagt werden, das muß einer anderen Gelegenheit vorbehalten bleiben.

Aus der Gestalt und Lesart meiner zeitlichen Verschleißkurve geht klar und ohne jede Einschränkung die Erkenntnis hervor, daß wir in der ewig wechselnden Beziehung zwischen dem Ablauf des Gesamtlebens und dem Verlauf des Arbeitslebens drei wichtige Abschnitte zwanglos unterscheiden müssen. Die Zeit der Einarbeitung bis zur ungefähren Vollentfaltung menschlicher Leistungsqualitäten, die Zeit der erreichten Schaffenshöhe mit ihrer schicksalhaften Kippe nach der Richtung des Alterns, die Zeit schließlich des Arbeits- und Lebensausklanges. An diesem Symbol menschlichen Schaffens- und Lebensschicksales kann nicht gerüttelt werden, da es auf dem ewig allbeherrschenden Begriff der Zeit aufgebaut ist.

Die harmonische Gestalt der Kurve wird jedoch nur so lange Bestand haben, als die Idealforderung gesunder Menschenführung und rationellster Oekonomie menschlicher Arbeitskräfte erfüllt wird, nämlich die optimale Erhaltung des Leistungsquotienten in jedem Zeitpunkt des Lebens. Jede längere oder dauernde Disproportion zwischen dem Kräftebestand eines Menschen und seiner Arbeitsbeanspruchung muß eine Störung des harmonischen Kurvenverlaufes bewirken. Das heißt, daß z. B. die längere oder dauernde Ueberbelastung des Arbeiters sein Schicksal in der Richtung des Leistungs- und Lebensendes beschleunigen wird. Auf diese Weise zeichnen sich für uns in scharfen Umrissen die unerläßlichen Wege ab, die bei der Führung unserer Schaffenden beschritten werden müssen, wenn jeder unnütze Kräfteverschleiß und jeder Verlust in der gesamten Leistungskraft der Nation vermieden oder bekämpft werden soll:

1. Die Hege der gesunden Leistungskraft (fortlaufende

Prüfung derselben vom Eintritt ins Arbeitsleben bis zum
Ausscheiden durch Einstell- und Reihenuntersuchungen, Ausbau der Leistungsprüfmethoden, Wiederherstellungsbehandlung geminderter Leistungsfähigkeiten).

2. Das Studium der Arbeitsauswirkungen auf den
menschlichen Organismus und ihre ständige Bearbeitung
und Lenkung zur Beseitigung aller behebbaren gesundheitlichen Nachteile (Arbeitsökonomie).

3. Mit Hilfe der Leistungshege und Arbeitsökonomie die
optimale Anpassung des Menschen an seine Arbeit.

Die Betrachtung meiner zeitlichen Aufbrauchskurve liefert die eindeutige Erkenntnis von dem Bestehen ewiger
Gesetzmäßigkeiten in der untrennbaren Wechselbeziehung
zwischen dem Lebensverlauf und der produktiven Arbeit.
Sie zeigt uns ihren Verlauf unter einer Bedingung, die damit gleichzeitig zum Wegweiser der gesamten Menschenökonomie und im besonderen der ökonomischen Bewirtschaftung menschlicher Arbeitskraft wird, nämlich der der
unentwegten Gleichschaltung des funktionellen Anspruches
der Arbeit an die anlagemäßig gegebene, durch Alter und
Krankheit abgewandelte Summe aller körperlich-geistigen
Leistungseigenschaften des Menschen. Die Erstprüfung und
Anpassung dieser beiden Faktoren beginnt mit dem Augenblick der Berufsberatung und Berufseinführung des jungen
Schaffenden, sie ergänzt sich sinngemäß in der fortlaufenden Ueberwachung und fortgesetzten Abstimmung beider
Voraussetzungen jeder Leistung im Verlauf der ganzen
Schaffensperiode und endet mit der Feststellung, daß jeder
weitere Versuch eines Arbeitseinsatzes unter Anwendung
aller technisch möglichen Verminderungen der Arbeitsbelastung und aller ausgleichenden Sanierungsbestrebungen
hinsichtlich der noch vorhandenen Leistungskräfte unzweckmäßig und volkswirtschaftlich wertlos geworden ist.

Die Kurve zeigt uns aber auch genau, in welchen
Phasen des Lebens- und Leistungsablaufes die solcherart
erst in ihrer vollen Bedeutung erfaßbare Begriffsbestimmung
der Gesundheitsführung des schaffenden Menschen sich
besonders anzusetzen und zu vertiefen hat, um wirklich
aussichtsreich, oder mit einem geläufigen Fremdwort rationell zu sein. In den Jahren der Jugendentwicklung mit
ihrem sprunghaften Abstieg des zeitlichen Verhältniswertes
und in den Jahren der entscheidenden Wende, da wird
das Leistungsende des Menschen bestimmt, hier entscheiden
alle Maßnahmen der gesunden Menschenführung, ob der
Weg über die Lebenskippe nach Art einer harmonischen
Kurve oder aber nach Art eines jähen Absturzes nach
dem Ausklang verläuft. In vollständiger Verkennung dieser
biologischen Gegebenheiten die natürlicherweise uner-

schöpften Kraftreserven der Jugendjahre zum stillen Vorwand einer sorglosen Nichtbeachtung aller Vorsorgebemühungen zu nehmen, der mahnenden Zeit der Lebenskippe zwischen dem 30. und 50., bzw. 60. Lebensjahre nicht gebührend Rechnung zu tragen und zu warten, bis unwiderrufliche Entscheidungen im Leben gefallen sind, alles auf die allzu zweifelhafte Karte der therapeutischen Kompensationsversuche am kranken und gealterten Organismus zu setzen, hieße gänzlich unbiologisch denken und handeln und früher oder später, jedenfalls zu spät, der ewig menschlichen Grenzen im Kampfe gegen körperliches und seelisches Leid gewahr werden.

Es liegt ausschließlich in der Hand einer sozialpolitisch klar sehenden Gesundheitsführung, mit den Erkenntnissen der neuzeitlichen Arbeits- und Leistungsmedizin jede Disharmonie in der schicksalhaften Verbundenheit des Lebens und seines produktiven Daseinszweckes zu beseitigen, damit den harmonischen Verlauf zu gewährleisten und alles anzuwenden, was eine Knickung desselben zu verhindern vermag.

Zusammenfassung: Die Vorstellung vom Arbeitsknick als Ausdruck eines ernsten krankhaften und somit außerdurchschnittlichen Geschehens wird bei der Betrachtung des physiologischen Leistungsverlaufes unserer erwerbsfähigen Volksschichte abgelehnt. Mag sie vielleicht für viele Einzelfälle angewendet werden können, so betrifft sie eben immer wieder nur Einzelfälle und erscheint deshalb als Grundvorstellung und Ausgangspunkt einer umfassenden Sozialpolitik in der gesundheitlichen Führung unserer Arbeiter ungeeignet. Sie kann nur als ihr Verdienst buchen, daß sie uns zu einer eingehenden Befassung mit den Grundgesetzen menschlichen Lebens und menschlicher Arbeit veranlaßt hat, unseren Blick wachsam auf die entscheidende Wende im Lebens- und Leistungsschicksal des schaffenden Volksgenossen hingelenkt hat und uns die Wege erkennen ließ, auf denen wir uns einer wahrhaft volksgemeinschaftlichen Kräfteökonomie zu nähern vermögen.

Berufskrankheiten

Von

Dr. med. habil. H. Seyfried

Wien

Im Rahmen der Vortragsreihe, die nun rasch dem
Ende sich nähert, hörten Sie von berufener Seite die nach
dem gegenwärtigen Stand unseres Wissens ergänzten Auffassungen und therapeutischen Vorschläge zu wichtigen Problemen der Pathologie und Physiologie des Mannes. Sie
würden es, glaube ich, als bedauerliche Lücke empfinden,
wenn in diesem Zusammenhang nicht auch ein Thema
berührt würde, das gerade für das männliche Geschlecht
von brennendem Interesse sein muß. Da es bei uns Deutschen wie bei den meisten Kulturvölkern Gepflogenheit ist,
daß der Mann die körperlich anstrengenden oder irgendwie
gefährlichen Arbeiten übernimmt, weil er sie der Frau und
Mutter seiner Kinder nicht zumutet, kann es nicht wundernehmen, wenn wir die schwersten und typischen Berufskrankheiten fast ausschließlich bei Männern finden.* Auswirkungen beruflicher Arbeit in somatischer und seelisch-
psychischer Hinsicht, von subjektiven Beschwerden bis zu
ernsten, ja tödlichen Krankheitsbildern dürfen daher als
ätiologischer Faktor bei der Beurteilung der Pathologie und
Physiologie des Mannes niemals unterschätzt, schon gar

---

* Daß dies nicht auf einer Minderwertigkeit des männlichen
Geschlechtes beruht, beweist das grausame Experiment der Sowjets,
die jede, auch die ungesundeste, Berufstätigkeit von Frauen ver-
richten ließen und viele Ausfälle in Kauf nahmen.

nicht aber vergessen werden. Meine Aufgabe soll es nun sein, Sie auf Grund meiner bescheidenen persönlichen Erfahrungen mit jenen Punkten vertraut zu machen, die für Sie als Praktiker und Betriebsärzte in erster Linie Bedeutung besitzen.

Wenn sich der eine oder andere unter Ihnen fragen sollte, ob denn die Kenntnis der Berufsschäden gar so wichtig sei, möge er sich folgendes vor Augen halten. Jahr für Jahr müssen wir unter den üblichen Arbeitsbedingungen, ganz abgesehen von kriegsbedingten Zunahmen, mit einem Zugang von über 100.000 Berufsschäden rechnen, die ärztlich unmittelbar erfaßt werden. Dazu kommt aber ein unsichtbares Heer von Schäden, die sich erst auf lange Sicht auswirken, in einer vorzeitigen Alterung und Abnutzung mit den damit verbundenen Folgen sich äußern und so wesentlich dazu beitragen, daß der Arbeitsknick entsteht, worüber Dr. P a u l a aufschlußreich berichtete. Wir betreten hier medizinisches Neuland, das zu beackern sich die Arbeitsmedizin zur Aufgabe gestellt hat. So viel wissen wir aber heute schon, daß die Auswirkungen der Eigenart und besonderen Umstände bzw. Gefahrenquellen der beruflichen Tätigkeit einschneidende Gesundheitsstörungen früher oder später zeitigen. Wenn wir den Milliardenaufwand außer Betracht lassen, den Heilbehandlung und Renten erfordern, vorzeitige Minderung der Leistungsfähigkeit oder völlige Arbeitsunfähigkeit infolge beruflicher Krankheiten bilden insgesamt eine Gefahr für die Nation, weil wir für den Sieg und die Erhaltung des Friedens nachher die volle Leistungskraft jedes einzelnen Arbeiters brauchen. Eine wirksame Gesundheitsführung des deutschen Volkes wird daher in dem Kampf gegen Arbeitsschäden und Berufskrankheiten eine ihrer besten Möglichkeiten sehen.

Bei der Bedeutung der Berufsschäden kann man es nur bedauern, daß gerade auf diesem Gebiet das Wissen des praktischen Arztes noch recht dürftig ist. Wenn dies einen Vorwurf bedeutet, so ausschließlich gegen die unzureichende Ausbildung. Bis vor kurzem hatte der Student wohl gelegentlich Einzelfälle von Berufsschäden im Rahmen der Vorlesungen an den Kliniken gezeigt bekommen, eine zusammenhängende Darstellung gibt es erst seit wenigen Jahren, sie kann sich daher noch nicht auswirken. Die heute bis in die späte Nacht überlasteten Praktiker aufzufordern, Symptomatologie, Diagnostik und Therapie der Berufskrankheiten zu studieren, würde ich nicht wagen, wenn der Verzicht zu verantworten wäre. Eine gründliche Kenntnis der Berufsschäden gehört aber unerläßlich zum Rüstzeug des Arztes als Gesundheitsführer, dessen schwere und verantwortungsvolle Aufgabe Ihnen unser verehrter

Gauleiter und Reichsstatthalter Dr. J u r y klar und eindringlich vor Augen gehalten hat.

Was verstehen wir nun unter Berufskrankheiten? Zunächst alle Gesundheitsstörungen in psychisch-seelischer und körperlicher Hinsicht, die auf die Einflüsse der Eigenart der beruflichen Tätigkeit des Erkrankten ursächlich zurückzuführen sind, sei es, daß sie ausschließlich dadurch bedingt wurden, oder indem sie auf einer zusätzlichen, jedoch maßgeblichen Wirkung der beruflichen Gefährdung beruhen. Während also jene Leiden, die nur beruflich entstehen können, wie Silikose, Caissonkrankheit, Feuerstar usw., offenkundig Berufskrankheiten darstellen, muß in einer ganzen Reihe von Erkrankungen erst geprüft werden, ob es sich um rein schicksalsmäßige oder beruflich ausgelöste bzw. mitbedingte Störungen handelt, was häufig gutachtliche Auseinandersetzungen nach sich zieht oder erfordert. Entscheidend bleibt in allen fraglichen Fällen der Nachweis des Umstandes, daß das Leiden nicht oder noch nicht entstanden wäre, wenn die berufliche Schädigung gefehlt hätte, oder daß es durch das Hinzutreten eben dieses ungünstigen Einflusses eine Verschlimmerung erfuhr. Bei der Beantwortung dieser oft gutachtlich zu klärenden Frage kann ich Ihnen nur wärmstens empfehlen, mit größter Vorsicht und Kritik zu Werke zu gehen. So sehr es unsere Pflicht ist, die notwendigen Schritte zu unternehmen, wenn wir glauben, eine Berufskrankheit erkannt zu haben, dürfen wir nicht übersehen, daß jeder Fall Unruhe in den Betrieb bringt. Oberflächliche oder gutgemeinte wohlwollende Bejahung eines Berufsleidens schadet nicht nur dem Betreffenden, sondern schafft viel Unzuträglichkeiten. Auf sicherem Boden stehen Sie als Arzt allein, wenn Sie mit den üblichen Arbeitsmethoden und -bedingungen grundsätzlich vertraut sind. Damit soll nicht gesagt sein, daß Sie den Betriebsführern Konkurrenz machen sollen. Man muß von Ihnen aber fordern, daß Sie als Arzt und Gesundheitsführer die Auswirkungen der beruflichen Gefährdung erkennen, und dies gelingt nur dann, wenn Sie wissen, woher die Gefahr droht. Dabei möchte ich gleich einfügen, immer daran zu denken, daß mehrere Schädlichkeiten zusammenwirken können, und sehr oft ein Schattengift wie der Alkohol im Hintergrund wirkt und unerkannt bleibt. während man einer angeblichen beruflichen Noxe die eingetretene Gesundheitsstörung in die Schuhe schiebt. Der Angelpunkt im Kampf gegen die Berufskrankheiten ist stets ergänzte Vertrautheit der Aerzte mit dem Berufsrisiko und dessen biologischen Auswirkungen. Die berufliche Gefährdung ist in manchen Betrieben und Tätigkeiten so groß, daß dem der Gesetzgeber Rechnung trug. Nach dem Stand

unserer gesicherten Kenntnisse über bestimmte Krankheitsformen und ihre ursächliche Abhängigkeit von besonderen
Eigentümlichkeiten und Gefahren industrieller, gewerblicher
oder landwirtschaftlicher Tätigkeit gewährte man den solcherart Bedrohten einen gesetzlichen Schutz durch Ausdehnung der Unfallversicherung auf die Berufskrankheiten.
Gegenwärtig gilt die 3. Verordnung vom 16. Dezember 1936
und die in der „Liste" namentlich angeführten 26 Krankheitsformen bzw. Tätigkeiten. Die darin vereinten entschädigungspflichtigen Berufsleiden bilden nur einen Bruchteil der
Gesamtheit der Berufsschäden, ihre versicherungsrechtliche
Sonderstellung und die ärztliche Anzeigepflicht heben sie
gegenüber den anderen Krankheiten hervor. Schon aus diesen Gründen sind wir Aerzte verpflichtet, uns mit den entschädigungspflichtigen Berufserkrankungen eingehend zu
beschäftigen. Innerhalb der mir zur Verfügung stehenden
Zeit kann ich mich aber unmöglich auf die Erörterung der
einzelnen Krankheitsbilder, -verläufe und -folgen einlassen,
ich muß Sie bitten, diesbezüglich die einschlägigen Bücher
und Monographien zur Hand zu nehmen. Ich kann Ihnen
die erst jüngst erschienenen Bücher von T ä g e r , R o -
d e n a c k e r , B a a d e r , H o l s t e i n und S y m a n s k i ,
bzw. die etwas älteren von B a a d e r oder B r e z i n a in
jeder Hinsicht empfehlen. Nur einige Bemerkungen möchte
ich mir einzuflechten erlauben, die für die Praxis bedeut-
sam scheinen. Wann darf bzw. muß ich eine entschädi-
gungspflichtige Berufskrankheit annehmen? Damit ein Leiden als berufsbedingt anerkannt werden kann, muß der
Kranke eine unfallversicherte Tätigkeit ausgeübt haben,
wo er überhaupt eine Schädigung charakteristischer Art,
wie sie in der „Liste" und Kommentaren beschrieben ist,
erwerben konnte, es mußte eine typische berufliche Gefährdung bestehen. Wenn dieser Umstand immer bedacht würde,
gäbe es nicht so viele Fehlanzeigen, z. B. von Bleischädi-
gungen. Die berufliche Gefährdung muß ferner sich über
einen so langen Zeitraum erstrecken, daß nach der allgemeinen Erfahrung eine Gesundheitsstörung oder Erkrankung
daraus schon, eben oder noch hervorgehen konnte. So wie
wir von den Infektionskrankheiten wissen, daß sie eine
unterschiedliche Inkubationszeit besitzen bzw. erfordern,
müssen wir auch damit rechnen, daß mit gewiß beträchtlichen individuellen Schwankungen auch die Berufsschäden
eine je nach Art der Noxe verschieden lange Einwirkung
brauchen, um sichtbare biologische Folgen zu zeitigen. Während gasförmige Stoffe, wie CO, CNS, SH_2 usw., oder
flüchtige Lösungsmittel bei entsprechender Konzentration
schon nach Stunden, ja Minuten wirksam werden, braucht
es bei anderen Schädigungen Monate und Jahre, bis die

ersten sicheren Zeichen einer Erkrankung zu entstehen vermögen. Dies gilt z. B. von Silikose, Chromat-, Anilin-, Radium-, Röntgenkrebs usw. Viel Aerger können Sie Ihren Kranken und sich ersparen, wenn Sie diesen Erwägungen Beachtung schenken, ehe Sie sich zu einer Anzeige oder Diagnose einer Berufskrankheit entschließen.

Schließlich darf ich noch zur Anzeigepflicht selbst etwas sagen. Diese dient einmal dem Zweck, dem Erkrankten oder Geschädigten möglichst rasch Heilung und Wiederherstellung der Arbeitsfähigkeit zu verschaffen. Wenn das nicht erreicht werden kann oder ein tödliches Leiden vorliegt, bildet sie die Voraussetzung für eine Rente, Uebergangsgeld, Abfindung usw. je nach der Sachlage. Die gesamten Kosten hat die zuständige Berufsgenossenschaft zu tragen, die, nicht unbegreiflich, daran interessiert ist, alle nicht gesetzlich vorgeschriebenen Leistungen zu vermeiden, während die Ortskrankenkassen jeden Fall, in dem sie eine Berufsschädigung wittern, gerne abtreten. Je klarer und eindeutiger der von Ihnen erhobene Befund, desto weniger Streit und um so geringere Wartezeit des Kranken auf sein Recht, bzw. auf das, worauf er gesetzlich und nach billigem Volksempfinden Anspruch hat. In vielen Fällen ist aber nur der Erstuntersucher der Mann, der in der Lage ist, die entscheidenden Befunde zu erheben oder entsprechende Proben zur Prüfung einzuschicken. Nichts ist für den Gutachter unangenehmer, als nachträglich dazu Stellung nehmen zu müssen, wo die Flüchtigkeit der Symptome und Befunde eine klare Diagnose nicht mehr erlaubt. Das gilt z. B. für alle akuten Gasvergiftungen, Einwirkung flüchtiger Lösungsmittel, Anilin, Methylalkohol usw. Auf die Regeln und Richtlinien der Untersuchungstechnik komme ich später noch zurück. Schon jetzt möchte ich jedoch empfehlen, alle Beobachtungen über mutmaßliche Berufsschäden und -störungen sofort schriftlich festzuhalten, sei es in der eigenen Sprechstunde oder im Dienstraum des Betriebsarztes.

Die Anzeigepflicht der entschädigungspflichtigen Berufskrankheiten verfolgt zum andern die Absicht, durch Nachprüfungen am Betriebsort seitens der Aufsichtsbehörden weitere Schäden anderer Arbeiter zu verhüten oder wenigstens rechtzeitig abzustellen, ebenso auch technische Mängel, Unzuträglichkeiten oder fahrlässiges Verschulden aufzudecken und zu beseitigen. Solche Betriebskontrollen durch geeignete Fachleute für Arbeitshygiene und -medizin rechtfertigt auch ein Verdacht auf berufliche Schädigung eines Arbeiters, nur soll man die Anzeige eben als Verdachtsfall fassen. Jede Anzeige einer Berufskrankheit erfordert verantwortungsbewußte Ueberlegung, genau so wie auf dem Gebiete der Infektionskrankheiten. Wie dort, sind aber auch durchschlagende Erfolge zu erwarten, wenn einmal die notwendige Breitenarbeit eingesetzt hat.

Wie soll nun der Arzt vorgehen, um sich über das Berufsrisiko bestimmter Tätigkeiten ein Bild machen zu können? Die berufliche Gefährdung lernt man am besten durch Selbstversuch kennen. Es muß für jeden Betriebsarzt selbstverständlich sein, daß er durch eigene Anschauung sich über die besonderen Gefahren der verschiedenen Arbeitsplätze seines Betriebes unterrichtet. Die zwangsweise, zum Teil freiwillige Einreihung der angehenden Jünger Aeskulaps während des Studienganges in typische Gefahrenberufe, z. B. Untertagearbeit, ist in dieser Hinsicht sehr segensreich. Darüber hinaus kann ich auf Grund eigener Erfahrung nur jedermann empfehlen, sich die Betriebe genauest anzusehen, aus denen sich die Kranken der Sprechstunde rekrutieren. Man steht dann den Angaben über berufliche Tätigkeit nicht so hilflos gegenüber. Es stärkt das Vertrauen des Kranken zum Arzt wesentlich, wenn er fühlt und merkt, daß der über die Gefahren seiner Arbeit Bescheid weiß. Man hat es damit auch leicht, etwa versuchte Schwindelmanöver und rentensüchtige Angebereien auffliegen zu lassen. Nie soll der Arzt vergessen, daß er heute mehr denn je mithelfen kann und muß, den Arbeitswillen zu stärken und Arbeitsscheue durch geeignete Maßnahmen zur Vernunft zu bringen. Kann man die Arbeitsvorgänge und -plätze nicht selbst beobachten, so wird es keine Schwierigkeiten bereiten, mit der technischen Werksleitung die physikalisch-chemischen Grundlagen zu besprechen, aus denen die biologischen Auswirkungen erwachsen. Die üblichen gewerblichen Tätigkeiten lassen sich auch ohne viel Mühe auf gesundheitliche Gefahren klären. Man darf bei alldem aber nicht vergessen, daß die Technik fortschreitet und die Arbeitsweisen sich ändern. Anderseits muß man wieder berücksichtigen, daß der Krieg und die Rohstofflage zu bestimmten Verfahren zwingen, die man wegen ihrer ungünstigen gesundheitlichen Begleiterscheinungen sonst vermeidet oder aufgegeben hat. Der Blick darf also bei der Prüfung des Berufsrisikos nicht starr auf einen umschriebenen Zeitpunkt gerichtet sein, sondern muß in jedem Fall die Fülle der Gefahren zu umfassen suchen, die möglicherweise den von uns Untersuchten bedrohten. Daher genügt es auch nicht, den Kranken zu fragen, was sein Beruf sei, sondern die Berufsanamnese muß wirklich ein Bild vermitteln über die beruflichen Gefahren der Vergangenheit und Gegenwart. Nichts wäre also irreführender, als sich damit zufrieden zu geben, daß man erfahren hat, daß unser Patient Schlosser, Mechaniker, Hilfs-

arbeiter sei. Damit kann man gar nichts anfangen. Wenn
Sie in der Diagnostik von Berufsschäden vorankommen wollen, müssen Sie sich der Mühe unterziehen, bis ins einzelne den Eigentümlichkeiten der beruflichen Arbeit Ihrer
Kranken oder gesundheitlich Betreuten nachzugehen. Je
rascher und besser Sie mit dem unterschiedlichen Berufsrisiko vertraut sind, desto klarer sehen Sie auch, ob Sie
mit schädlichen Auswirkungen rechnen müssen und nach
welcher Richtung Sie die Untersuchung zu führen haben.
Nur so wird überhaupt eine Frühdiagnose und vorbeugende
Gesundheitsführung praktisch greifbare Wirklichkeit.

Schließlich noch ein Wort zur Technik der Untersuchung. Wie auf allen Gebieten der Heilkunde brauchen
wir auch für die Diagnostik der Berufskrankheiten bestimmte Hilfsmittel. So wenig wir bei der Tuberkulose
der Lungen ohne Röntgenbild auskommen, so können wir
dies auch nicht bei der Diagnostik von Staubschäden (Sili-
kosen, Asbestosen, Chromatkrebs, Thomasschlacken-, Man-
ganstaubpneumonie) entbehren. Mit der einfachen klinisch-
physikalischen Untersuchung kommen wir da meist nicht
weiter. Hämatologische Methoden müssen wir anwenden,
wenn es gilt, Erkrankungen durch Blei, Quecksilber, Arsen,
Benzol und dessen Verbindungen, Radium- und Röntgenstrahlen zu erkennen. Das Spektroskop ist unentbehrlich
bei Verdacht auf Einwirkung von CO, Anilin oder Nitro-
verbindungen des Benzols und seiner Homologen, Schwefel-
kohlenstoff, Dimethylsulfat usw. Die Leber und ihre Funktionen werden wir eingehend untersuchen müssen, wenn
es sich um Erkrankungen durch halogensubstituierte Kohlenwasserstoffe der Fettreihe („Tri", „Tetra", „Per", Chloro-
form, Tetrachlorkohlenstoff), Schwefelwasserstoff bzw. -koh-
lenstoff, Arsen, Phosphor, Benzol und dessen Abkömmlinge
handelt. In den gleichen Fällen können wir oft auf eine
genaue psychiatrisch-neurologische Prüfung nicht verzichten, wie überhaupt die Beobachtung des seelisch-psychi-
schen Verhaltens und seiner Abweichungen vom vorherigen
Zustand gerade auf dem Gebiet der chemischen Gewerbe-
krankheiten noch sehr stiefmütterlich bedacht wird. Daß
wir aus der Beschaffenheit von Haut und Schleimhäuten
ebenfalls wichtige Schlüsse ziehen können, darf als bekannt
gelten. Hinzufügen darf ich aber, daß wie nicht alles Gold,
was glänzt, nicht alles Blei, was schwarz ist. Noch wird
der Bleisaum viel zu oft diagnostiziert, weil nicht die
nötige Kritik angewendet wird.

Unverkennbar ist jedoch die typische Arsenmelanose
und -hyperkeratose. Auf die schwierige Diagnostik gewerblicher Hautschäden will ich nicht eingehen, ebensowenig
auf die Deutung von Ekzemen. Ich möchte Sie nur bitten,

der Beschaffenheit der Haut in allen Fällen Ihre Aufmerksamkeit zu schenken, wo wir mit der Einwirkung ätzender, austrocknender oder entfettender Körper rechnen müssen. Durch rechtzeitige Gaben von Hautschutzsalben können wir recht hartnäckige Ekzeme und Dermatitiden vermeiden.

Mit diesen Beispielen aus der Technik der Untersuchung will ich meine Ausführungen beschließen. Die Diagnostik und Kenntnis der Berufsschäden hängen ab von der Vertrautheit mit den beruflichen Gefahren in erster Linie. Ist man auf diesem Gebiet auf dem laufenden, bereitet es keine großen Schwierigkeiten, die Symptomatologie der typischen Berufskrankheiten zu erfassen, sofern man sich der entsprechenden Hilfsmittel der Untersuchung, eben der zweckmäßigen Technik bedient. Lehrbücher und Monographien sind gewiß ausgezeichnete Behelfe, es kommt nur darauf an, sich das Richtige für den Einzelfall herauszusuchen. Die forschende Beobachtung der Lebensschicksale der beruflich gefährdeten Volksgenossen wird uns dann im Laufe der Jahre wichtige Erkenntnisse vermitteln, die uns in den Stand setzen, den so dringenden Kampf gegen die Berufskrankheiten erfolgreich zu beenden. Dabei als aktive Mitarbeiter sich zu beteiligen, möchte ich Sie aufrufen.

Der Mann im Sport

Von

Dozent Dr. **H. Pirker**

Wien

Meine Damen und Herren! Die Wahl des Themas „Der Mann im Sport" in der Vortragsreihe dieser Tagung, macht es überflüssig, daß ich auf die Bedeutung des Sports für den heutigen Menschen näher eingehe. Die Reihung meines Vortrages nach den Ausführungen des Kollegen P a u l a weist darauf hin, daß zwischen der Stellung des Menschen zur Arbeit und zum Sport eine gewisse Verwandtschaft besteht, die gewürdigt sein soll.

Die Wissenschaft kann die Stellung des Mannes zum Sport nur vom Standpunkt der allgemeinen Biologie aus erfassen, von dem aus eben alle Lebensäußerungen erfaßt werden. Die Bindungen und die Grenzen, die der wissenschaftlichen Arbeit in der Biologie überhaupt gezogen sind, gelten auch für die Erforschung des Menschen im Sport. Wir können Teilerscheinungen, Bilder, Beziehungen, wissenschaftliche Tatsachen aller Art sammeln und uns auf diese Weise ein Begriffsbild des Sports konstruieren. Aber ebensowenig, wie wir den Lebensbegriff im allgemeinen wissenschaftlich erfassen können, ebensowenig kommen wir dem Problem „Mensch und Sport" mit wissenschaftlichen Methoden ganz auf den Grund. Erst durch Einschalten des Gefühlsmäßigen ist eine Erkenntnis hier möglich.

Zuerst war der Sport und dann war lange nachher erst die Sportmedizin und die Wissenschaft von der sportlichen Bewegung. Es liegt noch viel Arbeit vor uns im

wissenschaftlichen Begreifen des Sports als Lebensäußerung des Menschen. Trotzdem ist die Wissenschaft die einzig
verhandlungsfähige Grundlage bei Diskussionen über das
Problem „Mensch und Sport", und man kann die Fortschritte, die die Wissenschaft in den letzten Jahrzehnten
auf diesem Gebiet gemacht hat, nicht hoch genug einschätzen.

Sport ist gewollte Lebensäußerung des Menschen, die
Freude macht und die der Mensch mit seiner ganzen Per-
sönlichkeit bejaht. Es ist aber unnütz, zu fragen, ob der
Sport für den Menschen ein körperliches oder ein seelisches
Problem ist. Er ist immer beides. Und die geistig-seelische
Einstellung des Menschen zu irgend einem Problem, läßt
sich immer gut aus der Geschichte betrachten.

Die Stellung des antiken Menschen zum Sport kenn-
zeichnet vor allem die olympische Idee. Und das Wort
„Mens sana in corpore sano" soll die allgemeine Einstellung
der Antike zum Leib-Seele-Problem anzeigen. Die Stelle
bei J u v e n a l, die diesem Sprichwort zugrunde liegt, heißt
wörtlich: „Optandum est, ut sit mens sana in corpore sano",
nimmt sich daher in der wörtlichen Uebersetzung doch
etwas anders aus. Aber im wesentlichen bedeutet es doch,
daß die Antike der Auffassung war, daß ein gesunder Körper und eine gesunde Seele zusammengehören. Diese Einstellung unterschied sich bekanntlich wesentlich von der
nachfolgenden Einstellung des Christentums. Heute greifen
wir beide Ideen der Antike wieder auf, doch ist dies keinesfalls ein Uebernehmen von schon Gewesenem. Das können
wir darum nicht, weil wir sowohl geschichtlich, wie erbbiologisch und umweltmäßig eben andere Menschen sind.

Es ist nicht möglich, unsere heutige Einstellung zum
Sport auf eine einfache Formel zu bringen. Dazu fehlt uns
die Distanz zu unserer Zeit, und alles ist noch zu sehr
in der Entwicklung. Als vor einigen Tagen in Wien die
europäische Arbeitsgemeinschaft für Jugendsport gegründet
wurde, hat der Reichssportführer v o n T s c h a m m e r und
O s t e n die Aufgaben des gemeinsamen europäischen Ju-
gendsports in vier Punkten festgelegt; deren erster lautet:
„D i e I d e e d e s S p o r t s n a c h d e n B e g r i f f e n u n s e-
r e r j u n g e n E r l e b n i s s e n e u z u f o r m e n." Wir
kämpfen heute um diesen neuen Begriff des Sports. Er
zeichnet sich in Umrissen schon ab, klar aufscheinen wird
er erst, wenn das gewaltige Ringen des Krieges vorbei ist
und der Mensch des neuen Europas sich wieder in Sicherheit
dem schöpferischen Werk des friedlichen Aufbaues zuwenden kann. Für den neuen Europäer wird die Idee des Sports
eine der Grundideen seines Lebens sein und ein integrieren-
der Bestandteil seiner Weltanschauung.

Die Gründe, die man für die Tatsache anführen kann, daß der Sport für den modernen Menschen notwendig ist, sind zahlreich. In erster Linie steht hier die Möglichkeit des Ausgleiches der Arbeitsüberlastung und einseitiger Arbeit und die Notwendigkeit, die vielfachen Schäden, die durch die Zivilisation und das Leben in der Großstadt bedingt sind, wettzumachen. Hier kann nur durch Sport geholfen werden. Nur die gute, vollkommene Funktion, die der natürlichen Zweckbestimmung möglichst nahe kommt, stärkt das Lebendige, sei es nun eine Einzelzelle, ein Organ oder ein Gesamtorganismus. Auch Erholung kann nur erarbeitet sein. Ruhe allein, als Ausgleich minderwertiger oder einseitiger Funktion, ist falsch. Wenn ein Arbeiter durch eine einseitige, überlastende Arbeit an seinem Halte- und Bewegungsapparat Schaden leidet, so würde man durch Einschaltung noch so langer Ruhepausen das Zustandekommen des Schadens höchstens verzögern, aber auf die Dauer nicht verhüten können. Das Wesentliche ist dabei, daß die Funktion der einzelnen Zelle nicht vollständig ist und daß bestimmte Teile des Bewegungsapparates im Verhältnis zu anderen Teilen ungenügend beansprucht sind. Denn auch starke Funktion schadet nicht, wenn sie nur in natürlicher Weise, d. h. in Form der erbbiologisch bedingten Zweckbestimmung der Gewebe, sowohl die Einzelzelle, wie den Gesamtorganismus beansprucht. Nachdem die Arbeit einfach gegeben ist, kann der Ausgleich des Schadens nur durch eine Ergänzung der Funktion erzielt werden. Das Ziel der harmonischen Funktion, das auf diese Weise angestrebt wird, kann natürlich nur erreicht werden, wenn das Gleichgewicht nicht nur im Körperlichen, sondern auch im Seelischen wiederhergestellt wird. Diese Erkenntnisse, die uns eigentlich erst in den letzten Jahrzehnten so ganz klar geworden sind und ihre notwendige wissenschaftliche Fundierung durch die Arbeiten unserer Physiologen und Sportärzte erreicht haben, lassen uns die ungeheure Bedeutung und die Unersetzbarkeit des Sports für den modernen Menschen erst richtig würdigen.

Der Mensch früherer Jahrhunderte konnte auf Sport eher verzichten, weil bei dem Mangel an industrieller Arbeit und bei dem Fehlen des Großstadtlebens und der Zivilisationsschäden in der Steigerung des 20. Jahrhunderts, das Abrücken vom Naturgemäßen nicht so kraß war, wie heute. Bei den Menschen, die damals in den Städten lebten, war überdies die erbmäßige Distanz von solchen Vorfahren, deren Leben sich noch in primitiver naturgesteuerter Weise abspielte, nicht so weit wie beim heutigen Stadtmenschen. So ist also die Tatsache, daß die Menschen zeitweise auch ohne Sport ausgekommen sind, kein Argument,

auf das der verweisen könnte, der die Notwendigkeit des
Sports auch heute noch nicht einsehen will. Im übrigen
wissen wir ja nicht, in welchem Grade sich diesbezügliche
Unterlassungssünden früherer Zeiten heute an uns auswirken.

Zwischen dem Volkssport, den man in diesem Sinne
betrachtet und den Leibesübungen, die wir als Heilmittel
in der Medizin verwenden, besteht kein prinzipieller Unterschied. Diese Auffassung hat sich jetzt im Kriege besonders durchgesetzt, wo dem Verwundetensport eine überragende Bedeutung zukommt. Hier beginnt der Sport beim
Schwerkranken im Bett und geht ohne Unterbrechung und
in einer geraden Linie bis zur sportlichen Bestform des
wieder genesenen kriegstauglichen Soldaten. Aus diesem
Sport Kranker und Verwundeter haben wir unendlich viel
gelernt und lernen noch. Nicht nur die Besonderheit der
Körperbehinderung zeigt uns neue Möglichkeiten sportlicher
Bewegung und Uebung, sondern vor allem der seelische
Zustand der Kranken vermittelt es, daß die Idee des Sports
hier oft in besonders reiner und vollendeter Form zur Wirkung und zum Erfolg führt. Der anfällige, sensible, kranke
Mensch nimmt das Naturgemäße oft leichter und williger auf,
als der Gesunde. Er ist empfänglicher und empfindlicher für
das Richtige und Gute und lehnt das Schlechte entschieden
ab. Er hat auch den Instinkt für die Bewegung, die der Ver-
bildete verloren hatte, wieder gefunden. Aus solchen Gründen hat auch G e b h a r d t den Krüppelsport, dessen Bedeutung er klar erkannte, schon lange vor dem Krieg in den
allgemeinen Heilsport eingebaut.

Wenn wir also leicht in der aufgezeigten und auch in
vielerlei anderer Weise die Notwendigkeit des Sports
für den neuzeitlichen Menschen begründen können, so gehen
wir trotzdem eigentlich am wesentlichen vorbei. Denn
Sport ist eine Idee, die in solcher Tiefe des Menschen gegründet ist, daß Zweckmäßigkeitserwägungen hier nicht
heranreichen können. Der richtige Mensch unserer Zeit wird
Sport treiben, auch wenn er keine Spur von einseitiger
Arbeitsüberlastung aufzuweisen hat und auch, wenn er das
Glück hat, dem Einfluß der Großstadt entzogen zu sein. Es
ist wohl so, daß der Mensch, der bewußt auf der Erde
steht und im Volk und im Irdischen wurzelt, auch das
Bedürfnis hat, seine körperliche und seelische Persönlichkeit im Irdischen zu vervollkommnen. Sport bedeutet Befriedigung dieses tief eingewurzelten Bedürfnisses, bedeutet
Glücksgefühl und bedarf keiner Argumente und keiner
Zweckmäßigkeit. Es ist daher falsch, das Problem des Sports
rein vom Standpunkt der Zweckmäßigkeit zu sehen und
es ist ungenügend, wenn man versucht, es ganz vom Blickfeld

der Wissenschaft aus zu lösen. Sport ist Weltanschauung, die in der Persönlichkeit wurzelt. Eine Definition zu finden, die dieser Erscheinung in bezug auf das ganze Volk gerecht wird, ist eine Aufgabe der Zukunft, die erst imstande sein wird, der Persönlichkeit des heutigen Menschen überhaupt gerecht zu werden.

Wenn die Notwendigkeit des Sports also in jeder Beleuchtung außer Frage steht, so lautet die nächste Ueberlegung, wie dieser Sport am besten an den Volkskörper heranzubringen ist. Wie ist er in die Erziehung und Führung des Mannes im Rahmen der Volksgemeinschaft am besten einzuschalten? Dazu müssen die biologischen Wirkungen der einzelnen Sportarten betrachtet werden, wobei neben den positiven auch die negativen, die möglichen Schädigungen durch den Sport, aufzuzeigen sind. Von besonderer Bedeutung sind dabei, da es sich um ein erzieherisches Problem handelt, auch die Einflüsse der Umwelt. Dem Manne stehen im allgemeinen alle Arten und Stufen des Sports offen. Für Frauen müssen jene Sportarten ausgeschaltet werden, die die spezifisch weibliche Konstitution gefährden, oder den weiblichen Charakter, besonders das Muttertum der Frau, mit der Zeit ungünstig beeinflussen können.

Dem Einfluß des Sports auf den Menschen steht die Tatsache gegenüber, daß der Mensch erst einmal den Sport selbst formt und wählt. Wir sehen dieses Wechselspiel deutlich an den Sporttypen. Schon im Altertum hat man die verschiedene Zweige der Athleten an ihrem Körperbau unterschieden. Auf den ersten Blick ist es klar, daß der Schwerathlet einerseits, der Langstreckenläufer anderseits einen ganz verschiedenen Habitus aufweisen. Hier haben nicht nur die Wirkungen des Sports, Milieueinflüsse und Training, sondern vor allem angeborene Eigenschaften eine entscheidende Rolle gespielt. Der natürliche Auslösefaktor macht sich hier in der Weise geltend, daß der Mensch den Sport wählt, der seiner Konstitution gemäß ist. Kohlrausch unterscheidet drei Typen: Den langen, schlanken, den massigen, untersetzten und einen Uebergangstypus. Dazwischen gibt es eine große Zahl von Einzeltypen, je nach den spezifischen Anforderungen jeder Sportart an die äußere Körperform. Der Marathonläufer ist ausgesprochen klein und grazil, der Langstreckenläufer lang. Beim Kurzstreckenläufer fehlt die ausgesprochene Typisierung. Neben Menschen mit massiger Oberschenkelmuskulatur treten auch ausgesprochen grazile Typen mit schlanker Muskulatur auf. Für den Mehrkämpfer ist eine große Körperlänge und das Fehlen einer einseitigen Körperausbildung typisch. Der Skiläufer steht ungefähr in der Mitte zwischen Läufer und

Mehrkämpfer. Bei den Schwerathleten und Ringern sind kleinere, massige Leute mit starker Breitenentwicklung des Rumpfes im Vorteil. Ihnen stehen die Turner nahe, die aber im Gegensatz dazu eine schmälere Hüfte und relativ schwächere Beinmuskulatur haben. Der Schwimmer gleicht dem Mehrkämpfer, ist aber kleiner und sein Muskelrelief wegen des stärker ausgebildeten Fettpolsters weniger entwickelt. Nur die Brustmuskeln treten bei ihm stärker hervor. Das Fettpolster scheint beim Schwimmer auch mehr eine angeborene als eine erworbene Eigenschaft zu sein. Die Ruderer sind nach K o h l r a u s c h die längsten Athleten; im Mittel 181 cm bei den olympischen Spielen im Jahr 1927.

Diese kurze Charakteristik der Sporttypen möge auf die vielseitige Wechselwirkung zwischen Sport und Konstitution des Mannes hinweisen. Ein gewisser Einfluß des Sports auf den Körperbau ist natürlich auch sicher und wirft die Frage nach Steuerung des Sports zur Körperbildung im gewünschten Sinne auf.

Hier muß betont werden, daß wir durch den Uebungssport primär keine Veränderungen am Körper setzen, sondern nur Veränderungen vorbereiten, die der Mensch dann im Selbstausgleich vollbringt. Diese Aenderungen vollziehen sich dann nicht nur durch die selbständige Weiterführung des Sports, sondern auch durch Einstellung des ganzen Lebens auf das sportliche Ziel, das nicht nur verstandesgemäß, sondern auch gefühlsmäßig erkannt wurde.

Der Chirurg weiß, daß er mit einer Operation am Bewegungsapparat, z. B. mit einer Gelenkplastik, niemals primär ein gebrauchsfähiges Gelenk schaffen kann, sondern daß er nur die Vorbedingungen erfüllt, aus denen der Patient dann im Selbstausgleich ein funktionstüchtiges Gelenk schafft. Gleicherweise kann ich durch ein noch so exaktes und langdauerndes Training einen Menschen nicht verändern, wenn er nicht mit Leib und Seele die Idee, die diesem Sport zugrunde liegt, auffaßt und zur Richtlinie seines Selbstausgleiches nimmt. So ist jede Sportlenkung nur eine Uebergangsmaßnahme. Diese Erkenntnis soll uns veranlassen, bei der Sportlenkung und Sportberatung mit entsprechender Umsicht vorzugehen. Nicht nur die biologische Wirkung einer bestimmten Sportart auf den Menschen ist maßgebend, sondern ebenso die konstitutionelle und erbbiologische Struktur des Menschen, seine Umwelt, seine Lebensbedingungen und schließlich der zu erwartende weitere Ablauf seines Lebens. In den höheren Regionen des Leistungssports, also im Spitzensport, müssen solche Erwägungen unter Umständen vernachlässigt werden, was sich dann nicht selten im späteren Leben rächt. So sehen wir vielleicht in der Sprechstunde einen Patienten, dessen Namen wir noch vor einigen Jahren in allen Sportberichten gelesen haben und der ein Spitzenkönner auf seinem Gebiet war, und jetzt klagt er über irgend einen kleinen Schaden, eine Bandlockerheit im Knie oder eine Arthrose in der Schulter oder Aehnliches, die im Zusammenhang mit dem seinerzeitigen intensiven Training steht. Der örtliche Befund ist nicht schwer, was aber direkt erschüttert, ist die ablehnende Haltung, die dieser Mann, der einmal einen guten Namen im Sport hatte, nun jedem Sport entgegensetzt. Er will vom Sport überhaupt nichts mehr wissen. Das hat aber mit seinem kleinen Schaden nichts zu tun. Der Mann war falsch eingestellt im Sport. Die Art des Sports und wie er ihn betrieb, war aus irgend einem Grunde seiner Persönlichkeit nicht gemäß. Er war Meister in einer körperlichen Fertigkeit, aber die Idee des Sports hat er nie in sich aufgnommen. Als die normale Abnutzung des Körpers ihm schließlich die weitere Ausübung seiner Fertigkeit verbot, trat seine sportfremde Einstellung zutage.

Sportliche Leistung ist nicht gleichbedeutend mit der richtigen Einstellung zum Sport. Spitzensport ist notwendig und gut, aber wichtiger ist neben der Leistung vom Standpunkt des Sportführers und des Arztes und des Gemeinschaftsführers überhaupt die Einstellung des einzelnen und der Allgemeinheit zur Idee des Sports und zur Idee der aktiven Sportbetätigung.

Es würde hier zu weit führen, die Einflüsse aller Sportarten auf den Körper und den Geist des Mannes aufzuzeigen. Der Wert des Gemeinschaftssports für die soziale Einstellung und das Kameradschaftsgefühl ist umstritten. Mut und Tapferkeit, Schnelligkeit der Ueberlegung und Selbstbeherrschung zeichnen den Kampfsport aus und wirken in hohem Maße erzieherisch für die Bildung des spezifisch männlichen Charakters. Die günstige Wirkung dosierter Dauerleistung für Kreislauf und Atmung ist eine medizinische Selbstverständlichkeit. Hervorheben möchte ich noch besonders den Wert der primitiven Bewegung. Die einfache sportliche Bewegung, auf die Dauer geübt, ist imstande, den Instinkt für die Bewegung überhaupt, der dem verbildeten Menschen so oft abhanden gekommen ist, wieder zu erwecken. Nicht das schnelle Erlernen möglichst großer sportlicher Fähigkeiten, sondern das gründliche Erleben der einfachen sportlichen Bewegung führt den Großstadtmenschen zur Idee des Sports. Eine Lenkung des Volkssports in diesem Sinne, daß man auf Kosten der komplizierten Sportarten, wie Fußball usw., den Sport, der die Möglichkeit zur Uebung einfacher Bewegung andauernd bietet, wie Schwimmen, Rudern, Wandern, Golfspiel, vorzieht, ist der Zukunft vorbehalten.

Bei der Wahl des sportlichen Milieus im Rahmen der Sportlenkung soll in Zukunft mehr das Herkommen, die Abstammung und die Aszendenz des einzelnen gewürdigt werden. Hier ist eine bewußte Lenkung besonders notwendig, weil dem einzelnen aus äußeren Gründen oft die Möglichkeiten fehlen, seinem Instinkt gemäß zu wählen. Klettern, Flußsport, Bergsteigen und besonders das Reiten werden in diesem Sinne an Bedeutung zunehmen.

Meine Damen und Herren! Das Verhältnis des Mannes zum Sport ist dann ein ideales, wenn der Sport imstande ist, die Schaffenskraft und die schöpferischen Eigenschaften des Mannes im Sinne der Familie und der Volksgemeinschaft, deren Träger der Mann ist, zu steigern. Ich habe versucht, Ihnen in kurzem die wichtigsten Ueberlegungen, die dieses Problem erfordert, aufzuzeigen.

Die Erkrankungen der Prostata

Von

Professor Dr. **Th. Hryntschak**

Wien

Selbst wenn man von den selteneren Erkrankungen der Prostata absieht, so umfaßt die Besprechung der häufigeren Krankheitsbilder gewiß ein Mehrfaches der Zeit, die hier zur Verfügung steht. Ich muß mich daher auf einige wenige Erkrankungen beschränken und auch von diesen nur die hervorstechendsten und interessantesten Punkte herausgreifen.

Der Altmeister der französischen Urologie, G u y o n, hat die verschiedenen Ursachen der Harnverhaltung nach den Lebensaltern eingeteilt. Ich möchte dieses Schema in nur wenig geänderter Form für die Prostataerkrankungen benutzen und sagen: die Prostataerkrankungen im zweiten und dritten Lebensjahrzehnt stehen im Zeichen der Gonorrhoe, die zwischen dem 30. und 50. Jahr sind zumeist mit banalen Infektionserregern, wie beispielsweise Coli und Kokken, in Verbindung zu bringen, haben also mit der Gonorrhoe nur selten etwas zu tun. Die Erkrankungen der Prostata jenseits des 50. Jahres sind neoplasmatischer Natur, und zwar sind es das Adenom und das Karzinom der Prostata.

Ueber die erste Gruppe ist nicht viel zu sagen; hat die gonorrhoische Entzündung die Schranke des Sphinkter ext. einmal überschritten, dann ist die Erkrankung der Prostata eine der häufigsten Komplikationen: zumeist in

Form der c h r o n i s c h e n Prostatitis, über die nichts Neues zu berichten ist. Seltener handelt es sich um einen akuten Entzündungszustand, die P r o s t a t i t i s p a r e n c h y m a - t o s a, wobei sich die Prostata bei der rektalen Unter- suchung als pastöse, weiche Schwellung darbietet. Hier und da kommt es auch zu einer Konfluenz der zahlreichen kleinen Infiltrate und zu einer eitrigen Einschmelzung, zum eigentlichen P r o s t a t a a b s z e ß. Beide Krankheitsbilder gehen fast stets mit einer Harnverhaltung einher. Diese Krankheitsbilder der akuten gonorrhoischen Prostataerkran- kungen sind wohl allen gut bekannt, darüber wäre also nichts weiter zu sagen, es sei denn einige Worte über den Z e i t p u n k t d e s o p e r a t i v e n E i n g r e i f e n s.

Hat man nämlich einen Abszeß durch Palpation vom Rektum her festgestellt oder glaubt man, auch bei Fehlen einer Fluktuation, aus dem klinischen Bild, aus dem hohen Fieber oder gar Schüttelfrösten auf einen Abszeß schließen zu dürfen, dann soll man mit der operativen Eröffnung auch n i c h t eine Stunde zu lange w a r t e n! Die Ope- ration, in richtiger Weise ausgeführt, ist ein leichter und einfacher, gefahrloser Eingriff, von unmittelbaren segens- reichen Folgen begleitet, so daß man sich davor wahrlich nicht zu fürchten braucht. Die Heilung geht nach der ope- rativen Eröffnung rascher vor sich, als wenn man auf den spontanen Durchbruch wartet, ganz abgesehen davon, daß man ja die Richtung des Spontandurchbruches keinesfalls in der Hand hat, ob gegen das Rektum, die Harnröhre oder das Perineum zu. Vor allem ist eine recht unangenehme Komplikation, die Bildung einer Harnfistel, durch einen r e c h t z e i t i g e n Eingriff mit großer Sicherheit zu ver- meiden.

Bei der Eröffnung eines Prostataabszesses gehe ich in der Weise vor, daß ich nicht den typischen bogenförmi- gen Schnitt zwischen After und Bulbus urethrae mache; ich lege den Schnitt vielmehr fast senkrecht auf der Seite an, wo der Abszeß vermutet wird, und zwar zwischen Tuber ossis ischii und Bulbus der Harnröhre. Haut und Fettgewebe werden scharf durchtrennt, dann gehe ich stumpf mit der Fingerspitze gegen die Prostata vor und steche, wenn diese erreicht ist, mit einer dicken Nadel in die Pro- stata ein, wobei der Zeigefinger der linken Hand vom Rek- tum aus sichert. Fließt Eiter durch die Nadel ab, gehe ich mit einer spitzen Kornzange (Chrobak-Zange) längs der Nadel ein und eröffne auf diese Weise breit die Abszeß- höhle; Einlegen eines kleinfingerdicken Drainrohres in die Höhle, die vorher noch mit dem Finger ausgetastet wird, Streifen um das Rohr und ein bis zwei Hautnähte, die auch das Gummirohr sichern. Eine auf diese Weise durch-

geführte Eröffnung des Prostataabszesses ist in wenigen
Minuten beendigt.

Die gleiche Behandlung gilt auch für die Prostata-
eiterungen, deren Erreger nicht von einer Gonorrhoe, sondern von einer anderen Infektionskrankheit, einer Grippe,
einer Angina oder einem Furunkel (um nur einige der
häufigsten Ursachen anzuführen) stammen. Daß die Diabetiker in dieser Hinsicht besonders gefährdet sind, dürfte
wohl allgemein bekannt sein. Auch hier oder besser gesagt,
gerade hier, da es sich doch um zumeist schon bejahrtere
Männer handelt ist ein rasches Eingreifen von lebens-
rettender Bedeutung. Keinesfalls soll und darf man so
lange warten, bis eine einwandfreie Fluktuation nachzuweisen ist, dann ist der Abszeß immer schon sehr groß
und hat schon vielzuviel Gewebe der Umgebung zum Ein-
schmelzen gebracht, vor allem die Harnröhrenwand. Wie
oft habe ich auch in Fällen, wo von einer Fluktuation bei
rektaler Untersuchung noch keine Rede war, nach Eröffnung der Prostata über einen Eßlöffel Eiter abfließen gesehen! Aber auch wenn bei der Operation überhaupt kein
Eiter zum Vorschein kommt, so braucht man nicht zu fürchten, zu früh oder gar überflüssig operiert zu haben. Im
Gegenteil. Die Eröffnung der entzündlich geschwollenen
Prostata ist eben zu einem Zeitpunkt schon erfolgt, wo
die zahlreichen kleinen Abszesse sich noch nicht
zu einem großen Abszeß vereinigt hatten und wo noch
nicht viel Prostatagewebe zerstört war. Der Erfolg wird
uns auch in solchem Falle recht geben: rasches Verschwinden des Fiebers, der Harnverhaltung und der Schmerzen.
Auf diese Punkte, die auch in Fachkreisen noch nicht die
gebührende Aufmerksamkeit gefunden haben, wollte ich
ihrer Wichtigkeit halber etwas ausführlicher hinweisen.

Die häufigsten Erkrankungen zwischen 30 und 50 Jahren sind aber nicht die akut entzündlichen Prozesse, sondern vielmehr eine Form der chronischen Entzündung, die,
wie ich nochmals erwähnen möchte, nahezu nie mit einer
früher durchgemachten Gonorrhoe in Zusammenhang zu
bringen sind. Sie ist vielmehr durch die gleichen Erkrankungen bedingt, die ich früher als Ursachen des Prostataabszesses angedeutet habe. So klagt beispielsweise ein Patient während einer Grippe über ein Brennen in der
Harnröhre, über gehäuften Harndrang und Schmerzen am
Ende der Miktion, Beschwerden, die rasch wieder verschwinden und auf eine Reizung durch den hochgestellten
Fieberharn zurückgeführt werden.

In Wahrheit hat es sich vielleicht wohl um eine Grippe
mit sekundärer Beteiligung der Prostata gehandelt, mög-

licherweise aber war überhaupt keine Grippe da, sondern
von vornherein nur eine milde Form einer akuten Prostatitis. In diesen Fällen gehen unter Bettruhe und alkali-
schen Mineralwässern die frischen Erscheinungen bald vorbei, der Harn war klar geblieben oder wurde bald wieder
klar. Die Entzündung aber hat sich in der Prostata fest-
gesetzt und bleibt dort latent, bis sie aus irgend einer keinesfalls leicht zu erkennenden Ursache plötzlich wieder manifest wird. Sie zeigt sich dann in Form einer plötzlich auf-
tauchenden Cystitis oder Epididymitis oder einer gering-
gradigen, aber der üblichen Therapie spottenden Urethritis.
Andere Kranke wieder beklagen sich über Schmerzen und
Stechen im Perineum, über ein Völlegefühl daselbst, über
geringe Beschwerden in der Harnröhre oder beim Urinieren. Auch Rückenschmerzen sind interessanterweise mit
kongestiven Zuständen in der Vorsteherdrüse in Verbindung
zu bringen, was sich durch die guten Erfolge bei der Behandlung der Prostata beweisen läßt. Daß schließlich die
chronische Prostatitis einen Herd im Organismus abgeben
kann im gleichen Sinne wie eine Tonsillitis oder eine erkrankte Zahnwurzel, sei deshalb besonders betont, weil
viel zu selten an dieses Organ gedacht wird, obwohl gerade hier die Feststellung einer vorhandenen Entzündung
auf einfache und absolut sichere Weise zu erbringen ist.
Aus diesem Grunde sollte bei der Suche nach einem okkul-
ten Herd die Vorsteherdrüse als erstes Organ daraufhin
untersucht werden.

Es ist vielleicht hier am Platze, einige Worte über die
D i a g n o s e d e r c h r o n i s c h e n P r o s t a t i t i s zu sagen,
weil auch da noch viel gesündigt wird. Es ist nämlich so
gut wie niemals durch die bloße rektale Untersuchung möglich, das Vorhandensein einer chronischen Prostatitis auszuschließen. Eine sich völlig normal anfühlende, kleine,
nicht geschwollene Prostata kann der Sitz einer chronischen
Entzündung sein; eine große, weiche, saftreiche Drüse wieder kann eine solche vermissen lassen. Auch die individuell
außerordentlich verschiedene Druckschmerzhaftigkeit hat
keinerlei diagnostische Bedeutung. Entscheidend ist einzig
und allein die mikroskopische Untersuchung des ausgedrück-
ten Sekretes, welche Maßnahme mit dem irreführenden
Namen Prostata m a s s a g e belegt ist; ein Ausdruck, den
wir beibehalten müssen, da er schon zu tief in den medizinischen Sprachgebrauch eingedrungen ist und kein besserer deutscher vorhanden ist (richtiger wäre Prostataexpres-
sion). Ist der Harn klar gewesen, so läßt man den Kranken unmittelbar vorher urinieren und fängt nun das nach
der Massage aus der Harnröhre abtropfende Sekret auf
einem Objektträger auf, läßt es trocknen und färbt es

mit Methylenblau. Der Nachweis von mehr als einigen Leukozyten im Gesichtsfeld oder gar von Leukozyten-häufchen ergibt die Diagnose einer vorhandenen Entzündung. Bei Fehlen eines solchen Befundes soll die Untersuchung, wenn man genau gehen will, nach wenigen Tagen wiederholt werden. Ich bitte Sie also, sich den Satz als eine Regel einprägen zu wollen: Eine chronische Prostatitis ist nur aus dem mikroskopischen Bilde des Sekretes zu diagnostizieren.

Einige Worte noch zur Behandlung, zur Streitfrage: „Ist denn die Massage, die Ausdrückung einer entzündeten Drüse überhaupt gestattet? Widerspricht nicht eine solche Handlung allen unseren Prinzipien, daß entzündete Organe ruhigzustellen sind und ja nicht gedrückt werden dürfen?" Ohne auf die falschen Voraussetzungen solcher Argumentationen einzugehen, kann ich nur sagen, daß von einer richtig ausgeführten Massage einer chronischen Prostatitis noch niemals ein Schaden gesehen wurde. Die wenigen Fälle, wo ein solcher berichtet wurde, betrafen akute Entzündungen, die man natürlicherweise nicht anrühren darf. Das Ausdrücken der Prostata ist nach wie vor eine unserer wichtigsten Behandlungsmaßnahmen und gibt uns neben Hitzeanwendung und Eiweißtherapie nahezu in allen Fällen den gewünschten Erfolg. Die Sulfonamide ebenso wie die ebenfalls empfohlene Hormontherapie haben in diesen Fällen keineswegs das gehalten, was davon erhofft wurde.

Bei Verdacht auf Tuberkulose der Prostata muß man sich bei der rektalen Untersuchung ängstlich vor jedem stärkeren Druck auf die Drüse hüten, da man dabei allzu leicht eine miliare Aussaat hervorrufen könnte. Es ist also eine Massage, etwa um Sekret zwecks Untersuchung auf Tuberkelbazillen zu gewinnen, geradezu als ein Kunstfehler zu werten. Ein Verdacht auf eine Prostatatuberkulose liegt dann vor, wenn man eine ganz allmählig entstandene, schmerzlose Epididymitis vor sich hat, das Vas der betreffenden Seite verdickt oder gar „gänsegurgelartig" verändert ist, wenn tuberkulöse Veränderungen am uropoetischen System vorhanden sind. Die Diagnose ist sicher, wenn man in der Vorsteherdrüse kleine, derbe, zumeist etwas vorspringende Knötchen, an anderen Stellen oft kleine Dellen, geringe Erweichungen palpiert. Nur zu oft ist auch die Samenblase der gleichen Seite gefüllt, verdickt und verhärtet nachweisbar.

Nun zu der letzten Gruppe, zu den Erkrankungen jenseits des 50. Lebensjahres, der Hypertrophie und dem Karzinom. Wie überaus häufig die Hypertrophie vorkommt, ist Ihnen ja sicher bekannt, ebenso, daß wir über

ihre Aetiologie so gut wie nichts wissen, so viele Forschungen auch darüber schon angestellt wurden. Derzeit
steht die Theorie der hormonalen Genese im Vordergrund,
für die viele Beobachtungen und Tierexperimente sprechen,
ohne daß man aber sagen könnte, daß sie als einwandfrei
bewiesen gelten könnte. Auch über die Namensgebung besteht keine Einheitlichkeit; wenn auch der Ausdruck „Hypertrophie" sicher nicht richtig ist, so wollen wir doch
bei ihm bleiben, weniger weil er seit altersher gebräuchlich ist, sondern vor allem, weil es noch keinen anderen
gibt, der allgemein anerkannt worden wäre. Aber was die
Hauptsache ist, das klinische Bild mit seinen Ausstrahlungen
auf andere Organsysteme ist wohl erforscht und auch die
Therapie hat in dem letzten Jahrzehnt erfreuliche Fortschritte gemacht.

Die frühen Stadien der Prostatahypertrophie (PrHp.)
sind gekennzeichnet durch subjektive Beschwerden, Pol-
lakisurie, besonders nachts erschwerte Miktion, die oft verlängert und schmerzhaft ist. Entscheidend für die Einord-
nung in diese Gruppe ist die Untersuchung auf R e s t -
h a r n , der entweder völlig fehlt oder nur in geringen
Mengen, bis etwa 50 oder 100 ccm, vorhanden sein darf.
In diesen Fällen — und nur in solchen — hat die H o r -
m o n t h e r a p i e Erfolge und ist ihre Anwendung sinnvoll,
wobei allerdings die Restharnkontrolle, etwa zweimal im
Jahr, nicht versäumt werden darf. Die Hormonbehandlung
wirkt günstig auf das Allgemeinbefinden und auf die erwähnten subjektiven Beschwerden, dagegen n i c h t auf die
Größe der Hp. und nicht auf den Restharn. Mit diesen
Feststellungen sind somit schon die Grenzen der Hormonbehandlung gegeben. Sie wird in Form intramusku-
lärer Einspritzungen in die Glutaei durchgeführt, wobei 20 bis 24 Injektionen innerhalb von 7 Wochen gemacht werden sollen. Am besten beginnt man mit Ampullen zu 25 mg (viermal), um dann auf solche zu 10 mg
überzugehen. In neuerer Zeit sind auch Versuche mit den
gleichen Hormonen mit perkutaner Einreibung oder mit Verabreichung per os angestellt worden, doch sind die Erfahrungen noch zu gering, um diesbezüglich zu einem ab-
schließenden Urteil zu gelangen. In der Praxis sollen wir
derzeit noch bei den Injektionen bleiben, auch die Frage
der Wirksamkeit der unter die Haut implantierten Hor-
montabletten ist noch keinesfalls zu beantworten.

Wie Sie gehört haben, ist also das Vorhandensein
einer 50 bis 100 ccm übersteigenden R e s t h a r n m e n g e
d a s E n t s c h e i d e n d e in unserer Einstellung zur Therapie. Im allgemeinen führen wir bei fehlendem oder nur
geringem Restharn die Hormontherapie durch, ein darüber

hinausgehender Restharn bringt die operative Behandlung
mit sich, die das Ziel hat, den Restharn völlig zum
Verschwinden zu bringen. Denn der Restharn ist ja die
große Gefahr bei der Hp.-Erkrankung und nicht die
Geschwulst als solche. Dieser keineswegs mehr neue Satz
hat aber besondere Bedeutung erhalten durch neuere Forschungen, die dargetan haben, daß die maligne Degeneration nur selten im hypertrophen Gewebe (das bei der
Prostatektomie ja völlig entfernt wird) eintritt, sondern
daß das Karzinom von der eigentlichen Prostatadrüse seinen
Ausgang nimmt, die bei der Operation ja im Körper zurück-
gelassen wird und die früher als Kapsel der Hp. angesehen wurde.

Der Restharn hat deshalb eine so große Bedeutung,
weil er früher oder später zu einer schweren Schädigung der Nierenfunktion und damit zur Urämie führt, weil
er sowohl das Herz als auch das Kreislaufsystem und
auch den Magen-Darmtrakt aufs ernsteste zu schädigen imstande ist.

Von den operativen Verfahren stehen uns zur Verfügung die suprapubische Prostatektomie und
die transurethrale „elektrische" Prostataresektion.
Die erstere hat dadurch einen neuen Aufschwung erhalten,
daß wir sie heute in einer bedeutend verbesserten Form
durchführen können, nämlich nach der Methode von Harris.
Diese Methode, die ich etwas modifiziert und nunmehr in
schon über 100 Fällen ausgeführt habe, besteht im Wesen
darin, daß man nach Ausschälung des Adenoms das zumeist heftig blutende Wundbett nicht wie bisher tamponiert,
sondern mittels eines eigenen Nadelhalters durch Nähte
so weit umsticht und verkleinert, daß dadurch die Blutung
völlig zum Stehen gebracht ist. Es ist daher dann nicht
mehr nötig, die Blase — wie bisher — durch ein mehr minder dickes Drainrohr, das sogenannte Steigrohr, nach oben
zu drainieren. Es genügt, einen Dauerkatheter durch die
Harnröhre einzulegen, die Blasenwunde wird durch eine
doppelte Nahtreihe wasserdicht verschlossen, so daß die
Heilung in gleicher Weise primär vor sich gehen
kann wie bei jeder anderen chirurgischen Operation. Und
tatsächlich ist es mir gelungen, die 85% der Fälle eine
prima intentio zu erzielen, d. h. daß der Katheter am 9. oder
10. Tag entfernt wurde und der Kranke spontan und restharnfrei bei geheilter Bauchwunde urinieren konnte. Diejenigen unter Ihnen, die auch nur einigemal Gelegenheit
hatten, den Heilungsverlauf der nach oben drainierten und
tamponierten Prostatiker aus der Nähe mitzumachen, die
das oft wochenlange Nässen gesehen haben, werden den
ganz großen Fortschritt dieser neuen Methode des pri-

mären Blasenverschlusses richtig einschätzen
können.

Die andere Operationsart ist die elektrische Prostataresektion; bei dieser wird durch ein durch die
Harnröhre eingeführtes Operationscystoskop mittels einer
Drahtschlinge so viel des Hp.-Gewebes, das in die Blasen-
und in die Harnröhrenlichtung hineinragt, weggeschnitten,
daß der Weg wieder frei ist und die Harnentleerung an-
standslos vor sich gehen kann. Es · ist schon aus dieser
kurzen Beschreibung ersichtlich, daß für die Resektion
jene Fälle sich am besten eignen werden, bei denen die
in die Blasen-Harnröhren-Lichtung hineinragenden Adenom-
anteile nicht allzu groß sind, daß also nach diesem Gesichtspunkt eine Auslese getroffen werden soll. Der Fortschritt,
den diese Methode uns in der Behandlung der PrH. gebracht hat, beruht vor allem darin, daß sie an die Widerstandskraft des Kranken geringere Anforderungen stellt als
die Prostatektomie, daß wir sie also auch in jenen Fällen
noch anwenden können, bei denen die Prostatektomie ein
allzu großes Risiko darstellen würde. Wir können somit
ohne Steigerung der Mortalität einer größeren Anzahl von
Prostatikern die freie Harnentleerung wiederherstellen, als
dies mit der suprapubischen Operation allein der Fall gewesen wäre.

Das Prostatakarzinom scheint in der letzten
Zeit leider im Zunehmen zu sein, denn ich glaube nicht,
daß die größere beobachtete Zahl einer verbesserten Diagnostik zu verdanken ist; diese besteht ja nach wie vor
in der rektalen Palpation. Und solange es nicht durchzu-
setzen sein wird, daß alle Männer über 50 Jahren sich
regelmäßig einmal des Jahres zur Prostatauntersuchung
beim Facharzt einfinden, solange werden wir auch zu
keiner Frühdiagnose kommen. Und das ist wohl auch
der Hauptgrund, warum die Radikaloperation so überaus
selten vorgenommen wird, da die Kranken eben schon in
einem zu späten Stadium in die ärztliche Beobachtung
kommen. Die Diagnose bei der rektalen Palpation besteht
darin, daß wir die Prostata sehr hart und höckrig finden
oder auch nur an einer Stelle einen steinharten Knoten
hervorragen fühlen. Und es hat sich herausgestellt, daß
im Zweifelsfall leider stets die ungünstigere Möglichkeit
zutrifft.

Ich lasse in allen Fällen, in denen der Allgemeinzustand
kein zu schlechter ist, die Röntgentherapie durchführen mit hohen Dosen. Das Wachstum der einzelnen
Tumoren ist ein außerordentlich verschieden rasches, sicherlich ist es daher schwer zu beurteilen, ob die Strahlentherapie einen entscheidenden, d. h. lebensverlängernden, Erfolg

hat. Aber ich habe doch den Eindruck, daß man in manchen Fällen einen gewissen Stillstand im Wachstum beobachten kann.

Der Grund, warum die Kranken mit ihrem heimtückischen Leiden so spät in unsere Beobachtung kommen, ist der, daß sie von ihrem Leiden nichts ahnen, solange sich keine Störungen der Harnentleerung einstellen. Damit ist auch schon gesagt, daß die Harnverhaltung bzw. die Erschwerung der Miktion das einzige subjektive Krankheitssymptom abgibt, natürlich abgesehen von den Schmerzen, die sich einstellen, wenn die retroperitonealen Drüsen ergriffen sind oder Knochenmetastasen sich gebildet haben.

Früher kannte man zur Behebung der Harnverhaltung nur den Dauerkatheter oder die suprapubische Blasenfistel. Heute sind wir in einem großen Teil der Fälle in der glücklichen Lage, mittels der Resektion die freie Harnentleerung wiederherstellen zu können. Wir beseitigen damit den Kranken jenes Symptom, das sie mit der Krankheit identifizieren, sie können sich also dann geheilt glauben. Daß man die Resektion zuweilen nach 1 bis 2 Jahren wiederholen muß, ist ein um so kleineres Unglück, als bekanntlich gerade beim Karzinom die Resektion besonders einfach und komplikationsfrei zu verlaufen pflegt. Jedenfalls ist hier bei diesem traurigen Leiden die Resektion als ein ganz großer Fortschritt anzusehen: denn der Unterschied zwischen einem Kranken von früher mit Dauerkatheter oder Blasenfistel und einem, der jetzt nach der Resektion frei urinieren kann, ist ein so gewaltiger, daß sich darüber weitere Worte erübrigen.

M. H.! Ich bin am Ende meiner leider nur recht kurzen Ausführungen, und möchte nur hoffen, daß ich mit den wenigen Worten doch einige Ihnen nicht ganz geläufige Fragen in den Erkrankungen der Prostata Ihrem Verständnis nähergebracht habe.

Erkrankungen des Hodens und der Samenblasen
(pathologische Anatomie)

Von

Dozent Dr. med. habil. **H. v. Homma**

Wien

Das im Titel angegebene Thema ist schwer völlig isoliert zu behandeln. So wird die Erörterung der tuberkulösen
Erkrankungen notwendigerweise diejenigen des Ductus deferens, der Prostata und auch des Harntraktes streifen
müssen. Bei der Besprechung der Hodengeschwülste wird
es nicht zu umgehen sein, auch auf die Eierstockgeschwülste
Bezug zu nehmen. Es soll in der üblichen Weise der Gegenstand nach allgemeinpathologischen Gesichtspunkten besprochen werden.

1. **Mißbildungen**: Fehlen beider Hoden, Anorchidie, und Fehlen eines Hodens, Monorchidie, ist von Robert
M e y e r durch Serienschnittuntersuchung des Descensus-
bereiches bei einem 27 cm langen bzw. einem siebenmonati-
gen Fötus einwandfrei nachgewiesen worden. In dem Falle
von Anorchidie fehlten auch die Samenleiter, Harnleiter
und Nieren. Bei Erwachsenen sind Fälle von Anorchidie
und Monorchidie zwar mehrmals beschrieben, doch kaum
je exakt zu beweisen, da die Forderung nach mikroskopischer Untersuchung an lückenlosen Serien sämtlicher in

Betracht kommender Stellen wegen deren großer Ausdehnung wohl nie erfüllt werden wird.

Triorchidie, das Vorhandensein dreier Hoden, ist mehrfach beschrieben worden; dabei kann jeder Hoden seinen eigenen Nebenhoden und Samenleiter besitzen oder nur einer der zwei Hoden einer Seite oder der Nebenhoden ist beiden Hoden gemeinsam. In diesem Falle können die Hoden nebeneinanderliegen, was nur durch eine Spaltung der Keimdrüsenanlagen in kranio-kaudaler Richtung zu erklären ist. In anderen Fällen wieder können die beiden Hoden einer Seite hintereinander an einem Samenleiter gelagert sein; das erklärt sich durch ein Zugrundegehen von metameren Anteilen der Keimdrüsenanlage zwischen zwei persistenten Stellen. In diesen Fällen können beide Hoden in einen gemeinsamen Samenleiter ausmünden oder nur der eine von beiden tritt mit einem solchen in Beziehung, während der andere ohne Samenleiter bleibt (Demonstration). Auch in Hoden ohne Verbindung mit den abführenden Samenwegen kann die Spermatogenese voll entwickelt sein, ein Beweis dafür, daß auch in den Hodenkanälchen selbst, wahrscheinlich in den Tubuli recti, eine weitgehende Wegschaffung der Spermatozoen erfolgen kann.

Weiter kann die Epididymis nur teilweise, also etwa nur der Kopf oder der Schwanz des Nebenhodens, vorliegen (Demonstration). Dies erklärt sich durch ein ungehöriges Zugrundegehen von für die Samenableitung bestimmten Metameren des Wolffschen Körpers. Andere Anomalien betreffen die Beziehungen des Hodens zum Nebenhoden; es kann nämlich dieser, statt wie gewöhnlich breitflächig mit dem Hoden verwachsen zu sein, teilweise oder ganz von diesem distanziert sein.

Unter Dystopien des Hodens sind neben den bekannten, durch unvollkommenen Descensus bedingten, auch solche seltenen Vorkommnisse zu erwähnen, in denen der Hoden von der normalen Descensusbahn abweicht. Er kann dann in der Gegend der Inguinalfalte, am Damm, unter der Haut des Gliedes oder auch auf der kontralateralen Seite im Skrotum gefunden werden; diese zuletzt genannte Anomalie wird als gekreuzte Dystopie des Hodens bezeichnet.

An sonstigen Mißbildungen des Hodens sind abnorme Gewebseinlagerungen zu erwähnen, wie Milzgewebe und versprengte Nebennierenrindenteile. Beide Vorkommnisse erklären sich aus den unmittelbar nachbarlichen Beziehungen der Keimdrüsenanlage mit der der Nebennierenrinde und auch der der Milz, die nach Toldt sich zunächst bilateral symmetrisch auf beiden Seiten des dorsalen Magengekröses bildet.

Unter den Mißbildungen der Samenblasen ist doppelseitige Aplasie oder, besser gesagt, doppelseitiges Fehlen sehr selten und meist mit anderen Mißbildungen kombiniert. Einseitiges Fehlen ist etwas öfter beobachtet; dabei fehlt meist auch der gleichseitige Samenstrang und die gleichseitige Niere oder diese ist mißbildet. Hypoplasie ist wegen der großen physiologischen Schwankungen in der Samenblasengröße und Ausbildung ihrer Buchten schwer feststellbar. Verschmelzung beider Samenblasen ist beschrieben. Von gewisser klinischer Bedeutung kann anomale Einmündung des Ureters in eine Samenblase werden. Diese Mißbildung erklärt sich aus dem Ausbleiben der physiologischen Wanderung der Uretersproßmündung von der ursprünglichen Stelle im Wolffschen Gang nahe dessen kaudalem Ende zur späteren Einmündungsstelle in die Blase.

2. Hypoplasien: Hypoplasien des Hodens im Sinne mangelhaft ausgebildeter Kanälchen zur Zeit der Geburt sind ein sehr häufiger Befund. So fand K y r l e, der beste Kenner dieses Gegenstandes, bei der überwiegenden Mehrzahl Neugeborener Hypoplasie. Es ist klar, daß eine solche Unterentwicklung der Hodenkanälchen, die sich in einer so großen Zahl von Fällen findet, nicht als krankhaft gewertet werden kann. Vielleicht hemmen Inkretstoffe der Mutter die Hodenentwicklung. Zur Zeit der Pubertät gleichen sich regelmäßig diese Veränderungen weitgehend aus. Zurückbleiben der Hodenentwicklung erst im postfötalen Leben kommt in stärkerem Ausmaße nur selten zur Beobachtung.

3. Atrophien des Hodens finden sich als regelmäßiger Endausgang nach irreversiblen Parenchymschädigungen. Als Ursache für solche können neben den verschiedensten Infektionskrankheiten Wärmeeinwirkung, wie etwa bei in der Bauchhöhle retinierten Hoden, Röntgenbestrahlungen, unbekannte Noxen wie bei Lebercirrhose oder bei Schizophrenie u. a., sowie das Senium in Betracht kommen. Der Hoden des Erwachsenen mit seiner in voller Tätigkeit befindlichen Spermatogenese erweist sich allen Schädlichkeiten gegenüber viel empfindlicher als der kindliche Hoden. Zumindest sind die morphologisch erfaßbaren Veränderungen nach Schädlichkeiten im Erwachsenenhoden viel ausgesprochener. Die Röntgenstrahlen schädigen in erster Linie die Spermatogonien und erst bei höherer Dosierung auch jüngere Glieder der samenbildenden Zellreihe, während alle übrigen Noxen in erster Linie die Spermatozoen und bei zunehmender Intensität die anschließenden älteren Glieder betreffen. Daraus erklärt sich, daß nach Röntgenbestrahlung zunächst noch eine kurze Zeit lang Spermien ausgeschieden werden und auch noch heranreifen können und erst dann die Spermienbildung eingestellt wird, während nach anders-

gearteten Schädlichkeiten die Spermienbildung sofort sistiert, dafür aber die Erholung rascher eintritt. Bei großer Intensität jeder Art von Schädigung können aber sämtliche Glieder der samenbildenden Zellreihe zerstört werden und kann dann dauernd Azoospermie eintreten. In der Regel sind aber verschiedene Kanälchen des Hodens verschieden stark betroffen, so daß neben Kanälchen mit völliger Einstellung der Spermatogenese mehr oder weniger zahlreiche andere bestehen bleiben, die sich erholen. Die histologischen Veränderungen bestehen neben Fehlen des samenbildenden Zellapparates in einem Engerwerden oder Verschwinden der Kanälchenlichtung und in einer hyalinen Verdickung der Basalmembran.

4. Z i r k u l a t i o n s s t ö r u n g: Blutungen sind im Hoden Neugeborener als Folgen von Geburtstraumen häufig und oft noch längere Zeit nach weitgehender Aufsaugung an Hämosiderinresten erkennbar. Praktisch kommt ihnen keine Bedeutung zu, da Parenchymschädigungen aus diesem Grunde kaum je beobachtet werden. Auch die Blutungen Erwachsener führen an sich selten zur Zerstörung von Hodenkanälchen, wohl aber kann das ursächliche Trauma Parenchym zerstören und so zur Ausbildung einer Hodennarbe Veranlassung geben. Eine solche kann auch durch hämatogene Infektion eines Hämatoms und folgende eitrige Einschmelzung des Gewebes zustande kommen.

Von den Zirkulationsstörungen kommt der Stieltorsion des Hodens Bedeutung zu. Diese betrifft meist Leistenhoden. Voraussetzung für das Zustandekommen der Stieltorsion ist eine abnorme Beweglichkeit des Hodens. Normalerweise ist dieser durch Anwachsen des Mesorchiums an das parietale Blatt der Tunica vaginalis so gut fixiert, daß eine Stieltorsion unmöglich ist. Bleibt dieses Anwachsen des Mesorchiums aus, dann resultiert eine abnorme Beweglichkeit, die eine Stieltorsion ermöglicht. Seltener erfolgt die Torsion des Hodens um eine abnorm lange Hoden-Nebenhodenverbindung, wie sie unter den Mißbildungen angeführt wurde. Die Stieltorsion kann bis 540⁰ betragen. Der frisch stielgedrehte Hoden erweist sich anatomisch als vergrößert, blauschwarz, hämorrhagisch infarziert. Ein Erholen des Hodens ist nach über 12 Stunden kaum mehr möglich. Wird nicht operiert, dann wird das nekrotische Hodengewebe im Laufe von Wochen resorbiert und durch ein stark schrumpfendes Narbengewebe ersetzt. Vereiterungen des nekrotischen Hodens sind möglich.

Zirkulationsstörungen führen bei älteren Menschen, wenn auch selten, zu infarktartigen keilförmigen Nekrosen des Hodens. Embolie und Thrombose wurde in diesen Fällen nie nachgewiesen. Es erscheint möglich, daß solche Nekrosen durch Arteriosklerose der zuführenden Gefäße oder vielleicht auch spasmogen bedingt sind.

5. E n t z ü n d u n g e n: Entzündungen des Hodens können akut metastatisch bei den verschiedenen Infektionskrankheiten, wie Variola, Fleckfieber u. a., zustande kommen. In der Regel handelt es sich um leichtere katarrhalische oder diffuse interstitielle Entzündungen mit leichter flüssig-zelliger Exsudation, die gewöhnlich spurlos oder bei stärkerer Parenchymschädigung mit entsprechender Atrophie ausheilen. Doch können ausnahmsweise auch schwere mit Nekrose und eitriger Einschmelzung einhergehende metastatische Entzündungen vorkommen, die dann zu mehr oder weniger ausgedehnter Narbenbildung führen. Eine Fortleitung der häufigsten akuten Entzündung des Nebenhodens, der Gonorrhoe auf den Hoden, wird nicht beobachtet. So wie die des Nebenhodens ist auch die akute Entzündung der Samenblasen zumeist gonorrhoischen Ursprunges. Es kann dabei zu ausgedehnter Vereiterung dieses Organs kommen; doch sind Durchbrüche in die Bauchhöhle, wenn sie überhaupt vorkommen, äußerst selten. Der pathologische Anatom bekommt Fälle von Gonorrhoe im akuten Stadium naturgemäß fast nie zu Gesicht. Dagegen sieht er Ausheilungszustände in Form ausgedehnter Fibrose des Nebenhodens und der Samenblasen mit allenfalls hier und dort noch eingestreuten Abszeßresten nicht selten. Wie bei Triorchidie in Hoden ohne abführende Samenwege, wie schon erwähnt, die Spermatogenese erhalten sein kann, so kann auch bei völliger Destruktion des Nebenhodens und damit Unwegsamwerden der abführenden Samenwege die Spermatogenese ungestört bleiben (S i m m o n d s). Zweifellos aszendieren die Gonokokken als exquisite Schleimhautparasiten wohl meist nach Infektion der Samenblasen in den Nebenhoden kanalikulär. Das gleiche gilt auch für die so häufig die Prostatahypertrophie begleitende unspezifische Entzündung der Samenblasen und der Nebenhoden. Doch wäre hier auch an Lymphgefäße des Samenstranges als Propagationsweg zu denken.

Eine große praktische Bedeutung kommt unter den chronischen Entzündungen der Tuberkulose zu. Zwei Fragen wurden im Schrifttum immer wieder erörtert, und zwar erstens die nach dem genito-primären Sitz der Tuberkulose, worunter man nach T e u t s c h l ä n d e r die erste Lokalisation metastatischer Tuberkulose im inneren männlichen Genitale versteht, und zweitens die Frage nach den Ausbreitungswegen der Tuberkulose innerhalb des inneren männlichen Genitales. Die Frage nach dem primären Sitz ist heute wohl dahin zu beantworten, daß dieser vorwiegend im Nebenhoden gelegen ist. Wesentlich beigetragen hat zu

dieser Erkenntnis die Beobachtung der Chirurgen, daß
jüngere Fälle von Nebenhodentuberkulose nach isolierter
Exstirpation des Nebenhodens in einem hohen Prozentsatz
rezidivfrei blieben. Aus dieser Erfahrung ist der Schluß
berechtigt, daß in solchen Fällen kein anderer Teil des inneren männlichen Genitales an Tuberkulose erkrankt war,
da sonst wohl kaum die Patienten dauernd symptomlos
geblieben wären. Wenn aber der Nebenhoden die einzige
Lokalisation der Tuberkulose im inneren männlichen Genitale war, dann war er auch die erste Lokalisation. Der
Hoden selbst erkrankt, zum Unterschied vom Nebenhoden,
fast nie primär hämatogen an Tuberkulose; dagegen wird
er fast regelmäßig bei längerem Bestehen einer Nebenhodentuberkulose durch lymphogene Ausbreitung ergriffen.
Bekommt man frische derartige Stadien zu Gesicht, dann
kann man perlschnurartig angeordnete, radiär vom Mediastinum testis gegen die Peripherie ausstrahlende miliare
Knötchen sehen. Sie entsprechen interstitiellen Tuberkeln.
Es muß aber nicht immer die Ausbreitung der Tuberkulose
diese Form zeigen. Die lymphogen eingeschleppten Tuberkelbazillen können auch eine unspezifisch-exsudative Entzündung hervorrufen, die hier und dort zum Einbruch in die
Hodenkanälchen führt und auf diese Weise Tuberkelbazillen
auch in die Lichtung der Hodenkanälchen gelangen läßt.
Hier werden sie dann, solange noch ein Sekretstrom besteht, testifugal weiterbefördert und können von der Lichtung der Kanälchen aus zu einer katarrhalischen Entzündung Veranlassung geben. Man sieht dann mikroskopisch
von Leukozyten und desquamierten Epithelien erfüllte Ka-
nälchenlichtungen (Demonstration), ein Bild, das in nichts
den spezifischen Charakter der Entzündung verrät. Erst
später kann durch Verkäsung dieses unspezifischen Exsudates auch mikroskopisch die tuberkulöse Natur der Entzündung erkannt werden. Eine Ausscheidungstuberkulose
in das Kanälchensystem des Hodens in dem Sinne, daß Tuberkelbazillen hämatogen oder auf dem Lymphwege an
die Außenseite der Kanälchen herangebracht werden und
nun, ohne Gewebsveränderungen zu setzen, in die Kanälchenlichtung ausgeschieden werden, um erst etwa von der
Lichtung aus Entzündungserscheinungen hervorzurufen, ist
nicht bewiesen. Es wäre hierzu einerseits der Nachweis von
Tuberkelbazillen in der Kanälchenlichtung, anderseits eine
lückenlose mikroskopische Serienuntersuchung zum Nachweis der intakten Struktur des Hodens notwendig. Testi-
petal kanalikulär kommt eine Propagation der Tuberkulose
vom Nebenhoden her nicht in Frage. Nicht nur das weit-
verzweigte Kanälchensystem des Mediastinum testis, sondern
insbesondere die Art der Einmündung der Tubuli recti in

dieses im Sinne einer End-zu-Seitanastomose ist offenbar
ein absolutes Hindernis für den kanalikulären testipetalen
Ausbreitungsweg. Dies gilt nicht nur für die Tuberkulose,
sondern, wie schon gesagt, auch für andere Nebenhodenentzündungen. Dagegen kann bei vorgeschrittener Tuberkulose des Nebenhodens der Hoden auch per continuitatem ergriffen werden.

Was die Histologie der Nebenhodentuberkulose anbelangt, so repräsentiert sie sich oft makroskopisch auf der
Schnittfläche in Form eitererfüllter Kanälchen. Es kommt
auch hier, ähnlich wie das für den Hoden ausgeführt wurde,
nach hämatogener Infektion entweder zu spezifisch proli-
ferativer oder unspezifisch exsudativer Entzündung und zu
Einbrüchen solcher Herde in Kanälchen und Eindringen
von Tuberkelbazillen in diese, die nun von der Lichtung
aus eine eitrige Entzündung hervorrufen, dabei können die
Kanälchenwände mikroskopisch oft nur wenig verändert
sein. Auch hier kann in frühen Stadien die histologische
Diagnose der Tuberkulose oft nur nach Durchmusterung
vieler Schnitte gestellt werden. Bei längerem Bestand der
Tuberkulose bringt aber dann die Verkäsung des unspezifischen Exsudates und der Konglomerattuberkeln makroskopisch das typische Bild der knotigen verkäsenden Nebenhodentuberkulose (Demonstration) mit sich. Ein solcher Nebenhoden ist beträchtlich verdickt, knollig und zeigt auf der
Schnittfläche je nach dem Alter mehr oder weniger fibrös
umkapselte, bis kirschkern- oder darüber große, aus trok-
kenen käsigen Massen bestehende Herde. Seltener verläuft
der Prozeß sehr chronisch ohne oder mit geringer Neigung
des spezifischen Granulationsgewebes zur Verkäsung. In
solchen Fällen bildet sich aus den Epitheloidzellenknötchen
fibröses Gewebe, das zu keiner beträchtlichen Verdickung
des Nebenhodens führt, wohl aber zur Verhärtung und zum
Unebenwerden der Oberfläche. Solche Formen der Nebenhodentuberkulose können sich über Jahre erstrecken, ohne
zur Operation führende Beschwerden zu machen.

Neben der Ausbreitung der Tuberkulose in den Hoden
kommt es sehr häufig zum Erkranken der Samenblasen auf
testifugalem Wege vom Nebenhoden aus. Der Streit ist
heute noch nicht völlig darüber abgeschlossen, ob die Ausbreitung häufiger in testifugaler oder in testipetaler Richtung entlang des Samenleiters erfolgt. Da wir aber, wie
eingangs dieses Kapitels ausgeführt, als die häufigste primäre Lokalisation der Tuberkulose des inneren männlichen
Genitales den Nebenhoden ansehen, nach allgemeiner Erfahrung aber bei nicht rechtzeitigem chirurgischem Eingreifen die Samenblasen regelmäßig miterkranken, bleibt wohl
nur die Annahme, daß der testifugale Weg der häufigere

ist; doch ist sicher auch der testipetale Weg, im Gegensatz
zu dem B a u m g a r t e n schen Gesetz, das besagt, daß die
Tuberkulose sich in den Samenwegen nur testifugal aus-
breitet, möglich. Hierfür spricht schon das Experiment; gelang es doch N i c o l t, nach urethranaher Unterbindung
des Ductus deferens bei Meerschweinchen und Injektion
von Tuberkelbazillenkulturen in die Lichtung knapp hoden-
wärts der Unterbindungsstelle eine im Laufe mehrerer Wochen fortschreitende Tuberkulose des Samenleiters und des
Nebenhodens zu erzielen. Wir müssen auch für den Menschen diese Möglichkeit als gegeben annehmen, da das Un-
wegsammachen des Ductus deferens durch Ligatur bei der
spontanen Erkrankung der Samenblasen häufig sein Analogon in einem Unwegsamwerden der Ductuli ejaculatrii
durch die Tuberkulose hat. Die Samenblasen ihrerseits
können, abgesehen von dem häufigsten Fall der Infektion
vom Nebenhoden her, auch primär hämatogen oder durch
eine Tuberkulose des Harntraktes von diesem aus erkranken. Die Tuberkulose der Samenblasen führt zu ganz ähnlichen histologischen Bildern wie die des Nebenhodens.
Auch hier handelt es sich gewöhnlich um eine verkäsende
Konglomerattuberkulose mit mächtiger Verdickung, Verhärtung und Knolligwerden des Organs. Der Bauchfellüberzug
kann in Form vereinzelter miliarer Tuberkeln lymphogen
oder per continuitatem miterkranken; doch kommt es, wenn
überhaupt je, sicher sehr selten auf diesem Wege zu einer
generalisierten Bauchfelltuberkulose.

Im Gegensatz zur Tuberkulose befällt die Syphilis
stets den Hoden selbst primär, und zwar natürlich hämatogen. Eine Ausbreitung der Syphilis innerhalb des inneren
männlichen Genitales kommt nach der ganzen Art der
Propagation des syphilitischen Prozesses nicht in Frage.
Die Syphilis des Hodens präsentiert sich in zwei Formen.
Entweder in Form diffuser interstitieller, in den frühen
Stadien vorwiegend rundzelliger, später fibroblasten- und
epitheloidzellenreicher Infiltrate mit hier und dort eingestreuten Riesenzellen; diese Infiltrate führen im weiteren
Verlaufe zu einer diffusen Fibrose des Organs, die bei ma-
kroskopischer Betrachtung dessen Aussehen kaum verändert;
wohl aber erscheint die Konsistenz vermehrt. Schon bei
dieser Form der Syphilis können bei mikroskopischer Untersuchung hier und dort kleinere Areale nekrotisch gefunden
werden, mit anderen Worten miliare Gummen entstehen.
Ist die Bildung des Granulationsgewebes üppiger, dann
kommt es auch regelmäßig zu größeren Nekrosen, die von
einem Mantel von Epitheloidzellen, Lymphozyten und eingestreuten Riesenzellen umgeben sind. Makroskopisch ist diese
Form durch den Ausdruck grobknotige gummöse Syphilis

(Demonstration) gut gekennzeichnet. Die eigentümliche Farbe, die Konsistenz der Nekrose sowie das Freibleiben des Nebenhodens machen die makroskopische Diagnose leicht. Für die syphilitische Nekrose ist gegenüber der tuberkulösen Verkäsung der Umstand charakteristisch, daß die autochthonen Gewebsstrukturen, wenigstens ihr kollagenes und elastisches Gerüst, lange Zeit erhalten bleiben (Demonstration), während sie im Falle ausgedehnterer tuberkulöser Verkäsungsherde weit früher völlig zugrunde gehen. Dieses Zugrundegehen betrifft bei der Tuberkulose auch das ortsständige Gitterfasergerüst, während bei der Syphilis eine sehr beträchtliche Vermehrung dieses Gitterfasergerüstes stattfindet (C o r o n i n i), das ebenfalls lange der Nekrose widersteht. Die Syphilis des Hodens ist in den letzten 10 bis 15 Jahren sehr selten geworden, während sie in den älteren Lehrbüchern der pathologischen Anatomie noch als relativ häufig geschildert wurde. Dies hängt offenbar mit der intensiveren antiluetischen Behandlung seit allgemeiner Einführung der Salvarsanpräparate zusammen.

6. Die Geschwülste des Hodens zerfallen, der Häufigkeit nach geordnet, in die Seminome oder besser Disgerminome, die Teratome, unter denen die reiferen Dermoide und die unreifen Teratoblastome unterschieden werden, in das Adenoma tubulare testiculare sowie die äußerst seltenen Zwischenzellgeschwülste. Gewöhnlich findet man in derartigen Einteilungen noch die Adenokarzinome, die papillentragenden Adenokarzinome und das sogenannte Carcinoma Wollfianum (G o r d o n B e l l) sowie Sarkome angeführt. Die häufig fließenden Uebergänge von Disgerminomen zu den erwähnten Geschwulstformen sowie ihr Nebeneinandervorkommen in Teratomen lassen es überflüssig erscheinen, sie als besondere Gruppen anzuführen. Die Existenz von Tumoren, die vom Wolffschen Körper ihren Ausgang nehmen, ist problematisch. Auch fiele bei Zurechtbestehen ihrer Existenz diese Gruppe von Geschwülsten durch ihren genetischen Einteilungsgrund aus der angeführten Reihe.

Die Disgerminome betreffen am häufigsten das vierte Lebensjahrzehnt, bei Kindern werden sie praktisch nie beobachtet. Sie wachsen regelmäßig schubweise und werden gewöhnlich anläßlich einer der ersten solcher Schübe und der damit zusammenhängenden, durch die Spannung der Tunica albuginea bedingten Beschwerden, bevor sie Hühnereigröße erreichen, operiert. Sich selbst überlassen, können sie natürlich viel größer werden. Sie nehmen gewöhnlich von den dem Mediastinum testis benachbarten Hodenpartien ihren Ausgang, erreichen dann bald an einer Stelle die Tunica albuginea und führen frühzeitig zur völligen Zerstörung des Hodenparenchyms. Die Tunica albu-

ginea wird auch in späteren Stadien selten durchbrochen.
Die Eiform des Hodens bleibt lange erhalten. Die Oberfläche kann glatt oder flachhöckerig sein; die Schnittfläche
ist grauweiß oder im Falle regressiver Veränderungen durch
Verfettung gelblich gefärbt. Die Konsistenz ist bei Ueberwiegen des Tumorparenchyms weich elastisch; bei stärkerer Ausbildung fibröser Bindegewebszüge entsprechend
härter. Die Struktur ist entweder homogen oder knotig (Demonstration). Mikroskopisch wird das Bild durch gleichartige, in gut fixierten Präparaten runde oder ovale, etwa
15 μ im Durchmesser haltende Zellen beherrscht, die einen
großen Kern mit deutlicher Membran und eher groben Chro-
matinbröckeln enthalten (Demonstration). Diese Zellen sind
entweder zu dünneren Strängen angeordnet, zwischen denen
sich ein feines Stromanetzwerk findet, oder sie bilden
größere zusammenhängende Nester, die sich über viele
Gesichtsfelder erstrecken können. Oft sieht man auch kleinere derartige Nester in breitere Züge fibrösen Stromas
eingelagert, so daß ein alveolärer Bau zustande kommt, ein
Verhalten, das gelegentlich zu der Bezeichnung „Alveolar-
sarkom" Veranlassung gegeben hat. Die Disgerminome me-
tastasieren mit Vorliebe in die lumbalen Lymphknoten, in
den späteren Stadien sind auch hämatogene Metastasen
durchaus nicht selten. Besondere Beachtung finden Fälle,
in denen die Metastasen den Bau eines Chorionepithelioms
zeigten, während im Primärtumor solche Strukturen nicht
aufgefunden wurden (zit. nach Chwalla). Hervorgehoben sei auch noch, daß die Disgerminome außer im
Hoden nur noch im Eierstock vorkommen.

Die Dermoide sind, wie bekannt, durch von äußerer
Haut (Derma) ausgekleidete, von grützeartigen mit Haaren
untermengten Massen erfüllte Zysten charakterisiert. Sie verdanken mithin ihre bezeichnende Form den Derivaten der
äußeren Haut, so daß der Name Dermoide oder Dermoidzysten trotz des Umstandes, daß sie Derivate aller drei
Keimblätter enthalten, gut gewählt erscheint. An einer Stelle
der Zysteninnenwand findet sich fast immer eine deutliche bürzelartige Erhebung, der sogenannte Dermoidzapfen
oder Dermoidnabel, der gewöhnlich von gegenüber der Umgebung dickerer Epidermis bedeckt und von zumeist asch-
blonden Haaren bestanden ist. Unter diesem Dermoidzapfen
oder in seiner unmittelbaren Nachbarschaft findet sich häufig eine Untertunnelierung der Zystenwand. In diesem Dermoidzapfen finden sich nicht selten von Schleim oder Flim-
merepithel ausgekleidete Zysten oder auch systemisierte
Gewebspartien, die als Trachealwand, Darmschleimhaut u. a.
erkennbar sind. Auch Retinapigmentepithel, mehr oder weniger ganglienzellenreiche Einlagerungen gliösen Gewebes,

oft in Form gliaausgekleideter Zysten, sowie Knorpel- und Knochenbildungen kommen vor. Aber nicht nur die mikroskopische Form ist weitgehend ausgereift, sondern auch die makroskopische, und zwar finden sich gelegentlich eine Hand, ein Fuß, ein Darmstück, eine Harnblase, schädelkapselähnliche Bildungen u. a. Besonders hervorgehoben sei, daß zwar sämtliche Gewebe und Zellarten des Soma in Dermoiden gefunden wurden, niemals aber Geschlechtszellen. Diese Dermoide und Dermoidzysten unterscheiden sich in nichts von den bekannten derartigen Bildungen des Eierstockes, nur sind sie im Hoden weit seltener, finden sich schon angeboren oder werden in den Kindheitsjahren bemerkt und dann operativ entfernt. Sie können, wenn sie nicht operiert werden, enorme Größe erreichen, wie der Fall Schlinkmann (zit. nach Oberndorfer) zeigt, der ein 80 Pfund schweres Dermoid bei einem Achtundsiebzigjährigen betrifft. Die Dermoide sind gutartig, doch ist die Grenze gegen die unreifen bösartigen Teratome insofern nicht scharf zu ziehen, als auch in Dermoidzysten gelegentlich unreifere Gewebspartien eingestreut vorkommen. Die Teratoblastome des Hodens betreffen, im Gegensatz zu den Dermoiden, mit Vorliebe das dritte Lebensjahrzehnt. Sie bestehen aus sehr verschiedenen Gewebsbestandteilen, so daß eine allgemeingültige makroskopische Beschreibung nicht möglich ist. Nur das eine kann gesagt werden, daß sie sehr häufig ganz oder teilweise kleinzystisch strukturiert sind (Demonstration). Die Zysten erweisen sich mikroskopisch als von kubischem oder zylindrischem Epithel ausgekleidet, das gelegentlich Flimmern aufweisen oder Schleim bilden kann. Auch ganz oder teilweise plattenepithelausgekleidete Zysten kommen vor. Die soliden Partien können embryonales Gallertgewebe enthalten, das hier und dort Inseln verschieden weit ausgereiften Knorpels oder auch osteoides Gewebe enthalten kann. Auch angiomartige Bildungen oder gelegentliche Einstreuung von Muskelzellen werden beobachtet. Besondere Erwähnung verdienen Chorionepitheliomstrukturen (Demonstration), die sehr oft den größten Teil des Tumors oder auch einmal ausschließlich die Geschwulst bilden können. In anderen Fällen ist das Knorpelgewebe dominierend (Chondrome) oder auch, wenn auch selten, quergestreifte Muskulatur (Rhabdomyome des Hodens). Neben solchen zumeist unreifen, aber mehr oder weniger typischen Geweben kommen in Teratoblastomen häufig auch sarkomatöse und karzinomatöse Anteile (Demonstration) verschiedenen Typus vor. Besonders betont sei, daß unter solchen auch Stellen von Disgerminombau sich finden. Besonderes Interesse haben die Chorionepitheliome des Hodens hervorgerufen, da diese tumorhafte Ausartungen des Trophoblastes wie bei Schwangerschaft darstellen, über die das Sichwundern (teras = Wunder) am begreiflichsten erscheint. Aber auch vom rein klinischen Standpunkt kommt diesen Geschwülsten des Hodens wegen ihrer ganz besonderen Bösartigkeit Beachtung zu. Gehört es doch durchaus nicht zu den Seltenheiten, daß nach Entfernung eines Hodens wegen Chorionepithelioms schon nach wenigen Wochen der Tod durch massige Lungenmetastasen erfolgt. Aber auch Metastasen im Gehirn, in der Leber, den Nieren, den Knochen und anderen Organen sind nicht selten. Immer wieder wurden auch extragonadal entstandene Chorionepitheliome des Mannes beschrieben. Fast alle derartigen Mitteilungen betreffen das Retroperitonaeum. Der bündige Beweis, daß der Ausgangspunkt dieser Chorionepitheliome nicht ein dystopischer, allenfalls überzähliger Hoden sei, ist begreiflicherweise nicht zu erbringen, da ja ein solcher zur Zeit der autoptischen Untersuchung in der Geschwulst längst aufgegangen sein wird. Ja, nicht einmal der Beweis, daß nicht ein kleines Chorionepitheliom des orthotopen Hodens den Primärtumor darstellt, und das scheinbare primäre extragonadale Chorionepitheliom nicht bereits eine Metastase darstellt, ist in manchem einschlägigen Fall des Schrifttums mangels Serienschnittuntersuchung der Hoden erbracht.

Die dritte Hodengeschwulstart stellt das gutartige Adenoma tubulare testiculare ektopischer Hoden dar. Nach seinem ersten Beschreiber Pick präsentiert es sich in Form scharf begrenzter, zumeist kleinerer gelber Flecke der Hodenschnittfläche, die sich mikroskopisch ähnlich wie Schweißdrüsen verhalten, also aus engen, von annähernd kubischen Epithelien ausgekleideten, regelmäßig verteilten, von einem zarten bindegewebigen Stroma getrennten Gängen sich aufbauen. Die Geschwülste sind sehr selten, wurden aber trotzdem bei gleichzeitigem Bestehen eines Disgerminoms im selben oder auch im anderen Hoden gefunden (Marion, Unger, zit. nach Oberndorfer).

Das interessanteste Kapitel der Hodenonkologie stellt zweifellos die Frage nach der formalen Genese der Hodengeschwülste dar. Selbstverständlich ist sie nur unter Berücksichtigung entwicklungsgeschichtlicher Tatsachen zu beantworten und auf das innigste mit der Auffassung der Entstehung der Teratome im allgemeinen verknüpft. Es ist auch klar, daß direkte Beobachtungen und induktive Schlüsse mangels einschlägigen Materials hier nicht möglich sind. Doch läßt sich unter Berücksichtigung aller heute bekannten Tatsachen mit großer Wahrscheinlichkeit die Frage nach den Ursprungszellen der Hodengeschwülste deduktiv beantworten. Diese Tatsachen seien herausgestellt:

1. In Teratomen können sich alle Arten von Zellen und Gewebsstrukturen des Soma finden, niemals aber wurden Geschlechtszellen gefunden.

2. Auch in anderen Geschwülsten wurden niemals sicher als ei- oder samenzellwertig erkennbare Zellen gefunden. Alle einschlägigen Mitteilungen des Schrifttums, z. B. A c c o n c i, erwiesen sich bei Nachprüfung einwandfrei als irrig.

Aus diesen zwei Tatsachen ergibt sich der Schluß, daß kein Grund vorliegt, die Teratome oder andere Geschwülste, gleichgültig, wo sie sich befinden, von Keimzellen abzuleiten. wären diese die Stammzellen der Teratome, dann müßte man in Analogie zu allen anderen Geschwulstarten annehmen, daß doch gelegentlich einmal wenigstens auch Glieder der ei- oder samenbildenden Zellen zur Beobachtung gekommen wären. Diese Ueberlegungen drängen nach R. M a y e r zur Ablehnung der Teratome als parthenogenetische Tochterbildungen des Trägers. Als weiteres Argument gegen die parthenogenetische Auffassung der Teratombildung führt dieser Autor für den Eierstock mit Recht den Umstand an, daß im Tierreich der Parthenogenese eine Eireifung vorangeht. Beim Menschen wäre demgemäß Follikelreifung und Follikelsprung mit Ausstoßung des im weiteren Verlaufe sich parthenogenetisch entwickelnden Eies und Einnistung in die Uterusmukosa als regelmäßig anzunehmen, und vielleicht ausnahmsweise, etwa im Falle einer Eierstockeinnistung des Keimlings, eine Entwicklung in diesem Organ. In Wirklichkeit entwickeln sich Teratome aber, wie bekannt, fast immer im Eierstock und nur ganz selten in den Tuben oder im Uterus.

3. Disgerminome, das Adenoma tubulare testiculare und die Granulosazelltumoren des Eierstockes sind keimdrüsenspezifische Geschwülste.

Daraus ergibt sich der Schluß, daß sie wohl aus keimdrüsenspezifischen Zellen entstehen. Da diese Zellen kaum die Keimzellen sein dürften, wie gerade gefolgert wurde, so bleiben aller Wahrscheinlichkeit nach als keimdrüsenspezifische Matrixzellen dieser Geschwulst nur die Trabantzellen der Geschlechtszellen, also im Eierstock die Reihe der Granulosazellen, im Hoden die Reihe der Sertolizellen sowie die Zwischenzellen übrig.

Die Zwischenzellen scheiden aus folgenden sehr triftigen Gründen als Stammzellen der Disgerminome aus. Hodendisgerminome werden, wie schon erwähnt, trotz der Seltenheit des Adenoma tubulare testiculare gleichzeitig

mit diesem angetroffen. Dieses läßt durch seinen Bau keinen Zweifel, daß es eine geschwulstmäßige Ausreifungs-
form zu Hodenkanälchen darstellt. Disgerminome des Eierstockes zeigen gelegentlich Uebergänge zu Granulosazelltumoren (F ö d e r l), die, wie schon ihr Name sagt, geschwulstmäßige Ausreifungsformen am Wege zu Granu-
losa, also zu Trabantzellenstrukturen darstellen, wodurch
sich die Trabantzellennatur der Disgerminome offenbart.
Dazu kommt noch die sichere Follikelhormonproduktion
der Granulosazelltumoren, während eine hormonale Funktion der Zwischenzellen bis heute unbewiesen ist. Aus all
dem ergibt sich, daß die Disgerminome sowie ihre reiferen
Formen die Granulosazelltumoren und das Adenoma tubulare testiculare von irgend einem frühen Glied der Reihe
der Trabantzellen der Geschlechtszellen ihren Ursprung nehmen dürften. Die geschilderten innigen Beziehungen zwischen Teratomen und Disgerminomen drängen zur Annahme,
daß auch die Teratome ihren Ursprung von einem Gliede
dieser Reihe nehmen. Der Umstand, daß die Teratome
sämtliche Arten Somazellen enthalten können, hat schon
M a r c h a n d veranlaßt, Teratome auf omnipotente Somazellen, die Blastomeren, zurückzuführen, also Zellen, die
sich vom Spermovum, der befruchteten Eizelle in ihrer
Wertigkeit und prospektiven Potenz, nur dadurch unterscheiden, daß bereits die präsumtiven Geschlechtszellen sich
von den präsumtiven Somazellen abgesondert haben. Dieses ausnahmslose Fehlen von Geschlechtszellen in Teratomen ist ein kaum anders deutbarer Hinweis darauf, daß
auch beim Menschen die Sonderung in präsumtive Ge-
schlechts- und Somazellen als erstes Determinierungsereig-
nis des werdenden Organismus stattfindet. Denn würden andere Determinierungen vor diesem kardinalen Trennungsvor-
gang von Geschlechts- und Somazellen sich vollziehen, dann
müßte man erwarten, daß in Teratomen andere Zellen konstant fehlen, eben jene, die als erste sich durch ihre Determinierung von den anderen sondern. Die mit den heutigen
Mitteln erkennbare gestaltliche Differenzierung kommt in
Analogie zu zahlreichen Beobachtungen der Entwicklungsmechanik regelmäßig später als die Determinierung. Die
grundlegenden Untersuchungen S t i e v e s über die Entwicklung der menschlichen männlichen Keimzellen, die zeigten,
daß diese erst bei etwa 30 mm langen Embryonen erkennbar werden, stehen somit, übrigens auch nach der Ansicht
dieses Forschers, durchaus nicht im Gegensatz zu der
geschilderten Auffassung. Nehmen wir also nach dem Gesagten die Sonderung von Soma- und Geschlechtszellen als
ersten Differenzierungsvorgang auch beim menschlichen
Keimling an, dann wird die morphologisch von B o v e r i

bei Ascaris megalocephala nachgewiesene, beim Menschen
aber nicht nachweisbare Keimbahn auch bei diesem zu
einem logischen Postulat.

Wie läßt sich nun die Tatsache des so viel häufigeren Vorkommens von Teratomen in den Keimdrüsen
als an anderen Orten, wie Mediastinum, Kreuzbein, Schädel
usw., und das dazu im Gegensatz stehende ausschließliche
Vorkommen von Disgerminomen und deren Ausreifungsformen in den Keimdrüsen, bzw. ausnahmsweise in deren
unmittelbarer Nachbarschaft erklären. Das so starke Ueberwiegen der Keimdrüsenteratome über solche anderer Lokalisation hat A. I n g i e r dadurch zu erklären versucht,
daß mit den Keimzellen entlang der Keimbahn auch noch
spermovumwertige Zellen sich verschieben und erst auf
diesem Wege ihre Sonderung in präsumtive Soma- und
Geschlechtszellen durchmachen. Verlieren sich nun derartige blastomerenwertige Zellen auf dem Wege der Keimbahn, so können sie in andere Gebiete des Körpers ver-
schlagen werden; gewöhnlich aber gelangen sie in die
Keimdrüsen. Damit wäre die Häufigkeitsrelation von gona-
dalen und extragonadalen Teratomen erklärt, nicht aber
das Fehlen der nahverwandten Disgerminome außerhalb
der Keimdrüsen und der Keimbahn. Eine Möglichkeit, auch
diese Tatsache mit allen anderen zusammen zu erklären,
erscheint uns nur dann gegeben, wenn wir den Keimzellen
induzierenden Einfluß zuerkennen, und zwar in dem Sinne,
daß sie sich aus den Zellen ihrer Umgebung am Wege
der Keimbahn oder schon zu Beginn derselben ihre Trabantzellen selbst determinieren. Nehmen wir diesen Vorgang
als gegeben an, dann würden die Geschlechtszellen schon
sehr bald nach ihrer eigenen Determinierung noch lange
vor ihrer gestaltlichen Differenzierung die blastomeren-
wertigen Zellen ihrer Umgebung zu Trabantzellen induzie-
ren. Diese würden dann zu einer Gefolgschaft der Geschlechtszellen werden und entlang der Keimbahn mit den
Geschlechtszellen in die Keimdrüsen einwandern. Auch bei
den Trabantzellen wird, so wie bei den Geschlechtszellen,
die gestaltliche Differenzierung erst viel später eintreten;
auch wird in Analogie zu Erfahrungen der experimentellen
Entwicklungsmechanik auf anderen Gebieten diese Determinierung der Trabantzellen zunächst wohl noch rever-
sibel sein und erst später irreversibel werden. Es wird
damit das Mitnehmen von Blastomeren in die Geschlechtsdrüsen entlang der Keimbahn durch die Geschlechtszellen zu einem physiologischen Ereignis. Geht alles den
normalen Gang, dann werden aus allen diesen blastomeren-
wertigen Zellen Trabantzellen, also beim Weibe Granulosazellen, beim Manne Sertolizellen. Ist die Induktion durch

die Geschlechtszellen für einzelne der Blastomeren frühzeitig mangelhaft, dann bleiben diese als Blastomeren in
der Gefolgschaft der Geschlechtszellen erhalten und können später in der Keimdrüse zu Teratomen werden. Es
kann dann wohl auch einmal vorkommen, daß solche Blastomeren von der Keimbahn abirren, in andere Körper-
gebiete versprengt werden und dann dort, dem Keimzellen-
einfluß entzogen, irgendwann zu Teratomen auskeimen.
Keimdrüsenspezifische Geschwülste verschiedener Reife
dürften aber nur durch Induktion der Geschlechtszellen entstehen, die selbst wieder nur im Milieu normaler Trabantzellen sich erhalten können, mithin nur im Milieu der
Gonaden. Dies läßt sich deshalb mit großer Wahrscheinlichkeit aussagen, weil nie Geschlechtszellen außerhalb der
Gonaden gefunden werden. Der induzierende Einfluß der
Geschlechtszellen ist mithin an die Gonaden gebunden und
damit auch das Zustandekommen von Trabantzellenge-
schwülsten an diesen Ort. Ausnahmsweise wurden nun
solche Trabantzellengeschwülste auch in der nahen Umgebung der Keimdrüsen gefunden, und zwar ein Granu-
losazelltumor am Mesosigmaansatz von Voigt, zwei
solche im breiten Mutterband von Powell und Black
bzw. von Ragins und Frankel und ein Disgerminom im Nebenhoden von Stöckl. In diesen Fällen
scheinen die frühen induktiven Einflüsse der Keimzellen am
Wege der Keimbahn sowie die angesichts der Nähe der
Keimdrüsen auch weiterhin nicht völlig sistierende Beeinflussung genügt zu haben, um Disgerminomstrukturen
entstehen zu lassen. In größerer Entfernung von den Keimdrüsen kommen Disgerminome, wie gesagt, nicht vor. Die
als primär beschriebenen retroperitonealen Chorionepitheliome würden dann ohneweiters auf derartige nicht genügend im Sinne der Ausbildung zu Trabantzellen be-
einflußte Blastomeren zurückzuführen sein. Bei dieser Betrachtungsweise wären dann weiter primär gonadale Disgerminome mit Chorionepitheliommetastasen (Oberndorfer, Greiling, Chwalla) so zu verstehen, daß das
Gewächs im Hodenmilieu Disgerminomcharakter sich be-
wahrte, während es in den Metastasen fern von der Gonade,
also derem Einfluß entzogen, zu anderen Gewebsstrukturen
— gewöhnlich zu Chorionepitheliom — ausreift. Ein solches Ereignis hätte sein Analogon in der Erfahrungstatsache, daß auch Karzinome anderer Lokalisation am Ent-
stehungsorte einen anderen Bau zeigen können als in ihren
Metastasen; dies illustriert z. B. schön der Fall eines Hyper-
nephroms von Stöckl mit einer solitären Halslymph-
knotenmetastase, die Konschegg als Plattenepithelkar-
zinom befundete. Solche Beobachtungen weisen darauf hin,

daß auch noch beim Erwachsenen Induktion vorkommen kann. In diesem Zusammenhange sei auch an die Sprossung der gelben Zellen des Wurmfortsatzes im Sinne der Feyrterschen Endophytie erinnert, die nach M a s s o n durch eine Wucherung des nervösen Schleimhautplexus hervorgerufen wird.

Das Wort Disgerminom, das R. M e y e r eingeführt hat, ist dem Worte Seminom vorzuziehen. Es setzt sich aus der Vorsilbe dis- (zweifach) und aus dem Stamm germ- (keimen) zusammen und will besagen, daß die Zellen dieser Geschwülste noch eine Auskeimungsfähigkeit in zwei Richtungen, nämlich zu den weiblichen Granulosazelltumoren und zu dem männlichen Adenoma tubulare testiculare besitzen. Es handelt sich also nicht dabei um eine abwegige Entwicklung (dys-), sondern um eine nach zwei Richtungen hin mögliche Entwicklung (dis-). Das Wort Seminom hingegen beinhaltet die Ableitung dieser Geschwülste vom samenbildenden Apparat, mithin von Geschlechtszellen, eine Auffassung, die im vorangegangenen abgelehnt wurde, und berücksichtigt außerdem nicht, daß ja auch im Eierstock gleichartige Geschwülste vorkommen, die keinesfalls von der spermienbildenden Zellreihe abgeleitet werden können.

Wir sehen nach all dem Gesagten, daß die bösartigen Hodengeschwülste, abgesehen von den äußerst seltenen Zwischenzellgeschwülsten, denen bis heute wohl bloß kasuistische Bedeutung zukommt, offenbar trotz verschiedenartiger Struktur einheitlicher Genese sind. Dies kommt auch in ihrer hormonalen Auswirkung zum Ausdruck. Findet man doch bei bösartigen Hodengeschwülsten, ob es sich nun um Chorionepitheliome, Disgerminome oder Karzinome handelt, oft Prolan im Harn. Das gutartige Adenoma tubulare testiculare erweist sich als hormonal inaktiv.

Ich habe mich bemüht, in einer Zusammenschau die Tatsachen, wie sie sich durch die sehr zahlreichen im Schrifttum niedergelegten Beobachtungen über Teratome und Disgerminome als sicher außerhalb des Zufalles stehend und mithin feststehend ergeben, zu berücksichtigen und so zu einer wahrscheinlichen Erklärung der Genese dieser Gewächse zu gelangen. Dieses Abschweifen vom Tatsächlichen sei verziehen, da das Interesse an solchen Fragen begreiflich ist und die direkte Beobachtung des Werdeganges dieser Geschwülste, zumindest in der Gegenwart, nicht möglich ist.

L i t e r a t u r: B o n n e t: Erg. Anat., 9, 1899. — B o v e r i: Festschrift Kupffer. Jena: G. Fischer, 1899. — C h w a l l a: Z. Ur., 33, S. 309, 1939. — C o r o n i n i: Virchows Arch., 274, S. 560, 1930. — F ö d e r l: Arch. Gynäk., 165, H. 3, 1938. — G r e i - l i n g: Dissertation. Marburg 1927. — I n g i e r, A.: Beitr. path.

Anat., 43, H. 2, S. 35, 1908. — Kyrle: Beitr. path. Anat., 60, S. 359, 1918. — Marchand: Path. Ges. München 1899. — Meyer, R.: Arch. Gynäk., 123, S. 675, 1925. — Nicolt: Dürck-Oberndorfer, Erg. Path., 6, S. 184 (zit. S. 396), 1899. — Oberndorfer, S.: Hdb. d. spez. path. Anat. u. Histologie, Bd. VI, 3, 1931. — Pick: Arch. Gynäk., 76, 1905. — Powell und Black: Amer. J. Obstetr., 40, 1940. — Ragins und Frankel: ebendort. — Simmonds: Virchows Arch., 201, S. 108, 1910. — Spemann: Berlin: Springer-Verlag, 136. — Schleussing: Erg. Tbk.forsch., IX, S. 253, 1939. — Stöckl: S.ber. Wien. ur. Ges. vom 7. Oktober 1941. — Derselbe: Wien. med. Ges. vom 9. Januar 1942. — Stieve: Z. mikrosk.-anat. Forsch., 10, 1927. — Voigt: Amer. J. Obstetr., 36, 688, 1938.

Erkrankungen des Hodens und der Samenblase
(Klinik)

Von

Dozent Dr. **P. Deuticke**

Wien

Die kurze mir zur Verfügung stehende Zeit geutattet nicht, ein ausführliches Referat über die Erkrankungen des Hodens und der Samenblase zu halten. Ich werde deshalb aus dem großen Stoff einzelne Kapitel nur kurz streifen oder auch völlig außer Betracht lassen müssen, um auf andere Kapitel, vor allem solche, bei denen die Forschung in den letzten Jahren neue Ergebnisse gezeitigt hat, etwas ausführlicher eingehen zu können.

So ist gleich unter den Mißbildungen und Entwicklungsstörungen des Hodens der K r y p t o r c h i s m u s einer etwas breiteren Besprechung wert. Wie Sie alle wissen, handelt es sich beim Kryptorchismus um eine Hemmungsbildung, bei welcher der Hoden den physiologischen Abstieg von seinem embryonalen Entwicklungsort, etwa in der Gegend der Niere, bis in den Hodensack nicht zu Ende führt, sondern unterwegs sozusagen stecken bleibt. Dementsprechend unterscheiden wir, je nach der Lage des Hodens, verschiedene Grade dieser Mißbildung: den abdominalen Kryptorchismus, den inguinalen Kryptorchismus und endlich den präinguinalen Typus, auch einfach Hodenhochstand genannt.

Ueber die Ursachen und Kräfte, welche den normalen Abstieg des Hodens aus der Bauchhöhle ins Skrotum be-

dingen, herrscht bis jetzt keine Klarheit. Man kann den
Descensus testis von einem anatomisch-mechanischen Standpunkt aus als Einzelereignis auffassen, ähnlich wie ja
viele Organe in ihrer ontogenetischen Entwicklung mannig-
fache Verlagerungen und Wanderungen durchmachen. Man
kann, von einem funktionell-dynamischen Standpunkt aus,
den Descensus des Hodens aber auch als ein Teilereignis
in der gesamten individuellen Fertigentwicklung werten.
Nach der Theorie von Moszkowicz wäre der Kryptorchismus als Zeichen einer nicht zu Ende gelangten Ausreifung des gesamten Sexualapparates aufzufassen. Unter
Zugrundelegung der Goldschmidtschen Theorie ist jedes
Lebewesen, ja jede Körperzelle ursprünglich bisexuell angelegt, d. h. sie enthält männliche und weibliche Potenzen,
und die Eingeschlechtlichkeit entsteht erst durch das dauernde Ueberwiegen der einen Geschlechtlichkeit über die
andere. In jeder Zelle spielt sich ein Kampf zwischen
männlichen und weiblichen Erbfaktoren ab und die sieg-
reiche Geschlechtlichkeit prägt dem ganzen Organismus die
eingeschlechtliche Form und Funktion auf. Nicht das Ovar
oder der Hoden macht also ein Lebewesen zu einem weiblichen oder männlichen, sondern umgekehrt, das in allen
Zellen überwiegende weibliche oder männliche Prinzip
schafft sich die dazugehörige Keimdrüse. Wir wissen ja
auch, daß bei Embryonen einer gewissen Entwicklungsstufe Müllerscher und Wolfscher Gang gleichzeitig angelegt sind, dann aber mit der Ausreifung der einen Geschlechtsanlage die Verkümmerung der anderen verknüpft
ist. Fehlt nun das ausgesprochene Ueberwiegen des einen
Geschlechtsprinzips oder kommt es zu einem Dominanz-
wechsel der ererbten Geschlechtsfaktoren während der embryonalen Entwicklung, so erfolgt die endgültige Geschlechts-
differenzierung zu einem späteren Zeitpunkt und erlangt
nicht die volle Reife. Dies ist nach Versuchen von Goldschmidt, Witschi u. a. z. B. bei Kreuzung von Individuen entfernterer Rassen der Fall, durch die man Geschlechtsfaktoren zusammenbringt, welche quantitativ nicht
recht zusammenpassen. Demnach wäre der Kryptorchismus als Teilproblem des Hermaphroditismus und als erste
Stufe des Zwittertums aufzufassen. Diese, wie gesagt, von
Moszkowicz für den Menschen hauptsächlich auf Grund
der Arbeiten von Goldschmidt aufgestellte und durch
embryologische Arbeiten gestützte Theorie sieht also ausschließlich erbbedingte Momente als ursächlich für die Genese des Kryptorchismus an.

Demgegenüber hat unlängst Rosinsky aus dem Institut für Konstitutionsmedizin in Berlin darauf hingewiesen, daß auch Umweltfaktoren für die Ausreifung und plan-

volle Entwicklung jedes Lebewesens eine beachtliche Rolle spielen: das harmonische Zusammenwirken der Hormone ist ebenso wichtig wie das ausreichende Angebot gewisser Vitamine, ohne die auch bei günstigster Erbmasse abnorme oder minderwertige Nachkommen resultieren können. So bleiben z. B. nach B a r r i e die Jungen von Vitamin E-frei ernährten Ratten klein und gehen vielfach an spastischen Lähmungen zugrunde. Pathologisch-anatomisch findet man bei ihnen eine Hypoplasie der Schilddrüse und Degenerationen der Hypophyse. Gerade beim Kryptorchismus weisen nun aber experimentelle Studien sowie klinische Beobachtungen darauf hin, daß der normale Descensus außer an einen selbst richtig entwickelten Hoden vor allem an eine normale Funktion des Hypophysenvorderlappens gebunden ist. So gelang es C o j a m a, nach Zerstörung der Rattenhypophyse das Ausbleiben des Descensus testis zu beobachten. Beim Menschen fällt die häufige Koordination von Kryptorchismus und Zeichen hypophysärer Insuffizienz auf, vor allem aber sprechen die Erfolge der modernen Hormontherapie für die Richtigkeit der vermuteten Zusammenhänge. Ob man beim Kryptorchismus mit R o s i n s k y mehr allgemein eine vielleicht sogar umweltbedingte Entwicklungshemmung der Keimanlage oder mit M o s z k o w i c z eine ererbte Anomalie speziell der Sexualsphäre sehen will, jedenfalls scheint die funktionell-dynamische Betrachtungsweise über die anatomisch-mechanische mehr und mehr das Uebergewicht zu gewinnen.

Der Träger eines Leistenhodens ist gegenüber dem Normalen gewissen Gefahren ausgesetzt.

Erstens ist der Leistenhoden in etwa 60% der Fälle mit einer angeborenen Hernie kombiniert, welche an sich oder bei Inkarzeration mit Beschwerden und Gefahren verknüpft ist.

Zweitens befällt die H o d e n t o r s i o n besonders gern kryptorche Hoden, wobei es zur Drehung des Testikels gelegentlich in allen möglichen Achsen und damit zur Abschnürung der ernährenden Gefäße kommt. Der Hoden schwillt im Leistenkanal an, bildet eine derbe, äußerst schmerzhafte Resistenz, lauter Zeichen, wie wir sie auch bei der Brucheinklemmung zu sehen gewohnt sind. Vielleicht, daß die Allgemeinerscheinungen, Kollaps und sogar peritoneale Symptome bei der Hodentorsion noch etwas stärker ausgebildet sind. Die Verwechslung von Brucheinklemmung und Hodentorsion ist im übrigen quoad therapiam gleichgültig, da in beiden Fällen die ehebaldigste Operation unbedingt zu fordern ist. Denn nach 12 Stunden fällt ein torquierter Hoden der Nekrose anheim.

Die dritte Gefahr ist in der relativ häufigen malignen

Degeneration eines dystopen Hodens zu sehen. Denn die Wahrscheinlichkeit maligner Entartung ist beim Kryptorchen fünfzig- bis hundertmal so hoch zu veranschlagen als beim Normalen. Absolut genommen, ist die Gefahr der Geschwulstbildung nun durchaus nicht so erschreckend. Sie berechnet sich nach K o c h e r, H i g g i n s, G i l b e r t ziemlich einheitlich auf etwa $1^0/_{00}$ der retinierten Hoden gegenüber 0.01 bis $0.02^0/_{00}$ der normalen Testikel. Interessant ist, daß unter den mangelhaft herabgestiegenen Hoden der Bauchhoden zehnmal häufiger malign entartet als der Leistenhoden.

Wenn wir von diesen Gefahren absehen, hat der Träger eines Leistenhodens eigentlich keine wesentlichen Beschwerden. Dennoch müssen wir aus einem anderen Grund zumindest in der späteren Kindheit den Hoden an seinen richtigen Platz im Skrotum herabzubringen trachten. Während beim Neugeborenen und auch beim Kind der retinierte Hoden meist weder in seiner Größe noch in seinem histologischen Bild vom normalen Organ abweicht, verfallen die Samenkanälchen beim Erwachsenen mehr und mehr der Atrophie, das heißt, die innere Sekretion des Hodens bleibt wohl ungestört, aber die äußere Sekretion, die Spermatogenese, versiegt oder kommt überhaupt nicht zur Entwicklung. Dementsprechend sind beidseitig kryptorche Individuen wohl in bezug auf äußere Geschlechtsmerkmale und Potentia coeundi normal, sie sind aber infolge Azoospermie steril. Was die möglichen Ursachen dieser Erscheinung anlangt, so scheint in den letzten Jahren die Ansicht an Boden zu gewinnen, daß die gegenüber dem Skrotum um einige Grade höhere Temperatur von Leistenkanal und Abdomen mit einer normalen Spermiogenese unvereinbar sei. Hitzeeinwirkung auf den Hoden bringt die Spermatogenese bald zum Stillstand und weiterhin ist tierexperimentell festgestellt, daß ein aus dem Skrotum operativ ins Abdomen verlagerter Hoden seine Spermiogenese einstellt, sie aber einige Monate nach Rückverlagerung ins Skrotum wieder in normaler Weise aufnehmen kann. Leider zeitigt allerdings das operative Herabholen kryptorcher Hoden den gewünschten Erfolg nur in etwa der Hälfte der Fälle, und trotz richtiger Lagerung im Skrotum verfallen die Testikel der Atrophie. Offenbar sind diese Organe von vornherein minderwertig und auch im normalen Milieu der vollen Ausreifung nicht fähig.

Ueberblickt man das Schrifttum über den Kryptorchismus, so nimmt in den letzten Jahren die Hormontherapie den breitesten Raum ein. Es gibt begeisterte Anhänger, es fehlt aber auch nicht an skeptischen, ja vereinzelten ablehnenden Stimmen. Im allgemeinen werden zweimal wö-

chentlich 500 RE. eines HVL.-Präparates intramuskulär ge-
spritzt, wie Präphyson, Pregnyl, Prolan, Antuitrin. Die gesamte Hormonmenge beläuft sich auf 1500 bis 4000 Ein-
heiten. Vereinzelt wird die Kombination mit Testispräpa-
raten besonders gelobt. Wenn man den Berichten des Schrifttums glauben darf, so ist mit einem Erfolg in etwa 60%
der Fälle zu rechnen. Es sei freilich nicht geleugnet,
daß vielleicht in dem einen oder anderen Fall auch ohne
Hormontherapie mit Einbrechen der Pubertät ein Spontan-
abstieg der hochstehenden Hoden erfolgt wäre. Daß dies
möglich ist, ist lange bekannt und durch Reihenuntersuchungen in der HJ neuerdings bestätigt. Immerhin scheinen
die ja im ganzen genommen jungen Erfahrungen der Hormontherapie ermutigend genug, vor Durchführung der Operation im Alter von 10 bis 14 Jahren eine Injektionsbehand-
lung zu versuchen. Es bleibt noch die Frage offen, ob es
überhaupt erwünscht ist, die Fortpflanzungsfähigkeit kryptorcher Individuen zu fördern. Denn nicht nur, wie eingangs
erwähnt, theoretische Erwägungen, sondern auch praktische Erfahrungen sprechen für eine gewisse Erbbedingt-
heit dieser Anomalie. Aber abgesehen davon, daß spezielle
erbbiologische Untersuchungen bisher keine eindeutigen Resultate erbracht haben, zeigen die kryptorchen Individuen
wohl vermehrte körperliche Degenerationsstigmen, sind
aber in der intellektuellen, vor allem auch in der sozialen
Sphäre dem Normalen im allgemeinen als völlig gleich-
wertig zu betrachten.

Im Schrifttum der letzten Jahre nimmt der Kryptorchismus einen wesentlichen Sektor unseres Stoffes ein,
man kann sagen, er steht im Mittelpunkt des Interesses.
Dies ist der Grund, daß ich diesem Kapitel einen so wesentlichen Raum zuerkannt habe.

Wir wenden uns nunmehr den neoplastischen und
entzündlichen Erkrankungen des Hodens zu. Vorerst möchte
ich mir aber erlauben, Ihnen zur Erleichterung der Diagnostik einige kleine anatomische Details wieder in Erinnerung zu rufen. Eine der wichtigsten diagnostischen Feststellungen ist nämlich die, ob ein pathologischer Prozeß
vom Hoden selbst oder vom Nebenhoden seinen Ausgang
nimmt. Jede Erkrankung, des Hodens selbst wie des Nebenhodens, äußert sich durch eine Vergrößerung und Verhärtung des befallenen Teiles. Ein Uebergreifen auf den anderen Teil findet selten und immer erst in einem relativ
späten Stadium der Erkrankung statt. Am normalen Organ
läßt sich durch die Palpation der eigentliche Hoden und
der Nebenhoden halbwegs trennen. Der Nebenhoden ist mit
seinem breiteren Kopf dem oberen Pol, mit seinem schmä-
leren Schwanzteil dem unteren Pol des Hodens an dessen

hinteren Rand angelagert. Vom Schwanz zieht der als
derber Strang deutlich palpable Ductus deferens gegen den
Leistenkanal. Sitzt der Prozeß im Nebenhoden, so läßt sich
diese derbe Resistenz recht leicht vom eigentlichen, nicht
vergrößerten und normalkonsistenten Hoden abgrenzen. Sie
ist eher knotenförmig, wenn nur der Kopf oder Schwanzteil
befallen, sie fühlt sich wurstförmig an, wenn die Epididymis
in toto ergriffen ist. Wenn umgekehrt der Hoden selbst
das primär befallene Organ ist, so ist dieser gleichmäßig
vergrößert, hart, wogegen vom Nebenhoden nicht viel zu
tasten ist. Diese palpatorische Unterscheidung gelingt immer, es sei denn, daß die ganzen Verhältnisse durch Vorliegen einer Hydrocele verwischt werden, welche bei entsprechender Größe den Hoden und Nebenhoden in der
Tiefe der Flüssigkeitsansammlung jeder Palpation entzieht.
Zumeist ist ja der Wasserbruch ein harmloses Leiden,
das höchstens durch die Größe und Schwere des veränderten Organs Beschwerden verursacht. Ist jedoch eine
Hydrocele rasch gewachsen oder bestehen gleichzeitig
Schmerzen, so wird man vermuten müssen, daß nicht die
harmlose idiopathische, sondern eine symptomatische Hydrocele vorliegt, welche nur die Begleiterscheinung eines sich in der Tiefe abspielenden entzündlichen oder neoplastischen Prozesses darstellt. In solchen
Fällen ist die Punktion unbedingt zu empfehlen, denn nach
Entleerung der Flüssigkeit kann die Palpation über die
Verhältnisse an Hoden und Nebenhoden Aufklärung schaffen. Im allgemeinen kann man nun sagen, daß pathologische
Prozesse im Hoden selbst als Neoplasma, im Nebenhoden
jedoch als unspezifische oder spezifische Entzündung zu
werten sind. Denn die Orchitiden, die noch am ehesten
hämatogen-metastatisch nach Grippe und besonders Mumps
vorkommen, sind Ausnahmen und ebenso selten wie Fi-
brome, Myome oder maligne Tumoren des Nebenhodens.
Sie spielen gegenüber den Hodentumoren bzw. den Epididymitiden zahlenmäßig keine Rolle.

Ueber die verschiedenen Arten der Hodentumoren hat Dozent Homma schon Bericht erstattet. Klinisch ist es wohl nie möglich, Schlüsse auf die histologische Struktur der Geschwulst und ihren Charakter zu
ziehen. Erst der Verlauf und das Aufschießen von Tochter-
geschwülsten verrät die Malignität eines solchen Tumors.
In jüngeren Jahren wurde festgestellt, daß viele Träger
von Hodentumoren in ihrem Harn oft große Quantitäten
von HVL.-Hormon ausscheiden und somit, ähnlich wie die
Schwangeren, eine positive Aschheim-Zondeksche Reaktion
aufweisen. Auch diese erlaubt jedoch keinen sicheren Rück-
schluß auf Art und Charakter der Geschwulst, sondern hat

höchstens einen gewissen prognostischen Wert n a c h der Entfernung der Geschwulst. Bleibt diese Reaktion auch nach durchgeführter Semikastration weiterhin positiv, so spricht dies für das Vorhandensein weiteren Geschwulstmaterials im Körper, somit für die bereits erfolgte Aussaat von Metastasen. Durch diese Schwierigkeit, den Charakter eines Hodentumors festzustellen, ist für j e d e Hodenneubildung die absolute Indikation zur operativen Entfernung gegeben. Denn ist es einmal zur Aussaat von Metastasen gekommen, so ist dies für den Träger gleichbedeutend mit einem Todesurteil, das sich nach längstens einem Jahr erfüllt. Gewiß, einzelne metastatische Drüsenpakete sprechen auf Röntgen wohl oft besonders gut an, die Geschwülste „schmelzen wie der Schnee in der Sonne". Aber die vollkommene Durchseuchung des Körpers mit Metastasen und die letale Kachexie lassen sich nicht aufhalten.

Die häufigste Erkrankung des männlichen Genitalapparates ist die E p i d i d y m i t i s. Wir unterscheiden die u n s p e z i f i s c h e, durch Staphylokokken, Streptokokken, auch Colibazillen hervorgerufene, die s p e z i f i s c h -g o n o r r h o i s c h e und die s p e z i f i s c h - t u b e r k u l ö s e Nebenhodenentzündung. Klinisch wie pathologisch-anatomisch ist eine Unterscheidung der gonorrhoischen von der unspezifischen Epididymitis nicht zu treffen. Die Infektion des Nebenhodens erfolgt auf dem Wege des Ductus deferens, also kanalikulär ascendierend. Strikturen der Harnröhre, Traumen in Form forcierten oder wiederholten Katheterismus begünstigen ihre Entstehung sehr wesentlich. Da gelegentlich aber Epididymitiden auch bei steriler Harnröhre vorkommen, ist auch die hämatogen-metastatische Genese als Infektionsmodus anzuerkennen. Bekannt ist die außerordentliche Schmerzhaftigkeit der akuten Epididymitis, die oft starke entzündliche Mitbeteiligung der Hodenhüllen und sogar der Skrotalhaut. Aber trotz des oft foudroyanten Beginnes klingen die Erscheinungen unter konservativer Therapie meist rasch ab und nur äußerst selten wird durch die eitrige Einschmelzung eine operative Eröffnung des entstandenen Abszesses notwendig werden.

Anders die tuberkulöse Epididymitis. Ihre Heilung unter konservativen Methoden ist ungleich seltener. Am günstigsten wirkt noch eine lang dauernde Rubrophenkur (6 Tabletten täglich bis 3 Monate hindurch). Meist kommt es zum Uebergreifen des Prozesses auf die Nachbarschaft und zur Ausbildung lang dauernder und lästiger Fisteln. Da auch die Röntgenbestrahlung keine übermäßig befriedigenden Resultate aufweist, bleibt bei der tuberkulösen Epididymitis die operative Entfernung des erkrankten Organs noch am meisten zu empfehlen. Die Epididymektomie be-

steht darin, daß der Nebenhoden isoliert, an seiner Ver-
wachsungsstelle mit dem Hoden von diesem scharf abge-
trennt und zusammen mit dem Anfangsteil des Ductus deferens entfernt wird. Die einzige Schwierigkeit ist, bei der
innigen topographischen Beziehung, die Erhaltung der ernährenden Hodengefäße. Gelingt diese nicht, so muß die
Semikastration ausgeführt werden, die für den Kranken
aus innersekretorischen, aber auch psychischen Gründen
den ungleich größeren Eingriff darstellt. Die Erfolge der
Epididymektomie sind im allgemeinen günstig, wenn auch
ein neu aufflackernder oder weiterglimmender anderer tuberkulöser Herd im anderen Nebenhoden, in Prostata, Samenblase oder in den Harnwegen den Operationserfolg nicht
selten beeinträchtigt. Grundbedingung für den Erfolg aber
bleibt die frühzeitige Operation. Leider ist die Diagnose bei
der Tuberkulose gelegentlich außerordentlich schwierig. Die
tuberkulöse Epididymitis kann akut beginnen und völlig das
klinische Bild der unspezifischen Entzündung kopieren. Es
kann anderseits die unspezifische Entzündung langsam und
indolent verlaufen, ja selbst die sonst für die Tuberkulose
als charakteristisch angegebene rosenkranzartige, knotige
Verdickung des Ductus deferens nachahmen. Nach H e r b s t
soll hier die sich über 7 Tage erstreckende Untersuchung
des 24-Stunden-Harnes durch Löwenstein-Kultur eine Entscheidung bringen können.

Allen Formen der Epididymitis ist gemeinsam, daß sie
durch Zerstörung der feinen ableitenden Kanälchen den
Uebertritt der Spermien in den Ductus deferens unmöglich
machen können. Dies bedeutet bei Doppelseitigkeit des Prozesses Sterilität. Hier hat die urologische Chirurgie in den
letzten Jahren recht schöne Erfolge aufzuweisen. Erfahrungsgemäß sitzt bei der Mehrzahl der Fälle das Abflußhindernis in der Gegend des Nebenhodenschwanzes, während der Nebenhodenkopf meist ungestört bleibt. Die Kanälchen des Kopfes werden aber bei einem tiefer gelegenen
Abflußhindernis stark gedehnt und ausgeweitet. Macht man
in den Nebenhodenkopf einen tieferen Schnitt und anasto-
mosiert ihn Seit-zu-Seit mit dem Ductus deferens, so besteht
die Wahrscheinlichkeit, daß man eine größere Anzahl der
mikroskopischen Nebenhodenkanälchen eröffnet hat und
deren unter Druck stehende Inhalt in den Ductus deferens
übertreten kann. Diese Methode muß ungleich bessere Resultate geben als die früher geübte Neueinpflanzung des Ductus deferens in den Hoden selbst. Im Hoden selbst können
höchstens einzelne wenige Samenkanälchen getroffen werden, in den Nebenhodenkanälchen aber fließt das Sekret
des ganzen Hodens, vor allem scheint nach neueren Untersuchungen die Beweglichkeit und Befruchtungsfähigkeit der

Spermien an deren Passage durch den Nebenhoden gebunden zu sein. Tatsächlich konnte der Autor der neuen Methode, der Amerikaner H a g n e r, bereits 1937 über 21 Heilungen mit 16 Kindern von 65 so operierten Patienten berichten.

Meine Herren! Ich habe versucht, Ihnen einen kurzen Ueberblick über die Erkrankungen des Hodens zu bringen. Ich bin mir bewußt, daß ich ein mangelhaftes und vor allem einseitiges Bild aus dem übergroßen zur Verfügung stehenden Stoff geformt habe. Aber ich bin Urologe und in erster Linie C h i r u r g. Es bedingt dies zwangsläufig eine sicher einseitige persönliche Einstellung zu allen Problemen. Und damit bitte ich alle unter Ihnen um Entschuldigung, die unseren großen Stoff vielleicht gerne etwas lebhafter von einem anderen Blickfeld, etwa dem des Venerologen, her beleuchtet gesehen hätten.

Die Krankheiten des Penis

Von

Dozent Dr. **E. Maier**

Wien

Zu den Erkrankungen des Penis gehören vor allem
die große Gruppe der venerischen Erkrankungen, die angeborenen Veränderungen des Penis, wie die Phimose, ferner entzündliche nichtvenerische Affektionen, von denen
die Balanitis und der Herpes genitalis besonders häufig
beobachtet werden. Zu den selteneren Krankheitsbildern
des Penis zählen die Induratio penis plastica, die Präkanzerosen und das Karzinom. Wir wollen uns in unserem
heutigen Vortrag nicht mit den häufig auftretenden Krankheiten befassen, sondern mit den zuletzt erwähnten selteneren krankhaften Veränderungen des Penis. Diese sind
dem praktischen Arzt weniger geläufig, ihre Diagnose ist
oft schwierig, insbesondere beim Karzinom und bei den
Präkanzerosen, welche manchmal nicht leicht von den venerischen und entzündlichen Erkrankungen zu unterscheiden
sind. Bei der Induratio penis plastica und beim Karzinom
führt insbesondere die Radiumtherapie zu beachtenswerten
Heilerfolgen. Es erscheint daher von Interesse, wenn ich
Ihnen heute über die Behandlung dieser Erkrankungen
berichte.

Das Krankheitsbild der Induratio penis plastica ist
durch eine tastbare Veränderung des Bindegewebes, zumeist der Tunica albuginea der Schwellkörper, seltener
des Bindegewebes zwischen den Schwellkörpern charakte-

risiert. Die restlos gutartige Erkrankung ist genau 200 Jahre
bekannt. François d e l a P e y r o n i e hat sie 1743 zum
erstenmal beschrieben. In Deutschland finden sich erst
seit der letzten Jahrhundertwende öfters Angaben über
die Erkrankung.

Ueber die Ursache der Induratio penis plastica ist
trotz der zahlreichen Veröffentlichungen nichts Sicheres
bekannt. Abgesehen von der P e y r o n i e schen Meinung,
daß geschlechtlicher Abusus die Ursache des Leidens dar-
stelle, sind in den letzten 200 Jahren alle möglichen ätiologischen Momente herangezogen worden. Sicherlich ist
P e y r o n i e s Meinung ebenso unrichtig wie die Vermutung, daß venerische Affektionen als Ursache des Leidens
in Betracht kommen. Umstritten sind auch die Annahmen
kleiner zahlreicher Traumen, da starke Traumen sicherlich
ätiologisch auszuschließen sind. In letzter Zeit nimmt man
Störungen im Stoffwechsel als Ursache des Leidens an
und sucht in der gelegentlich beobachteten Vergesellschaf-
tung der Penisinduration mit Dupuytrenscher Kontraktur und mit Keloiden eine gemeinsame Aetiologie der drei
histologisch ähnlichen Bindegewebserkrankungen festzulegen.

Wie schon kurz erwähnt, stellt die Induratio penis plastica eine seltene Erkrankung dar, wenn man der Literatur Glauben schenkt. Sie pflegt durchschnittlich im 6. Dezennium aufzutreten, kann aber gelegentlich auch schon
bei Zwanzigjährigen und bei Greisen über 70 Jahren beobachtet werden. Der Beruf scheint keine wesentliche Rolle
zu spielen, da nach der Literatur sowohl sitzende Berufe,
wie Beamte, als auch manuelle Arbeiter und Bauern ziemlich gleichmäßig befallen erscheinen.

Anamnestisch ist die Erkrankung den Patienten gewöhnlich nur kurze Zeit bekannt und zumeist durch geringe
Schmerzen während der Erektion zufällig entdeckt worden. Von vorausgegangenen Erkrankungen werden sehr
selten Lues und Gonorrhoe angeführt. So konnten bei
90 Erkrankten, welche an der Sonderabteilung für Strahlentherapie im Wiener städtischen Krankenhaus Lainz beobachtet wurden, nur einmal eine Lues latens festgestellt
werden, trotzdem alle Fälle serologisch untersucht wurden. Gonorrhoe wurde 8mal erhoben, wobei die Infektion
immer viele Jahre zurücklag und als ausgeheilt zu betrachten war. Bei 5 Kranken wurde gleichzeitig eine Dupuy-
trensche Kontraktur, bei einem gleichzeitig ein Keloid der
Haut neben der Induratio penis plastica gefunden.

Wie schon einleitend erwähnt, ist der hauptsächlichste
Sitz der Erkrankung die Tunica albuginea des Penis. Es
kann jedoch auch das Bindegewebe zwischen den

Schwellkörpern, selten auch das Bindegewebe dieser selbst
und auch das der großen Gefäße am Dorsum penis befallen sein. Sehr selten ist das Corpus cavernosum urethrae
erkrankt. Die Form der Induration ist zumeist die einer
mehr oder minder flachen Platte von der Größe einer
Erbse bis zu der eines Pfennigstückes. Auch strangförmige
Knoten von beträchtlicher Länge kommen gelegentlich zur
Beobachtung. Zumeist sind die Knoten in der Einzahl,
manchmal in der Mehrzahl vorhanden. Die Indurations-
herde finden sich ungefähr gleich häufig in der Pars pen-
dula wie an der Wurzel des Penis. Die Gliedinduration verändert niemals die Haut und das lose darunter gelegene
Bindegewebe, so daß die Haut des Gliedes im Ruhezustand
frei über den Knoten verschieblich ist. Auch das äußere
Relief des Penis ist in diesem Zustand nicht verändert.
Erst bei der Erektion tritt eine mehr oder minder starke
Verkrümmung nach einer Seite auf, welche in seltenen
Fällen so weitgehend ist, daß ein Geschlechtsverkehr unmöglich wird. Wie schon kurz erwähnt, kann der Indu-
rationsherd deutlich durchgetastet werden. Die Konsistenz
ist nicht immer gleich. Manche Knoten sind verhältnismäßig weich, in der Regel pflegen sie knorpelhart, ja
sogar von knöcherner Härte zu sein.

Histologisch zeigen die Indurationen ein zumeist kern-
armes Bindegewebe mit reichlich kollagenen Fasern. Selten
wurde echter Knorpel, ja auch Knochen in den Krankheits-
herden gefunden. Manchmal zeigen die Indurationen Ver-
kalkungen.

Es ist begreiflich, daß die Kranken wegen des Leidens frühzeitig den Arzt aufsuchen, zumal die Verkrüm-
mungen und geringen Schmerzen bei der Erektion psychische
Depressionen herbeiführen. Therapeutisch wurden im Laufe
der Zeit alle möglichen Versuche unternommen, ohne daß
wesentliche Erfolge zu erzielen gewesen wären. Abgesehen
von lokalen Behandlungen, wie Wärmeapplikationen, Mas-
sagen, resorbierenden Salben, wurden in früherer Zeit häufig Roborantien verordnet. Auch chirurgisch wurde versucht, durch Entfernung der Knoten einen Erfolg herbeizuführen. Alle diese Versuche brachten nicht die erhofften
Erfolge. Später wurden die antiluetische Behandlung und
Fibrolysininjektionstherapie angewendet, welche ebenfalls
keine besondere Begeisterung hervorrufen konnte. Erst mit
der von Dreyer 1913 versuchten Radiumbehandlung wurden beachtenswerte Erfolge erzielt. In Wien war es das
Verdienst der Schule Riehls, insbesondere Kummers
und Fuhs', die Radiumtherapie zur Methode der Wahl
gemacht zu haben. Auf Grund der bisherigen Veröffentlichungen ist festzustellen, daß mit der Röntgenbestrahlung

keine annähernd gleichwertigen Erfolge erzielt werden konnten.

Die Radiumbestrahlung pflegt in Form des Auflegens von Plattenträgern durchgeführt zu werden. An der Sonderabteilung für Strahlentherapie im Lainzer Krankenhaus wird die Behandlung unter Anwendung der γ-Strahlen in Form der Moulagenbehandlung durchgeführt. Die Moulagen bestehen aus einer Wachs-Paraffin-Holzpulvermasse, welche bei rund 50⁰ erweicht und der Körperoberfläche anmodelliert werden kann. Bei der Induratio penis plastica wird ein zylindrisches Rohr um den Penis modelliert, welches in der Mitte gespalten wird, so daß zwei annähernd symmetrische Hälften entstehen. Die Radiumträger werden an der der Hautoberfläche abgewandten Seite der Moulage gleichmäßig verteilt, so daß die Intensität sowohl an der Oberfläche als auch in der Tiefe möglichst homogen ist. Die Gesamtdauer der Bestrahlung beträgt im Durchschnitt 40 bis 60 Stunden, die Dosis im Durchschnitt an der Oberfläche und Tiefe etwa 2800 r. Sie liegt daher knapp unter der Erythemgrenze.

Von 78 Fällen, welche im Wiener städtischen Krankenhaus Lainz auf diese Art in den Jahren 1932 bis 1940 behandelt wurden, konnten 29 Kranke, d. i. rund 38%, völlig symptomfrei gemacht werden. Wesentlich gebessert wurden 41 Kranke, d. s. 52%. Ungebessert blieben 8 Kranke, rund 10%. Die Erfolge der Radiumbehandlung sind daher als gute zu bezeichnen, sie können mit keiner anderen Behandlungsart in gleich günstiger Weise erzielt werden.

Wie schon einleitend erwähnt, sollen neben der Induratio penis plastica einige Erkrankungen des Gliedes besprochen werden, welche vom Oberflächenepithel ihren Ausgangspunkt nehmen. Hierzu zählen vor allem das Carcinoma penis und einige Präkanzerosen. Eigentümlich ist diesen Erkrankungen, daß sie gelegentlich Veranlassung geben zu Verwechslungen untereinander sowie auch mit luetischen Erkrankungen. Faßt man die Vorstadien des Karzinoms als Präkanzerosen zusammen, so zeigt sich, daß diesen Krankheitsformen histologisch eine Veränderung des Oberflächenepithels zugrunde liegt. Klinisch sind einige Formen, wie die Leukoplakien im Inneren des Vorhautsackes, sehr leicht zu erkennen. Die Leukoplakien sind grellweiße, zumeist derbe knopf- bis plattenförmige Veränderungen des Oberflächenepithels, welche scharf begrenzt scheinen. Sie kommen gewöhnlich erst im höheren Alter zur Beobachtung, manchmal im Anschluß an entzündliche Veränderungen. Die Therapie der Wahl dieser typischen Präkanzerose ist die Elektrokoagulation. Die Radiumnachbestrahlung emp-

fiehlt sich dann, wenn die Probeexzision bereits Uebergänge zum echten Plattenepithelkrebs zeigt.

Eine andere seltene Präkanzerose der Innenseite des
Vorhautsackes und des Caput penis stellt die Erythroplasie dar. Diese Veränderung ist durch die intensiv rote Verfärbung eines nicht oder wenig erhabenen, scharf begrenzten Fleckes charakterisiert. Die Oberfläche der Erythroplasie ist oft lackartig, oft samtartig, leicht blutend. Histologisch zeigt das Oberflächenepithel zum Teil infiltrieren-
des, zum Teil nichtinfiltrierendes Wachstum. Eine dünne
Epithelschicht ohne Stratum granulosum und corneum —
daher die rote Farbe — zeichnet die pigmentlose Präkanzerose aus. Die Erythroplasie tritt gewöhnlich im
Greisenalter auf und führt im Laufe der Jahre immer
zum Krebs. Die Bestrahlung allein führt nicht zum vollen
Erfolg. Auch hier ist die Elektrokoagulation die Behandlungsmethode der Wahl.

Derselben Behandlungsmethode, der Elektrokoagulation, unterzieht man mit bestem Erfolg die seltenen Cor-
nua cutanae, welche zumeist im Sulcus glandis auftreten.
Hier muß stets die Probeexzision der Basis vorgenommen
werden, da nicht selten hinter der harmlosen Veränderung bereits eine maligne Umwandlung vorliegt.

Außer diesen etwas häufigeren Präkanzerosen kommen noch die spitzen Kondylome, die Balanitis xerotica
obliterans, die Kraurosis und auch Narben in Betracht,
von welchen ein Krebs seinen Ausgang nehmen kann. Die
Condylomata acuminata, auch Feuchtwarzen genannt, werden heute als typische Infektionskrankheit angesehen, deren
Erreger ein Virus darstellt. Verdächtig auf maligne Degeneration sind stets spitze Kondylome, die üppig wachsen
oder eine Infiltration gegen die Tiefe bei geringem Ober-
flächenwachstum aufweisen. Jene Kondylomformen hingegen, welche bei bestehenden Phimosen an der Dorsalseite
des Penis durch die Vorhaut durchbrechen und aus der
Oeffnung hervorwachsen, sind als durchaus gutartig anzusprechen und wandeln sich niemals in Karzinome um.
Gerade bei den Condylomata acuminata ist histologisch
der Uebergang von gutartigen Formen zum Krebs oft sehr
schwierig festzustellen, da im histologischen Präparat nicht
immer sichere Anhaltspunkte für die Malignität zu gewinnen sind.

Bisher wurde eine Reihe von Präkanzerosen, welche
ein Peniskarzinom auslösen können, besprochen. Der Glied-
krebs kann aber auch auf völlig unverändertem Boden sich
entwickeln, wenn auch dieses Ereignis verhältnismäßig seltener vorkommt. Das Carcinoma penis beginnt gewöhnlich
in Form einer plattenartigen Verhärtung von roter Farbe

und glatter Oberfläche. Die rote Farbe ist durch die Veränderung des Oberflächenepithels bedingt, welches die Blutkapillaren durchscheinen läßt. Manchmal entwickelt sich das Karzinom in Form einer Warze. Es tritt gewöhnlich zwischen dem 40. und 60. Lebensjahr auf, kann aber unter Umständen auch schon in jungen Jahren beobachtet werden. Was die Häufigkeit der Erkrankung betrifft, so ergeben sich für Wien wesentliche Unterschiede gegenüber der Weltliteratur. In dieser werden 2 bis 5% aller männlichen Krebserkrankungen als Peniskarzinome angeführt. In Wien konnten unter 6743 männlichen Krebszugängen, welche vom 1. April 1939 bis 1. April 1942 gemeldet wurden, nur 38 Peniskrebse festgestellt werden, d. s. rund 0·6%.

Anamnestisch findet man in rund 80% der Fälle die Angabe einer lange Zeit bestandenen oder noch bestehenden Phimose. Sicher ist, daß das Peniskarzinom äußerst selten bei in früher Jugend Beschnittenen beobachtet wird. Demnach ist der Phimose ätiologisch eine besondere Bedeutung zuzumessen. Lues spielt scheinbar, trotz gegenteiliger Veröffentlichungen, weder in der Anamnese noch bei den serologischen Untersuchungen eine Rolle. So konnten an der Sonderabteilung für Strahlentherapie in Lainz unter 26 Peniskarzinomen in den Jahren 1931 bis 1936 nur zweimal ein positiver serologischer Befund erhoben werden (rund 8%). Diabetes mit schweren rezidivierenden Balanitiden wurde einmal beobachtet. Häufig entwickelt sich das Karzinom, wie schon erwähnt, aus einer Präkanzerose. Das Peniskarzinom ist so gut wie immer ein Pflasterepithelkrebs mit oder ohne Verhornung. Der Sitz der Erkrankung ist fast ausnahmslos an den inneren Wänden des Präputialsackes und dem Kopf gelegen, wobei das innere Vorhautblatt sowie der Sulcus glandis weniger oft befallen scheint als das Caput penis. Bei bestehender Phimose kann der Vorhautsack in eine oft mächtige derbe Platte umgewandelt oder von blumenkohlartigen, geschwürig zerfallenden, stark sezernierenden Knollen erfüllt sein. Sekundäre Infektionen mit Neigung zu Gangränen und großen ausgedehnten Eitergängen im Schaft des Gliedes kann man nicht ganz selten beobachten. Die Diagnose wird bei freiliegendem Kopf des Gliedes in der Regel keine besonderen Schwierigkeiten verursachen. Schwierigkeiten bestehen nur dann, wenn eine Phimose vorliegt, die Verhärtung im Präputialsack getastet wird, aber andere Krankheiten als Ursache angenommen werden. In solchen Fällen muß unter allen Umständen die Spaltung der Phimose oder die Abtragung des Präputiums vorgenommen werden, da nur auf diese Weise ein Einblick in die Veränderung gewonnen werden kann. Es empfiehlt sich überhaupt in allen Fällen, wo irgend eine

Unklarheit über die Art der Peniserkrankung besteht und
an ein Karzinom gedacht wird, die Probeexzision vorzunehmen.

Wenn auch die Lymphknoten beim Peniskarzinom nur
in rund 20% der Fälle befallen erscheinen, ist es geboten,
in jedem Falle eine exakte Untersuchung derselben durchzuführen. Es empfiehlt sich, dazu beim liegenden Kranken
die Knie beugen zu lassen, da auf diese Weise die Leisten-
gegend am meisten entspannt wird. Entscheidend ist dabei die Härte der Lymphknoten sowie ihre Art der Ver-
backung mit der Umgebung. Da sehr häufig schwere entzündliche Veränderungen neben dem Neoplasma bestehen,
ist es nicht leicht, eine sichere Entscheidung zu treffen.
In Fällen, welche den Verdacht auf Metastasen nahelegen,
müssen die Lymphknoten operativ en bloc entfernt werden. Die histologische Untersuchung ergibt dann die Möglichkeit, die weitere Behandlung dementsprechend einzuleiten.

Bis vor wenigen Jahren war die operative Abtragung
des gesamten Gliedes die einzig mögliche Behandlungsart.
Wenn auch die Dauererfolge bei dieser Behandlung sehr
gute waren, so wurde der Erfolg nicht wenig durch die
nachfolgenden psychischen Störungen, welche im Anschluß
an den Eingriff zu schweren Depressionen und sogar zum
Selbstmord führten, eingeschränkt. Die Erfolge der Röntgenbestrahlung erwiesen sich als unzureichend. Erst mit
Hilfe der Radiumtherapie konnten entsprechende Erfolge
erzielt werden. Diese Behandlungsart ist heute die Methode
der Wahl, nur im Falle ihres Versagens ist die Amputatio
penis noch zu rechtfertigen. Die Durchführung der Radiumbehandlung ist allerdings nicht ganz einfach, sie erfordert
große Erfahrung in der Dosierung. Deshalb empfiehlt es
sich, jede solche Penismoulage vor der Krebsbehandlung
zunächst an verschiedenen Punkten mit Hilfe kleiner Ioni-
sationskammern nachzumessen, soll es nicht zu unlieb-
samen Ueberraschungen durch Ueberdosierung an einzelnen
Stellen kommen. Die Penismoulage wird aus den schon
besprochenen Wachs-Paraffinplatten von 10 mm Dicke hergestellt. Auch sie wird vorteilhafterweise aus zwei Stücken
zusammengesetzt, ähnlich jenen, wie sie bei der Induratio
penis plastica zur Anwendung kommen. Es ist aber notwendig, daß die Moulage beim Peniskarzinom an der Spitze
mit einem entsprechenden Deckel versehen ist, der auch
hier eine entsprechende Einlage von Radiumträgern gestattet. Die Dosierung wird so gewählt, daß an dem Be-
strahlungsfeld durchschnittlich eine Intensität von rund
1·5 r/min. zur Anwendung gelangt. Die Dosis erreicht im
Durchschnitt 6000 bis 7000 r, wobei tägliche Bestrahlungs-

zeiten von etwa 8 Stunden verwendet werden. Die Gesamt-
bestrahlungsdauer beträgt zwischen 70 und 80 Stunden. Diese
standardisierte Behandlungsmethode erfordert bei starken
entzündlichen Vorgängen sowie bei besonders gelagerten
Fällen wesentliche Abweichungen. Die Nachbehandlung
nach beendeter Bestrahlung besteht in täglichen mehrmali-
gen Gliedbädern mit Kamillentee und Salbenverbänden mit
reizlosen Salben. Die völlige Epithelisierung erfolgt durchschnittlich nach ungefähr 2 Monaten. Lymphknotenmetastasen werden, wie schon erwähnt, zunächst chirurgisch
entfernt und eine Radiumdistanzbehandlung angeschlossen.

Die Erfolge der Radiumtherapie des Peniskarzinoms
am Wiener städtischen Krankenhaus Lainz ergeben sich
aus folgender Tabelle:

Tabelle

Heilungsziffern

Zahl der beobachteten Fälle	Zahl der mit Moulage be-handelten Fälle	5 und mehr Jahre sym-ptomfrei	Heilungsziffern	
			absolut	relativ
26	21	15* (11)	58% (42%)	71·5% (52%)

In den Jahren 1931 bis 1936 kamen insgesamt 26 Peniskarzinome zur Beobachtung. Das Neoplasma hatte bei
19 Kranken den Peniskopf, 7mal das Präputium und den
Sulcus glandis befallen. 1 Kranker kam wegen Lymphknotenmetastasen zur Nachbestrahlung, nachdem vorher bereits die Penisamputation anderwärts durchgeführt worden
war. 4 weitere Kranke konnten nicht mehr lokal behandelt
werden, da sie die Behandlung verweigerten (2), oder durch
vorausgegangene Radiumbehandlungen andernorts für eine
Radiummoulagenbehandlung ungeeignet waren (2). Von den
verbleibenden 21 Fällen, bei welchen die Radiummoulagenbehandlung begonnen werden konnte, mußte bei 5 Kranken
trotzdem später die Ablatio durchgeführt werden, davon
zweimal wegen der auftretenden Sepsis während der Bestrahlung, da in diesen Fällen durch das Neoplasma tief-
greifende nekrotisierende Abszesse im Peniskörper bestanden, welche durch die Behandlung zur Sepsis führten.
In den anderen Fällen kam es nach durchschnittlich
mehreren Monaten zum Rezidiv. Trotz dieser schweren
Zwischenfälle haben von diesen Kranken 3 durch 5 und

---

* Zwei Kranke, welche nach der Penisamputation erfolgreich nachbestrahlt wurden, sind unter den Dauergeheilten mit-
gezählt.

mehr Jahre symptomfrei gelebt, davon die beiden Kranken mit dem lokalen Rezidiv und 1 Kranker mit dem septischen Prozeß. Bei 7 von den 26 Kranken mußte nach der Radiumbehandlung wegen der Verengung des Präputiums später eine Zirkumzision vorgenommen werden.

Von den 26 Kranken konnten mit Hilfe der Radiumbestrahlung allein 11 durch 5 bis 10 Jahre symptomfrei gemacht werden, d. s. rund 42%. Die relative Heilungsziffer bei den 21 mit Radiummoulage behandelten Kranken ergibt demnach 52% Dauerheilungen. Mit Hilfe der Radiumbestrahlungen und der nachfolgenden Penisamputation konnten 15 Kranke 5 bis 10 Jahre symptomfrei gemacht werden, demnach rund 58%. Beachtet man die Todesursachen, so ist es auffällig, daß 7 von den 11 Verstorbenen an Lymphknotenmetastasen starben.

Es ergibt sich daher aus der Zusammenstellung, daß die Radiumbehandlung des Peniskarzinoms in der entsprechenden Weise durchgeführt, sehr günstige Dauerheilungen verspricht und daher stets anzuwenden ist. Selbst im Falle des Versagens der Behandlung, wie sie früher mitgeteilt wurde, kann die Amputatio penis gefahrlos durchgeführt werden.

Zuletzt sei noch darauf hingewiesen, daß alle Krebskranken und Krebsverdächtigen einer dauernden Kontrolle unterzogen werden müssen. Durch diese Maßnahme können später auftretende Rezidive und Metastasen frühzeitig erfaßt und einer neuerlichen Behandlung zugeführt werden. Diese Kontrollen werden im Lainzer Radiuminstitut bei allen Präkanzerosen und Karzinomen, daher auch bei den Peniserkrankungen durchgeführt und haben zu den aufgezeigten Erfolgen beigetragen.

Ich glaube, Ihnen mit den Ausführungen zunächst ein Bild über einige seltene Erkrankungen des Penis gegeben und des weiteren gezeigt zu haben, daß die Radiumtherapie bei einigen Erkrankungen des Gliedes einen unersetzbaren Heilfaktor darstellt, der mit keiner anderen Behandlungsmethode erreicht werden kann.

Der Krebs des Mannes

Von

Professor Dr. W. Denk

Wien

Wenn in einem Vortragszyklus über die Biologie und
Pathologie des Mannes der Krebs des Mannes besprochen
werden soll, so könnte man dies von drei Gesichtspunkten
aus tun: Man könnte, allerdings nur ganz kursorisch, über
alle Krebsvorkommen beim Mann reden, oder über die geschlechtsgebundenen Karzinomlokalisationen, also das Penis-,
Hoden-, Prostata- und Samenblasenkarzinom, schließlich die
Frage aufwerfen, ob geschlechtsgebundene Eigentümlichkeiten hinsichtlich des Verlaufes und der Malignität oder der
Lokalisation vorkommen.

Der erste Punkt scheidet aus leicht ersichtlichen Gründen aus. Die rein geschlechtsgebundenen Karzinomlokalisationen sind von anderer Seite besprochen worden. Es
bleibt also nur die Betrachtung vom dritten Gesichtspunkt
aus übrig.

Die Frage, ob es geschlechtsgebundene Eigentümlichkeiten hinsichtlich Verlauf und Bösartigkeit beim Krebs des
Mannes gibt, ist vorläufig nicht zu beantworten, da die
Statistiken zumeist nichts aussagen über Krankheitsdauer,
Verlauf und Dauerheilung beim Mann und bei der Frau. Es
ist auch nach den allgemeinen klinischen Erfahrungen ein
wesentlicher Unterschied zwischen den beiden Geschlechtern
nicht anzunehmen. Die tierexperimentellen Forschungen
lassen bisher auch keine allgemein gültigen Schlüsse zu.

Zum Teil widersprechen sie sich. So hat E l s n e r eine wachstumshemmende Wirkung, F i c h e r a und seine Schüler hingegen eine deutlich fördernde Wirkung des Hodenextraktes auf den Krebs festgestellt. Hingegen gibt es nur eine Meinung hinsichtlich des weiblichen Sexualhormons. Sowohl das Experiment wie die klinische Beobachtung sprechen für die, das Krebswachstum fördernde Wirkung desselben; die Gravidität beschleunigt, die Ovarialbestrahlung (Kastration) hemmt Verlauf und Wachstum des Krebses. Die besondere Bösartigkeit der Krebse Jugendlicher dürfte zum Teil auch auf die Einwirkung der Sexualhormone zurückzuführen sein.

Wenn also eine geschlechtsgebundene Eigentümlichkeit hinsichtlich Verlauf und Malignität beim Krebs des Mannes heute nicht festgestellt werden kann, so ist dies anders hinsichtlich der Lokalisation. Ein Blick auf die Tabelle gibt darüber Aufschluß.

Tabelle

Von der Oesterreichischen Gesellschaft zur Erforschung und Bekämpfung der Krebskrankheit (1. XI. 1933 bis 31. III. 1939) und dem Landesverband für Geschwulstforschung (1. IV. 1939 bis 1. VI. 1942) erfaßte Krebsfälle. Gesamtzahl: 28.499. Darunter

Organ	Männer	Frauen
Sämtliche	12.074	16.425
Gesichts- und Lippenkarzinome, 1. XI. 1933 bis 31. III. 1939.....................	357	287
Lippenkarzinome, 1. IV. 1939 bis 30. IV. 1942	118	23
Zungenkarzinome, 1. XI. 1933 bis 31. III. 1939	171	24
Mundhöhlenkarzinome, 1. IV. 1939 bis 30. VI. 1942..................................	356	81
Kehlkopfkarzinome	607	35
Mammakarzinome	46	2.756
Lungen- und Bronchialkarzinome...........	1.425	234
Oesophaguskarzinome	740	87
Magenkarzinome	2.743	2.099
Dünn- und Dickdarmkarzinome	971	938
Rektumkarzinome	1.118	774
Gallenblasen- und Leberkarzinome	449	870
Pankreaskarzinome	285	186
Uteruskarzinome	—	4.890
Prostatakarzinome.......................	568	—
Blasenkarzinome	310	106

Unter 28.499 der Oesterreichischen Gesellschaft zur Erforschung und Bekämpfung der Krebskrankheit und dem Landesverband für Geschwulstforschung gemeldeten Karzi-

nome betrafen 12.074 Männer und 16.425 Frauen. Es er-
erkranken also Frauen zahlenmäßig häufiger an Krebs als
Männer. Das so häufig vorkommende Uteruskarzinom gibt
hierin den Ausschlag, während die geschlechtsgebundenen
männlichen Karzinome mit Ausnahme des Prostatakrebses
sehr selten sind.

Wenn wir aber die übrigen Lokalisationen betrachten,
so ist zwischen Männern und Frauen ein sehr auffallender
Unterschied festzustellen. Die Karzinome der Lippe, Zunge,
Mundhöhle, des Kehlkopfes, der Speiseröhre und besonders
der Lunge kommen bei den Männern sehr viel häufiger vor
als bei den Frauen. Bei diesen Lokalisationen ergeben sich
für Männer und Frauen folgende Verhältniszahlen: Lippe
5:1, nach anderen Statistiken 10 bis 15:1, Zunge 7:1, Mundhöhle 4·4:1. Das Pharynx- und Hypopharynxkarzinom
kommt nach M a r s c h i k fast ausschließlich bei Männern
zur Beobachtung. Kehlkopf 17:1, Speiseröhre 8·5:1 (nach
D e n k - Klinik v. E i s e l s b e r g 21:1). Lunge 6:1 (nach
H a l p e r t 14:1).

Demnach müssen wir die bemerkenswerte Tatsache
feststellen, daß der obere Anteil des Digestionstraktes und
der Respirationstrakt wesentlich häufiger bei Männern an
Krebs erkranken als bei Frauen.

An Magen-, Dickdarm- und Mastdarmkrebs erkranken
zwar etwas mehr Männer als Frauen, aber der Unterschied
ist nicht allzu groß. Anders verhält es sich wieder mit dem
Gallenblasen- und Leberkrebs. Die Frauen sind fast doppelt
so häufig befallen wie die Männer. Hingegen erkranken fast
dreimal so viel Männer an einem Karzinom der Harnblase
als Frauen.

Aehnliche Verhältnisse konnte auch W. F i s c h e r bei
Durchsicht des Sektionsmaterials des Rostocker pathologi-
schen Instituts feststellen. Er fand verhältnismäßig g e r i n g e
Unterschiede bei beiden Geschlechtern für alle Krebse des
Verdauungstraktes und der großen Verdauungsdrüsen, e r -
h e b l i c h e Unterschiede beim Krebs der Lunge und des
Kehlkopfes und s e h r g r o ß e Unterschiede beim Krebs der
Lippe, Zunge und Speiseröhre (5- bis 10mal so viel beim
Mann). Auch das Ueberwiegen des Gallenblasenkrebses
neben dem ganz außerordentlich starken Ueberwiegen der
Karzinome des Genitalapparates und der Brustdrüsen bei der
Frau werden von F i s c h e r hervorgehoben.

Wie läßt sich dieser große Unterschied, besonders beim
Karzinom des oberen Verdauungs- und Respirationstraktes,
erklären? Wir sind da nur auf Vermutungen angewiesen.
Es können innere und äußere Ursachen eine Rolle spielen.
Daß es sich um Wirkungen der Sexualhormone handelt, ist

bei der so ähnlichen chemischen Struktur der männlichen und weiblichen Hormone sehr unwahrscheinlich. S c h e n k nimmt eine geschlechtsgebundene Minderwertigkeit der Schleimhautzellen des Mannes für erwiesen an. Sie zeigen eine hohe Anfälligkeit für Erkrankungen im allgemeinen und für Krebs im besonderen.

Für die Entstehung des S c h n e e b e r g e r Lungenkrebs gelten die von außen einwirkenden Schädlichkeiten ganz allgemein als sehr wahrscheinlich. Auch die Häufung von Lungenkarzinomen bei den Arbeitern in Gaswerken (K u r o d a und K a w a h a t a) und Braunkohlengruben (A ß m a n n) wird auf exogene Noxen zurückgeführt. Ganz besonders muß das Nikotin hervorgehoben werden. Wenn auch die cancerogene Eigenschaft weder des Nikotins selbst, noch der im Tabakteer enthaltenen, von R o f f o nachgewiesenen polizyklischen, aromatischen Kohlenwasserstoffe erwiesen ist, so läßt sich ein Zusammenhang zwischen Nikotin und Krebsentstehung auf Grund klinischer Erfahrungen doch nicht von der Hand weisen. In Amerika geht die Zunahme des Lungenkrebses parallel (O c h s n e r und B a k a y) mit der Zunahme des Tabakkonsums. Denken wir weiter an den Lippenkrebs des Pfeifenrauchers, den Zungenkrebs des rauchenden Luetikers, dann müssen wir auch an die Möglichkeit denken, daß das Einatmen (Inhalieren) des Zigarettenrauches vielleicht mit der enormen Häufigkeit des Lungenkrebses beim Mann in Zusammenhang steht. Wohl rauchen auch Frauen, aber sie inhalieren fast nie. Die chronische Reizung der Bronchialschleimhaut durch den eingeatmeten Tabakrauch kann, ähnlich wie sich das Magenkarzinom aus einer chronischen Gastritis entwickelt, den Boden für die Entstehung des Lungenkrebses wohl abgeben.

Von den Hauptlokalisationen des Krebses des Mannes sollen, soweit sie nicht schon von anderen Vortragenden im Rahmen dieses Zyklus besprochen wurden, jene herausgegriffen werden, welche auch heute noch schwierige Probleme enthalten, den Arzt vor schwerwiegende Entscheidungen stellen und über die doch manches Neue, vielleicht nicht allgemein Bekanntes zu sagen ist: das Prostatakarzinom, das Oesophaguskarzinom und den Lungenkrebs.

Das Prostatakarzinom

Unter mehr als 1000 Prostataerkrankungen, welche im Laufe der letzten 10 Jahre an meiner Klinik behandelt wurden, finden sich 914 Hypertrophien (Adenome) und 132 Karzinome. Bei dem großen Zustrom von Kranken an die urologische Station der Klinik kann man annehmen, daß dieses Verhältnis von rund 7:1 der tatsächlichen Relation entspricht. Das heißt mit anderen Worten, 14·4% aller nicht

entzündlichen Vergrößerungen der Prostata sind Karzinome.
Diese Zahl stimmt auch mit den Angaben im Schrifttum
annähernd überein. B i b u s errechnete 17%, W i l d b o l z
15 bis 20%, Y o u n g 20%.

Nach den neueren Untersuchungen von G a y n o r und
B i b u s entsteht der Prostatakrebs nicht durch maligne Degeneration des Adenoms, sondern in der normalen Prostata,
bei bestehender Hypertrophie in der Adenomkapsel und
greift von hier sekundär auf das Adenom über. Diese sehr
wichtige Feststellung ergibt sich sowohl aus der klinischen
Beobachtung, daß nach der Entfernung einwandfreier
Adenome später Karzinome auftreten können, sowie aus der
sehr genauen mikroskopischen Untersuchung von 430 Ope-
rationspräparaten, die B i b u s nach der Methode von
G a y n o r untersuchte. W i l d b o l z, W a l t h a r d u. a.
haben sich dieser Ansicht über den Entstehungsort des
Prostatakrebses rückhaltslos angeschlossen.

Wenn auch zugegeben werden muß, daß das Prostatakarzinom ein typischer Alterskrebs ist, der vorwiegend
(nach W i l d b o l z zu 75·3%) nach dem 60. Lebensjahr auftritt, so sind doch jüngere Altersklassen nicht davor geschützt. A. B r e n n e r hat immer betont, daß eine Vergrößerung der Vorsteherdrüse bei einem Manne unter
50 Jahren immer auf Karzinom verdächtig ist, da die
Hypertrophie erst nach dem 50. Lebensjahr auftritt. Auch
bei Kindern wurden Prostatakarzinome festgestellt. So berichtet S p a t h über einen 3½jährigen, A l e k s e j e w und
D u n a j e w s k i über einen 8 Monate alten Knaben mit
Krebs der Vorsteherdrüse. Das sind wohl sehr seltene Ausnahmen, beweisen aber doch, daß kein Alter vor dem Krebs
gefeit ist.

Die Diagnose bereitet allgemein keine Schwierigkeiten.
Die hypertrophische Prostata fühlt sich derb-elastisch, das
Karzinom hart an. Die Oberfläche der gutartigen Vergrößerung ist glatt, das Karzinom ist häufig höckerig, doch fehlt
dieses Symptom nicht selten. Auch die Abgrenzung gegen
die Umgebung ist beim Krebs viel undeutlicher als beim
Adenom. Chronische Entzündungen, Prostatasteine können
mitunter differentialdiagnostische Schwierigkeiten bereiten.

Nur in Frühfällen ist die radikale Exstirpation durch-
führbar. Die meisten Karzinome kommen erst in fortge-
schrittenem Stadium zur Behandlung. Selbst W i l d b o l z,
einer der wenigen Anhänger der Radikaloperation, mußte
feststellen, daß nur 30% bei der ersten Untersuchung als
operabel befunden wurden. Die Radikaloperation ist ein
sehr schwieriger, großer und unsicherer Eingriff, namentlich wenn das Karzinom in die Umgebung durchge-
brochen ist.

Young entfernt auch in Frühfällen neben der ganzen Prostata beide Samenblasen und den Blasenboden. Inkontinenz und Fisteln sind häufige Folgen dieses Eingriffes, der keine allzu große Aussicht auf Dauerheilung gibt und daher nur von einzelnen Urologen und Chirurgen ausgeführt wird.

Da die Strahlenbehandlung erfolglos ist, kommen bei Retentionserscheinungen nur Palliativmethoden in Betracht. Die Blasenfistel ist für Patient und Arzt äußerst unbefriedigend. Wir müssen es daher als einen großen Fortschritt bezeichnen, daß die transurethrale Elektroresektion, die ursprünglich zur Beseitigung der durch Adenome verursachten Harnsperre angegeben wurde, sich auch beim Karzinom bewährt. Schon Friedrich und Hösel haben festgestellt, daß die Resultate der Elektroresektion beim Prostatakrebs besser sind als jene der Radikaloperation. Weiter berichten Wohlleben, Staehler, Rieder, Howald über gute Erfolge.

Diese Methode ist gewiß keine radikale Behandlung, denn es wird nur das Abflußhindernis für den Urin beseitigt, der größte Teil des Karzinoms bleibt zurück. Aber bei dem meist sehr langsamen Wachstum des Prostatakrebses ist der Effekt dieses palliativen Eingriffes oft ein sehr lang anhaltender und die Kranken fühlen sich durch die Beseitigung der Harnretention wesentlich gebessert, nicht selten vollkommen gesund. Dieser Zustand hält oft durch Jahre hindurch an. Außerdem kann die Resektion bei Wiederauftreten der Harnsperre wiederholt werden. Kohlmayer hat erst vor kurzem über die an meiner Klinik von ihm ausgeführten Elektroresektionen wegen Karzinoms berichtet. Inzwischen ist die Zahl weiter gestiegen. Bisher wurden 21 Resektionen ausgeführt. 1 Kranker starb an Harninfektion und Urämie, 4 sind später an ihrem Leiden zugrunde gegangen. 2 Kranke sind über 4 Jahre, 3 über 2 Jahre ohne Restharn und beschwerdefrei. Bei einem Patienten mußte nach 2 Jahren wegen neuerlicher Retention der Eingriff wiederholt werden, er ist seither restharnfrei. Bei 8 Kranken wurde der Eingriff im Laufe des letzten Jahres ausgeführt, die Mehrzahl derselben ist beschwerdefrei.

Wir haben also in der Elektroresektion des Prostatakarzinoms eine Behandlungsmethode in der Hand, welche es erlaubt, die Kranken zwar nicht zu heilen, aber den größten Teil beschwerdefrei und unabhängig von der ständigen ärztlichen Behandlung zu machen, ein Vorteil, der gegenüber der Katheterbehandlung oder der Blasenfistel sehr ins Gewicht fällt.

Bei der selteneren metastasierenden Form des Prostatakarzinoms ist der Verlauf ein viel rascherer und der eben empfohlene Eingriff kann nur einen Teil der durch das Leiden verursachten Beschwerden lindern.

Das Oesophaguskarzinom

Auch der Speiseröhrenkrebs kann als Krebs des Mannes bezeichnet werden. Das beträchtliche Ueberwiegen der daran erkrankten Männer über die Frauen geht aus allen Statistiken hervor. Tragisch, wie das Schicksal dieser Kranken überhaupt, ist die Tatsache, daß das Oesophaguskarzinom trotz des so häufigen Fehlens von Metastasen einer radikalen Therapie so schwer zugänglich ist. So konnte ich aus dem Krankengut der Klinik v. Eiselsberg 1925 feststellen, daß 66% der Obduzierten keine Metastasen hatten. Lotheißen berichtet über 64%. Broders hat 4 Malignitätsgrade des Speiseröhrenkrebses aufgestellt. Nach Clayton leben die Kranken des 1. Grades im Durchschnitt 16 Monate, des 2. 8, des 3. 5 und des 4. 3¼ Monate. Der 2. Malignitätsgrad soll am häufigsten vorkommen. Die kankroidähnlichen Tumoren bleiben oft länger stationär. Schon Billroth hat die Beobachtung gemacht, daß die Kranken oft überraschend lange am Leben bleiben. 2- bis 3jährige Lebensdauer ist wohl selten, aber allen Chirurgen bekannt.

Die schonendste diagnostische Methode ist die Röntgenuntersuchung. Im Zweifelsfalle wird die Oesophagoskopie und Probeexzision Gewißheit verschaffen. Die Sondenuntersuchung gibt nur die Höhe und den Grad der Verengung, aber nicht die Ursache derselben an.

Welche Behandlungsmethode ist nun bei sichergestellter Diagnose die zweckmäßigste? Viele Aerzte stellen schon mit der Diagnose die Indikation zur Gastrostomie. Meine persönliche Stellungnahme hierzu ist folgende: Die Ernährungsfistel stellt eine sehr starke psychische Belastung für die Kranken dar, welche man ihnen nur dann zumuten soll, wenn eine vitale Indikation besteht. Wenn der Schluckakt nur halbwegs möglich ist, wird die Ernährungsfistel ohnehin nicht benutzt. Der Einwand, daß die Mortalität der Gastrostomie um so größer ist, je schlechter der Allgemeinzustand des Kranken ist, ist zwar richtig, aber der Gewinn einer vorzeitig angelegten Fistel gegenüber der seelischen Belastung so gering, daß er nicht entscheidend ins Gewicht fällt. Die durchschnittliche Lebensdauer der Gastrostomierten beträgt 6 Monate bei 10 bis 20% operativer Sterblichkeit. Dazu kommt noch, daß wir mit anderen Methoden den Schluckakt vorübergehend so weit bessern können, daß die Kranken wieder neuen Lebensmut bekommen. Wir werden auch noch hören, daß keine der palliativen Behandlungsmethoden die durchschnittliche Lebensdauer wesentlich zu verlängern imstande ist.

Es wird immer wieder von überraschend guten Erfolgen der Strahlentherapie gesprochen. Das sind aber ganz vereinzelte Fälle, und ich habe schon erwähnt, daß auch ohne jede Behandlung Kranke gelegentlich 2 bis 3 Jahre am Leben bleiben. Eine derartige Beobachtung gibt immer wieder die Veranlassung, an der Richtigkeit der Diagnose zu zweifeln. S t r a n d q u i s t hat vor kurzem aus dem Radiumhemmet in Stockholm über 88 Kranke mit Speiseröhrenkrebs berichtet, die mit Röntgenstrahlen behandelt wurden. Fast die Hälfte wurde zunächst subjektiv und objektiv symptomenfrei. Aber diese primäre Heilung hielt nur wenige Monate an. 7 Kranke blieben 1 Jahr, 4 Kranke 2 Jahre geheilt. Als Dosis wurden 5000 r verabreicht, mehr sei nicht ratsam. Die Radiumbestrahlung hätte keinen besseren Erfolg, dafür aber mehr lokale Komplikationen, so daß sie von S t r a n d q u i s t nicht mehr angewendet wird.

Z u p p i n g e r berichtet über 195 mit Radium bestrahlte Oesophaguskarzinome. Nur 3 wurden durch 2 bis 3 Jahre symptomenfrei. Die durchschnittliche Lebensdauer der Bestrahlten ist nicht größer, als die der nicht Bestrahlten, nämlich 6 Monate.

Nach meinem Dafürhalten wird die Dilatationsbehandlung zu wenig geübt. Die gewöhnliche Bougierung ist allerdings nicht empfehlenswert und kommt nur als Notbehelf in Ausnahmefällen in Betracht. Die Perforationsgefahr ist zu groß. Aber das Verfahren von P l u m m e r ist viel zu wenig bekannt, und verdient wegen der geringen Gefährdung und des unmittelbaren, von den Kranken immer wieder mit einem befreiten Lächeln aufgenommenen Erfolges einer breiteren Anwendung.

D e h n e hat aus meiner Klinik über die Technik und die Resultate berichtet. Der Kranke schluckt einen ungefähr 2 m langen, starken Seidenfaden, dessen anderes Ende an einem Kleidungsstück, am Ohr oder Hals befestigt ist. Nach 1 bis 2 Tagen ist der größere Teil des Fadens ins Jejunum gelangt und sitzt dort so fest, daß man ihn nicht mehr zurückziehen kann. Dieser Leitfaden verhindert, daß die eingefädelte P l u m m e r - Sonde einen falschen Weg geht und das Karzinom perforiert. Die Dilatation erfolgt durch Oliven verschiedener Stärke und wird in einer Sitzung durchgeführt. Sie genügt fast immer, dem Kranken durch mehrere Wochen hindurch einen nahezu normalen Schluckakt zu ermöglichen. Bei Wiederauftreten der Störung kann die Dilatation jederzeit wiederholt werden.

Diese Methode erspart den Kranken die Ernährungsfistel und beschleunigt nach allen Erfahrungen durchaus nicht den Verlauf des Leidens, woran man zunächst vielleicht denken könnte. Die durchschnittliche Lebensdauer, aus mehreren hundert Behandelten berechnet, beträgt 5 bis 6 Monate (V i n s o n , P l u m m e r). Sie gibt vor allem dem Kranken die Hoffnung auf Genesung zurück.

Von den operativen Methoden, welche eine Beseitigung des Speiseröhrenkrebses zu erreichen suchen, wäre die endoskopische Elektrokoagulation (H e s s e) und Resektion (S e i f f e r t) zu erwähnen. Diese Methoden stehen noch am Anfang ihrer Entwicklung, sie scheinen mir bei weiterem Ausbau und Vervollkommnung der Technik durchaus nicht aussichtslos zu sein.

Die großen chirurgischen Eingriffe zur radikalen Ausrottung des Oesophaguskarzinoms sind auch heute noch mit sehr großen Gefahren verbunden. Es ist merkwürdig, daß immer wieder Perioden chirurgischer Aktivität mit solchen einer absoluten Inaktivität abwechseln. Das spricht natürlich nicht sehr zugunsten der radikalen Eingriffe. L o t h e i ß e n hat im Jahre 1926 82 Resektionen des Halsteiles der Speiseröhre zusammengestellt. Die Mortalität beträgt 28%, die Lebensdauer der Ueberlebenden zumeist nicht über 1 Jahr. Es muß zugegeben werden, daß die Mehrzahl dieser Eingriffe Jahrzehnte zurückliegt und die Technik sich seither verbessert hat. Aber auch schon G l u c k hatte seinerzeit 114 Kehlkopfösophagusresektionen mit nur 21 Todesfällen ausgeführt (18%). 6 Kranke lebten über $5\frac{1}{2}$ Jahre, 1 Patient G a r r é s $12\frac{1}{2}$ Jahre. Die Mehrzahl dieser Eingriffe wird heute von den Laryngologen ausgeführt. Ihre Resultate dürften besser sein, als die oben angeführten.

Die Resektion des intrathorakalen, karzinomatösen Oesophagusabschnittes stellt auch heute noch eines der schwierigsten Probleme der Chirurgie dar. Zumeist wurde der transpleurale oder mediastinale Weg beschritten. T o r e k s berühmter Fall lebte 13 Jahre. Er ist trotz vieler weiterer Versuche verschiedener Operateure der einzige, der dauernd geheilt blieb.

In den letzten Jahren wurden drei erfolgreiche Eingriffe gemeldet, die nach der von mir im Jahre 1913 angegebenen Methode der Auslösung der Speiseröhre vom Hals und vom Abdomen aus durchgeführt wurden. G r e y T u r n e r, A. W. F i s c h e r und B e r n h a r d hatten das Glück, nach der totalen Entfernung der Speiseröhre auf diesem Wege Heilungen zu sehen. T u r n e r s Patient starb 19 Monate nach der Operation — die Verbindung zwischen Halsteil und Magen wurde durch eine antethorakale Plastik hergestellt — an Nephritis. Die Obduktion deckte ein nußgroßes Rezidiv in der hinteren Magenwand auf. Die von A. W. F i s c h e r operierte Kranke blieb $2\frac{3}{4}$ Jahre rezidiv-

frei. Bernhards Patient war nach 6 Monaten in einem
ausgezeichneten Zustand.*

Ballivet hat im Jahre 1939 24 erfolgreiche Resektionen des intrathorakalen Speiseröhrenabschnittes gesammelt. 1 Fall lebte 13 Jahre (Torek), 1 (Sauerbruch) war nach 2 Jahren noch in gutem Zustand, 11 sind
innerhalb von 1 bis 2 Jahren gestorben. Von den übrigen
ist über das weitere Schicksal nichts bekanntgeworden.
69 Resektionen endeten letal. Das sind gewiß noch keine
erfreulichen Resultate. Wenn man aber bedenkt, daß die
Resektion des karzinomatösen Magens vor 50 bis 60 Jahren
noch über 50% Mortalität hatte und diese bis heute auf
rund 10 bis 15% gesunken ist, so dürfen wir doch hoffen,
daß eine ähnliche Besserung der Erfolge auch bei der Resektion des Oesophagus zu erwarten ist, wenn auch die
Fortschritte mit Rücksicht auf die weitaus schwierigere
Technik und die Größe des Eingriffes viel langsamer in
Erscheinung treten werden.

Es ist klar, daß die Radikaloperation des
Speiseröhrenkrebses nur bei relativ jüngeren Patienten,
deren Allgemeinzustand noch nicht allzusehr gelitten hat,
in Betracht kommt. Es ist Sache des Taktes und des ärztlichen Einfühlens in die Psyche des Kranken, jene auszu-
wählen, denen man einen derartig großen und gefährlichen
Eingriff vorschlagen kann. Die meisten Kranken mit Speiseröhrenkrebs haben ein unbestimmtes Gefühl für die
Schwere und den Ernst des Leidens. Ihre Einstellung zu
den Krankheitssymptomen und zum Leben überhaupt erleichtert den Entschluß für oder gegen den Vorschlag der
Radikaloperation.

Die Gastrostomie ist dann angezeigt, wenn der
Schluckakt in hohem Grade gestört ist, der Kranke Hunger
und Durst leidet und bereits stark heruntergekommen ist.
Sie kann auch zur Ausschaltung des erkrankten Gebietes
ausgeführt werden, wenn die Röntgentherapie gewählt wird.

Zur Strahlenbehandlung eignen sich jene Fälle,
bei denen die Radikaloperation nicht in Betracht kommt,
das Schluckvermögen und der Allgemeinzustand noch nicht
zu sehr gelitten haben und bei denen die Ausdehnung des
Neoplasmas nicht zu groß ist.

Die Dilatationsbehandlung endlich sollte bei
Kranken mit beträchtlichen Stenoseerscheinungen durchgeführt werden, wenn gerade noch flüssige oder dünn-
breiige Speisen geschluckt werden können. Die Kombination der Strahlentherapie mit der Dilatationsbehandlung erweist sich mitunter als zweckmäßig.

---

* Siehe Anmerkung am Schluß der Arbeit.

Der Lungenkrebs

Wie aus der Tabelle ersichtlich ist, steht der Lungenkrebs des Mannes in der Häufigkeitsskala an zweiter Stelle, bei der Frau hingegen an achter Stelle. Auch das Stettiner pathologische Institut stellte fest, daß beim Manne der Lungenkrebs die zweithäufigste Lokalisation des Karzinoms ist. Diese Tatsache verpflichtet die Aerzte, dem Bronchuskarzinom die größte Beachtung zu schenken.

Pathologisch-anatomisch kommt der Lungenkrebs in zwei Hauptformen vor: Als zentraler Krebs im Hilusgebiet mit dem Sitz im Hauptbronchus oder den Abgangsstellen der Lappenbronchien. Dies ist weitaus die häufigste Form (70 bis 80%). Der periphere Lungenkrebs geht von den kleineren Bronchien oder Bronchiolen aus und ist viel seltener (20 bis 30% aller Lungenkrebse). Diese letztere Form zeigt oft zentralen Zerfall und täuscht das Bild eines Lungenabszesses vor.

Die zentralen Bronchuskarzinome führen infolge Verschlusses des Lumens oft zu Atelektase oder durch Sekretstauung zu pneumonischer Infiltration des betreffenden Lappens, was zu Verwechslungen mit chronischen Pneumonien Veranlassung gibt. Je nach dem Sitz und der Ausdehnung entstehen verschiedene klinische sowie röntgenologische Bilder, deren Deutung mitunter beträchtliche Schwierigkeiten ergeben kann.

Es ist daher verständlich, daß die Anfangsstadien des Leidens in der Regel nicht richtig erkannt werden. Der vieldeutige Husten ist das häufigste Initialsymptom. Blutige Streifen im Auswurf müssen schon den Verdacht auf ein Neoplasma erwecken, zumal dann, wenn die Temperatur normal ist. Fieber tritt erst in fortgeschrittenen Fällen, bei sekundären Pneumonien oder Zerfall der Neubildung auf. Schmerzen unbestimmten Charakters, Mattigkeit, Abmagerung, gelegentliche stärkere Blutungen, quälender Husten und Auswurf sind Symptome, die im Verein mit den physikalischen Untersuchungsbefunden, dem gelegentlichen Nachweis von Tumorpartikelchen im Auswurf, die Diagnose ermöglichen. Auch die Röntgenphotographie gibt nicht immer eindeutigen Aufschluß, die Unterscheidung zwischen chronischer Pneumonie und Karzinom ist bisweilen unmöglich. Nur die Tomographie und die Bronchographie lassen durch die Verschattung des lufthaltigen Bronchus im Tumorbereich bzw. durch den Füllungsdefekt das Karzinom fast immer eindeutig erkennen.

Die Bronchoskopie ermöglicht es, Tumoren der größeren Aeste direkt zu sehen und Teile derselben zur mikroskopischen Untersuchung zu entnehmen.

Teils aus Unkenntnis der chirurgischen Möglichkeiten,
teils aus Scheu, den Kranken einen schweren operativen
Eingriff vorzuschlagen, hat sich vielfach die Strahlenbehandlung der Lungenkarzinome eingebürgert. Leider sind
die Erfolge derselben mehr als dürftig. Ja, es kommt nicht
allzu selten vor, daß der Verlauf des Leidens dadurch
sichtbar beschleunigt wird. Im Schrifttum liegen schon
einige Statistiken vor. S t e i n e r hat 21 Kranke mit pri-
märem Lungenkrebs bestrahlt, ohne irgend einen Erfolg
feststellen zu können. N u n e s d'A l m é i d a hatte unter
16 Fällen 15 vollständig negative Ergebnisse. B l o c h berichtet über 88, darunter 68 histologisch sichergestellte
Lungenkarzinome, aber in keinem Falle konnte eine Lebens-
verlängerung durch Bestrahlung erreicht werden. Etwas
bessere Resultate sind von C h a n d l e r und P o t t e r mitgeteilt. Die Lebensdauer von 61 nicht Bestrahlten betrug
im Durchschnitt 6 Monate, die von 59 Bestrahlten 11 Monate, S a u p e erzielte 15% Besserungen unter 200 bestrahlten Kranken.

Die eigenen Erfahrungen über die Wirkung der
Röntgenbestrahlung decken sich mit den Mitteilungen des
Schrifttums. Vielleicht gelingt es in einem oder dem anderen
Falle, den Verlauf des Leidens zu verzögern. Es fragt sich
aber, ob man dem Kranken damit etwas Gutes tut, denn es
ist eigentlich nur eine Verlängerung des Leidens, ohne daß
es dadurch wesentlich erleichtert wird.

Natürlich gibt es immer Ausnahmen von der Regel.
Auch ich kann über eine solche erfreuliche Ausnahme berichten: Bei einer 40jährigen Frau wurde 1937 broncho-
graphisch, bronchoskopisch und histologisch ein Bronchuskarzinom festgestellt. Nach einer intensiven Röntgenbestrahlung mit 9500 r war der Tumor verschwunden und
die Patientin ist bis heute, über 5 Jahre, vollkommen gesund und arbeitsfähig. Auch S c h i n z berichtet über 2 von
17 bestrahlten Bronchuskarzinomen, die 2 und 3 Jahre
symptomfrei blieben.

Die Radikaloperation des Lungenkarzinoms wird in
den letzten Jahren immer häufiger ausgeführt. Sie besteht
in der Entfernung des erkrankten Lappens oder der ganzen
Lunge einer Seite. Für den ersteren Eingriff (Lobektomie)
kommen nur die peripheren Karzinome, die streng auf
einen Lappen beschränkt sind, in Betracht. Die Mortalität
des Eingriffes beträgt 10 bis 15%. Da aber Frühfälle nur
selten zur Behandlung kommen, wird in der Regel die
Pneumonektomie die einzige radikale Operation sein. Auf
den ersten Blick erscheint die Entfernung eines ganzen
Lungenflügels als ein zu gewagter Eingriff. Zahlreiche
Leichen- und Tierversuche, die besonders von amerikani-

schen Autoren ausgeführt worden sind, haben aber dem Eingriff eine gute anatomische wie experimentelle Grundlage gegeben, und das Schrifttum über die Pneumonektomie ist bereits sehr angewachsen.

S e m b hat 1940 aus der Weltliteratur 108 Fälle von Pneumonektomie wegen Lungenkrebs zusammengestellt. Davon sind 50 (46·3%) im Anschluß an die Operation gestorben, 58 Patienten haben den Eingriff überlebt. 11 sind später gestorben, 47 geheilt aus den Krankenhäusern entlassen worden. Unter diesen Geheilten ist je 1 seit 5 und 4 Jahren, je 3 seit 2 und 1 Jahr gesund.

Seither sind im Schrifttum noch über 30 Pneumonektomien wegen Lungenkrebs mitgeteilt, darunter auch ein von F r e y (Düsseldorf) erfolgreich Operierter; er ist 1½ Jahre nach der Operation an Metastasen (Sarkom) gestorben.

Die Pneumonektomie hat in der Hand erfahrener Thoraxchirurgen eine durchaus erträgliche Mortalität. So hat R i e n h o f f 18 einzeitige Eingriffe mit 6 Todesfällen und 5 zweizeitige ohne Todesfall ausgeführt. O v e r h o l t verlor 5 von 15 wegen Karzinom Operierten, hingegen keinen einzigen von 7 Kranken, die wegen gutartiger Prozesse operiert wurden.

Wenn auch Rezidive und Metastasen heute noch an der Tagesordnung sind, so können wir mit Sicherheit erwarten, daß sowohl die unmittelbaren Operationserfolge, wie auch die Dauererfolge mit der Zeit immer besser werden. Und wenn wir weiter bedenken, daß heute schon 8 Fälle bekannt sind, die 1 bis 5 Jahre nach der Operation gesund geblieben sind, dann haben auch wir die Pflicht, mitzuarbeiten, um diesem so häufig vorkommenden Krebs des Mannes an den Leib zu rücken.

L i t e r a t u r : B a l l i v e t, M.: La chirurgie radicale du cancer de l'œsophage thoracique. Paris: L. Arnette, 1939. — B e r n - h a r d, F.: Zbl. Chir., S. 290, 1939. — B i b u s, B.: Arch. klin. Chir., 191, 427, 1938. — B l o c h, R. und B o g a r d u s, G.: Arch. int. Med. (Am.), 66, 39, 1940. Ref. CO. f. Chir., 101, 648, 1941. — B r o c k: Zit. nach O c h s n e r und B a k a y. — C h a n d l e r und P o t t e r: Zit. nach O c h s n e r und B a k a y. — C h u r c h i l l, E.: Ref. CO. f. Chir., Bd. 104, S. 185. — D e h n e, E.: Dtsch. Z. Chir., 239, 453, 1933. — D e n k, W.: Zbl. Chir., 1065, 1913. — D e r s e l b e: Das Karzinom der Zunge und der Speiseröhre. In: Die Krebskrankheit. S. 152. Wien: Springer, 1925. — F i c h e r a, G.: Endogene Faktoren in der Tumorgenese. Berlin: Springer, 1934. — F i s c h e r, A. W.: J. internat. Chir. (Belg.). S. 429, 1937. — D e r s e l b e: Arch. klin. Chir., 189, 498, 1937. — F i s c h e r, W.: Z. Krebsforsch., 53, 1, 1942. — F r e y, E.: Arch. klin. Chir., 200, 238, 1940. — F r i e d r i c h, H. und H ö s e l, M.: Zbl. Chir., S. 475, 1939. — G a y n o r, E. P.: Virchows Arch., 301, 602, 1938. — G l i n s k i, v.: Dtsch. Arch. klin. Med., 185, 73, 1939. — G r e y,

T u r n e r: Lancet, 230, S. 67 u. 130, 1936. — H a l p e r t, B.:
Surg. etc., 8, 903, 1940. — H o w a l d, R.: Zbl. Chir., S. 1121,
1942. — H u s f e l d t, E. und W o r n i n g B o r g e: Ref. CO. f.
Chir., 102, 700, 1941. — K i l l i a n, H.: Die Chirurgie der Speiseröhre. In Kirschner-Nordmann, Die Chirurgie, Bd. V, S. 717. —
K o h l m a y e r, H.: Grenzgeb. Med. u. Chir., 45, 231, 1942.
— L o p e z, F.: Ref. CO. f. Chir., 98, 124, 1940. — L o t h e i ß e n:
N. D. Chir., Bd. 34, 1926. — M o n o d, R.: Mém. Acad. Chir., Par.,
64, 1938. — N u n e s d'A l m e i d a: Ref. CO. f. Chir., 98, 123,
1940. — N y s t r ö m, G.: Mém. Acad. Chir., Par., 66, 321,
1940. — O c h s n e r, A. und d e B a k a y, M.: Arch. Surg. (Am.),
42, 209, 1941. — O v e r h o l t, R.: J. amer. med. Assoc., 113, 673,
1939. — D e r s e l b e: J. thorac. Surg. (Am.), 9, 17, 1939. —
D e r s e l b e: Surg. etc., 479, 1940. — R i e n h o f f, W. F.: Bull.
Hopkins Hosp., Baltim., 64, 167, 1939. — D e r s e l b e: J. thorac.
Surg. (Am.), 8, 254, 1939. — S a m s o n, P. und H o l m a n, E.:
West. J. Surg. (Am.), 48, 275, 1940. — S a u p e: Zit. nach O c h s -
n e r und B a k a y. — S c h e n k, P.: Krankheit und Kultur im
Leben der Völker. Leipzig: G. Thieme, 1942. — S c h i n z: Röntgen-
prax., Jg. 12, Bd. II, 255, 1940. — S e m b, C.: Die Chirurgie der
Lunge. In Kirschner-Nordmann, Die Chirurgie, Bd. V, S. 341. —
S t e i n e r, P.: Arch. int. Med. (Am.), 66, 140, 1940. Ref.
CO. f. Chir., 101, 601, 1941. — S t r a n d q u i s t: Ref. CO. f.
Chir., 106, 111, 1942. — W e h n e r, E.: Chirurgie der Prostata.
In Kirschner-Nordmann, Die Chirurgie, Bd. VII, 817, 1942. — W i l d -
b o l z, H.: Zbl. Chir., S. 770, 1939.

*

A n m e r k u n g b e i d e r K o r r e k t u r: Persönlichen Mitteilungen der Professoren A. W. F i s c h e r und F. B e r n h a r d
verdanke ich es, das weitere Schicksal der von ihnen operierten
Kranken erfahren und die Zustimmung zur Veröffentlichung erhalten zu haben. Die von A. W. F i s c h e r operierte Frau ist
3 Jahre nach der Operation gestorben. Wenige Wochen vor dem
Tode stellten sich ein starker Husten, Fieber und viel Auswurf
ein. 2 Wochen vor dem Exitus traten starke Schwellungen der
Beine auf. Keine Abmagerung, keine Gelbsucht (nach Angaben
des Mannes der Verstorbenen). Keine Autopsie.

Dem Patienten B e r n h a r d s ging es durch nahezu 2 Jahre
hindurch sehr gut. Dann bekam er eine Grippe, an der er zugrunde ging. Die Obduktion ergab eine Grippepneumonie mit
zahlreichen Einschmelzungsherden. Das Operationsgebiet war vollständig in Ordnung.

Kehlkopftuberkulose und Kehlkopfkrebs

Von

Professor Dr. E. Wessely

Wien

Unter den Erkrankungen, die in dem Gebiete des Halses, der Nase und Ohren eine geschlechtlich einseitige Rolle spielen, fallen vor allem die Tuberkulose und der Kehlkopfkrebs des Mannes heraus. Die K e h l k o p f t u b e r - k u l o s e ist, wie aus einer ungeheuren Anzahl von Einzelbeobachtungen und sicher fundierten Publikationen aus fast allen Kulturstaaten hervorgeht, eine Erkrankung, die sozusagen im Schlepptau einer gleichzeitig einsetzenden oder bestehenden Lungentuberkulose einhergeht. Ueber die Art der Entstehung bestand bis vor nicht allzulanger Zeit kein Zweifel, da der pathologische Anatom, der nur das Ende des Dramas zu Gesicht bekam, den post mortal erhobenen Befund nur in einer Richtung deuten konnte. Neben den schwersten Zerstörungen des Lungengewebes finden sich die chronisch katarrhalischen Entzündungen des Tracheobronchialbaumes und des Kehlkopfes, im Kehlkopfe tuberkulöse Infiltrate und deren gesetzmäßige Veränderungen, wie Ulzerationen, Granulationen, weiter auch Perichondritiden des Kehlkopfgerüstes. Nichts war daher einfacher, als anzunehmen, daß auf dem Wege der Expektoration das bazillenhaltige Sputum an entsprechend veranlagten Teilen im Gebiete der Luftwege zu Implantationen und damit zu bronchogener oder kanalikulärer Verbreitung geführt hat. Die Erkrankung von der Oberfläche

her als Kontaktinfektion galt daher lange als der souveräne
Entstehungsmodus der Kehlkopftuberkulose. Dieser Gedan-
kengang war um so berechtigter und bestechender, als sich
ja die Kehlkopftuberkulose nachweisbar im Stadium fort-
geschrittener Lungentuberkulose bis ante mortem perzen-
tuell immer häufiger findet.

Die genaue klinische Verfolgung von Kehlkopftuberkulosen, von den ersten vagen Erscheinungen an, ließ aber
allmählich erkennen, daß einerseits Kehlkopftuberkulosen
sich in Stadien finden, bei welchen die Lungentuberkulose
entweder überhaupt noch nicht klinisch in Erscheinung getreten ist oder bei denen die Lungenaffektion zu keinem
Zerfall geführt hat, wo dementsprechend kein positives
oder überhaupt kein Sputum und auch keine entzündlichen Reizzustände im Bereiche der oberen Luftwege vorhanden sind. Das gelegentliche gleichzeitige Vorhandensein von Tuberkulose im Bereiche der Nieren, an den
Augen, in den Gelenken, eine bestehende Hodentuberkulose,
eine tuberkulöse Meningitis konnte nur so gedeutet werden,
daß die Ausbreitung auf dem Blutwege erfolgt war. Die genaueren und jahrelangen Kontrollen besonders in den letzten Dezennien, in der Aera der aufstrebenden Röntgenologie,
ließen einwandfrei erkennen, daß es auch eine Kehlkopftuberkulose gibt, die hämatogen zustande kommt. So wie
man derzeit hämatogene Verlaufsformen der Lungentuberkulose von anderen Formen unterscheidet, sind wir auch in
der Lage, hämatogen entstandene Kehlkopftuberkulosen als
solche klinisch sicherzustellen. Wir können vielfach auf
Grund der lokalen Erscheinung allein mit großer Wahrscheinlichkeit eine Kehlkopftuberkulose als Kontakt-, bzw.
als hämatogen erkennen. Die genaue Untersuchung des ganzen Organismus und vor allem der Lungen ermöglicht jedoch mit großer Sicherheit, die eine oder andere Ent-
stehungsart anzunehmen.

Die Kehlkopftuberkulose, welche durch Inokulation von
der Oberfläche her entsteht, findet sich vor allem an besonders disponierten Stellen, den Stimmlippenrändern und
an der Kehlkopfhinterwand, im Beginne als umschriebene
Prozesse, die je nach dem Allgemeinzustand des Patienten
und dem Lungenprozeß allmählich mehr oder weniger
charakteristische Zerfallserscheinungen zeigen. Solche Typen
sind die Infiltration e i n e r Stimmlippe, das Treppen-
geschwür und die Infiltration der Hinterwand in den verschiedenen Stadien. Demgegenüber zeigen die hämatogen
entstehenden Formen bei langjähriger Beobachtung vielfach eine charakteristische Entstehung an solchen Stellen,
an denen kein Kontakt und keine Irritation anderer Art von
der Oberfläche her den Grund für eine vorübergehende Ober-

flächenschädigung geben kann. Wir finden sie als charakteristische Schleimhautschübe von verschiedener Ausdehnung. Zuerst zeigen sich kleinste subepitheliale Knötchen in Zügen oder Gruppen angeordnet, die später nach dem Verluste des deckenden Epithels zu kleinen Ulzerationen führen und weiter durch Konfluenz verschieden ausgedehnte oberflächliche Geschwüre bilden. Durch mehr oder weniger starke kollaterale Oedembildung kommt es dann zu oft imposanten Verschwellungen der Umgebung. Bilder solcher Genese sind die umschriebenen Schübe bei miliarer Tuberkulose, weiter die turbanförmige Infiltration der Epiglottis, die Infiltration einer oder beider aryepiglottischen Falten und die diffuse Infiltration des ganzen Kehlkopfes.

Was die Häufigkeit der hämatogenen Kehlkopftuberkulose anbelangt, so dürfte sie nach vorsichtiger Schätzung etwa 10 bis 20% aller Kehlkopftuberkulosen betragen. Die hämatogene Tuberkulose, die auch im Frühstadium der Tuberkulose zustande kommt, findet sich in einem begreiflicherweise noch sehr resistenten und abwehrstarken Organismus, und ist dementsprechend auch einer lokalen Heilung weitgehend zugänglich. Hämatogene Tuberkulosen können in Schüben durch Jahre hindurch an anderen Stellen des Kehlkopfes und an anderen Stellen des Mundrachens immer wieder zustande kommen und sind oft bis zu 20 Jahren durch lokale Maßnahmen immer wieder zur Vernarbung zu bringen. Die im Spätstadium der Tuberkulose zustande gekommenen Formen der Kehlkopftuberkulose können durch therapeutische Lokalmaßnahmen vielfach nur in ein Latenzstadium übergeführt werden. Gefürchtet sind die im Stadium der Ulzeration auftretenden Schluckschmerzen (Dysphagie), die, sofern keine Kunsthilfe einsetzt, auch bei sonst gutem Allgemeinbefund durch rasche Entkräftung zufolge der Unterernährung, Absinken der Abwehrkraft und dadurch angefachtem Vorwärtsschreiten der Lungentuberkulose ein Leben vorzeitig beenden. Die Bekämpfung der Dysphagie ist daher eine wichtige Aufgabe der modernen Medizin. Durch rechtzeitige Kunsthilfe kann mancher Patient wieder gesunden und arbeitsfähig werden. Nur relativ selten führen Verschwellungen im Bereiche der Glottis und der subglottischen Gegend zu Atemstörungen der verschiedensten Grade und benötigen in extremer Auswirkung die Tracheotomie.

Die Kehlkopftuberkulose findet sich nach statistischen Ermittlungen in den ersten Lebensjahren nur ganz selten bei schweren Verlaufsformen miliarer Tuberkulose. Um die Zeit der Pubertät erscheinen regelmäßig die ersten Fälle und nehmen allmählich zu. Die höchste Zahl der Erkrankungen findet sich in der Zeit der manifesten Lungentuberku-

lose, und zwar bei der Frau vom 20. bis 40. Lebensjahr,
beim Manne in der Zeit zwischen dem 20. und 50. Lebensjahr. Von da ab sinkt die Zahl der Neuerkrankungen steil ab.
Kehlkopftuberkulosen werden aber bis ins höchste Lebensalter angetroffen.

Vor einigen Jahren habe ich versucht, die Häufigkeit
der Kehlkopftuberkulose für die Wiener Verhältnisse statistisch zu erfassen und habe zu diesem Zweck die Sterbe-
statistik der Stadt Wien zugrunde gelegt. In dieser Zusammenstellung war vor allem bemerkenswert, daß beinahe
um die Hälfte mehr Männer an Tuberkulose sterben als
Frauen. Die Relation ist in den fünf Jahren der Beobachtung derart konstant, daß man sie wohl als Regel bezeichnen
möchte. Für die Wiener Verhältnisse habe ich mit Einrech-
nung eines Ausgleichskoeffizienten eine maximale Beteiligung des Kehlkopfes von 10% errechnet. Das zahlenmäßige Verhältnis der Kehlkopftuberkulose zwischen Frau
und Mann beträgt dabei ungefähr 1:2·5. Eine Zusammenstellung aus der Lichttherapie meiner Klinik ergibt eine Relation von 1:2·24.

Dieses auffallende und so konstante Verhältnis ist aber
kein für Wien allein charakteristisches Merkmal, sondern
findet sich in fast allen einschlägigen Statistiken aus verschiedenen Kulturstaaten, wobei sich regionär das Verhältnis bis zu 1:4 erhöht.

Was die Häufigkeit der hämatogenen Tuberkulose anlangt, so konnte ich feststellen, daß der Mann siebenmal
häufiger an einer hämatogenen Form der Kehlkopftuberkulose erkrankt als die Frau. Dementsprechend ist der Schluß
gerechtfertigt, daß der Mann nicht nur wesentlich häufiger,
sondern auch wesentlich ernster von der Tuberkulose ergriffen erscheint.

Wenn man nun den Ursachen für dieses merkwürdige
Verhalten nachgeht, so ist man zuerst geneigt, eine geschlechtliche Minderwertigkeit des Mannes in seiner Abwehr gegen die Tuberkulose zugrunde zu legen und den
Umwelteinflüssen, besonders dem Abusus von Alkohol und
Tabak eine besonders disponierende Rolle zuzuweisen. Die
Erklärung dafür, daß der Mann soviel häufiger von der
Tuberkulose betroffen wird, wurde aber unverhofft von einer
ganz anderen Seite erbracht. Collet hatte die Möglichkeit, in einem Lungensanatorium nur Lehrer und Lehre-
rinnen zu behandeln und konnte dort unter 563 Patienten
feststellen, daß dort ein perzentuelles Verhältnis von ungefähr 1:1 bestand. Daraus ist wohl der Schluß berechtigt,
daß beim Manne die höhere Beteiligung an der Tuberkulose
der Ausdruck der gesteigerten Ansprüche im Lebenskampfe
darstellt. Nachtarbeiten, staubige Luft, weniger Schonung,

weniger Schlaf, besondere Berufsarten, die ihn mit Tuberkulose in gesteigerten Mengen zusammenbringen usw., sind zweifellos der Grund hierfür. Man kann daher dementsprechend umgekehrt behaupten, in dem Maße, als die Frau die Beschäftigung des Mannes ergreift, und unter gleichen Verhältnissen wie der Mann zu leben und zu arbeiten sich anschickt, sie in gleicher Weise von der Tuberkulose ergriffen werden dürfte. Es unterliegt aber keinem Zweifel, daß es im neuen Deutschland gelingen wird, der Tuberkulose vollständig Herr zu werden. Propylaxe und Hygiene werden damit auch der Kehlkopftuberkulose den Boden entziehen.

Der Kehlkopfkrebs

Der Krebs des Kehlkopfes nimmt beim Mann eine eigene Stellung unter den Geschwulstbildungen im Bereiche des Respirations- und Digestionstraktes ein. Er beginnt klinisch häufig mit den vagen Symptomen von Heiserkeit aller Grade oder mit ganz unmerklichen Irritationen des Schluckaktes. Erst in späteren Stadien kommt es auch zu Atemstörungen. Mitunter finden sich am Halse schon auf Distanz erkennbare Lymphknoten, das erste, auch dem Laien erkennbare Anzeichen für eine Erkrankung, welches aber mangels jeder Schmerzhaftigkeit oft von den Patienten nicht beachtet und sogar von Aerzten mißdeutet wird.

Klinisch finden wir im Kehlkopf mehrere Lokalisationstypen des Krebses. Der häufigste ist wohl der Beginn an einer Stimmlippe, seltener in der Tiefe des Ventriculus Morgagnii. Im ersten Beginne findet sich eine umschriebene Verdickung, die allmählich größer wird und schließlich die ganze Stimmlippe befällt. Die Oberfläche wird dann tumorartig höckerig, die Beweglichkeit der Stimmlippe wird infolge der Infiltration der Stimmlippenmuskulatur nach und nach aufgehoben. Bei entsprechendem Fortschreiten wird auch die Umgebung allmählich befallen, wodurch auch das Taschenband und der Kehldeckel mit ergriffen werden. Der Prozeß kann auch auf die andere Seite übergreifen, wodurch dann umfangreiche Verschwellungen entstehen, die direkt oder durch das Hinzutreten ödematöser Zustände durch Stauung auch Atemstörungen verschiedener Grade auslösen. Ein zweiter Typ betrifft den Beginn am Kehldeckel, seltener am freien Rande der aryepiglottischen Falte. Hier kann der Tumor eine beträchtliche Größe erreichen, ohne daß eine Stimmstörung oder eine Schluckirritation auftritt. Die Tumoren manifestieren sich aber hier im Stadium des Zerfalles durch einen charakteristischen Fötor ex ore und durch zunehmende mechanische Schluckirritation.

Ein dritter Typus betrifft Geschwülste, die außen am
Kehlkopf im Sinus piriformis zur Entwicklung kommen. Sie
führen auch frühzeitig zum Zerfall. Klinisch besteht nun ein
merkwürdiger Unterschied zwischen den sogenannten inneren Kehlkopfkarzinomen und den äußeren. Die inneren
Karzinome, besonders die der Stimmlippe, entwickeln sich
langsam und führen in der Regel erst relativ spät zu regio-
närer Metastasierung in den Lymphknoten. Die äußeren
Karzinome dagegen können noch klein und völlig be-
schwerdelos sein, führen jedoch frühzeitig zu umfangreicher
Beteiligung der regionären Lymphknoten und sind vielfach schon auf Distanz außen am Halse erkennbar.

Der Kehlkopfkrebs ist zufolge seiner guten laryngologi-
schen Zugänglichkeit vom ersten Beginne an wie keine
andere Lokalisation des Krebses zu verfolgen und in all
seinen Phasen genau zu erfassen. Therapeutische Maßnahmen können daher unmittelbar und ununterbrochen auf ihre
Einwirkung hin sehr gut begutachtet werden.

In der Ausbreitung des Kehlkopfkrebses unterscheiden
wir praktisch drei Stadien:

1. den primären Tumor (erste Stelle der Entwicklung),

2. die regionären Lymphknotenmetastasen,

3. die generalisierten Metastasen nach dem Einbruch
in die Blutbahn.

Bis vor kurzem hatten wir therapeutisch nur chirurgische Möglichkeiten, und zwar die Entfernung von Teilen des
Kehlkopfes mittels der Laryngofissur, weiter die völlige
Entfernung des Kehlkopfes (Totalexstirpation) und schließlich noch die subtile Ausräumung der Gefäßscheide mit
eventueller Opferung großer Blutleiter.

Gegenwärtig sind wir in der Lage, durch die Strahlentherapie, Röntgen und Radium, in der therapeutischen Er-
fassung des Kehlkopfkrebses einen großen Schritt weiterzu-
gehen. Primäre Tumoren können entweder chirurgisch oder
— bei ganz frühem Stadium — auch strahlentherapeutisch
ausgerottet werden. Die äußeren Karzinome sind dabei
nicht mit jener Sicherheit erfaßbar, da hier die regionäre
Metastasierung, auch wenn sie noch nicht nachzuweisen
ist, bereits immer erfolgt ist. Hier kann man durch eine
zusätzliche Bestrahlung der Gefäßscheide noch in einem Prozentsatz Hilfe bringen.

Im zweiten Stadium kann man durch chirurgische Vorbehandlung und Nachbestrahlung noch in einem bestimmten
Anteil der Fälle radikale Hilfe bringen. Voraussetzung ist
jedoch neben der Strahlensensibilität, daß die Lymphknoten
ihrerseits noch nicht in das schrankenlose Wachstum ihrer
Umgebung übergegriffen haben und die Gefäße noch nicht
umscheidet haben.

Im dritten Stadium ist begreiflicherweise mit der Entfernung des primären Tumors und der regionären Lymphknoten nicht allzuviel geleistet, doch kann auch hier noch gelegentlich durch die besondere Lokalisation einzeln gebliebener Metastasen ein überraschend guter Effekt erzielt werden.

Bis auf weiteres hat demzufolge die Therapie des Kehlkopfkrebses ihre Erfolgsgrenzen, welche in der Entwicklung der regionären Lymphknotenmetastasen und in dem Stadium der Generalisation gesetzt sind.

Der Kehlkopfkrebs ist geradezu die Domäne des Mannes. Es ist eine allgemein bekannte Tatsache, daß der Kehlkopfkrebs vorzüglich den Mann betrifft. Eine Zusammenstellung der operierten Fälle aus meiner Klinik vom Jahre 1930 bis in die Gegenwart ergibt unter 437 Fällen ein Verhältnis des Mannes zur Frau wie 100:2, eine Zusammenstellung der Fälle aus der Strahlentherapie ergibt bei 265 Fällen ein Verhältnis von 100:4. Praktisch besteht daher die Tatsache, daß der Mann mehr als zwanzigmal so häufig vom Kehlkopfkrebs ergriffen wird als die Frau.

Der Krebs befällt die Männer vorzüglich im höheren Lebensalter (über 40). Ausnahmsweise findet er sich auch schon früher. Bei der Frau findet sich — so paradox dies klingt — der Krebs auch schon vom 25. Lebensjahr an und nimmt in der Regel dann einen recht malignen Verlauf, wie überhaupt der Krebs in der Schnelligkeit seiner Entwicklung die Vitalität des Alters widerspiegelt. Beim Mann ist eine sexuell bedingte besondere Veranlagung scheinbar außer Zweifel.

Hier wird hoffentlich die innige wissenschaftliche Zusammenarbeit der verschiedensten berufenen Stellen allmählich Licht und Klarheit bringen und damit vielleicht auch die Therapie in besondere neue Bahnen lenken.

Ueber die Genußgifte

Von

Professor Dr. H. v. Kutschera-Aichbergen

Wien

Genußgifte sind Stoffe, welche einen Genuß vermitteln und gleichzeitig Gesundheitsschädigungen verursachen.
Für den Genuß gibt mancher Familienerhalter mehr als
die Hälfte seines Einkommens, das ganze deutsche Volk
Jahr für Jahr etwa 10 Milliarden Reichsmark aus. Hier
haben wir uns heute nicht mit der Frage zu beschäftigen,
ob der Genuß diese großen Opfer wirklich wert sei, sondern mit der Frage, wie groß die Gesundheitsschädigungen
durch die Genußgifte sind. Die Zeit ist kurz, wir müssen
uns daher auf die praktisch wichtigsten Punkte beschränken. Für praktisch wichtig halte ich nicht nur die Frage
der individuellen Gesundheitsschädigungen einzelner, sondern auch die Frage: Welche Bedeutung haben die Genußgifte für die Volksgesundheit im allgemeinen?

Vom Vorredner wurden drei Genußgifte besprochen:
das Koffein, der Alkohol und das Nikotin. Mit dem K o f -
f e i n sind wir rasch fertig. Durch Koffeinsucht Kranke
habe ich bisher noch nie gesehen. Die Giftwirkung des
Koffeins ist für die Volksgesundheit praktisch bedeutungslos.

Der A l k o h o l ist die Ursache der bekannten Trinkerkrankheiten: Neuritis, Gastritis, Lebercirrhose, Fettsucht und
Psychosen der Alkoholiker. Diese Trinkerkrankheiten sind
aber doch recht selten, so selten, daß sie für das Gedeihen

des Volkes als Ganzen keine große Rolle spielen. Die Schädlichkeit des Alkohols liegt mehr auf anderen Gebieten. Es ist bekannt, daß die Nachkommenschaft von Säuferehepaaren degeneriert, daß sie nicht nur in der ersten Generation, sondern auch in späteren Generationen minderwertig ist. Die Nachfahren von Säufern bevölkern die Heime für Schwachsinnige, die Irrenanstalten und die Zuchthäuser. Es kann demnach kein Zweifel bestehen, daß der Alkohol k e i m s c h ä d i g e n d wirkt. Kein Mensch kann eine scharfe Grenze ziehen, wo der Trinker aufhört und der Säufer anfängt, sondern man muß damit rechnen, daß auch d i e N a c h k o m m e n s c h a f t v o n T r i n k e r n i n m e h r e - r e n G e n e r a t i o n e n g e s c h ä d i g t i s t, und zwar besonders in ihrem Nervensystem. In unserer Zeit, die so viel Wert legt auf Erbgesundheit und Reinheit der Rasse, sollte man auch das bedenken und die Mode des Trinkens unsinnig großer Alkoholmengen bei Kameradschaftsabenden u. dgl. abschaffen. Vor allem junge Männer, die Wert legen auf eine gesunde Nachkommenschaft, dürfen keine großen Alkoholmengen zu sich nehmen. Wenn jemand von seinem 18. Lebensjahr angefangen seinen.. Stolz darein setzt, besonders viel Wein und Schnaps zu vertragen, wird er später weniger stolz auf seine Nachkommenschaft sein können, sondern Sorgen mit hypernervösen minderleistungsfähigen Kindern haben. Wenn schon getrunken wird, dann sollte das ein Vorrecht der Aelteren sein, bei welchen die Entstehung von Schädigungen des Erbgutes nicht mehr in Betracht kommt.

Die größten Schäden des Alkohols liegen aber gar nicht auf gesundheitlichem, sondern auf sozialem Gebiet. Ganze Familien müssen Mangel an dem Nötigsten leiden, weil der Familienvater den größten Teil seines Einkommens vertrinkt. Auf die sekundären Folgen des Alkoholgenusses, die Hemmungslosigkeit, folglich Unglücksfälle, Gewalttaten, Geschlechtskrankheiten usw., kann hier nicht im einzelnen eingegangen werden.

Ganz anders liegen die Verhältnisse bei den T a b a k - s c h ä d e n, denn hier steht die Erkrankung des Genußgiftsüchtigen selbst im Vordergrunde. Raucherkrankheiten sind mindestens hundertmal häufiger als Trinkerkrankheiten. Die Zigarettenraucher* füllen die Wartezimmer der Aerzte, sie verlangen Erleichterungen in der Arbeit, Zubußen in der Ernährung, Badekuren und zusätzliche Urlaube, sie werden

---

* Im folgenden wird nur von den Zigarettenrauchern gesprochen, weil die Tabaksüchtigen in Wien fast ausschließlich durch die Zigarettenraucher, sehr wenig durch Zigarrenraucher und gar nicht durch Pfeifenraucher vertreten sind.

im besten Mannesalter arbeitsunfähig und strömen in großer
Zahl ins Krankenhaus. Wenn Sie diese Schilderung, welche
sich natürlich nur auf die starken Zigarettenraucher, d. h.
auf Raucher mit einem Verbrauch von mehr als 15 Zigaretten täglich, bezieht, übertrieben finden, dann möchte
ich Sie auf die Zahlen verweisen, welche im folgenden angeführt werden.

    W i e v i e l wird gegenwärtig geraucht? Vor 30 Jahren
hat E r b eine Statistik über das Rauchen bei seinen Privat-
patienten gemacht. Dieser bekannte Kliniker fand damals
in Heidelberg unter 500 Patienten 44·8% Nichtraucher oder
„quasi" Nichtraucher (bis 3 Zigaretten täglich), 31·6% mäßige Raucher (bis 15 Zigaretten täglich) und 23·6% starke
Raucher (mehr als 15 Zigaretten täglich). Das waren durchweg Leute aus begüterten Kreisen. Der deutsche Arbeiter
und kleine Angestellte hat damals noch viel weniger geraucht. Zum Vergleich habe ich die Krankengeschichten
meiner Abteilung im Wiener städtischen Krankenhaus Otta-
kring während des Jahres 1941 durchgesehen und fand unter
386 Männern in den Altersstufen zwischen 30 und 60 Jahren nur 57 (15%) Nichtraucher; alle anderen rauchten, und
zwar durchschnittlich 18 Zigaretten pro Tag. Diese rauchenden Krankenhausinsassen stammen fast durchweg aus
Arbeiterkreisen. In einer kleinen Vergleichsreihe freiwilliger
gesunder Blutspender (45 Männer) waren etwas mehr Nichtraucher (14), der Rest (31) gab aber auch als durchschnittlichen Tagesverbrauch 18 Zigaretten an. Diese Zahlen zeigen, daß die M e h r h e i t der Wiener Arbeiterbevölkerung
in den letzten drei Jahrzehnten z u s t a r k e n Z i g a r e t -
t e n r a u c h e r n geworden ist. Der Zigarettenverbrauch
Deutschlands ist von 1903 bis 1940 von 3½ auf 74 Milliarden jährlich angestiegen. Es kann uns daher nicht
wundernehmen, daß wir jetzt v i e l m e h r R a u c h e r -
k r a n k h e i t e n sehen als in früheren Zeiten, und zwar
folgende:

    1. Die vorzeitige Coronarsklerose und die dazugehöri-
gen Herzmuskelschäden einschließlich der Angina pectoris.

    2. Die hyperazide Gastritis und deren Folgezustände
(Ulcus ventriculi oder duodeni).

    3. Die Endarteriitis obliterans der Beinarterien und
deren Folgezustände: intermittierendes Hinken, schließlich
trockener Brand der Zehen oder des Fußes.

    4. Die Krebse der Atmungswege: Lippenkrebs, Zungen-
krebs, Kehlkopfkrebs und Lungenkrebs.

    Die genannten Krankheiten können bekanntlich aus
verschiedenen Ursachen entstehen. Unter diesen Ursachen
spielt aber der Tabak eine große Rolle. Bei den unter
Punkt 1 bis 3 aufgezählten Krankheiten ist das verständ-

lich, denn sie beruhen auf Erkrankungen der Gefäße und das N i k o t i n ist als G e f ä ß g i f t bekannt. W i e g r o ß der Anteil des Tabaks bei der Entstehung dieser Krankheiten ist, das läßt sich aus folgendem beurteilen:

1. dem Parallelismus zwischen der Zunahme dieser Krankheiten und der Zunahme des Rauchens,

2. der großen Häufigkeit dieser Krankheiten bei schweren Rauchern,

3. ex juvantibus: Zurückgehen der Krankheitserscheinungen nach Einstellen des Rauchens.

Auf weitere Tatsachen, welche ein Licht auf die ursächlichen Zusammenhänge zwischen Tabakgenuß und bestimmten Krankheiten werfen, werden wir später noch zurückkommen.

C o r o n a r s k l e r o s e und A n g i n a p e c t o r i s kommen auch bei Nichtrauchern vor, dann aber fast nur in vorgerücktem Alter, meist erst jenseits des 60. Lebensjahres. Es ist ein Vorrecht der Raucher, an diesem furchtbaren Leiden schon viel früher zu erkranken, schon vor dem 50., ja sogar schon vor dem 40. Lebensjahre. Der jüngste Fall, den ich gesehen habe, war ein Ingenieur, der sehr viel zu arbeiten hatte, oft die Nacht hindurch, der aber ohne Zigaretten nicht arbeiten konnte, daher zuweilen mehr als 100 Zigaretten im Tag verbrauchte. Er ist im Alter von 39 Jahren gestorben. Seine Kranzarterien zeigten so schwere arteriosklerotische Veränderungen, wie sie in diesem Alter bei Nichtrauchern niemals vorkommen. Jeder Internist sieht täglich Fälle von vorzeitiger Coronarsklerose und Angina pectoris: Arbeiter, Angestellte, Beamte, Kaufleute, aber auch Aerzte! Es ist immer die gleiche traurige Geschichte: unmäßiges Zigarettenrauchen viele Jahre lang; oft werden mehr als 40 Stück täglich zugegeben. Ist das Leiden zum Ausbruch gekommen, dann läßt sich oft nicht mehr viel ändern. Schmerzen, Kummer und Sorgen und der wirtschaftliche Zusammenbruch der Familie sind die Folgen.

Die ursächliche Bedeutung des Nikotins bei der Entstehung von Angina pectoris und verwandten Herzmuskelschäden ist in überzeugender Weise von L a u r e n t i u s nachgewiesen worden. L a u r e n t i u s untersuchte die Elektrokardiogramme von stark rauchenden Soldaten mit Herzbeschwerden. Um irgend welche anderen Schädigungen welche als Ursachen von Herzmuskelerkrankungen in Betracht kommen würden, auszuschließen, schied er alle Fälle aus, welche in ihrer Vorgeschichte Halsentzündungen, Mandelabszesse, schwere Zahnschäden, Grippe, Syphilis, Malaria, Gelenkrheumatismus, Fettsucht, Hochdruck, Schilddrüsenerkrankungen, Lungenemphysem oder Herzfehler

hatten. Nach Ausscheiden aller auf solche Art belasteten
Fälle blieben 136 Soldaten übrig, welche sich immer bester
Gesundheit erfreut hatten und deren Beschwerden einzig
und allein auf unmäßiges Rauchen zurückgeführt werden
konnten. Diese ausgesucht gesunden, d. h. bis zum Auftreten
der Raucherbeschwerden gesunden Soldaten zeigten in 61%
krankhafte Veränderungen der Herzstromkurve. Diese Zahl
von 61% krankhaften Elektrokardiogrammen ist besonders erschütternd, wenn man bedenkt, daß das Durchschnittsalter der untersuchten Soldaten 29˙3 Jahre betragen hat. Laurentius hat bei den stark rauchenden
Soldaten in 8 Fällen sogar die Zeichen von Herzinfarkten
feststellen können; diese letzteren hatten allerdings ein
Durchschnittsalter von 40 Jahren. Besonders bemerkenswert ist es, daß die Herzbeschwerden der jüngeren Soldaten erst „mit Steigerung der täglichen Zigarettenmenge"
in Erscheinung getreten sind. Zugegeben wurde von diesen
Soldaten ein Zigarettenverbrauch bis zu 70 Stück täglich.
Diese Zahlen berechtigen, in Zukunft bei solchen Fällen
kurz von „Raucherherz" zu sprechen.

Gastritis und Ulkuskrankheit der Raucher
sind besonderer Art.˙ Immer handelt es sich um lang dauernde Leiden mit Hyperazidität und meist auch Schmerzen.
Die Angaben Höglers und Friedrichs, daß unter
den magenkranken bzw. ulkuskranken Männern etwa 80%
starke Raucher seien, hat keine Beweiskraft mehr, seit wir
wissen, daß etwa 80% aller männlichen Wiener Krankenhausinsassen durchschnittlich 18 Zigaretten pro Tag zu
rauchen pflegen. Dagegen ist es wichtig, darauf hinzuweisen, daß Gastritis und Ulkus in Wien bei männlichen
Arbeitern doppelt bis viermal so häufig vorkommen
als bei den (derzeit noch!) nichtrauchenden Frauen
aus dem Arbeiterstand (Högler). Dieses Zahlenverhältnis kann ich bestätigen. Berücksichtigt man die Besonderheiten der Rauchergastritis bei Männern (Hyperazidität) und scheidet man die anaziden oder hypaziden
Gastritiden aus, welche bei Frauen als Begleiterscheinung
chronischer Gallenleiden vorkommen, dann verschiebt sich
dieses Verhältnis noch weiter zuungunsten der rauchenden
Männer. Die vorliegenden Statistiken würden aber nicht aus-
reichen, um einen ursächlichen Zusammenhang zwischen
Gastritis und Rauchen zu beweisen. Viel überzeugender ist
folgende Erfahrung bei der Behandlung: die Rauchergastritis
heilt nur dann, wenn das Rauchen aufgegeben wird; sie
wird wieder rückfällig, sobald das Rauchen wieder aufgenommen wird. Sogar nach der Radikaloperation (Zweidrittelresektion des Magens) treten befriedigende Dauererfolge nur dann ein, wenn das Rauchen eingestellt wird

(F r i e d r i c h). Der Operierte, der weiter raucht, kommt alsbald mit einer Stumpfgastritis und neuen Beschwerden ins Krankenhaus zurück.

Einen d i r e k t e n N a c h w e i s v o n M a g e n s c h ä - d i g u n g e n d u r c h N i k o t i n haben W e s t p h a l und W e s e l m a n n im Tierversuch erbracht. Sie konnten bei Hunden durch die Injektion von 2 bis 10 mg Nikotin im akuten Versuch Durchblutungsstörungen, im chronischen Versuch schon nach 3 Wochen schwere Gastritiden mit hämorrhagischen Erosionen erzeugen. Das ist deshalb besonders bemerkenswert, weil sich der Hundemagen im übrigen gegen Schädigungen aller Art als sehr widerstandsfähig erwiesen hat. Die Mengen von 2 bis 10 mg entsprechen der Nikotinmenge, welche beim Inhalieren von 1 bis 5 Zigaretten zur Resorption gelangt. Nach diesen Erfahrungen kann man die große Häufigkeit der Gastritis bei starken Rauchern nicht mehr als Zufall ansehen, sondern muß sie als Nikotinschädigung deuten. Dieser „R a u c h e r - m a g e n" heilt nur bei Enthaltsamkeit von Nikotin.

Noch klarer liegen die ätiologischen Verhältnisse bei der E n d a r t e r i i t i s o b l i t e r a n s (C l a u d i c a t i o) der Beine, denn hier ist das Rauchen die weitaus häufigste Ursache. Diese Krankheit war früher, als noch weniger geraucht wurde, eine sehr große Seltenheit. Sie war so selten, daß sogar einzelne Fälle als besondere Rarität vorgestellt und veröffentlicht wurden. Heute ist sie alltäglich. Der bekannte Kliniker E r b, welcher diese Fälle seinerzeit gesammelt hat, berichtete 1904 über 45 und 6 Jahre später über 38 Fälle. Ich habe in meiner Krankenhausabteilung in Wien, welche keine besondere Auswahl von Patienten enthält, sondern die Leute aufnimmt, wie sie von den Aerzten zugewiesen werden, in den letzten 4 Jahren allein 51 Fälle dieser Krankheit gesehen; alle 51 waren starke Raucher (meist mehr als 30 Zigaretten pro Kopf und Tag). E r b hat 1911 unter den Fällen von Claudicatio 78·6% starke Raucher gefunden, unter der übrigen Patientenschaft aber nur 23·6%. Er hat daher schon damals hervorgehoben, daß dem Tabakabusus „ein zweifellos ganz hervorragender Einfluß" bei der Entstehung der Claudicatio zukomme. Auch eine weitere Bemerkung E r b s ist von Interesse, nämlich daß seine Fälle fast durchweg der Privatpraxis angehörten und die Krankheit damals in Krankenhäusern „sehr selten" gewesen sei. Damals war das Zigarettenrauchen nur bei den begüterten Klassen, noch nicht aber bei der Arbeiterschaft Mode. Heute ist das gänzlich anders geworden. Heute raucht auch der Arbeiter durchschnittlich 18 Zigaretten täglich, und damit ist auch diese typische Raucherkrankheit eine häufige Erscheinung in den Krankenhäusern geworden. Unter

diesen Umständen wird die Krankheit am besten durch die
Bezeichnung „R a u c h e r b e i n e" gekennzeichnet, da andere Krankheitsursachen (Nässe, Kälte, Infektionen) nur
in seltenen Ausnahmefällen in Betracht kommen. Ein Stillstand der Krankheit kann nur dann erzielt werden, wenn
das Rauchen ganz aufgegeben wird. Wenn weiter geraucht
wird, schreitet das Leiden unaufhaltsam weiter, und es
kommt zur Amputation oder zum Tode.

Ein weiteres Leiden, welches parallel mit der Steigerung des Zigarettenkonsums in den letzten Jahren in er-
schreckender Weise zugenommen hat, ist der K r e b s d e r
L u f t w e g e. Es ist schon von Professor D e n k darauf
hingewiesen worden, daß der Krebs der Atmungswege, angefangen vom Lippenkrebs bis zum Lungenkrebs, bei Männern viel häufiger ist als bei Frauen. Ich erinnere nur an
die Zahl von 607 Kehlkopfkrebsen und 1425 Lungenkrebsen
bei Männern gegenüber nur 35 Kehlkopfkrebsen und 234
Lungenkrebsen im gleichen Zeitraum bei Frauen. Persönliche Erfahrung habe ich nur über den Lungenkrebs. Die
Häufigkeit desselben hat in den letzten Jahrzehnten beträchtlich zugenommen. Heuer ist an meiner Abteilung
durchschnittlich jeden Monat ein Fall von Lungenkrebs
zur Aufnahme gekommen, durchweg Männer, durchweg
starke Raucher (pro Kopf und Tag durchschnittlich 36 Zigaretten!). Die um soviel größere Häufigkeit des Krebses
der Atemwege bei stark rauchenden Männern im Vergleich
zu den (derzeit noch!) kaum rauchenden Frauen in einem
Arbeiterkrankenhaus kann nicht durch Zufälligkeiten erklärt werden. Es ist vielmehr anzunehmen, daß der „R a u-
c h e r k r e b s" unter den schädlichen Einwirkungen des
jahrelang inhalierten Tabakrauches entsteht. Als krebsaus-
lösende Substanz kommt nicht das Nikotin in Betracht,
sondern die teerähnlichen Begleitstoffe, da dem Teer bekanntlich eine krebserzeugende Wirkung zukommt.

Unter welchen Umständen entstehen die genannten
Raucherkrankheiten? Zweifellos kommt einer O r g a n d i s-
p o s i t i o n eine gewisse Bedeutung zu, denn die meisten
Raucher erkranken n u r a n e i n e r der genannten vier
Raucherkrankheiten. Bei sehr großen Dosen scheint aber
keine besondere Organdisposition zur Krankheitsentstehung
notwendig zu sein, denn es kommt nicht selten zu Schädigungen von verschiedenen Organsystemen gleichzeitig. So
war z. B. vor 2 Jahren ein 61jähriger Mann wegen Raucherbeine und Raucherherz in unserer Behandlung. Er pflegte
50 Zigaretten täglich zu rauchen. Vor kurzem ließ er sich
neuerlich aufnehmen, weil sich unterdessen auch ein Lungenkrebs entwickelt hatte. Ein anderer, der gleichfalls 50 Zigaretten als sein Tagesquantum angab, erkrankte in seinem

50. Lebensjahre an Magengeschwür, Claudicatio und Angina pectoris. Wenn man darauf achtet, findet man ziemlich häufig zwei oder mehr Raucherkrankheiten bei dem gleichen Patienten, der in diesem Falle immer ein sehr starker Raucher gewesen ist.

Meine Herren! Ich glaube, Sie werden aus dem Bisherigen den Eindruck gewonnen haben, daß es sich hier nicht um leere Behauptungen, sondern tatsächlich um ursächliche Zusammenhänge handelt. Es wird Sie sicherlich interessieren, wie groß d i e Z a h l d e r R a u c h e r - k r a n k h e i t e n ist, weil sich erst aus der Zahl ein Ueberblick über die praktische Bedeutung dieser Leiden für die Volksgesundheit gewinnen läßt. Ich kann Ihnen nur einen Bericht über die Verhältnisse in einem Wiener Krankenhaus geben. An meiner Abteilung standen 1941 im Verlaufe eines Jahres 386 Männer im Alter von 30 bis 60 Jahren in Behandlung. Von diesen entfielen 109 Fälle mit einem durchschnittlichen Zigarettenkonsum von 26 Zigaretten pro Kopf und Tag auf Raucherkrankheiten (Raucherherz, Rauchermagen, Raucherbeine, Raucherkrebs). Selbst dann, wenn wir annehmen, daß in einem Dutzend dieser Fälle ein bloß zufälliges Zusammentreffen starken Rauchens mit den Symptomen einer Raucherkrankheit vorgelegen habe, kommen wir zu dem Ergebnis, daß von den männlichen Krankenhauspatienten im Alter zwischen 30 und 60 Jahren j e d e r v i e r t e w e g e n e i n e s R a u c h e r - l e i d e n s i m K r a n k e n h a u s e lag, mit anderen Worten: der Krankenstand auf der Männerabteilung könnte um 25% niedriger sein, wenn das Rauchen nicht wäre. Aus diesem zusätzlichen Kontingent von Raucherkrankheiten auf der Männerseite erklärt es sich auch, daß die Frequenz auf der Männerseite trotz der großen Zahl der eingerückten Männer im Zivilkrankenhause nicht kleiner — wie man erwarten sollte —, sondern sogar noch größer war als auf der Frauenseite. Der Schaden, der dadurch entsteht, daß so viele 30- bis 60jährige Männer sich monatelang im Krankenhause von ihrem Zigarettengenuß erholen müssen und dadurch der Arbeit entzogen werden, ist ein gewaltiger; er wiegt jetzt in der Kriegszeit doppelt schwer. Auch in der Privatpraxis erlebe ich häufig derartige Fälle: Der Sohn ist eingerückt, der 50jährige Vater sollte und könnte das Geschäft allein weiterführen, wenn er sich nicht durch jahrzehntelanges, unmäßiges Rauchen vorzeitig arbeitsunfähig und krank gemacht hätte.

Was soll unser Ziel für die Zukunft sein? Bei der Behandlung ist nicht viel zu erreichen, weder bei den degenerierten Nachkommen der Alkoholiker noch bei den vorzeitig invaliden Rauchern. V e r h ü t e n ist in diesem Falle

tausendmal mehr wert als Heilversuche. Jeder Arzt, der
sich seiner Verantwortung gegenüber dem Volke als Gan-
zem bewußt ist und der einen Blick in das ungeheure Elend
getan hat, welches durch die Genußgifte verursacht wird,
muß auf eine Verminderung dieses Elends bedacht sein.
Was den A l k o h o l betrifft, so wäre vor allem d e r
s c h r a n k e n l o s e   A l k o h o l g e n u ß   d e r   j u n g e n
M ä n n e r   i m   I n t e r e s s e   d e r   G e s u n d h e i t   d e r
k o m m e n d e n   G e n e r a t i o n e n   e i n z u s c h r ä n k e n.
Bezüglich des T a b a k s sind alle Aerzte in einem Punkt
einig: B e i   d e m   A u f t r e t e n   e i n e r   R a u c h e r k r a n k -
h e i t ´ i s t   d a s   R a u c h e n   e i n z u s t e l l e n, weil die
Krankheit sonst nicht zum Stillstand zu bringen wäre und
alle Heilversuche versagen würden. Ich möchte diesem Gebote noch folgende weitere Forderung hinzufügen: Da die
Raucherkrankheiten in zahlreichen Fällen auf einer erb-
lichen Organdisposition beruhen, so i s t   b e s o n d e r s   b e i
d e n   K i n d e r n   i n v a l i d   g e w o r d e n e r   r a u c h e n -
d e r   V ä t e r   a u f   e i n e   T a b a k a b s t i n e n z   h i n z u -
a r b e i t e n.

Beispiel: Zu einem Konsilium wegen einer Angina pectoris
in die Provinz gerufen, konnte ich nicht mehr helfen, weil der
Patient bei meiner Ankunft bereits verschieden war. Er war ein sehr
starker Raucher gewesen. Im Hausflur traf ich den 18jährigen
Sohn mit einer Zigarette und hielt es für nützlich, die Witwe
nachdrücklich darauf aufmerksam zu machen, daß ihr Sohn dem
gleichen Schicksal entgegengehe wie sein Vater, wenn er das
Rauchen fortsetze. Unter dem Eindruck eines solchen Todesfalles
oder auch unter dem Eindruck einer Amputation wegen Raucher-
beines oder einer Magenresektion wegen Rauchermagens läßt sich
mehr erreichen als sonst.

Die Parole soll also lauten: D i e   K i n d e r   v o n   V ä -
t e r n, d i e   d u r c h   u n m ä ß i g e s   R a u c h e n   v o r z e i t i g
i n   d a s   G r a b   g e b r a c h t   o d e r   i n v a l i d   g e w o r d e n
s i n d, m ü s s e n   u n t e r   H i n w e i s   a u f   d a s   t r a u r i g e
S c h i c k s a l   i h r e r   V ä t e r   v o m   R a u c h e n   a b g e -
b r a c h t   w e r d e n, denn sie sind infolge der ererbten
Organminderwertigkeit mehr gefährdet als die Kinder ganz
gesunder Eltern.

Aber auch sonst sollte gerade der B e g i n n des Rauchens nicht leicht genommen werden. Der gesunde deutsche
Junge, der seine erste Zigarette raucht, sollte nicht nur
durch die sich alsbald einstellenden Uebelkeiten, sondern
auch sonst nachdrücklich darauf aufmerksam gemacht werden, daß es ein Unglück ist, wenn er sich in die Armee
der Gewohnheitsraucher einreiht, in jene Armee, welche
Jahr für Jahr Milliarden vergeudet, und von welcher ein
erschreckend großer Teil im besten Mannesalter der Krankheit und vorzeitigem Siechtum verfallen ist. Schon in der HJ

und im RAD, ebenso in der Wehrmacht wären Alkohol und Nikotin in dem Kapitel Erbgesundheit und Rassenreinheit zu besprechen, Säufer und Nikotinsüchtige als Minderwertige zu brandmarken, ebenso wie etwa Erbkranke oder Mischlinge. Man kann dieses Problem gar nicht radikal genug anpacken, wenn man überhaupt etwas erreichen will. Ein „mäßiges" Rauchen zu predigen, hätte keinen Sinn, weil derlei Gebote nicht eingehalten werden. Es sind überhaupt Mahnungen aller Art an Menschen, welche bereits der Sucht verfallen sind, praktisch wertlos, aber d i e J u g e n d s o l l t e v o r d e m E i n t r i t t i n d e n K r e i s d e r S ü c h t i g e n b e w a h r t w e r d e n, damit künftige Generationen gesünder werden als die jetzige es ist, und viele tausend Krankenbetten, welche jetzt mit einem Fall von Raucherkrankheit (Raucherherz, Rauchermagen, Raucherbein oder Raucherkrebs) belegt sind, geräumt werden können.

Literatur: Erb: Münch. med. Wschr., 1910, S. 1105, 1181, 2450; 1911, S. 2486. — Friedrich: Wien. klin. Wschr., 1942, S. 298. — Högler: Wien. klin. Wschr., 1941, S. 1016. — Laurentius: Dtsch. Mil.arzt, 6, 633, 1941. — Weselmann: Z. Klin. Med., 136, 683, 1939. — Westphal: Magenerkrankungen durch Tabakmißbrauch. Berlin: Reichsgesundheitsverlag, 1941.

Das äußere Erscheinungsbild
des Mannes
und seine klinische Bedeutung

Von

Professor Dr. **W. Falta**

Wien

Das Thema meines heutigen Vortrages betrifft die klinischen Krankheitsbilder, welche durch Störung derjenigen Faktoren entstehen, die das Wesen der Männlichkeit ausmachen. Ich gehe dabei von der Anschauung aus, daß das Geschlecht vom Moment der Befruchtung an determiniert ist, daß aber die Blutdrüsen und insbesondere die Keimdrüsen während der Pubertät und unter gewissen Verhältnissen auch später einen gewaltigen formativen und funktionellen Einfluß ausüben.

Daß der normale Ablauf des Geschlechtslebens an die hormonale Funktion des ganzen Blutdrüsensystems gebunden ist, sehen wir schon in der Pubertät. Die Vollentwicklung der Keimdrüsen und der Nebennierenrinde, die zu dieser Zeit eintritt, setzt eine vermehrte Tätigkeit des Hypophysenvorderlappens (insbesondere vermehrte Produktion von gonadotropem und suprarenotropem Hormon) und der Schilddrüse voraus. Diese Entwicklung führt zur Reifung der primären und zur Ausbildung der sekundären Geschlechtscharaktere (Mutieren der Stimme, Behaarung am Mons veneris und an der Linea alba, Behaarung in den Achselhöhlen, Bartwuchs) und schließlich zum Auftreten der generativen Funktion (erste Pollutionen). Durch den allmählichen Schluß der Epiphysenfugen kommt es zur Begrenzung des Wachstums.

Neben diesen somatischen gibt es seelische Veränderungen, welche dieser Phase den Namen der Sturm- und Drangperiode verliehen haben.

Dieser Gang der Entwicklung kann Störungen aufweisen. Es gibt Individuen mit vorzeitiger und solche mit verspäteter Pubertät. Als Beispiel für verspätete Pubertät zitiere ich den Schweizer Dichter Conrad Ferdinand Meyer, der nach K r e t s c h m e r bis zu seinem 4 Lebensjahr geistig und körperlich ein kümmerliches Dasein führte. Erst mit dem 40. Lebensjahr setzte der Frühling seines Lebens zugleich mit einem enormen Schaffensdrang und glänzender Leistung ein. Anders bei Rimbaud, dem größten französischen Dichter am Ende des 19. Jahrhunderts. Dieser hat alle seine Dichtungen im Alter von 15 bis 19 Jahren hervorgebracht. Durch Paul Verlaine herausgegeben, erregten seine wundervollen Verse, die für die Lyrik eine neue Richtung bedeuteten, größtes Aufsehen und wurden von Stefan George ins Deutsche, von anderen auch in das Englische, Italienische, Russische und Schwedische übertragen. Dieser Mann hat nach vollendetem 19. Lebensjahr nie wieder gedichtet, sondern als Kaufmann, Waffenschmuggler und Sklavenhändler in Nordafrika ein abenteuerliches Leben geführt. Er starb im 36. Lebensjahr. Anscheinend gibt es auch nach erreichter Pubertät bei manchen Individuen ein wellenförmiges An- und Abschwellen der Keimdrüsentätigkeit: Eine Phase gesteigerter Produktion von Keimdrüsenhormonen im Erwachsenenalter kann sich wohl nicht allein in erhöhter geistiger Spannung und erhöhter Lebensfreude, sondern auch in einem verjugendlichten Aussehen und größerer körperlicher Leistungsfähigkeit auswirken. Nach S c h m e i n g sind solche späteren pubertoiden Phasen sogar die Regel. Auch Goethe sagt, daß manche Menschen eine mehrfache Pubertät erleben, und K r e t s c h - m e r zeigt, daß bei Goethe selbst die Zeiten der Hochkonjunktur seines dichterischen Schaffens mit den Phasen seines Liebeslebens zusammenfallen.

Demgegenüber steht das Bild des S e n i u m p r a e - c o x. Das frühzeitige Erlöschen der Keimdrüsentätigkeit spielt dabei eine wichtige, aber nicht ausschlaggebende Rolle. Dies zeigen die vielen Versager nach der Steinach-schen Operation oder nach Implantation von Keimdrüsen, bei denen die Funktionssteigerung nur zu neuerlicher Erotisierung ohne erneute Erhöhung der Gesamtvitalität führt, wodurch ein abscheuliches Zerrbild entsteht.*

---

* Vgl. W. F a l t a: Ueber die Pubertät. Wien. klin. Wschr., 1932, Nr. 25, 26.

Die Bedeutung der K e i m d r ü s e n zeigt sich besonders bei der Ausschaltung derselben in früher Jugend. Bei den F r ü h k a s t r a t e n (E u n u c h e n) lassen sich unschwer zwei Typen unterscheiden, ein fettsüchtiger und ein hochwüchsiger Typus. Bei beiden weichen die Dimensionen des Körpers von der Norm dadurch ab, daß infolge längeren Offenbleibens der Epiphysenfugen die Extremitäten abnorm lang sind und die Unterlänge bzw. Spannweite die Oberlänge wesentlich überragt; bei der hochwüchsigen Form begreiflicherweise wesentlich mehr als bei der fetten Form. Die Entwicklung des G e n i t a l e s bleibt zurück (Hoden, Prostata, Penis enorm klein, kleiner Kehlkopf, hohe Stimme, Fehlen des Bartes). Die Anhäufung des Fettes erfolgt hauptsächlich an den Hüften und an den Brüsten. Es kommt nur in sehr geringem Maße zur Ausbildung der sekundären Geschlechtscharaktere (Bartbildung, Behaarung in den Achselhöhlen, am Mons veneris und in der Linea alba). Das gesteigerte Wachstum beruht auf dem verspäteten Schluß der Epiphysenfugen, das Ausbleiben der Entwicklung der sekundären Geschlechtscharaktere auf einer Verkümmerung der Nebennierenrinden, welche, wie wir später noch sehen werden, in sehr engem entwicklungsgeschichtlichem Zusammenhang mit den Keimdrüsen stehen. Daß sich diese mangelhafte Entwicklung auch geistig und charakterlich auswirkt, ist bekannt.

Wir kennen ein Krankheitsbild, welches ohne unseren Eingriff zu ganz ähnlichen Erscheinungen führt, den E u n u c h o i d i s m u s. Auch hier unterscheiden wir einen fetten und einen hochwüchsigen Typus. Das Genitale zeigt dabei eine besonders hochgradige Verkümmerung, der Penis kann die Größe eines Fingergliedes haben, die Hoden können erbsengroß sein. Der Eunuchoidismus verbindet sich häufig mit Kryptorchismus. Ferner finden sich häufig ein Genu valgum und Pedes plani sowie Ueberstreckbarkeit der Kniegelenke. Die genotypische Natur des Eunuchoidismus zeigt sich in der häufigen Erblichkeit, nicht in dem Sinne, daß er sich direkt vererben kann, aber daß in derselben Familie Eunuchoidismus mehrfach vorkommt. S a i n t o n berichtet z. B. über 3 Fälle von Eunuchoidismus bei 5 Geschwistern, oder F u r n o, Eunuchoidismus in 4 Generationen oder O c o n o r bei 6 Brüdern. Es gibt auch sehr seltene Fälle von weiblichem Eunuchoidismus, die durch ihre Hochwüchsigkeit auffallen.

Praktisch wichtig ist, daß beim sogenannten P r ä p u b e r t ä t s e u n u c h o i d i s m u s, der immer mit Fettsucht einhergeht, die Pubertät oft erst im 17. bis 18. Lebensjahr einsetzt und sich meist ohne unser Zutun zurückzubilden pflegt. In solchen Fällen kann durch Injektion von

Keimdrüsenhormon die Entwicklung beschleunigt werden, doch kann ein solcher günstiger Aufbau leicht vorgetäuscht werden. Hingegen erzielt man bei den typischen schweren Fällen von Eunuchoidismus mit Keimdrüsenhormon keinen deutlichen Erfolg. Es gibt auch Fälle von Rückbildung bereits vollentwickelter Keimdrüsen mit allen Erscheinungen des Eunuchoidismus; von den Franzosen wurde dieser Zustand Infantilisme retardif, von mir S p ä t e u n u c h o i d i s - m u s genannt. Wir finden diesen Späteunuchoidismus, wie wir später sehen werden, regelmäßig bei Destruktion des Hypophysenvorderlappens. Dies läßt uns vermuten, daß auch bei der Entstehung des Früheunuchoidismus der Hypophysenvorderlappen eine wichtige Rolle spielt.

Der Eunuchoidismus darf nicht mit dem I n f a n t i - l i s m u s verwechselt werden. Der echte Infantilismus ist charakterisiert durch das Stehenbleiben auf kindlicher Entwicklungsstufe. Da die Vollentwicklung und Funktion der Keimdrüsen und die der Hirnrinde viel später einsetzt als die der anderen Organe, so liegt es in der Natur des Infantilismus, daß sich das Zurückbleiben besonders deutlich in der Entwicklung und Funktion der Keimdrüsen und in derjenigen der Psyche ausdrückt. Es kommt aber nie zu so schweren Störungen der primären Geschlechtsmerkmale, wie wir sie beim Eunuchoidismus kennengelernt haben. Hand in Hand mit dem somatischen Infantilismus pflegt ein psychischer Infantilismus zu gehen, doch gibt es in dieser Hinsicht oft große Diskrepanzen.

Im Gegensatz zu den eben geschilderten Krankheitsbildern steht die P u b e r t a s p r a e c o x: frühzeitige und beschleunigte Entwicklung der Keimdrüsen und der sekundären Geschlechtscharaktere, vorzeitige Mutation der Stimme, einhergehend mit erhöhtem Wachstum. Schon in den ersten Lebensjahren kann es dabei zu Erektionen kommen. Knochensystem und Muskulatur sind meist beteiligt. Da aber der Epiphysenschluß eher verfrüht einsetzt, so ist die definitive Körpergröße oft unternormal. Es handelt sich also um einen passageren Riesenwuchs. Daß diese Pubertas praecox oft genotypisch bedingt ist, zeigen Beobachtungen von R o u s h und Mitarbeitern, die eine Familie beschreiben, bei welcher der Urgroßvater, der Großvater, 2 Onkeln, der Vater und 2 Söhne eine vorzeitige Entwicklung des Genitales aufwiesen. Sie kann bedingt sein durch Tumoren des Hodens (im Falle von S a c c h i bildeten sich nach Exstirpation dieses Tumors alle diese Erscheinungen zurück) oder sie findet sich, wie wir später sehen werden, bei Nebennierenrindentumoren oder endlich bei Tumoren in der Gegend des Hypothalamus. So beschreiben D r i g g s und und S p a t z einen 2³⁄₄jährigen Knaben, dessen Körpergewicht demjenigen eines 15jährigen, dessen Körperlänge derjenigen eines 9jährigen Knaben entsprach. Ursache ein Ganglionneurom. Früher glaubte man, daß auch Ueberfunktion der Epiphyse Ursache der Pubertas praecox sein könne. Heute kann man mit großer Wahrscheinlichkeit die Ursache dieser Fälle auch in einer Schädigung des Hypothalamus sehen, hervorgerufen durch Tumoren (Pinealome, Gliome, Teratome).

Auf die Pupertas praecox bei Erkrankungen der Nebennierenrinde (Adrenogenitalsyndrom) komme ich später zu sprechen.

Ich komme nun zur S c h i l d d r ü s e. Bei jugendlichen H y p e r t h y r e o s e n finden wir fast regelmäßig eine besondere Feingliedrigkeit und eher Hochwuchs. Welchen Einfluß die Hyperthyreose auf den Gesichtsausdruck haben kann, ist allgemein bekannt.

Noch eindrucksvoller sind die Veränderungen, die im jugendlichen Alter nach Ausfall der Schilddrüse eintreten. Am allerstärksten und katastrophalsten äußert sich dies bei angeborenem Fehlen der Schilddrüse (b e i d e r T h y - r e o a p l a s i e fälschlich sporadischer Kretinismus genannt). Hochgradige Wachstumsstörung (Körpergröße bleibt gewöhnlich, wenn solche Fälle nicht behandelt werden, unter 1 m), Verzögerung im Auftreten der Knochenkerne und im Epiphysenfugenschluß, Entwicklungsstörung des Genitales, Verzögerung des Fontanellenschlusses und der Dentition, Nabelhernie, myxödematöse Beschaffenheit der Haut, trophische Störungen der Nägel und Haare, wulstige Lippen, Nasenwurzel oft eingezogen, schwerste Entwicklungsstörung des Gehirns.

Bei weniger hochgradigen Fällen finden sich diese Erscheinungen entsprechend weniger ausgesprochen, aber auch da finden wir Zurückbleiben im Wachstum und schwere Störungen in der Entwicklung der Knochenkerne. Durch eine entsprechende Schilddrüsenbehandlung kann man in solchen Fällen die Entwicklungsstörung hochgradig vermindern oder ganz beseitigen.

Früher hat man den K r e t i n i s m u s ausschließlich auf eine Unterfunktion der Schilddrüse infolge Kropfbildung zurückgeführt. Ich habe schon in der ersten Auflage meines Blutdrüsenbuches mich gegen diese Auffassung gewendet. Dagegen spricht folgendes:

1. Die Schilddrüsentherapie wirkt durchaus nicht in allen Fällen, auch ist ihre Wirkung außerordentlich verschieden.

2. echte myxödematöse Symptome können ganz fehlen,

3. die Erscheinungen beim endemischen Kretinismus

sind sehr mannigfaltig (auch die endemische Taubstumm-
heit gehört hierher) und bei den einzelnen Individuen sehr
verschieden ausgesprochen.

So z. B. können die körperlichen Störungen relativ
stark entwickelt, die Störungen der geistigen Entwicklung
gering sein und umgekehrt. Ebenso verschieden sind die Störungen im Wachstum. Erscheinungen des Hypothyreoidis-
mus können überhaupt fehlen. Man kann zusammenfassend
sagen: Während bei der Aplasie der Schilddrüse die Fälle
einander gleichen wie ein Ei dem andern, finden wir beim
endemischen Kretinismus eine ungeheure Mannigfaltigkeit
in den klinischen Bildern.

Auch die C h o n d r o d y s t r o p h i e und der M o n g o -
l i s m u s wurden früher auf die Schilddrüse bezogen, obwohl die Schilddrüsentherapie nur in seltenen Fällen von
Mongolismus zu einer leichten Besserung führt, bei Chon-
drodystrophie gar keinen Einfluß erkennen läßt.

Von größter Wichtigkeit ist für unsere Frage die H y p o -
p h y s e und speziell der Hypophysenvorderlappen (HVL.).
Mangelhafte Entwicklung des HVL. führt zum h y p o p h y -
s ä r e n Z w e r g w u c h s. Meist handelt es sich dabei nicht
um vollständigen Ausfall des HVL.; zum Unterschied von
thyreogenen Zwergwuchs zeigen diese Zwerge eine normale
geistige Entwicklung. Die Liliputanertruppen, die man häufig
in Zirkussen sieht, bestehen größtenteils aus hypophysären
Zwergen. Diese Menschen sind normal groß geboren, die
Proportionen des Skelets sind normal. Sehr interessant ist,
daß es bei solchen Fällen später noch zu einem beträchtlichen Wachstum kommen kann. Dies ist dadurch möglich,
daß die Epiphysenfugen in solchen Fällen oft bis in das
hohe Alter offenbleiben. So ist mir ein Fall bekannt, der
mit 24 Jahren plötzlich zu wachsen begann und noch um
15 cm wuchs; ja, es gibt Fälle von hypophysärem Zwergwuchs, die im zweiten oder dritten Dezennium wieder zu
wachsen begannen, ja, es gibt Fälle, welche bis zum Ende
der Pubertät Zwerge waren und nachher akromegale Riesen
wurden. Charakteristisch ist auch die schwere Entwicklungsstörung des Genitales infolge verminderter Produktion
von gonadotropem Hormon, ferner die Greisenhaut (Gero-
derma). Ursachen der hypophysären Störungen sind Tumoren, Zysten oder Druck durch einen Hydrocephalus usw.
Aber auch genotypische Momente (F o u r i e r berichtet über
5 Geschwister mit hypophysärem Zwergwuchs) spielen mit
herein.

Entwickelt sich die Störung beim Erwachsenen, so
kommt es zur h y p h y s ä r e n D y s t r o p h i e. Charakterisiert ist diese durch eine langsam oder schnell sich
entwickelnde enorme Abmagerung, schwerste Kachexie, da-

bei Rückbildung des Genitales (Späteunuchoidismus), Hoden können sich bis auf Erbsengröße verkleinern, ebenso
können Rückbildung des Penis und der Prostata und Rückbildung der sekundären Geschlechtscharaktere auftreten. Die
Ursachen sind sehr verschieden: Tumoren, Zysten, Tbc., Infarkte, aber auch mentale Anorexie, besonders bei jungen
Mädchen, Behandlung mit gonadotropem Hormon und Keimdrüsenhormon und eventuell auch Insulin.

Auf einer Ueberfunktion des HVL. beruht die
Akromegalie: Verdickung und Verplumpung der Knochen, Kyphose, Prognatie, Vergrößerung der Hände und
Füße, der Zunge, der Nase, in manchen Fällen fellartige
Behaarung (Gorilla), überhaupt Vergrößerung der Weich-
teile, insbesondere Splanchnomegalie (Magen, Darm, Leber,
Pankreas). Milchsekretion auch beim Mann. Hyperplasie
des Genitaltraktus, Hyperplasie der Nebennierenrinden (Behaarung!). In manchen Fällen anfänglich Ueberfunktion des
Genitales, in anderen Fällen frühzeitiges Erlöschen der Potenz und Libido.

Die Akromegalie steht in naher Beziehung zum
Riesenwuchs, Brissaud und Meige stellten
die Formel auf: Ueberfunktion des HVL. in der Jugend bei offenen Epiphysenfugen führt zum Riesenwuchs
(Riese und Zwerg), bei Erwachsenen bei geschlossenen Epiphysenfugen zur Akromegalie. Diese Formel stimmt nicht,
denn es gibt auch jugendliche Fälle von Akromegalie. Meine
Anschauung: Hyperplasie mehrerer Blutdrüsen. Tatsächlich
findet man neben dem eosinophilen Adenom des HVL. oft
eine hyperplastische Veränderung der Schilddrüse und der
Nebennierenrinde. Die meisten Riesen akromegalisieren sich
erst später. Interessant ist die Verbindung mit Eunuchoidismus; auch solche Fälle können sich später akromegalisieren, wobei es sogar zur Milchsekretion kommen kann. Das
Problem ist also nicht so einfach und noch nicht gelöst.

1900 hat Babinski Fälle von Hypophysentumoren
ohne Akromegalie, aber mit Fettsucht und Störungen der
Genitalentwicklung beschrieben. Später hat Fröhlich den
Zusammenhang zwischen Hypophysentumoren und Fettsucht
durch die Beobachtung zu stützen versucht, daß in einem
Falle nach operativer Entfernung des Hypophysentumors
eine gewisse Rückbildung der Erscheinungen auftrat. Der
Ausdruck Dystrophia adiposo-genitalis (D. a. g)
stammt von Bartelmann. Seit dieser Zeit ist die Meinung allgemein verbreitet, daß es eine hypophysäre
Fettsucht gibt, obwohl, wie ich immer wieder ausführte, alles dagegen spricht. Vorderhand kommt weder
eine Ueberfunktion noch eine Funktionsminderung der Hypophyse pathogenetisch in Frage. Denn

1. Ausfall des HVL. führt nicht zur Fettsucht, sondern zur schwersten Magersucht, die wir kennen,

2. Ausfall des Hinterlappens führt ebenfalls nicht zur Fettsucht, sondern zum Diabetes insipidus, und

3. Ueberfunktion des Vorderlappens führt zur Akromegalie und nicht zur Fettsucht. Ueberfunktion des Hinterlappens führt zur Oligurie.

4. Vollkommenes Versagen der Hypophysentherapie bei der Fettsucht; weder Vorderlappen noch Hinterlappen. Auch beim Cushing-Syndrom.

Die Fettsucht ist daher nicht hypophysär. Besonders irreführend war die Beobachtung, daß bei jungen Hunden, denen die Hypophyse entfernt wurde, neben Störungen im Wachstum und Zurückbleiben in der Genitalentwicklung auch hochgradige Fettsucht auftrat, und ebenso die Beobachtung, daß sich bei allen möglichen Prozessen in der Gegend der Hypophyse häufig Fettsucht entwickelte. Heute wissen wir, daß es sich um eine d i e n c e p h a l e   F e t t - s u c h t handelt. Wir finden sie nach Encephalitis, bei Tumoren in dieser Gegend, bei Lues, besonders auch bei Hypophysengangstumoren.

Der Irrtum kam einerseits dadurch zustande, daß bei Prozessen in der Nähe der Hypophyse, z. B. im Hypophysenstiel, es häufig zu einer Schädigung des Infundibulums bzw. Hypothalamus kommt; ebenso wissen wir, daß bei den Exstirpationsversuchen außerordentlich leicht eine Schädigung des Infundibulums eintritt. Die resultierende Fettsucht beruht daher nicht auf einer Störung der Hypophyse, sondern auf Störungen des Hypothalamus. Experimentell hat Smith die Frage geklärt. Er zeigte an Ratten, daß es bei ganz isolierter Verletzung der Hypophyse zu Zwergwuchs und Genitalstörung kommt, hingegen bei isolierter Verletzung des Hypothalamus zur Fettsucht. Man sollte daher endlich einmal mit dieser hypophysären Fettsucht Schluß machen.

Wir kommen nun zu einem besonders interessanten Krankheitsbild, dem sogenannten C u s h i n g s c h e n   S y n - d r o m. Bei voller Entwicklung zeigen sich folgende Symptome:

1. eine charakteristische Fettsucht, Fettanhäufung im Nacken und im Gesicht (Vollmondgesicht), während Arme und Rumpf schlank bleiben. Entwicklung der Fettsucht meist ungeheuer rasch,

2. Plethora mit Erythrozytose,

3. Striae purpureae,

4. hochgradige Osteoporose (Fischwirbel) und Kyphose,

5. Hypertonie und Hyperglykämie, eventuell Diabetes und Hypercholesterinämie,

6. Sexualstörungen (Impotenz bzw. Amenorrhoe).

7. Hirsutismus bei Frauen,

8. eventuell bei Männern wie bei Frauen Milchsekretion.

In seltenen Fällen entwickelt sich die Krankheit auch bei Kindern.

C u s h i n g fand bei Fällen dieser Erkrankung basophile Adenome des HVL. In einem Fall fanden sich basophile Zellen in der Nebennierenrinde. Die Situation ist aber nicht klar, denn

1. gibt es Fälle von Cushing ohne Basophilismus (T e s - s e r a u x fand bei 50 obduzierten Fällen von CS. Adenome in 68% und basophile Adenome in 50%) und

2. findet man basophile Adenome ohne CS. (C a - s t e l l o, Mayo-Klinik, bei 1000 Fällen),

3. C u s h i n g o h n e A d e n o m: In solchen Fällen fanden sich Tumoren der T h y m u s d r ü s e (Fälle von Thymussarkom) oder sogar T e r a t o m e d e s O v a r i u m s (P a r a d e) oder T u m o r e n d e r N e b e n n i e r e n r i n d e.

Für die Pathogenese des Cushingschen Syndroms ist von größter Bedeutung, daß sich aus dem Kreis der Syndrome ein Sektor ausscheiden läßt, das sogenannte adrenogenitale Syndrom, welches sich auch bei Nebennierenrindentumoren findet, bestehend aus Fettsucht plus kontrasexuellem Umschlag (bei Frauen Vermännlichung, bei Knaben homologe Frühreifung, bei Männern Verweiblichung), außerdem Hypertonie und Hyperglykämie. Dieses Syndrom findet sich bei Tumoren der Nebennierenrinde.

I. B e i J u g e n d l i c h e n:

a) b e i M ä d c h e n: Heterosexuelle Frühreife, fälschlich auch als Pseudohermaphroditismus bezeichnet;

b) b e i K n a b e n: Homologe Frühreife, Bartbildung, tiefe Stimme, sehr kräftige Muskulatur, sogenannter infantiler Herkules, vorzeitiges Dauergebiß, später vorzeitige Verknöcherung der Epiphysenfugen, wodurch dem Wachstum Grenzen gesetzt werden. Nach Operation des Tumors bilden sich die Erscheinungen zurück.

II. B e i E r w a c h s e n e n:

a) b e i F r a u e n: Typischer Hirsutismus mit Aufhören der Menses, Bartbildung, Vermännlichung, Fettsucht, manchmal auch Diabetes;

b) b e i M ä n n e r n: Selten, bisher 6 sichere Fälle. Meist Gynäkomastie, Milchsekretion, mäßige Fettsucht, Atrophie der Hoden, Verkleinerung des Penis, Verschwinden der Libido und Potenz (Späteunuchoidismus). Fall von H o l l. Bei diesem fand sich ein Karzinom der Nebennierenrinde, nach Operation Rückbildung der Erscheinungen.

Aber auch bei Tumoren, die von den K e i m d r ü s e n selbst ausgehen, kommt es zu solchen Veränderungen:

I. B e i   j u g e n d l i c h e n   I n d i v i d u e n:

a) b e i   K n a b e n: Teratome und sarkomähnliche Tumoren, Pubertas praecox, Verstärkung der Männlichkeit, Operation kann Heilung bringen;

b) b e i   M ä d c h e n: G r a n u l o s a - Z e l l t u m o r e n mit vorzeitiger voller Entwicklung der primären und sekundären Geschlechtscharaktere. Ferner Arrhenoblastome des Ovariums, aus männlich differenzierten Trabantzellen der Geschlechtszellen hervorgehend, welche Sexualhormone produzieren. Symptome: Akne, männliche Gesichtszüge, rauhe Stimme, kräftige Muskulatur, Brüste werden klein und flach, Hypertrophie der Klitoris, Geschlechtstrieb kann erlöschen; operative Heilung.

Anderseits Disgerminome, die sich aus undifferenzierten Trabantzellen der Geschlechtszellen zusammensetzen, angeblich zur Verweiblichung führend. Gynäkomastie. F ö d e r l spricht ihnen hingegen jede hormonale Funktion ab.

Kehren wir nun zum CS. zurück, so kann ich nur wiederholen, daß im CS. das adrenorenale Syndrom eingeschlossen ist, welches auf Ueberfunktion der Nebennierenrinde beruht. Diese Ueberfunktion kann hervorgerufen werden durch Veränderung der Nebennierenrindenstruktur selbst oder es kann die Nebennierenrinde von ferne her beeinflußt sein. Diese Beeinflussung kann erfolgen von seiten der Keimdrüsen (Fall von P a r a d e) oder von seiten der Thymusdrüse (Karzinom), ebenso denkbar von seiten der Hypophyse. Darauf weist schon hin, daß die Nebennierenrinde in der Schwangerschaft, wo bekanntlich eine verstärkte Hypophysenfunktion vorhanden ist, hypertrophiert, ferner daß wir bei der Akromegalie häufig Hyperplasie der Nebennierenrinde mit Vermännlichung finden; ferner der Umstand, daß ebenso wie bei der Akromegalie auch beim CS. sich Milchsekretion einstellen kann, und endlich, daß beim CS. sich sehr häufig kortikorenáles Hormon vermehrt im Blute nachweisen läßt. Die Rolle, die der Basophilismus dabei spielt, scheint mir bisher noch nicht geklärt.

Wenn wir nun das komplizierte Tatsachenmaterial überblicken, so lassen sich folgende Sätze aufstellen:

1. Es besteht entwicklungsgeschichtlich eine enge Verwandtschaft der Nebennierenrinde mit den Keimdrüsen. Beide entwickeln sich aus benachbarten Knospen des Mesoderms. Es besteht aber auch eine Aehnlichkeit der Nebennierenrindenhormone und der Keimdrüsenhormone. Beide sind Sterinabkömmlinge und können chemisch ineinander über-

geführt werden. Sie haben auch eine ähnliche biologische Wirkung. Nach Nebennierenexstirpation kann z. B. das Cortin zum Teil durch Sexualhormone ersetzt werden.

2. Bei Nebennierenrindentumoren, ebenso wie bei Hoden- oder Ovarialtumoren kommt es zur Ausschüttung großer Mengen homologer oder Heterosexualhormone, daher Verstärkung der Männlichkeit oder der Weiblichkeit oder heterosexueller Umschlag.

3. Das Geschlecht ist, wie schon eingangs erwähnt, ab ovo determiniert, die Blutdrüsen und insbesondere die Keimdrüsen üben nur einen allerdings gewaltigen formativen und funktionellen Einfluß aus; die Rolle der Keimdrüsen erhellt am deutlichsten aus dem Verhalten des echten Hermaphroditismus, wo, je nach dem stärkeren Hervortreten der Funktion der männlichen oder der weiblichen Keimdrüsen, sich das betreffende Individuum als Mann oder als Frau verhalten kann (vgl. den berühmten von Virchow und Frerichs bearbeiteten Fall der Katharina Homann).

Die Väterlichkeit

Von

Professor Dr. **F. Hamburger**

Wien

Ein Kurs über Physiologie und Pathologie des Mannes wäre nicht vollständig, würde nicht auch über den Mann als Vater gesprochen. Daß dieses Kapitel zuletzt drankommt, ist ganz gerechtfertigt. Während nämlich beim Weib die hervorstechendste Eigenschaft unter natürlichen Verhältnissen die Mütterlichkeit ist und daher im Salzburger Kurs über das Weib an erster Stelle stand, ist beim Mann das Hervorstechendste Kraft, Mut, List und Kampflust. Es wurde daher zuerst hier über den Mann als Krieger, über das männliche Prinzip in der Tierwelt, in der Geschichte gesprochen. Die Väterlichkeit erscheint in der aufsteigenden Tierreihe, von seltenen Ausnahmen abgesehen, erst spät, erst bei den Warmblütern und ist selbst bei den Säugetieren nicht bei allen Arten und auch beim Menschen nicht etwa bei allen Männern zu finden. Bei diesen geht die Männlichkeit oft über Kampflust und Begattungslust nicht hinaus.

Zwei Sätze müssen wir wahrhaben: 1. Vaterschaft ist nicht gleich Väterlichkeit; 2. wir verstehen Mütterlichkeit, Väterlichkeit und Familienbildung beim Menschen nur dann, wenn wir gegenwärtig haben, daß Anlagen in uns tätig sind, die stammesgeschichtlich uralt sind und auch bei den Primaten und bei vielen anderen Säugetieren in ähnlicher Weise zu finden sind.

„Vater werden ist nicht schwer, Vater sein dagegen
sehr" — ein tiefes, nicht nur frivol aufzufassendes Witz-
und Wahrwort. Begattung suchen alle Männer, aber gar
manche wünschen nicht die Vaterschaft. Das sind die Unväterlichen. Sie erinnern an die Tiere, bei denen das Männchen nach der Begattung bis zur nächsten Brunstzeit allein
für sich lebt. Daß es bei niederen Tieren Männchen gibt,
die nach der Zeugung sterben oder vom Weibchen getötet werden, sei nebenbei erwähnt. Den unväterlich veranlagten Männern ist die Vaterschaft unangenehm, ihnen
ist die Väterlichkeit fremd. „Und wird's geboren, wird's ab-
geschworen", heißt es in einem frivolen Soldaten- und Stu-
dentenlied. Das Gesetz erkennt freilich die Verpflichtung
zur Väterlichkeit an, setzt sie also stillschweigend als natürliche Veranlagung voraus, was freilich biologisch nicht zutrifft. (Eine einheitliche Entwicklung ist auch in dieser
grundwichtigen Fortpflanzungsfrage bei den Männern noch
nicht erreicht.) Da wir nach unseren Anlagen, also Trieben,
handeln, so müssen wir diese Anlagen kennen. Und da
zeigt sich, daß es weniger unmütterliche Frauen als unväterliche Männer gibt. Die Menschheit hat sich sichtlich
im Lauf langer Zeiten durch Auslese der familienstrebigen
Mütter und Väter entwickelt und entwickelt sich selbst
unter den störenden Zivilisationsverhältnissen von heute
noch nach demselben Ausleseprinzip weiter. Zwar haben
unmütterliche Frauen und unväterliche Männer stets den
natürlichen Aufstieg des Volkes gefährdet, sie tun es auch
heute noch, doch es steht zu hoffen, daß die Selektion
der Familiensinnigen zahlenmäßig stark genug sein wird,
um Verfall und Aussterben unseres Volkes zu verhindern.

Mütterlich fühlende Mädchen gibt es viele, väterlich
fühlende Knaben aber das ist uns etwas Fremdes. Das Mädchen füttert, kleidet und pflegt und erzieht ihre Puppe.
Der Knabe aber spielt Soldaten mit Säbel und Gewehr.
Einen mit Puppen spielenden Knaben würden wir sicher
als etwas Unnatürliches empfinden. Achilles greift, als Mädchen unter Mädchen erzogen, als Waffen und Puppen gebracht werden, nach den Waffen. Das natürliche Geschäft
des Weibes ist Ernährung und Pflege des Kindes, das des
Mannes der Kampf.

Aber auch der Kampf hat mit der Erhaltung der
Art, also der Fortpflanzung, viel mehr zu tun, als man vielleicht glaubt. Der Kampf dient schon ursprünglich nicht
nur der Selbst-, sondern auch der Arterhaltung. Bei vielen
männlichen Tieren besteht, um mit Antonius zu sprechen,
ein ausgesprochener Schutztrieb, der der Herde gilt. Dieser
Schutztrieb findet sich auch bei allen Säugetiermüttern,
aber nicht bei den Vätern aller Säugetiere. Auch beim Men-

schen ist die Auslese der schutztriebhaften Männer, wie
gesagt, noch nicht völlig zu Ende durchgeführt.

Es ist klar, daß wenn zwei, also Mutter und Vater,
die Jungen schützen, die Arterhaltung besser gewährleistet
ist, als wenn der Schutz nur von der Mutter betätigt wird.
Ist der Vater schutzbereit und stark, so kann sich die
Mutter der Fütterung, Pflege und Erziehung der Jungen mehr
widmen. So wird die Mutter im Lauf der Stammesgeschichte
sorgsamer, pflegetüchtiger und erziehungsfähiger, aber auch,
da ans Heim gebunden, körperlich schwächer und weicher,
der Mann aber durch Kampf mutiger, stärker, listiger und
gewandter. So ist langsam der kampfbereite, listige, kräftige, schutzbereite und damit väterliche Mann geworden.
V ä t e r l i c h k e i t   i s t   a l s o   d e r   v e r m e n s c h l i c h t e
S c h u t z t r i e b   d e s   M a n n e s ,   w i e   e r   s c h o n   b e i
v i e l e n   S ä u g e t i e r e n   a n g e d e u t e t   i s t.

Die menschliche Väterlichkeit setzt zur Arterhaltung
ebenso die animalische Grundlage von Kraft, List und
Mut voraus, wie die menschliche Mütterlichkeit, die animalische Muttereigenschaften zur Voraussetzung hat. So
ist der veredelte menschliche Schutztrieb — also die Väterlichkeit — die Wurzel tätiger Vaterlandsliebe und kriegerischer Opferbereitschaft für Haus und Hof, für Heimat
und Volk. Vergessen wir aber nicht, es gibt noch immer
Männer, die allein aus Freude am Kampf kämpfen, denen
die eigentlich väterlichen Eigenschaften fehlen; es ist dann
nur reiner Kampftrieb, aber kein Schutztrieb vorhanden.
Man braucht nur an die germanischen Söldner in den
kaiserlichen Heeren Roms, an die Landsknechte, die in
allen, auch ihrer Heimat feindlichen Heeren dienten, an
die Kavaliere, die jedem fremden Fürsten, wo sie Aus-
sichten auf Vorwärtskommen wähnten, ihre Dienste an-
boten.

Die Menschheit befindet sich auf einem für uns heute
deutlich erkennbaren Weg der Entwicklung vom Pithecan-
thropus zum Homo sapiens durch Auslese hingebungsvoller
mütterlicher Frauen und väterlicher Männer, also durch
Auslese familiensinniger Typen.

Noch einmal: Je stärker und schutzbereiter der Mann,
um so mehr kann die Mutter sich der Hausarbeit und
den Kindern widmen, so wird — phylogenetisch gesehen —
auch beim Menschen, wie bei so vielen anderen Säugern,
das Weib schwächer, der Mann kräftiger und kampfbereiter.
(Das ist keineswegs so selbstverständlich, wie es auf den
ersten Blick scheint. Daß es Völker mit dem Matriarchat
gegeben hat, scheint kein Zweifel zu sein. Bei ihnen haben
die Frauen vielleicht doch nicht nur zu Hause geherrscht,
sondern sich wahrscheinlich auch am Kampf beteiligt. Der

Vergleich mit den Amazonen liegt sehr nahe.) Ich werde
von Direktor A n t o n i u s, dem ausgezeichneten Tierpsychologen, aufmerksam gemacht, daß die miteinander recht nahe
verwandten Pferd und Esel in der freien Natur eine ganz
verschiedene Art der Lebensführung haben. Der Wildpferdhengst hält seine 6 bis 8 Stuten nicht nur fest zusammen
und begattet sie, sondern er schützt sie auch mit voller
Hingebung gegen Feinde. Bei ihm ist also der Schutztrieb
als Urgrundlage der Väterlichkeit stark ausgebildet. Anders
beim Wildeselhengst, er lebt ständig allein, während die Stutenherde von der kräftigsten Stute zusammengehalten und
auch geschützt wird. Nur zur Brunstzeit beginnt er die
rossigen Stuten zu verfolgen, mißhandelt sie geradezu sadistisch und deckt sie, um dann wieder bis zur nächsten
Brunstzeit zu seinem einsamen Leben zurückzukehren. Hier
ist also der Schutztrieb fehlend. Leider ist ein Vergleich
der menschlichen Verhältnisse mit den Verhältnissen bei
den uns nahestehenden Arten, den Primaten, nicht möglich,
wie mir A n t o n i u s mitteilte, weil man darüber aus dem
Leben in der Natur nichts weiß und die Beobachtungen
im Tiergarten keine brauchbaren Schlüsse gestatten. Die
Anlagen und Triebe bleiben zwar in der Gefangenschaft,
im Käfig weiter bestehen wie beim Menschen in seiner
Zivilisation, aber sie können sich nicht mehr unbeeinflußt
betätigen und bleiben uns daher vielfach schleierhaft, und
nur mühsam können sie vom Naturforscher einer richtigen
Deutung zugeführt werden. So müssen auch wir Aerzte
trachten, die verschiedenen Formen der Väterlichkeit und
freilich auch der Unväterlichkeit richtig zu verstehen und
dementsprechend Ratschläge im kleinen für die Familie
und im großen für die Volksgesundheit zu geben.

Auch beim Menschen ist die Familie nicht von vornherein aus der monogamen Ehe entstanden, sondern aus
der Polygamie. Selbst aus der geschichtlichen Zeit auch
der germanischen Völker ist dies klar zu ersehen. Darauf
näher einzugehen, ist nicht Zeit genug. Die Väterlichkeit
konnte sich erst dann stärker entwickeln, als die Einehe
mit der kleineren Kinderzahl gestattete, daß der Vater seine
Kinder genauer kennen und so mehr lieben lernen konnte.
Erst so ist es dann zur richtigen Väterlichkeit, zur Vaterliebe und zum Vaterglück gekommen.

Beim Menschen, auch beim arischen, auch beim deutschen Menschen, hat sich ein einheitlicher väterlicher Typ
noch nicht entwickelt, während der mütterliche Typ zwar
nicht völlig vereinheitlicht ist, aber dieser wünschenswerten
Vereinheitlichung doch wesentlich näherkommt. Das Idealbild einer Mutter ist jedenfalls öfter zu finden als das
eines Vaters, wie man aus hundertfältiger Erfahrung weiß.

Doch zurück zu unserem Idealbild des väterlichen Mannes. Es ist der tapfere, kräftige, kluge, leistungsfähige Mann, der viele Kinder haben, auch selbst miterziehen will, sie auch zu erziehen weiß und vor allem seine Knaben zu Tapferkeit, Geschicklichkeit und Kraft erzieht. Zahllose Völker dieser Art hat es bei den arischen Völkern stets gegeben. Sie haben ihre Knaben im Waffenhandwerk und in Leibesübungen sowie zur Hilfsbereitschaft für Frauen und Kinder erzogen, kurz zur Ritterlichkeit. Es entspricht völlig dem japanischen Ideal des Samurai. Wir sehen, wie zwei rassisch völlig verschiedene Völker zu dem gleichen Ziel bewußt streben können, in Erkenntnis naturgesetzlicher Erscheinungen. Der Mutter bleibt die Erziehung der Mädchen zur Häuslichkeit und Mütterlichkeit, der Knaben zur Hilfsbereitschaft für die kleinen Geschwister, der Vater aber erzieht die Söhne weiterhin zur Vaterlandsliebe, zum Dienst an der Volksgemeinschaft, zum sozialen Sinn, zur Einsatzbereitschaft mit Leib und Leben für das eigene Volk. Damit sind wir wieder bei der Biologie angelangt: Nur die Art, nur das Volk kann sich erhalten, wo der einzelne sich einsetzt für die Seinen, also für sein Volk. So ist dann die Vaterlandsliebe auch biologisch völlig begründet. Dort, wo die richtige Väterlichkeit bei der Mehrzahl der Männer eines Volkes fehlt, muß es früher oder später zum Untergang kommen. Es ist eben nicht nur Männlichkeit an sich, also Kampfbereitschaft, sondern auch Väterlichkeit, also Familiensinn, nötig. Denn nur diese führt zur Volksvermehrung.

Hier stehen wir nun vor dem schwersten aller Zivilisationsschäden. Es ist die Einschränkung der Kinderzeugung. Waren früher die Männer nicht selten, die ihre Vaterschaft ableugneten, so haben sich später Männer gefunden, die sich sterilisieren ließen, um „ins Leere zeugen" zu können, und hat sich doch sogar ein Arzt, Professor S c h m e r z, gefunden, der die Sterilisierung auf Wunsch solcher Männer vorgenommen hat. Der Name dieses biologischen Herastratus soll der Nachwelt erhalten bleiben. Man kann nun freilich sagen, um die Fortpflanzung solcher Menschen ist es nicht schade. Da ist auch etwas dran. Aber wie viele von diesen Männern haben später ihren seinerzeitigen unüberlegten Schritt bereut und wären vielleicht später, wenn auch nicht gerade Musterväter, so doch immerhin leidliche Väter geworden.

Nun ist auch von den Vätern zu sprechen, die keine oder nur eines oder zwei oder drei oder höchstens vier Kinder haben wollen, und nun mit allen möglichen Begründungen für ihren Standpunkt aufzuwarten wissen. Auf diese Begründungen einzugehen, lohnt sich nicht, sie sind alle unbiologisch und unlogisch und nur der Bequemlichkeit entsprungen. Man sieht daraus nur, wie weit verbreitet die anlagemäßige, also angeborene Unväterlichkeit ist, wie häufig starker Familiensinn bei den deutschen Männern noch immer vermißt wird.

Die Väterlichkeit hat sich aus dem Schutztrieb weiter zur Erziehung der Kinder und zur Führung der ganzen Familie entwickelt. So entstand der uns aus der Geschichte wohlbekannte römische Pater familias mit Recht über Leben und Tod der Kinder. Sofort drängt sich jedem die Erinnerung an den römischen Konsul auf, der im Krieg seinen eigenen Sohn wegen Nichtbefolgung eines Befehles hinrichten ließ. Es wäre wohl kindisch, anzunehmen, daß alle römischen Väter fehlerlos und von großem Format gewesen seien. Es wird unter ihnen genug beschränkte, rohe, eigensinnige, brutale Männer gegeben haben, auch gar manche listige, verschlagene, kurzsichtige, dem Staat schädliche Familienpolitik treibende Väter. Wie denn überhaupt der übertriebene Familiarismus eine gefährliche Form der Väterlichkeit ist. Unter Familiarismus verstehen wir die Eigenschaft von Vater und Mutter, sich n u r um das Wohl der Familienglieder, um das Wohl der Kinder zu kümmern. Das ist nun bei der Mutter phylogenetisch völlig begreiflich, da sie fast ausschließlich in Haus und Familie lebt und arbeitet, nicht aber beim Mann, der draußen in Jagd und Kampf, bei Männerberatungen das Leben draußen, außerhalb der Familie oft besser kennt als die Einzelheiten des Familienlebens. S o i s t d a s W e i b f a m i l i a - r i s t i s c h, d e r M a n n eher s o z i a l i s t i s c h veran-l a g t. Dem Sozialismus, dem Gemeinwohl, ist aber der Familiarismus ein gefährliches Hindernis. Der Vater, der besonders unter lang dauernden Friedensverhältnissen hauptsächlich in der Familie lebt, in ihr aufgeht, verfällt leicht der Gefahr der Verweichlichung, und damit wird auch schon die Aufzucht der Söhne in falsche, in unmännliche Bahnen gelenkt. Wir sehen, wie notwendig es ist, daß die a n i m a - l i s c h e n G r u n d l a g e n der Männlichkeit, das sind Körperkraft und Mut, der Väterlichkeit nicht verlorengehen. Die Väter, die in ihrer Familie g a n z a u f g e h e n, können nicht den erstrebenswerten Typ der Väterlichkeit darstellen. Wir Aerzte kennen diese Väter, die sich um Ernährung, Pflege und Gewichtszunahme ihrer Kinder kümmern, die den Müttern in häuslichen Fragen dreinreden, die immer in Sorge um die Gesundheit ihrer Kinder sind, kurz die eher ängstliche Mütter als frohe, kinderabhärtende Väter sind. Es ist dann manchmal sogar so, daß die Mütter nun die angstgeborenen Fehler ihrer Männer an den Kindern ausgleichen müssen. Also w i r b r a u c h e n v ä t e r l i c h e u n d n i c h t m ü t t e r l i c h e M ä n n e r. Auch die Väterlichkeit kann sich, wie wir sehen, in unbiologischer Weise hochzivilisieren. Es werden dann der schutz- und kampfbereiten Männer in einer solchen Nation immer weniger. Daß solche weichliche Väter aber auch mit listiger, familiaristischer, asozialer Beschränktheit alles für ihre Söhne tun, um sie in der Staatsmaschinerie vorwärtszubringen, müssen wir wohl inne haben. Vom richtigen Vater ist zu erwarten, daß er sich mehr außerhalb als innerhalb der Familie betätigt, daß er seine Söhne auch schon frühzeitig mit dem Leben außerhalb der Familie bekannt werden läßt. So lernt der Knabe nicht nur das Familienleben kennen, das muß er natürlich auch, sondern schon frühzeitig tut er sich draußen um und lernt dort mehr, als sich die Lehrerweisheit alter Schule träumen läßt, und lernt auch die wohltätige Seite des Familienlebens und der Mütterlichkeit schätzen.

Haben wir nun einiges über die zu familiaristischen Väter gesprochen, so geht es nun an die zu wenig familiaristischen Väter, an die unväterlichen Väter. Letztere sind ja vielleicht öfter anzutreffen als erstere. Es wäre nun nicht so schlimm, wenn diese Fälle sich durch Mut und Kraft und Vaterlandsliebe auszeichneten. Aber diese Sorte unväterlicher Helden ist nicht gar so häufig. Wohl aber die, die Kraft, Mut und Rücksichtslosikeit, also Brutalität, besitzen. Sie kümmern sich um ihre Familie gar nicht, unterstützen die Frau in ihren mütterlichen Erziehungsbemühungen nicht, hemmen sie oft vielmehr. Hier sehen Lehrer und Aerzte dann das ganze Unglück, das von solchen unzulänglichen Vätern in vielen Familien verursacht wird. Die beschränkte Brutalität mancher Ehemänner wird aber von ihnen oft sehr klug in eine Art unbemerkbarer Grausamkeit und in herzlose Gleichgültigkeit umzivilisiert. Das Martyrium ihrer Ehefrauen können wir meist nur ahnen. Diesen Männern ist ihre Bequemlichkeit, ihr ungestörtes Dahinleben einziger Lebenszweck, sie wollen keine oder nur ein bis zwei Kinder, die ihnen bestenfalls zeitweise als Spielzeug dienen. Sie verweigern ihren Frauen weitere Kinder zu zeugen. Wie viel Frauen gestehen dem Arzt in der Sprechstunde auf die Frage, warum nicht mehr Kinder da seien, mit Tränen in den Augen: „Wie gern hätte ich mehr! Aber mein Mann will nicht." Von diesen Männern kann man nur sagen, sie wissen nicht, was sie tun, sie wissen nicht, daß sie Verrat an der Nation üben. Sie sind verzivilisiert. Die angeborene Veranlagung zur Väterlichkeit fehlt oder ist durch die „Zivilisationsweisheiten" aller Art verdorben.

Betrachten wir die Anlagemöglichkeiten kritisch: aus Kraft, Mut, Intellekt, Schutzbereitschaft, Opferwilligkeit, Fa-

miliarismus, Sozialismus, Bequemlichkeit, Brutalität, Feig-
heit, Selbstsucht, Verzivilisierung ergeben sich sehr viele
Kombinationsmöglichkeiten schöner, großer, edler, be-
schränkter, ängstlicher, unzulänglicher, verabscheuungswür-
diger Väterlichkeit. Das Ideal des familiensinnigen, kräf-
tigen, tapferen, erziehungstüchtigen, opferbereiten, soziali-
stischen Vaters steht vor uns. Da steht als wunderbares Beispiel von unerreichter heroischer Größe der Vater Friedrichs
des Großen, der von vorbildlichem Familiensinn und tiefer
Liebe zu seinen Kindern erfüllt ist, zugleich aber auch die
nötige Strenge und Rücksichtslosigkeit gegen seinen Sohn
entwickelt, wie es im Film gezeigt und in dem Buch „Der
Vater" von Klepper unübertrefflich geschildert ist. An
diesem Beispiel sieht man die auch im kleinen nicht seltene
Erscheinung, daß die Mutter die notwendige Härte des Vaters
in nachgiebiger Kurzsichtigkeit hemmen will. Nur dem hel-
denhaften großartigen väterlichen Verantwortungsgefühl des
Soldatenkönigs ist es zu danken, daß das von ihm geschaf-
fene Preußentum erhalten geblieben ist und noch bis heute
im dritten Deutschen Reich weiter wirkt. Wahrhaftig ein
Pater patriae höchster Vollendung. Auch wir Aerzte sollen
uns dieser Tatsache bewußt sein, daß die Väterlichkeit
Friedrich Wilhelms II. die Grundlage für Preußens Groß-
machtwerdung und für Hitlerdeutschland ist. Wir sollen
aber auch wissen, wie im kleinen und ganz kleinen die
Strenge des Vaters nicht nur phylogenetisch verständlich,
sondern auch biologisch nötig ist. Wir stehen vor einem
Idealbild. Können wir ihm näherkommen? Ich bin über-
zeugt davon. Sehen wir doch jetzt zahlreiche Kinderwagen
in Stadt und Land, und das im vierten Kriegsjahr. Der beste
Beweis für die Kinderfreudigkeit vieler unserer Soldaten,
die nicht nur für Volk und Vaterland ihr Leben einsetzen,
sondern auch in ungebrochenem Vertrauen auf den Führer
und die Zukunft Großdeutschlands Kinder zeugen. Sehen
wir nicht überall die Urlauber ihre Kinder auf dem Arm
oder an der Hand mit ihren Frauen durch die Straßen
gehen? Sie alle demonstrieren uns richtige Väterlichkeit.

Ein übriges nach dem Kriege bleibt zu tun. Die er-
wünschten väterlichen Eigenschaften: Klugheit, Kraft, Mut,
Opferbereitschaft, Familiensinn, Erziehungsfähigkeit sind in
der Jugend zu pflegen. Die Männer sind über die Bedeutung
der Mütter, über Jungfräulichkeit und Frauenwürde, über
die Familie als Grundlage von Volk und Staat, über den
Schaden der Frivolität für den Bestand eines Kulturvolkes
zu belehren. Der sittlich ernste, der ethisch positive Mensch
allein verdient die Bezeichnung Homo sapiens, der frivole
ist kindisch, äffisch und verdient nur den Namen Pithec-
anthropus zivilisatus. Väterschulen sind dringend nötig.

Eine Nachschulung der Väter, eine Belehrung der jungen
Männer von 18 bis 30 Jahren wären die beiden Stufen
dieser Väterschulen. Zu unseren ärztlichen Aufgaben gehört es ganz besonders, die ethisch-frivole Zweigeleisig-
keit zu beseitigen, die darin besteht, daß man bei Vor-
trägen, bei öffentlichen Veranstaltungen, in Zeitungsauf-
sätzen ethisch spricht, im kleinen Kreis unter sich mit dem
bewußten Augurenlächeln seine kindische Frivolität zeigt.

Ernst ist das Leben. Tun wir unsere Pflicht. Schaffen
wir Väterlichkeit durch Belehrung und Beispiel, auf daß
das deutsche Volk lebe und wachse.